THE ENIGMA

アンドルー・ホッジス

エニグマ　アラン・チューリング伝

上

土屋俊・土屋希和子〔訳〕

keiso shobo

To Thee Old Cause!
――あなたに、昔ながらの大義よ

はしがき

ダグラス・ホフスタッター

心とは、基礎となる物質的基盤、たとえば神経細胞の巨大なネットワークに生まれる抽象的なパタンなのだろうか。そうだとするならば、神経細胞のかわりに、それ以外のもの、たとえば蟻で置き換え、その蟻たちが蟻塚を構成し、その蟻塚が一つの全体としてアイデンティティをもって考え、かつ、自我そのものであるとすることはできるだろうか。あるいは、神経細胞のかわりに、何列かのトランジスタからなる数百万個の小さな計算装置に置き換え、意識のある心をもつ人工的なニューラルネットワークを構築することは可能だろうか。あるいはまた、そのような密に相互関連する計算ユニット群をシミュレートするソフトウェアを使って、従来型の計算機（とはいえ、必然的にこれまでよりはるかに高速で能力が高くなければならないが）に心と魂と自由意志を授けることは可能だろうか。つまり、思考や感覚は、異なる種類の不可視的なもの、たとえば、身体的、電子的、あるいはそのほかの活動のパタンから生まれるといえるのだろうか。

機械は、人間の言葉を駆使し、話題の限定なしに人間と会話できるのか。言葉を使う機械は、文章を理解して新しい着想を得ているように見えるにもかかわらず、実際は、一九世紀の加算器や二〇世紀のワープロのようにまったく何も考えず中身は空っぽだなどということがありうるのか。つまり、意識と知性をもつ本物の心を、内部は空洞だが言葉を使う体裁を巧妙に装っているものからどのように区別できるのか。理解することや推論することは、生物に関する唯物論的、機械論的な見方と矛盾するのだろうか。

そもそも、機械は自分で判断できるのか。機械は信念をもつことができるのか。機械に間違いはありうるのか。機械は、自分が判断したと考えることができるのか。機械は、自分に自由意志があると錯覚できるのか。機械はプログラムされていないことを思いつけるのか。創造性は固定的な規則から生じうるのか。私たち人間、いや、そのなかでも創造的な人間ですら、実は、神経細胞を支配する物理学の法則に受動的に従う奴隷なのだろうか。

機械は感情をもつことができるのか。感情と知性とは、自我のそれぞれ異なる部分に属するのか。機械は、着想、人間、そして自分の以外の機械に対して魅力を感じることができるのか。機械同士が互いに惹かれ合い、恋に落ちることがありうるのか。恋をしている機械に要求される社会規範とはどんなものか。機械の恋愛に純粋なものとそうでないものの区別はあるのだろうか。

機械はいらいらしたり、苦しんだりできるだろうか。機械は、いらいらしたとき外に出て一〇マイル全力疾走すれば、気持ちを晴らせるだろうか。機械は、マラソンの心地よい苦しみを味わえるようになれるだろうか。一生懸命に生きたと思われる機械が、ある日、わざと自分を破壊し、その成り行き全体を工作し、母親にあたる機械がその機械は偶然壊れたと「思う」（もちろんただの無機物の塊でしかないので、機械は思考できないのだが）ようにだますことができるだろうか。

これらの疑問が、アラン・マティソン・チューリング、すなわち、イギリスの偉大な数学者であり、かつ、計算科学の草分けとなる人物の頭脳のなかで渦巻いていた。しかし、別の見方では、チューリングの苦難の人生のなかのさまざまな出来事とも重なる。彼の人生という物語の真相を知り、正しく評価するためには、チューリングと多くを共有する誰かが必要だろう。そして、イギリスの一流数理物理学者であるアンドルー・ホッジスが、この企図を見事に成し遂げた。

チューリングの伝記である本書は、無数の情報源をもとに構成されており、彼が人生のさまざまな段階で知り合った数多くの人たちとの会話も含まれている。そして、きわめて複雑かつ刺激的な一人の人物について、望みうるかぎり最も鮮明にその姿を描いている。チューリングの人生は、深く研究する価値がある。それは、彼が二〇世紀の科学における重要人物であるという以上に、彼の他人との関わりは普通のものとはいえず、大きな悲しみの原因になったからだ。今でさえ、社会全体としては、チューリングのような非協調主義にどう対処すべきかを学んでいない。

緻密で魅惑的なホッジスの人物描写は、チューリングに関する初めての伝記ではない。チューリングの母エセル・サラ・チューリングは息子の死後数年して小さな回想録を書いた。そこに描かれている子ども時代のチューリングは、考えることの喜びに満ち、心と生命と機械に関する疑問に対して尽きることのない好奇心に駆られる、愛すべき、しかし、一風変わった少年である。彼女の小著には、それなりの価値だけでなく魅力もあるが、真実の物語のかなり多くは隠されている。アンドルー・ホッジスは、エセル・チューリングが考えもしなかったほどはるかに深くチューリングの心と身体と魂を探求した。なぜなら、エセル・チューリングは、既成の価値観に目を覆われ、自分の息子がイギリス社会の普通の枠組みにどれほど適応できなかったかを述べることはおろか、見ようともしなかったからだ。

アラン・チューリングは同性愛者だった。その事実を彼は隠そうとはしなかった。年を重ねるとますます隠さなくなっていった。一九二〇年代に育った少年にとって、そしてまた、その後の数十年間を成人として生きた大人にとって、同性愛者であることは、イギリス人であり、かつ上流階級に属している場合にはとりわけ、語りえないほど辛く、隠された悩みだった。

無神論者、同性愛者、変人、そして、マラソンランナーだったイギリスの数学者アラン・チューリングは、計算機という概念、計算機の能力に関する明快な定理、計算機がもつ心の可能性に関する明確な理解について大きな役割を果たした。そして同時に、第二次世界大戦中のドイツ軍暗号解読にも大きく貢献した。私たちが現在ナチスの支配下にないという事実は、その多くをアラン・チューリングに負っているといってよい。その結果、世界の歴史のなかでも際立つこの人物は、本書のタイトル『エニグマ』が示すように、今も謎であり続けている。

アンドルー・ホッジスはこの伝記のなかで、当時の社会と時代におさまりきらない誠実さと良識をもつって自らを破滅させた多面的な人物を、異常なまでに細部にわたって献身的に描きだした。伝記の対象に共感するホッジスの明白な感情移入を越えて、本書には、さらに深いレベルの理解、すなわち科学者の伝記として決定的に重要な科学的正確さと明快さが見てとれる。ホッジスは専門知識をもたない一般読者に対して、専門的概念まで一つひとつ説明するという称賛すべき課題を成し遂げた。おそらく、読者にもすぐわかるように、ホッジス自身が、チューリングが夢中になった事柄のすべてに対して情熱的な関心をもっているからなのだろう。

本書は、第一級の科学的精神の人生に関する第一級の解説である。それ自身の心をもつ一個の身体にこの特別な科学的精神が結びついている以上、本書全体は社会的観点からも重要な資料になる。アラン・チューリング自身は、自分の個人的な生活まで広く一般の人に知られるような日が来ると考えたら、ぞっとしたかもしれない。しかし、安心してよい。本書以上に思慮深く思いやりのある人間描写を想像することは難しい。

序文

アンドルー・ホッジス

二〇一一年五月二五日、アメリカのバラク・オバマ大統領は英国議会で行なった演説で、科学に貢献したイギリス人としてニュートン、ダーウィン、アラン・チューリングの三人の名前をあげた。知名度は人物の価値を示すには不完全な尺度であり、政治家が科学的な価値を認定はしない。しかしこのオバマ大統領による三人の選択は、チューリングが、本書が最初に出版された一九八三年よりもはるかに高い水準で一般的にも認知されるようになったことを示している。

一九一二年六月二三日、アラン・チューリングはロンドンに生まれた。一九五四年六月七日に自らの命を絶たなければ、生きてこの演説を聞いていたかもしれない。今と非常に異なるこの時代、彼の名が議会の場で語られることはなかった。しかし、アイゼンハワーとチャーチルが君臨する秘密の世界には、その名称さえもささやくことしか許されない聖域中の聖域があった。再編されたばかりの米国国家安全保障局と英国政府通信本部だ。その聖域でチューリングは独自の地位を占めていた。一九四二年、アメリカの国力がイギリスを追い越したとき、チューリングはすでに暗号解読の鍵を握る最重要人物となっており、この分野において彼が担った学術的な役割は一九四四年六月六日にその頂点を迎えた。彼が夭逝するちょうど一〇年前のことである。

チューリングは世界の歴史において重要な役割を果たした。しかし、彼の物語を国際的勢力争いとして、あるいは二〇世紀の一般的な政治問題のなかで描こうとすると誤解を招くだろう。彼は当時の知識人が定義する意味では政治的でなく、彼らのように共産党に協調したりしなかったりして立場を変えることはなかった。友人や同僚には共産党員もいたが、彼にとって問題ではなかった（ちなみに、金銭が動機となる一九八〇年代以降の「新自由主義」が、彼を語る物語でいささかでも役割を果たすとは思えない）。むしろ問題は、彼個人としての、性的傾向も含めた精神の自由だった。これは、彼の時代と比べるとベトナム戦争、大学闘争を端緒とする一九六八年以降のほうがかなり真剣に、そして、冷戦が終結した一九八九年以降においてはそれ以上に真剣に取り上げられた問題である。いや、これ以上のことがある。純粋科学が世界に与える影響はすべての国境を越えた。そして、純粋数学の完全な無時間的性格は、彼が生きた二〇世紀という制約すら超越する。一九五〇年にチューリングが素数の研究を再開したとき、戦争や超大国の出現にもかかわらず、素数の世界は彼が一九三九年に中断したときのままだった。よく知られているようにG・H・ハーディも、まったく同じようなことを語っている。これが数学の文化であり、同じくチューリングの人生でもあった。数学は、文学や芸術や政治の固定観念に縛られる人たちに対して真の困難を提示する。

しかし、緊急事態対応と無時間的超越性とを分離するのは簡単ではない。一九三九年にイギリスが存亡の危機に直面したとき、最高水準の科学者たちまでが徴用されたのは驚くべきことだ。ナチスドイツと戦うためには、たんなる科学的知識だけではなく最先端の抽象的思考が必要だった。そこで、一九三六年から一九三八年にかけて、通信と暗号の戦いに備えて静かに論理的研究をしていたチューリングが、同時代の多くの反ファシズム者のなかで最大の影響力をもつことになった。物理学との対応関係を考えると、チューリングがロバート・オッペンハイマーにほぼ等しい役割を果たしたのは特筆すべきことである。この一九三九年以来の遺産はまだ解決されていない。なぜなら、当時の国家機密の目的が現在の知的・科学的体制に一貫して組み込まれながらも、現実にはほとんど論じられていないからである。

これと同じ無時間的超越性は、アラン・チューリングの物語の核心的部分の背後に存在している。つまり、一九三六年の普遍的機械は一九四五年に汎用デジタルコンピュータになった。普遍的機械は、チューリングの人生の焦点となる革命的な着想だったが、その着想は孤立していたわけではない。アルゴリズムや機械的過程という古い概念をアラン自身が新しく正確に定式化したことから生まれている。それゆえ、彼は可能なかぎりのどんなアルゴリズムや機械的過程も普遍的機械上に実装可能だと自信をもって言うことができた。この定式化はすぐに「チューリング機械」として知られるようになったが、現在ではチューリング機械がコンピュータプログラムやソフトウェアであると考えないことは不可能である。

今日では、おそらく、適切なソフトウェアを書いて実行すれば、記録、写真、グラフィックデザイン、印刷、メール、電話、音楽のどんなことについても、コンピュータがほかの機械のかわりになれるのはほぼ当然だと思われている。そして、工業化した中国でアメリカとまったく同じコンピュータが使われていることに誰も驚いていないようだ。しかし、このような普遍性が可能だということは明白ではなく、一九三〇年代には誰にとっても明白ではなかった。技術がデジタルであるというだけでは十分ではない。汎用コンピュータであるということは、プログラムを蓄積し、解読が可能だということだ。そのためには、還元不可能な一定程度の論理的複雑さを必要とし、そのような複雑さは、非常に高速かつ信頼できる電子工学で実現してはじめて実用的な価値をもつことができる。そのような論理をアラン・チューリングは一九三六年にはじめて作り上げ、一九四〇年代に電子的に実現し、現在ではマイクロチップ上で具体化されている。その論理こそが、普遍的機械という数学的な着想の本質である。

一九三〇年代には、内輪のごくわずかな数理論理学者しかチューリングの着想を理解できなかった。しかし、そのような人びとのなかでもチューリングだけが、現実のものとして実現することを強く求め、一九三六年の定義の純粋さを一九四六年のソフトウェア工学へ転換することができた。つまり、「既知の処理過程のすべては指示表の形に翻訳されなければならない」(下巻第6章)という定義を実際のものにしたのだ。一九四六年当時の同僚ドナルド・デービスは後にこのような(チューリングがプログラムと呼んだ)指示表を「パケット交換」用に開発し、それはインターネットプロトコルに発展した。コンピュータ産業の巨大企業はインターネットの到来を予見していなかったが、チューリングが準備した普遍性によって救われた。つまり、一九八〇年代のコンピュータを、インターネットという新しい課題に対応させる必要はなかった。新しいソフトウェアと周辺機器、より高速な処理速度と記憶容量は必要だったが、基本的な原理は変わらなかった。この原理を情報技術の法則と表現してもよいだろう。すなわち、無意味だろうが、有害であろうが、些細であろうが、無駄が多かろうが、的外れであろうが、すべての機械的過程をコンピュータにのせることができるという法則だ。そして、このかぎりでは、この法則は一九三六年のアラン・チューリングにまでさかのぼる。

アラン・チューリングの名前は、当初からこの技術革命に対する称賛にも非難にも結びつけられなかった。理由の一つは、一九四〇年代に影響力をもつ出版物を出さなかったからだ。科学は、そしてとくに数学は、個人を飲み込み、凌駕する。アラン・チューリングは、すべてを匿名化するこの文化の海を泳ぎながら、真剣に受け止めてもらえないことを不満に思いつつも、自分の名声を得る努力をしなかった。実際、彼の競争心は、ほぼオリンピック出場レベルといえるマラソンに向けられた。「計算の理論と実践」に関する著書もあえて書かなかったが、書いていれば戦後に発展したコンピュータの世界に彼の名前が刻印されることになったはずだ。著名な数理論理学者のマーティン・デービスは、チューリングの計算可能性の理論を一九四九年以来大いに発展させ、二〇〇〇年に一冊の本を出版した。[*1] 本質的にはチューリングであれば一九四八年の段階で書くことができた内容で、一九三六年の普遍的機械の原点を説明し、それがどのようにして一九四五年のプログラム内蔵型コンピュータになったかを示し、さらに、フォン・ノイマンはかの有名な電子計算機の設計計画の定式化に際し、チューリングの一九三六年の研究を参考にしていたにちがいないことを明らかにした。チューリング最晩年の出版物、『サイエンス・ニューズ』誌一九五四年の記事は、計算可能性の分析の記述がいかに見事でありえたかを証明している。しかしそのとき、その分野、すなわち、議論の余地なく彼自身の発見と認められる領域においても、自分が果たした重要な役割に触れなかった。

現代のオンライン検索エンジンは、驚くべき速さと性能で動いている。しかし、結局はアルゴリズムであり、チューリング機械と等価である。検索エンジンはまた、チューリングがエニグマ解読のために巧みに先導し開拓したある特定のアルゴリズムの末裔でもあり、さらに一歩進んだ論理、統計、並列処理を用いている。このアルゴリズムはナチスドイツ帝国の扉を開ける解読鍵を探索する検索エンジンだった。しかし、後にすべてに優るものであることが明らかになった発見、すなわち、どんなアルゴリズムも体系的にプログラムすることが可能で、普遍的機械に実装できるという発見に対して、チューリングは一般からの評価を求めず、また実際それを得ることもなかった。かわりに、一九五六年以降は人工知能と呼ばれるようになったが、彼自身は「知能機械」と呼んだものの可能性を断固として主張した。このあまりにも野心的で挑戦的な研究計画は、チューリングが望んだように発展していない。少なくとも現在の段階ではまだである。チューリングが人工知能についてこれほど熱心に大衆に語ったのはなぜか、また、アルゴリズムの大家やプログラミングの創始者になろうとしなかったのはなぜか。一つには、彼にとって人工知能はほんとうの意味で基礎的な科学の問題だったからだ。心や物質の謎は彼を最も深い部分で駆り立てる問題だった。しかし、ある程度は公表されない成功の犠牲者だったにちがいない。機密情報戦争のアルゴリズムについて非常に多くを知っていたという事実、そしてまた、この戦争で論理と電子技術の間に重要な結びつきが生まれたという事実が、チューリングの表現方法と交流関係を束縛した。一九四六年の報告書で暗号化アルゴリズムの重要性に言及したとき（下巻第6章）の慎重さは、その後のすべてに影響を与えることになるある種の抑制的な態度を象徴している。

その後三〇年経ってやっと、戦時中、ブレッチリーパークで行なわれた暗号解析の規模と深さが外部に流出し始め、アラン・チューリングの人生を本格的に取り上げる試みが可能になった。ちょうど、拡大するコンピュータサイエンスの分野に暗号理論が入り込んできた時期でもあり、また、一般的には第二次世界大戦の再評価の時期とも重なり、さらに、一九七〇年代の性の解放が影響を与えた時期でもあった。チューリングが予見した一九六八年の社会革命は、彼の物語が自由に語られるようになる以前のことにならざるをえなかった（とはいえ、イギリスの身上調査と軍法が変わったのは一九九〇年代になってからであり、平等法の成立は二〇〇〇年を待たなければならなかった。「聞かざる、言わざる」の原則は、私がこの序文を書いている二〇一一年にようやく終わり、第8章で述べた問題の数々は、いかに米国軍隊では文字どおり言葉にできないことだったかが明らかになった）。

アラン・チューリングの物語には、一九五二年のノルウェーで始まった解放運動の発端も示されている。彼が話に聞いた男性だけの踊り（下巻第8章）は、成立したばかりのスカンジナビアのゲイ解放組織による企画だったかもしれないからだ。下巻第8章でふれるゲイを主題にした小説に加えて、ノーマン・ラウトリッジは、チューリングが彼にアンドレ・ジッドをフランス語で読ませたがっていたことを一九九二年に回顧している。一つ残念なことがある。第8章原注［8・31］に記すように、リン・ニューマン宛の手紙は、ジョン・チューリングが廃棄したので、残っていない。ただし、そこに書かれている内容は、一九五七年に彼女が友人に書いた手紙から推測することができる。「親愛なるアラン〔訳注：チューリングとは別のアラン〕、私は、彼が非常に率直にそして悲しそうに、『僕には、女の子と寝るのが男の子と寝るほど素敵だと思えないだけなんだ』と言ったことを覚えています。私が言えたことは『まったく同感よ。私も男の子のほうがすごくいいわ』でした」。このようなやりとりは、当時は、分別のある特権階級内部だけで交わされるものだったが、現在はテレビのトーク番組で話される冗談であってもおかしくない。彼の有名な模倣ゲームにおける当意即妙の会話を彷彿とさせる。しかし、チューリングの率直で開放的な性格は、理解されるには何十年も早すぎた。

当時の敵意や汚名を想像するのは難しくない。そのような嫌悪や恐怖は今でも、アフリカであろうが、中東であろうが、あるいはアメリカであろうが、文化と政治において重大な影響力をもっているからだ。しかし今や、迫害が声高に主張されるだけでなく、自明の理として理解されていた世界を想像するのはさらに難しくなっている。アラン・チューリングは、正直に生きたいという欲求が、国家安全保障と同性愛すなわち一九五〇年代の最もやっかいな二つの問題と衝突するというありえないほど皮肉な状況に直面していた。当然ながら、これらのことを、一個人の頭のなかで解決することはできなかった。彼の死は釈然としない痛みを歴史に残し、語りたい人は（彼の母という特殊な例外を除いては）誰もいなかった。

私は、これらの要素を混ぜ合わせて一つの物語にしたが、初版を刊行した一九八三年には批判された。しかし、ジョージ・デュ・モーリアに言わせれば、「私たちはすべてを変えた」。これ以降、チューリングの人生と死は、どの科学者の生と死にもまして賛美されてきた。ヒュー・ホワイトモアの戯曲「ブレイキング・ザ・コード」は本書にもとづいて書かれ、第一線の俳優が演じ、これ以上ないほど広く受け入れられた。一九八六年初演の舞台、さらには一九九七年のテレビドラマによって、アラン・チューリングの人生はより多くの人が知る物語になる。すでにインターネットによって、個人の公開性は一変していた。奇妙なことに、チューリングは自ら開発した技術がこのように使われるのを予期していたかのようだ。模倣ゲームでヒントに使ったきわどい文章はそれを暗示している。マンチェスターのコンピュータで作ったラブレター（下巻第8章）や、マニアックにもコンピュータで印字出力されたノルウェーの青年に関する文章（下巻第8章）からは、気が合う人と電子通信をして喜ぶチューリング像が浮かんでくる。

二〇〇九年、英国首相ゴードン・ブラウンは一九五二年から一九五四年にかけて行なわれたチューリングに対する裁判と処罰を公的に謝罪する声明を発表した。それは、戦後のヨーロッパ市民社会の価値観の勝利に彼が秘密裡に貢献したという、さらに大きな枠組みのなかで語られていた。この声明は一般の人によるウェブを活用した請願運動を通じて実現した。このようなことは、一九八三年には不可能だったが、当時でもすでに、「小さいけれど強い」マイクロチップのようなものが実現できることとして話題になっていた。出版された本を将来改訂することについて「著者注記」（下巻所収）に記した私自身の考えは、このような時代の雰囲気を反映している。実際、一九九五年以降、私はウェブサイトで新しい情報に関する資料を公開してきた。このように考えると、本書のように分厚く長い物語の本が一九八三年以降継続して版を重ねてきたことに驚く。しかし、おそらく、紙を綴じた従来の本が依然として与えてくれるものは、物語への耽溺である。そんな時間のかかる経験をたしかに私は提供したといえる。

私は、語り手として、アラン・チューリングの隠された人生航路のほんの少しだけ先をみる潜望鏡といった立場をとり、ところどころに将来を予言するごくわずかの評言を加えた。本書が念頭においたことは、今では過去になってしまった一九四〇年代と一九五〇年代という時代が完全に未知の未来だったさらに先行する時代があるということだ。その結果、読者に根拠のない信頼を求めた。読者はまず、チューリングの家族の起源や子ども時代の些細なこまごまとしたことを苦労して読み、そのような人生にどんな意義があるのかについて理由を知ることになる。しかし、おかげで本書は望外の効果を得て、「私たちが現在知っていること」に関する言明に依拠した書物のように時代遅れではない。初版刊行時から時代が大きく変わったにもかかわらず、今本書を読んでも、一九八三年の意見を除く必要はなかった（当然ながら巻末の原注には当てはまらない。原注は一九八三年に入手可能だった資料を示すものであって、「これから読んでほしい本」への手引ではない）。

これから三〇年後、チューリングの純粋科学的な業績とその意義を、私はどのように再評価することになるだろう。本書では、一九五四年以後のチューリングの業績の遺産をたどろうとはしなかった。そのような試みは、とんでもない大仕事になると考えたからだ。しかし当然ながら、科学的発見の拡大によって、チューリングの業績はつねに新しい評価にさらされ続けた。彼の形態形成理論は二〇〇〇年以降、物理・化学的な機序としてますます活発に研究がなされ、今ならばさまざまな研究方法やモデルに関してより多くの資料が必要になるだろう。例をもう一つあげるならば、人工知能についてトップダウンとボトムアップの方法を組み合わせるチューリングの研究戦略、そしてさらに、一九四八年に彼が概略を示したニューラルネットの概念は新たな意義が与えられている。一九七〇年代以降、科学技術史の質と量はともに急増し、チューリングの諸論文についても多くの研究がなされている。生誕一〇〇周年の二〇一二年が刺激となって、さらに多くの研究が期待される。一九八三年にはほとんど関心を呼ばなかった各種の話題が、今、活発な議論の対象になっている。

しかし、今後も私は、本書と本質的に異なる見方をすることはないだろう。本書の「論理的なもの」と「物理的なもの」という二部構成自体がすでに大胆な試みだった。すなわち、従来のようにチューリングを純粋な論理学者として扱うことを拒絶し、物理的世界の本質に向かってつねに、そして時を追うごとにより深く関与していった人物として描いた。この基本的認識は、今こそ、いっそう大きな自信をもって強く主張できる。彼は量子力学について並外れた知識をもつとともに、一九三六年の論理学的諸概念に到達した。これについては、現在ではより興味深い関係づけができている。一九八〇年代半ば以降の量子計算と量子暗号の考え方は、チューリングの着想を重要な意味で拡張したものだったからだ。同様に、その重要さから一つの脚注（下巻第7章）が膨大な量になってしまった。チューリング晩年の量子力学へ対する新たな関心を、現在は、一九五〇年と一九五一年におけるコンピュータと心に関する彼の議論と密接に結びつけることができる。これらの問題は一九八九年以降急速に取り上げられるようになるが、この年、ロジャー・ペンローズは『皇帝の新しい心』[*2]を著し、チューリングが発見した計算不可能数が、心に対して有する重要性を論じた。ペンローズ自身は、チューリング機械をまったく新しい量子力学観に関係づける解答を示唆していた。私は、現在では物理的チャーチ＝チューリング・テーゼと呼ばれる主張に対して、これまで以上の注意を喚起したい。チューリングは、計算可能な対象の範囲に、物理的対象がなしうるすべての物事が含まれると考えただろうか。これは、彼の心の哲学にとってどのような意味をもつのだろうか。これらの点を考慮すると、チューリングの研究に関するチャーチの一九三七年の批評（上巻第3章）は、私が本書でかつて記した以上に重要だ。チューリングが関心の対象を、アルゴリズムによって何が可能になるかという問題に決定的に変えた時期については、第2章（上巻）で論じているが、現在、私はその時期は一九三六年ではなく一九四一年（上巻第4章）だったと考える。また、「ランダム」な要素の彼なりの使い方や、そのほか本書における思考と行為に関する数多くの一般的言明と同様に、不可謬性に関するチューリングの議論（下巻第6章）は、本書以上の分析に値する。ただし、これらの疑問についてこれ以上注意深く考えても、新しい答はおそらく出てこない。むしろ、チューリングがほんとうは何を考えたのかという疑問がさらに深まるだけだろう。

現在であれば、彼が秘密裡に従事した戦時中の仕事について、もっと明確な詳細を書けるだろう。一九九二年刊のヴィンテージ社版の序文でさえ、F・H・ヒンズリーの手になる公式の英国情報機関史第三巻から新しい資料を紹介できた。そして、一九九〇年半ば以降は、第二次世界大戦中の暗号に関するアメリカとイギリスの原文書が正式に公開され、ヒンズリーの資料よりもはるかに内部の物語を緻密に解明できるようになった。しかし、新たに明らかになったことは、ブレッチリーパークの功績、そして、その学問的中心人物としてのチューリングの功績の質と意義を高めたにすぎない。現在、ブレッチリーパーク自体は観光名所となった。しかし、その教訓、つまり、理性と科学的方法がその時代の英雄だったことは、まだ一般的に理解されていない。

公開された文書をみると、一九三九年一一月一日の段階で、チューリングが「現在レッチワースで製作中の機械はポーランド人たちのボンブに似ているがずっと大きい（スーパーボンブ）」と伝えることができた理由がわかる。このボンブについた「スーパー」という表現は、当時の私が、証拠となる詳細な記述がなかったために、突破口としての価値を強調できなかった革新的方法を象徴的に表している。すなわち、チューリング自身が書いた一九四〇年のエニグマ解読報告書には、この「同時並列走査」と呼ばれる方法を開発した経緯が明快にまとめられていた。それらはすべて、現在、ブレッチリーパーク博物館にあるボンブを再現した機械で物理的に実現され作動している。公開文書に加え、暗号解読チームの初期メンバーたちは、海軍エニグマの解読を非常に難しくしたバイグラム表の詳細や、統計手法を使うバンブリズムズ法を含めて、専門的研究の全体を発表している。今や、超高速ボンブ、ローレンツ暗号の解読、有名なコロッサスについてもすべて自由に研究できる。この大半は、故トニー・セイルの刺激的な研究のおかげだ。今となってみれば、本書の記述は必要以上に不明確である。しかし他方で、これ以上、暗号解読技術に頁を割く余裕はなかった。この程度のまとめかたでも読者がそれほど判断を誤ることはないだろう。

とくに、これらの資料が公開されて、ようやく論理的なものと物理的なものとをつなぐ「架け橋」の章における渡航、すなわち、一九四二年から一九四三年に年が変わる冬、チューリングが最高レベルの連絡役としてアメリカを訪問したことの重要性が増した。現在公開されている一九四二年一一月二八日付ワシントン発の報告書には、彼の微妙かつ異例の立場が記録されており、また、最初にエリス島に移民として収容されたこと（下巻架け橋）も記されていた。チューリングは米国海軍に圧倒されなかった。「僕は、暗号に関する判断に関しては、彼らはあまり信用できないと確信している」。本書刊行の一九八三年に私にはほんの噂としてしか聞こえてこなかったことが確認されたのだ。一二月二一日、チューリングは汽車でオハイオ州デイトンへ行くと、米国版ボンブが製造中だった。そこで、米国最高機密である音声暗号技術のことも知らされたが、その点についても多くのことが明らかになっている。すなわち音声スクランブラー「ディライラ」に対するチューリングの反応を、一九四四年六月六日付の中間報告書およびその後の完全な記述からうかがい知ることができる。エニグマは一九二〇年代の機械工学を応用したほどほどの機械だが、ディライラはちがう。携帯電話の先駆けであり、未来という時代に属する製品だ。この新しい資料は、戦後、チューリングが、一九四五年の勝利で明るみにでたアメリカの最先端技術について特別の知識をもっていたことをあらためて強調するにすぎない。

こうした事実によって、一九四八年以後のチューリングが政府通信本部でどういう仕事をしたのかという疑問への関心が高まる。一九九二年版序文で、この時期の彼の仕事は、ソビエトの通信を解読する今では有名なベノナ計画と関係があったかもしれないことを示唆した。しかし、今までのところ、一九四八年から一九五四年までの政府通信本部やそのほかの機密文書と同レベルの文書は公開されていない。

公開されれば、チューリングの仕事の本性が判明するかもしれない。リチャード・オルドリッチの最近出版された政府通信本部の歴史は、[*3]「現代において、このことはいつにも増して重要になっている。しかし、私たちはそれについてほとんど何も知らない」という言葉で始まっている。アラン・チューリングがその基礎を築いた仕事については、エドワード・スノーデンがさらに多くのことを教えてくれる。普遍的機械がどれほど貢献したかを無視するほうが不可能だろう。そして、チューリングが冷戦初期におけるコンピュータの可能性について極秘になんらかの助言を求められなかったということも信じがたい。一九九二年の序文で述べたように、チューリング以外の誰がそのようなことをできたというのか。

イギリス政府が著名な科学者たちからの要求に応じて、二〇一三年一二月二四日に「目に余る猥せつ行為」で一九五二年三月三一日に有罪判決をうけたチューリングに死後恩赦を与えることを発表した声明には、このような疑問に対する答はまったく見られない。政府の最高級科学顧問が安全保障の危機にもつながるような犯罪で公判の法廷に立つ展望を詳細に報告する覚え書きがあるので、ヒュー・アレグザンダーは裁判に出席したことを報告していたにちがいない。下巻末の原注［8・17］からわかるように、チューリングが投獄されずに（当時は穏当な方法と考えられていた）ホルモン治療をうけたことについて外務省が影響力を行使していたかどうかについての疑問が生じる。しかし、それを示すような書類はなく、開示が求められたこともない。

恩赦は世間を想像力のとりこにして、ありえないクリスマスプレゼントとして喜ばれた。しかし、恩赦の根拠はそれほど高揚したものではなく、一九五二年の裁判でチューリングを弁護するための主張、すなわち、チューリングが国家の貴重な人材であるということを認めただけのものだった。この恩赦という恩着せがましい行為は、一九五二年にヒュー・アレグザンダーの弁護でできなかったことを、六〇年の時を経て、君主による思し召しという形をとって実現したものだった。

エリザベス女王の治世はチューリング逮捕と時を同じくして始まり、王室恩赦という中世風の言葉に特別の彩を与えることになったが、英国政体特有の装飾的要素に馴染みがない人びとは、それが政府の行政行為にすぎないということに十分注意しなければならない。恩赦の言い回しは、チューリングが国に貢献した異例の人物であることを認め、チューリングとイギリス国家との関係について重要な疑問が残ることを再び強調した。しかし、一九五四年になってさえも、ほんとうに問題だった国家は大西洋を隔てたアメリカだ。アメリカ当局筋は一九五一年から一九五二年にかけて明らかになったことについて何を知っていたのか、そして、チューリングにアメリカの機密に近づく特別の許可を明示的に与えていたとすれば、当局はどのように反応したのか。一九四八年、チューリングは、アメリカが提起した規則に照らして厳格に調査されていたのか。一九五〇年、マンチェスターのミルクバーで恋人を探し始めたとき、彼は新しい規則を承知の上で無視したのだろうか。一九五二年から一九五三年にかけて、チューリングがヨーロッパで恋人探しの旅をした事実を、イギリス当局はアメリカに報告したのだろうか。その結果、どのような要求、脅迫、監視に対してチューリングは対処しなければならなかったのだろうか。

恩赦では、このような疑問にまったく触れられていない。

恩赦を求めた請願者は、チューリングは例外的であり、ほかの誰にも適用されるような先例にならないことをはっきりと言明した。あくまで例外的事例としてその恩赦は与えられた。だから、チューリングとまったく等しく起訴されたアーノルド・マレーに恩赦は与えられていない。彼が存命かどうか（実際は存命でない）さえ考慮されていない。この本の読者は、チューリング自身がこのか弱い青年マレーの生い立ちと性質に大いに関心をもち、この青年が階級間の障壁を打ち破ったことを題材にした短編を書いた理由を理解することになるだろう。チューリングが、自分の社会的地位ゆえに裁判が中止になり、それ以外のすべてがもみ消されたとして、それに反対するほど気高い人物だとは思いがたいが、だからといって、非常に厳しい法律がほかの何千人という人びとに執行されていながら、自分が例外的に扱われるのを喜ぶとも思えない。

一九五〇年、チューリングは、今では「バタフライ効果」と呼ばれるようになった現象について記述

し、最後は男が雪崩で死亡して終わっている。そして、彼は短編を書いているとき、一九五一年から一九五二年にかけての出来事はまさにそのような経過をたどっているように見えたのかもしれない。私たちは今その危機を招いた一連の偶然の出来事についてさらにいくつかのことを知っている。下巻8章で述べているオックスフォードロードでの出来事のさなか、一人の週末休暇中の一八歳の海軍兵士がいた。彼はそこのミルクバーでアラン・チューリングだと知って挨拶をした。数学者としてではなくアマチュアのマラソン走者として知っていたからだった。この青年、アラン・エドワーズは、後にチューリングがアーノルド・マレーと関係があることに気づいた。エドワーズは、鋭い知性をもつスポーツ愛好家で、自分が同性愛者であることを自覚していた。したがって、エドワーズは、チューリングにとってはるかにふさわしい若い男性だっただろう。しかし、人間の本性の皮肉からか、チューリングはエドワーズの好みのタイプではなかった。年が離れていたからではない。あまりにも似すぎていたからだ。しなやかで魅力的だったからだ。

チューリングの人生でマラソンが重要だったことを示す証人がもう一人現われた。『ふくろう模様の皿』（一九六七、訳本は神宮輝夫訳、評論社刊、一九七二年）を書いた有名な児童文学作家アラン・ガーナーだ。二〇一一年、彼しか知らないことを話してくれた。彼はアラン・チューリングのトレーニングパートナーだった。二人は、一九五一年から一九五二年にかけて、チェシャーの田舎道をおそらく千マイルくらいは走った。一九五一年のガーナーは一七歳で、第六年次生としてマンチェスター・グラマースクールで古典語を学んでいた。その年、二人は一緒にマラソンを走っていたときに路上で知り合った。最初からガーナーは、アランが自分を同等の者、すなわち、そのグラマースクール独特の雰囲気（『ヒストリーボーイズ』で別のアラン（アラン・ベネット）が回顧した文化）ゆえに、理解し、付き合える人間として接してくれるのを感じた。彼はまたそのとき、真剣に若い短距離競争選手を目指しているところだった。短距離走者と長距離走者としての彼らは異なる強さゆえに、数マイル程度の競争では同じペースで走ることができ、差はでなかった。同じく、言葉遊びや少し下品なユーモアのある軽い会話も彼らに共通していた。チューリングに知能をもつ機械は可能だと思うかと聞かれたときも、ガーナーはまったく驚かなかった。オルダリー尾根沿いのモットラムロードを黙って一〇分間走った後、彼は思わないと答えた。チューリングは反論しなかった。「古典語を勉強する理由はなに?」という質問に、ガーナーは、「だれでもちがう頭の使い方ができるようにならなければなりません」と答えた。チューリングならば一目置くような答だ。

彼らは個人的な会話を避け、話題は六、七マイル走り続けることにしぼられた。しかし、おそらく一九五一年の後半のこと、チューリングは白雪姫の物語について話をした。「あなたもですか」とガーナーは驚いて言った。子ども時代の忘れられない記憶と結びついていたからだ。五歳ではじめて観た映画、『白雪姫と七人の小人』の毒リンゴは彼を心から怖がらせた。チューリングもすぐに共感した。「彼はその場面を詳しく話してくれました。リンゴの二面性、すなわち、半分が赤く、もう半分が青く、どちらかが死をもたらすのです」。ガーナーが理解したところでは、彼らはともに同じ心の傷を抱え、それがずっと二人の絆になった。

マラソンの練習は一九五二年に入っても続き、時期的にチューリングの裁判と重なる。チューリングは自分の身に起こっていたことについては何も語らなかった。ガーナーがやっとそのことを知ったのは一九五二年の終わりのことで、警察からチューリングと関わるなという警告を受けたときだった。ガーナーは警告を受けたこと、そして、そのとき知らされたことについて激しい怒りを憶えた。自分がそういう目的で言い寄られたとはまったく思わなかったからだ。しかし、否応なく、悲しい結末が待っていた。アラン・ガーナーは、一九五三年、最後にチューリングに会ったことを辛そうに思い出す。ウィルムズローからマンチェスター行きのバスで一緒になったときのことだ。ガーナーは女友達と一緒だったので声をかけにくく、気づかない振りをした。十代最後の数年間を描く小説と映画の場面をあまりにも思い起こさせるこの出来事の後、ガーナーはまもなくして兵役に就き、そこでチューリングの死を知る。アラン・ガーナーは六〇年間、このことについて沈黙を守った。[*4]

アラン・チューリングは、ごく普通のチェシャーの村出身の、それほどの好奇心と知的野心を見せる若者に出会って当然喜んだだろう。それだけでなく、ガーナーのなかにさらに特別な才能を見出し、将来、現代と神話を結ぶ作家になると感じたかのようだった。リンゴについての話は、一九五二年以後彼が受けていたユングの心理分析に少し関係するようなものだろうが、それ自体について私たちはほとんど何も知らない。チューリングが一九三八年にケンブリッジで上映された『白雪姫』を観たとき（上巻第3章）、五歳の少年が同じ衝撃を受けて、それを互いに伝え合う日があったことにも驚く。一九三八年はチューリングが選択をせまられていた年だった。アメリカから戻って、純粋数学ではなく戦争と積極的に関わることを選んだ。彼は秘密厳守と同時に純真さとの決別を受け入れた。すでにリンゴが自殺の手段になっていたということ（上巻第3章）は、その映画の場面が強烈で（ガーナーの理解では心の傷になる）思い出になったにちがいないということだ。チューリングの分析医フランツ・グリーンバウムは、このような葛藤を解明するには申し分ない親友だったが、国家機密に関わるので、チューリングは自分の状況の真の重大さを伝えることができなかった。一九五四年の彼は今の世界ではほとんど想像できない孤独を抱えていた。

これからこのような証人がさらに出てきたら驚くべきだろうが、ほかにも個人的文書が存在し、最終的には利用可能になるかもしれない。この序文は、一九八三年版に載せるには発見が遅すぎたが、一九九二年の序文には収録した貴重な文書を再録して締めくくる。

ケンブリッジ大学キングズカレッジと戦前の暗号解読体制の蜜月関係は、キングズカレッジ文書館にある数通の短い手紙から一九九〇年に明らかになった。「上司のディリー・ノックスがよろしくとのことです」と、チューリングはジョン・シェパード副学長に宛てた一九三九年九月一四日の手紙に書いている。「いつでもお越しください」と副学長は返信し、訪問を促した。経済学者J・M・ケインズは戦時中、チューリングがフェローでいられるように取り計らってくれていたが、彼もまた古い世代の暗号解読者を知っていた（「上司」との親しい関係をはっきりと快く思っていた）。チューリングを取り巻くこれらの人間関係のおかげで、一九三八年にチューリングの暗号に対する関心が英国政府に伝わって運命的な仕事に就くことができた経緯（上巻第3章）をより鮮やかに記述できた。

一九八三年の時点ではポーランド語のものしかなかった次の説明もまた、戦争の最初の数か月間に関係するものであり、[*5] チューリングがポーランドとフランスの暗号解読者に新しいパンチカードを渡した私的連絡役だったかどうかという上巻末の原注［4・10］で提起した疑問を解決してくれる。実際、彼の役割はまさにそれであり、次に引用する送別夕食会の話に出てくる彼の声の調子は間違えようがない。

> フランス情報部職員が配置されているパリ郊外の落ち着いたレストランで、暗号解読者たちに加えて、秘密暗号解読センターの責任者たち、すなわち、ベルトランとランガーは、日々の懸案を忘れて気楽に一晩を過ごしたいと願っていた。注文した料理やこの日のために選ばれた高級ワインが出されるまで、テーブルクロスの中央に置かれているクリスタルの花瓶が話題の中心だった。それには細長いじょうご形をした優美な薄紫色の花が生けられていた。「ヘルプストツァイトローゼ……ジモヴィティ・イェシエンヌ……」と、まず、秋に咲く永遠の花を意味するドイツ語名、次にポーランド語名を口にしたのはおそらくランガーだった。
>
> チューリングには意味がわからず、彼は乾いて先がとがった葉をじっと見つめていた。しかし、数学者にして地理学者でもあったイェルジ・ロジスキーがコルチカム・オータムナーレ（秋のクロッカス、つまり、イヌサフランのこと）というラテン語名を口にすると、ふと我に返った。
>
> 「なんですって？　それは猛毒じゃないですか！」とチューリングは声を張り上げた。
>
> これに対して、ロジスキーは一語、一語、慎重に言葉を吟味するかのようにゆっくりと言い添えた。「永遠を手に入れるためには茎を二、

三本かじって汁を吸うだけでいい」。

少しの間、気まずい沈黙が訪れた。しかしすぐに、秋のクロッカスとその危うい美しさは忘れ去られ、豪華な料理が並ぶテーブルで活発な議論が始まった。しかし、皆がどんなに頑張って仕事の話を避けても、エニグマが頭から離れない。またしても、ドイツの通信担当者が犯した間違いと穴をあけたカードが話題になった。カードは、当時はすでに手ではなく機械で穴をあけるようになっており、イギリスで製作し継続的にブレッチリーからパリ郊外のグレッツ＝アルマンヴィリエで作業しているポーランド人へ送っていた。この穴のあいたカードの発案者ジガルスキーは、正方形の穴の一辺が八・五ミリメートルという奇妙な長さの理由を不思議がった。

「火を見るよりも明らかですよ。一インチの三分の一というだけのことです」と、アラン・チューリングは笑いながら答える。

この話題がきっかけとなり、次には、どちらの方式の度量衡や為替、つまり、昔から雑然としている英国方式か、それとも、フランスとポーランドで使われている明快な十進法方式のどちらが論理的で便利かという議論になった。チューリングは冗談めかして雄弁に英国方式を擁護した。二四〇ペンス（一九七〇年以前の英国では、これは二〇シリングに相当する。一シリングは一二ペンスだった）という英国ポンドほどにうまく割り切れる通貨がこの世界でほかにあるのだろうか、英国方式だけが、三人、四人、五人、六人、八人でレストランやパブに行ったとき（一般的にはポンド未満は切り捨てるチップを含めた）勘定書を一ペンスまで正確に割り勘ができるではないかというわけだ。

チューリングの毒草についての知識が機密業務や数字をめぐる軽口のなかで思わず表に出た不吉さは、彼の死に方を彷彿とさせる。彼の死の衝撃はもう一つの一次資料にも鮮明に描かれている。チューリングの家政婦のクレイトン夫人が一九五四年六月八日の夜に書いた手紙だ。

親愛なるチューリング夫人、

アラン様の死をお聞きおよびのことと思います。本当に大変驚きました。ただ、どうしたらよいのかわかりませんでした。ギブソン夫人の家へ飛んで行き、彼女が警察に電話してくれました。警察からは何も触らず何もするなと言われ、あなた様のご住所を思い出せませんでした。私は、週末はお手伝いには参らず、今晩いつものようにお食事を作りにまいりました。居間のカーテンが開けたままになっていて、寝室の照明が見えました。玄関の階段にはミルクがあり、ドアに新聞がはさんでありました。だから早い時間に外出なさって照明を消し忘れたものと思い、寝室に行ってドアをノックしました。返事がないので入りました。ベッドにいるご主人様を発見して、夜の間に亡くなられたにちがいないと思いました。警察がまた今晩も来て、私に証言を求めました。検死審問は木曜日だと思います。あなた様か［ジョン・］チューリング様にはいらしていただけますでしょうか？　私はどうしようもなく、なにもできません。ウェブ家の皆様は先週水曜日に引っ越されました。新しい住所をまだ知りません。ギブソン夫妻はアラン様が月曜日の夕方、散歩していらっしゃるのをご覧になっており、そのときはまったく普通だったとのことです。ウェブ夫妻は火曜日に夕食にいらっしゃり、奥様とは引っ越し当日の水曜日の午後、お茶をご一緒しました。アラン様のご逝去に心の底からお悔やみ申し上げます。こちらでお手伝いできることは引き続きさせていただきます。

敬具

S・クレイトン

この手紙の内容は、警察がただちにチューリングの家を管理下においた経緯を明らかにしており、検死審問で公表されなかった情報を当局が握っている可能性を残している。この手紙はキングズカレッジ文書館に所蔵された。

また、友人のノーマン・ラウトリッジに宛ててチューリング自身が書いた二通の貴重な手紙にも警察が登場している。これは現在キングズカレッジ文書館に所蔵されている。一通目は日付がないが、一九五二年前半に出されたものにちがいない。

親愛なるノーマン、

僕は実際のところ、自分が戦時中に就いていた職を除けば職業について多くを知らない。そのときも、仕事で外にでることは一度もなかった。あそこは徴用された人を採用していると思う。たしかにその仕事には、かなり大変な頭脳労働が必要だったが、君が関心をもつかどうか、僕にはわからない。フィリップ・ホールも同じ仕事をしていたが、全体的にはあまり気に入ってはいなかった。ただ僕は今、あまり集中できる状態ではない。それは、次に説明するような理由からだ。

今、僕は自分の身に起こるのではないかとずっと考えてきたやっかいごとを実際に抱えてしまった。ただし、普通ならば、そんなことは十対一で起きないと思っていた。僕はもうすぐ若い男性に対する性犯罪で有罪を認めることになる。ばれることになった経緯は長くておもしろいので、いつか短編にでもまとめなければならないが、今、それを君に話す時間はない。間違いなくその短編小説に僕はまったく別人として登場するが、どういう人間になるのかはまだわからない。

放送を楽しんでくれて嬉しい。でも、たしかに、J［ジェファーソン］はやや失望していた。この先、次の三段論法を使う人びとが現われるのではないか少し心配している。

チューリングは機械が考えると信じる
チューリングは男と寝る
だから、機械は考えない

窮地にいるアランより

もともとは毒人参の汁を飲んだソクラテスに関するものだった伝統的な三段論法を持ち出しているが、これは異常なまでのブラック・ユーモアだ（チューリング自身が自分の人生のもろもろの部分をどのように融合させていたかその様子を示す最高の例でもある）。手紙の書き出しで、重大な仕事をした戦時中の六年間についてあきれるほどぶっきらぼうに触れたことも、仕事で外にでることは一度もなかったという不可解な部分も、同じように驚くべきことかもしれない。

二通目の日付は二月二二日となっている。一九五三年のものにちがいない。

親愛なるノーマン、

手紙をありがとう。もっと早く返事を書くべきだった。次に会うときに、僕の冒険に満ちた人生について聞かせたいおもしろい話がある。警察ともう一勝負したが、この二回目の勝負はチューリングが有利だった。(ある報道によれば)北イングランド警察の半分が駆り出されて、僕のボーイフレンドと思われる人物を捜索していた。まったくのこけおどしだ。

完璧な徳と高潔がことの成りゆきのすべてを支配していた。しかし、哀れな恋人たちはそれをまったく知らなかった。外国旗の下、酒のせいでほんのそっとキスをした、これが今まで起こったことのすべてだ。今ではすべてが元通りうまくいっているが、ただ、可哀相な少年がひどい仕打ちにあってしまった。三月に、テディントンで会うときに全部話すつもりだ。保護観察期間中、僕の輝ける徳はすばらしかったし、そうでなければならなかった。僕が自転車を道の間違った側に駐輪するような間違いを犯したのなら、懲役一二年だったかもしれない。もちろん警察はもうしばらくうるさいだろうから、徳は輝き続けなければならない。

フランスで職を探すかもしれない。しかし、数か月精神分析にも通っていて、少し効果が出ているようだ。実に楽しい。いい人にあたったみたいだ。診察時間の八〇%は僕の夢の意味を考えている。今、論理学について書く時間はない!

では、アラン

この文体から、チューリングの率直な話し方がオーウェルやショーの英語と似ているだけでなく、P・G・ウッドハウスの英語の特徴も備えていることがわかる。この二通の手紙はおそらく、彼のヨーロッパでの冒険について想像を駆使して、アランの詮索好きな「恋人たち」を探しまわっていた警察の真剣さをアランが否定していたということを示しているのであろう。

アラン・チューリングは、暗号解読という「商売」の手がかりとして賭け率の対数を使った。彼がつねに確率にこだわっていたことは、捕まる確率は一〇分の一だという言い回しにも表れている。一九五三年の禁欲的ともいえるユーモアは、無邪気に戦争に反対した二〇年前の学部生時代と結びつく。そのときはアルフレッド・ビュッテルのモンテカルロにおけるギャンブル戦略を分析した。地政学上の諸勢力がせめぎ合うヨーロッパで、チューリングは、巧妙かつ無頓着な個人としてなんとか生き延びてきたが、幸運は永遠に続かなかった。

この序文では、以上の追加事項だけでなく、訂正事項についても述べなければならない。不可避とはいえ、版を重ねても多くの誤りがそのままになっている。たとえば、正規数についての巻末の第2章原注［2・11］は、正規数の意義、そして友人デイヴィッド・チャンパーノウンの一九三三年の貢献の意義を過小評価している。チューリングの無限十進数研究が、彼の「計算可能数」のモデルを暗示しているとみなすことも可能だ。チューリングのスキューズ数の研究に関する巻末の第3章原注［3・40］は正確ではない。彼の不完全な草稿は一九五〇年頃のものであり、実はこの頃チューリングがこの研究を一時的に再開し、スキューズと簡単な書簡のやりとりをしていた。オードリー・（旧姓）ベイツ（下巻第7章）は本書で示唆されているよりもさらに興味深く実質的な研究を行なった。彼女の修士論文には、チャーチのラムダ計算をマンチェスターのコンピュータで実装することが含まれていたが、この先進的発想は論文として出版されることはなかった。この事実は、第7章で、『プログラマーズ・ハンドブック』に関する段落に付した脚注における指摘をいっそう強調する。すなわち、チューリングが、プログラミングと論理学に関する構想を発展させ、研究と技術革新を実現する活気ある学派の創設につながられなかった経緯だ。彼が直面した問題を解くための一つの鍵は、「マックス・ニューマンが『コンピュータには博士号に値するものは何もない』という永久不滅の声明を告げた」というベイツの思い出にある。下巻第5章でW・ウィーヴァーが所属していたのは、米国国防省研究委員会（US National Defense Research Committee）である。EDVACは、下巻第6章では計画段階としているが、実際は製作されていた。チューリングは一九四五年から一九四七年にかけてハンプトン村に住んでいた。この村はハンプトン・ヒルの南へ一マイルのところにあるが、第6章では位置関係が不正確だった。この家には現在、彼の生まれた家と死んだ家と同様に、青い銘板が掲げられている。これ以外の追加と修正はwww.turing.org.uk で見ることができる。

生誕一〇〇周年記念のこの序文で述べた奇妙な取り合わせのさまざまな話題は、チューリング物語の食前酒として、執筆したちょうど一世紀前に読者をさかのぼらせ、一九一一年の世界に誘うためのものでもある。この旅を著者としてたどるなかで、私は、前世を生きるという独特の体験をした。この体験の不思議さは、レーガン時代から現在までの時間の隔たりとアイゼンハワーの時代から執筆当時までの時間の隔たりが同じ長さだと思うとさらに倍増する。風景は一変した。著者注記で触れたSF『二〇〇一年宇宙の旅』はもはや過去の歴史になり、チューリングの科学的「エネルギー最小浪費」がむしろ現在ではずっとさしせまった意味をもつ。しかし、本書において私が利用した一九世紀ビクトリア朝時代までたどれる二つの原点、一方はイギリスのルイス・キャロル、他方はアメリカのホイットマンについては、改訂も謝罪もまったく不要だ。私は、ルイス・キャロルの数学的なチェス盤にある善悪二分の古典的な設定で、アラン・チューリングをポーン（歩兵）として配置した。さらにそのなかに、ホイットマンの「未来の歴史」の物語を注入した。これらの一九世紀に由来する夢は、二一世紀の罪と愚かさを考えるときにも、いぜんとして意味をもっている。

*1 Martin Davis, *The Universal Computer*, Norton, 2000.〔『数学嫌いのためのコンピュータ論理学—何でも計算になる根本原理』岩山知三郎訳、コンピュータエージ社、二〇〇三年〕

*2 Roger Penrose, *The Emperor's New Mind*, OUP, 1989.〔『皇帝の新しい心』林一訳、みすず書房、一九九四年〕

*3 Richard J. Aldrich, *GCHQ: The uncensored story of*

Britain's most secret intelligence agency, Harper, 2010.

＊4 「私のヒーロー、アラン・チューリング」『オブザーバー』紙、二〇一一年一一月一一日号。

＊5 W. Kozaczuk (C. Kasparek 英訳), 'Enigma: How the German Machine Cipher Was Broken, and How It Was Read by the Allies', *World War Two*, Arms and Armour Press, 1984. この底本となったポーランド語の原文は一九七九年にワルシャワで出版されている。

訳者付記

ここに訳出した序文は、本書が二〇一四年、「イミテーション・ゲーム」と題する映画化に因み改版、刊行されたときに付されているものである。著者は、本書が一九九二年にヴィンテージ社から出版されるようになったときに「序文」を執筆して付加、さらに、本訳書の底本である二〇一二年刊行の生誕一〇〇年記念版において改訂したのち、二〇一四年にさらに若干の新しい情報を追加して改稿している（追加改稿された部分は、序文ｘｖ頁の下段一四行目からｘｘ頁の下段一一行目までの部分である）。

本書は、最初の版が一九八三年に英国ではバーネット・ブックス社から、米国ではサイモン&シュスター社から刊行されているがそこには序文は付されていなかった。その後、一九九二年から英国では、ヴィンテージ社から出版されるようになり、さらに二〇〇〇年にはダグラス・ホフスタッターによる「はしがき」の寄稿を受けて、米国でもウォーカー・ブックス社からも出版されている。ホフスタッターの「はしがき」は、生誕一〇〇年記念の版にも付されているので、あわせて訳出してある。

エニグマ　アラン・チューリング伝　上　目次

下巻目次

◆凡例

・原著脚注は＊で示し章末にまとめ、原注は［ ］で示し巻末にまとめた。
・訳者による訳注、補足等は〔 〕で挿入した。
・献辞、題辞、碑銘の訳文はすべてホイットマン『草の葉（上・中・下）』酒本雅之訳、岩波文庫（一九九八年）によった。
・原著において写真は中央部にまとめて掲載されているが、本訳書では記述が該当する箇所に挿入してある。その一覧は下巻「訳者あとがき」で示す。
・訳出にあたって参考にした文献等については、下巻「訳者あとがき」において一覧する。

I 論理的なるもの PART ONE: THE LOGICAL

1 集団の精神

Esprit de Corps

to 13 February 1930

勉強を始めたときに最初の一歩がとてもわたしの気にいった、
事実というただそれだけの意識、これらの形態、運動の力、
このうえなく微少な昆虫や動物、それから感覚、視覚、愛、
この最初の一歩が真実わたしを畏敬《いけい》させ、とてもわたしの気にいった、
わたしはほとんどその場を離れず、離れることをほとんど望まず、
いつまでも足をとどめてぶらつきまわり、恍惚の歌に歌いたいと願うばかり。

大英帝国時代のイギリスに生まれたアラン・チューリングの出自は、社会的には地主階級と商人階級との境目に位置していた。商人、兵士、聖職者だった祖先は紳士階級らしきものに属するが、安定した地位についていたとはいえない。彼らの多くは、イギリスが世界中に権益を拡大する時代を生き抜いた。

チューリング家をたどると、一四世紀のスコットランド、アバディーン州フォヴランのチューリン家にまで行き着くことができる。この一族は準男爵の位をもつ。一六三八年頃ジョン・チューリングなる人物に授けられた爵位らしい。彼はスコットランドを去ってイングランドに移る。チューリング家のモットーはラテン語の諺 *Audentes Fortuna Fuvat*（幸運は大胆なる者を助ける）だったが、彼は大胆だったにもかかわらず大きな幸運には恵まれなかった。ジョン・チューリング卿は一七世紀の内戦では敗者側につき、フォヴランは国民盟約派によって略奪される。王政復古後の賠償も拒否され、一八世紀を通じてチューリング家は日の目を見ることがなかった。それは、チューリング家の一族の物語詩[1・1]に書かれている。

ウォルター、つぎにジェイムズ、つぎにジョンが知っているのは
一つの王冠のはかなき名誉ではなく
　静寂と平安の人生
その人生は、神聖なる蓄えによって喜びを与えられ
純粋な宗教の語りから得られたもの
そのようにして、この人びとの静かな日々は過ぎていき
フォヴランの栄光は眠っている
それは、ロバート卿が申し立て
この家系に再び名声を授けようとしたときまで

バンフの城の数々の塔は、大きく高く鳴りわたり
寛大なもてなしに合わせて
卿の卓を囲む多くの友人たちは
チューリングの家系が復活したことを喜ぶ

一七九二年、ロバート・チューリング卿はインドから一財産を持ち帰り爵位を復活させた。しかし、長子の子孫のほとんどは男子の後継者に恵まれないまま次々に死亡し、アラン・チューリングが生まれた一九一一年までにチューリング一族は世界でたった三つの家族になってしまう。準男爵位は当時八四歳になる八代目が継承。彼はかつてロッテルダム駐在英国領事だったが、弟とその子孫がチューリング家のオランダ系分家を作っていた。弟系の分家には彼らの従兄弟ジョン・ロバート・チューリング、アランの祖父の子孫がいた。

一八四八年、ジョン・ロバート・チューリングはケンブリッジ大学のトリニティカレッジで一一番の成績をとって数学の学位を取得するが、聖職に就きケンブリッジの副牧師となるために数学を捨てた。一八六一年、一九歳のファニー・ボイドと結婚、ケンブリッジを去ってノッティンガム州で暮らし、一〇人の子の父親になる。二人の子どもは幼くして死亡、残る四人の女子と四人の男子は聖職者の給料がすべての貧しい生活のなかで大きくなる。最後の男の子が生まれてまもなく、ジョン・ロバートは突然の病に倒れ、一八八三年にその生涯を閉じた。

残された妻は病弱で、家族の世話は最年長の姉ジーンの肩にかかるが、彼女は強力に家族を導いた。一家はグラマースクールがあるベッドフォードに移り、そこで上の男の子二人は教育を受ける。ジーンは自分で学校を開き、二人の妹は学校の教師になって家を出て、弟たちを世に出すためにすべてを犠牲にした。

そしてもう一人の不運なチューリング、最年長の息子のアーサーがいる。彼はインドの軍隊に任用されるが、一八九九年の北西戦線で待ち伏せにあって戦死。三番めの息子ハーベイ[1・2]はカナダに渡って工学を学び、第一次世界大戦で帰国、その後上流社会向けジャーナリズムの世界に入り、『サーモン&トラウト』誌編集長を経て、『ザ・フィールド』誌の釣り部門の編集長になった。四番めの息子アリックは事務弁護士になる。娘たちのなかでただ一人結婚したジーンの夫サー・ハーバート・トラストラム・イヴはベッドフォードの不動産業者で、当代きっての測量技師だった。おそるべきレディー・イヴとなったアランのジーン叔母はロンドン州議会公園委員会の推進力となり、優しい未婚のシビル叔母は社会奉仕婦人会員としてイギリス統治下のインドの強情な臣民に福音書を送った。そして、一九〇二年、ビクトリア朝の終焉にふさわしくアランの祖母ファニィ・チューリングも結核で亡くなる。

　一八七三年一一月九日、アランの父親ジュリアス・マティソン・チューリングは次男として生まれる。ジュリアス・チューリングは父親のような数学の才能には恵まれず、文学と歴史が得意な学生だった。奨学金をとってオックスフォードのコーパスクリスティカレッジに進み、一八九四年に文学士の学位で卒業。彼は若い時代の貧しい生活をけっして忘れず、三ギニーの試験料が「ばかばかしい」といって文学修士号をとらなかった。しかし、自分の子ども時代の不幸についてまったく語らず、自尊心が強く過去を嘆きはしない。というのも、青年時代の彼は成功を絵に描いたような人生を送っていたからだ。一八五三年の大自由主義改革のおかげで誰でも受けられるようになった競争試験に合格して、インド行政府の職につく。外務省をしのぐほどの人気がある仕事だった。一八九五年八月の公開試験の成績は一五四人中七位[1・3]。その後インドの法律、タミール語、英領インド史について広く学び、一八九六年の最終インド行政府試験では再び七位を勝ち取った。

　インド南部のほぼ全域を統括するマドラス行政管区に配属され、一八九六年一二月七日に着任。新入官吏七人のなかでは最も高い地位だ。一七九二年に先祖の一人ロバート卿が去って以来、英領インドは変わっていた。幸運はもはや大胆なる者を助けてはくれず、その地の暑い気候に四〇年間耐えられる官吏にこそ幸運が訪れるようになっていた。（当時の作家によると）その地方の官吏は「かつてあらゆる機会をみつけて原住民と交流することを好んだ」が、ビクトリア朝時代の改正による選挙権拡大の結果、「かつて、われわれの同胞が現地の言葉を学ぶ役に立った原住民とのいかがわしい交流」を「もはや道徳と社会が許さなかった」。大英帝国に敬意を払わなければならない時代がきていた。

ジュリアスは、家族付き合いをしている友人から一〇〇ポンドの借金をしてポニーと馬具を買う。内地に派遣されて一〇年間、収税官補兼行政長官として馬に乗ってベラリ、クルヌール、ヴィジガパタムの村をくまなくまわり、農業、公衆衛生、灌漑、予防接種について報告し、会計を検査し、現地の行政管区を監督した。さらにテルグ語を学んで一九〇六年に収税官補佐長に任命され、一九〇七年四月に英国へ一回めの帰国をした。前途有望な独身男性が一〇年間働けば、次に妻を探そうとするのも伝統的に考えて当然のことだろう[1・4]。そうして、帰国する船のなかで、後のアランの母、エセル・サラ・ストーニーと出会う。

アランの母もまた大英帝国創建者世代の子どもで、ヨークシャー出身のトマス・ストーニー（一六七五〜一七二六）の子孫だ。トマスは一六八八年名誉革命の後、イギリスで一番古い植民地の土地を若くして手にいれ、カトリック国アイルランドでプロテスタントの地主になった。ティペラリ（アイルランド共和国南部）にある彼の地所は玄孫のトーマス・ジョージ・ストーニー（一八〇八〜一八八六）の手に渡り、トーマス・ジョージの五人の息子の長男が土地を相続し、残りの兄弟は世界に領土をもつ帝国のさまざまな土地に離散。三番めの息子は水力学の技師でテムズ河、マンチェスター大船運河、ナイル河の水路を設計し、五番めはニュージーランドに移住、アランの母方の祖父である四番めのエドワード・ウォーラー・ストーニー（一八四四〜一九三二）は技師としてインドに赴き、そこで、彼はかなりの財産を蓄えてマドラスと南部マラッタ鉄道の主任技師になり、タガブドラ橋の建設とストーニーズ・パテント・サイレント・パンカー・ホイールの発明に功績を残した。

頑固で気むずかしいエドワード・ストーニーは、イングランド系アイルランド人のサラ・クロフォードと結婚、二人の息子と二人の娘を授かる。長男リチャードは技師としてインドで父親の後を継ぎ、次男エドワードは英国陸軍医療部隊の陸軍少佐になり、娘のエヴリンは、インド軍の陸軍少佐であるアングロ・アイリッシュのカーワンと結婚。そして、後にアランの母親となるエセル・サラ・ストーニーが一八八一年一一月一八日にマドラスのポダヌールで生まれた。

ストーニー家はそれほど裕福ではなかった。エセルが子どもの頃は、夫となるジュリアス・チューリングの幼少時代と同じように貧しかった。ストーニー家の四人の子どもは全員アイルランドに帰されて教育を受けた。英領インドではよくある育て方だ。植民地で生まれた子どもたちの愛情に飢えた本国での生活は、大英帝国が支払った代償の重要な一面である。彼らは、叔父のウィリアム・クロフォードの家にあずけられた。ウィリアムはクレア州にある銀行の支店長で、最初の結婚で二人、二度めの結婚で四人の子どもがいた。叔父の家に愛情と思いやりはなかった。一八九一年、クロフォード家はダブリンに引っ越し、そこでエセルはたった三ペンスの昼食代にくじけそうになりながら乗合馬車で毎日学校に通う。一七歳のとき、「自分のアイルランド訛りを克服するため」にチェトナム女子学校に転校。そこで、女教師のビール女史とバス女史の伝説的な厳しい指導に耐え、また、鉄道家と銀行家の家族に生まれたアイルランド系の子女がイギリス上流社会の子孫に囲まれるという屈辱に耐えた。エセル・ストーニーの心のなかには、いぜんとして文化と自由にあこがれる夢がくすぶっていた。音楽と美術を学ぶために自ら希望してソルボンヌに六か月間出してもらったが、フランス人の俗物根性と行き過ぎた因習尊重がイギリス諸島の人びととそれほど変わらないことに気づき、彼女の短い滞在は幻滅に終わる。一九〇〇年に姉のエヴィーとともにクヌールにある両親の大きい家に戻ったとき、不自由だった過去の生活に終止符を打ってくれたのはインドだった。そして、それまで入るのを許されなかった知識の世界があることも知る。

七年間エセルとエヴィーは、クヌールで若き淑女にふさわしい生活を過ごした。馬車で出かけて名刺を残し、水彩画を描き、アマチュア劇に出演した。ぜいたくで息の詰まる当時の正式な晩餐会や舞踏会へも顔を出した。休日には父親が家族をカシミールに連れていった。そこで、エセルは宣教師の医者と出会い、相思相愛の仲となるも、宣教師は一文無しでかなわぬ恋となる。道徳的義務が愛情を克服した結果、エセルはいぜんとして花婿募集中だった。こうして、一九〇七年の春、本国行きの船上でジュリアス・チューリングとエセル・ストーニーが出会う場が整う。

彼らの船は太平洋航路をとり、ロマンスは日本へ着く前にすでに進行していた。日本でジュリアスはエセルを夕食に連れ出し、ウエイターにいたずらっぽく「ビールを注文します。いらないと言うまで持ってきてください」と告げる。ふだんはつつましいが、豪勢にすべきときにはそう振る舞った。ジュリアスはエドワード・ストーニーにエセルとの結婚を正式に申し込み、父親は「優秀な人材が集まる」インド行政府に所属する立派な青年の申し込みを受け入れる。しかし、日本でウエイターに言ったビールの話は未来の義理の父親にそれほどよい印象を与えず、むしろ父親は向こう見ずで大酒飲みの男との生活を心配してエセルに注意したほどだった。エセルとジュリアスは太平洋を渡って合衆国へ行き、イエローストーン国立公園にしばらく滞在し、ガイドの若いアメリカ青年の人なつっこさに驚く。婚礼は、一九〇七年一〇

アランの父、ジュリアス・チューリング。1907年頃。（ジョン・チューリング提供）

月一日、ダブリンで行なわれた（このときどちらが婚礼用の絨毯を買うかで口論があり、チューリング氏と商売っ気のあるストーニー氏との間にずっとわだかまりが残った）。一九〇八年一月、彼らはインドに帰る。九月一日、クヌールにあるストーニー家の邸宅で第一子のジョンが誕生。チューリング氏は家族を連れてマドラス中を移動する。パルヴァティプラム、ヴィシファタム、アナタプル、ベズワダ、チカコウ、クルノル、そして一九一一年三月、チャトラプルに着いた。

エセルは一九一一年秋にチャトラプルで二番めの息子、後のアラン・チューリングを身ごもる。東海岸の港にあるこの薄暗い英国駐屯地で、アランの最初の細胞が分裂して対称性が崩れ、心臓と頭に分かれた。しかし、アランがこの世に生まれ出たのは英国統治下のインドではない。一九一二年に彼の父親は二度めの帰国を手配し、そして、チューリング家はそろってイギリス本国へ向けて出航した。

インド脱出のこの航海は危機に瀕した世界への旅立ちだった。ストライキ、過激な政治運動家、アイルランドの内乱はイギリスの政治情勢を変えていた。国家保険法、機密情報法、そして「われわれの時代の文明に刻印を押しつける巨大な艦隊と軍隊」とチャーチルが呼んだもの、これらすべてがビクトリア朝時代の安定感を消滅させ、国家の役割を大きくした。キリスト教の教義の本質はとっくに消え去り、それにかわる科学の権威がより強く支配していた。しかし、科学すら新しい不確実性を感じていた。新しいテクノロジー、そして、大きく拡がっていく表現とコミュニケーションの手段が、ホイットマンの賞賛する「近代という時代」の扉を開いた。開けられた扉の向こうに何があるのか。「神聖なる全面戦争」か、「カーストの考えに逆らう思い切った法律の発令」か。誰にもわからなかった。

このような世界の現実は、チューリング一族にとって理解しがたかった。世界都市を夢みる人びとではなかったからだ。彼らは二〇世紀という時代と隔絶し、当時の英国の生活にすら馴染まず、一九世紀がもたらしたものを最大に利用することで満足して生きてきた。彼らの二番めの息子アランも、その後、いずれ同じように無力なまま闘争の時代に巻き込まれるが、まず二〇年間は世界危機の影響を受けずにすんだ。

ここで、アラン・マティソン・チューリングの登場だ。一九一二年六月二三日にパディントンの産院[*1]で生まれ、七月七日に洗礼を受けた。父親は一九一三年三月まで休暇を延長して、家族はイタリアで冬を過ごす。父親は新たな職に異動となり帰国するが、チューリング夫人は一九一三年九月まで赤ん坊のアランを抱いて四歳のジョンとともに残った。その後、彼女もイタリアを離れる。息子たちをイギリスに住まわせるという父の決断は、マドラスの暑さから子どもたちの健康を守るためだった。そのため、アランは優しいインド人の召使いに出会ったこともなく、東洋の鮮やかな色彩に触れたこともない。イギリス海峡のさわやかな海の風に吹かれて子ども時代を過ごした。これは、本国から国外へ、国外から本国へという二重の亡命生活を意味する。

チューリング氏は息子たちの世話を、退役軍人のウォード大佐夫妻に頼んだ。ヘイスティングズに隣接する海辺の町セントレオナーズ＝オン＝シーに、ウォード夫妻の家はあった。ボストンロッジと呼ばれるその大きな家は、真下に海を見おろすように建っていた。通りの向こうには『ソロモン王の鉱山』の著者サー・ライダー・ハガードの家があり、大きくなったアランは排水溝に沿って歩いたとき、レディー・ハガードのダイアモンドとサファイアの指輪をみつけ、お礼として彼女から二シリングもらったこともある。

ウォード夫妻は、道路にダイアモンドの指輪を落として平気な人たちではない。根は優しいが、父なる神のようによそよそしく無愛想なウォード大佐。少年たちを男らしい男に育てたいウォード夫人。輝く目をしたこの「おばあちゃん」を二人の少年は好きだった。間に入った乳母のトンプソン夫人は子ども部屋を取り仕切り、勉強もみてくれた。ほかにも、あずかっている男の子がもう一人いて、ウォード夫妻にも少なくとも四人の娘がいた。やがて、チューリング家の男の子たちの従兄弟にあたるカーワン陸軍少佐の三人の子どもたちも住むようになる。アランはウォード家の二番めの女の子、ヘーゼルをとても気に入っていたが、アランより少し年上の末娘ジョーンは嫌いだった。
チューリング家の二人の男の子はどちらも戦争ごっこやおもちゃの兵器、戦艦模型に興味を示さず、ウォード夫人を落胆させた。ウォード夫人はチューリング夫人へ手紙を書き、ジョンは本の虫だと嘆き、チューリング夫人はジョンに小言の手紙を書いた。吹きさらしの道を歩く散歩、石だらけの海岸のピクニック、子どものゲーム、子ども部屋の燃えさかる暖炉の前で飲むお茶。それが、ウォード家が子どもたちに与えることができた楽しみだった。

そこは家庭ではないが、家庭にしなければならない。そのため両親はできるかぎりイギリスを訪れた。しかし、両親がいても家庭ではなかった。一九一五年の春、チューリング夫人がイギリスに戻り、息子たちのためにセントレオナーズに掃除と食事がついた家具つきの部屋をみつけた。宗教的雰囲気がただよう陰気な場所だった。このときにはしゃべれるようになっていたアランは、かん高い声で意見を言って大人の興味をひくませた子だったが同時にわがままで頑固な子でもあり、得意気だったことをたしなめられるとすぐに癇癪を起こした。壊れたおもちゃの水兵を地面に植えてまた生えさせるという実験は、いたずらっ子の仕業だと簡単に間違えられてしまった。アランは、不服従と自発的行動との微妙な違いがなかなかわからず、子どもとしての義務に抵抗した。ぐずで、だらしなく、生意気で、母親、乳母、ウォード夫人との喧嘩は絶えなかった。

一九一五年の秋、チューリング夫人はアランに「いい子にしてね」と言ってインドに帰る。「わかった。でも、ときどき忘れちゃうよ！」とアランは答える。しかし、今度はたった六か月の別れですんだ。一九一六年三月、なんとチューリング行政官夫妻は救命胴衣を身につけて、スエズからサウサンプトンまで、Uボートをものともせず航海してきた。チューリング氏は休暇をとり、家族を連れて西ハイランド地方にいき、キメルフォートのホテルに泊まった。そこでジョンは鱒釣りを教えてもらった。一九一六年八月、チューリング夫妻は決断する。夫婦二人で旅行する危険を二度と冒さず、それからの三年間、夫だけがインドで暮らすことにした。アランの父はインドへ戻り、母はセントレオナード＝オン＝シーでイギリスからインドへ、インドからイギリスへという二重亡命というべき生活を送ることになった。

第一次世界大戦がチューリング家に与えた直接の影響は驚くほど少ない。一九一七年は、殺人兵器の開発、ドイツの無制限潜水艦作戦、空爆、アメリカの登場、ロシア革命の年であり、これらは次の時代に根本的な影響を与えたが、チューリング夫人がイギリスにとどまることになっただけだった。その年の五月、ジョンは家を出てケント州のタンブリッジウェル近くにあるヘーゼルハーストという予備学校へ入学し、チューリング夫人とアランとの二人だけの生活が始まる。教会が彼女の大事な気晴らしになり、セントレオナーズ＝オン＝シーにある背の高い建物の英国国教会に通った。アランは毎週日曜日、聖餐式に無理矢理連れていかれた。彼はお香の匂いを嫌い、「いやな匂いがする教会」と呼んだ。チューリング夫人は水彩画にのめり込み、めきめきと才能を表す。自分が開くスケッチの会にアランを連れていくと、水兵帽をかぶった大きな目の男の子が奇妙な声でかもめの鳴き声をまねるので、女子美大生たちは喜んだ。

1917年にセントレオナードの浜辺にて。（ジョン・チューリング提供）

渚にて。アランと兄ジョン。

アランは約三週間で『簡単読書』という本を読み、一人で字が読めるようになった。しかし、数字はもっと短期間で理解する。アランには街燈柱の番号を一本ごとに立ち止まって確認するというやっかいな習慣があった。生まれつき左右の違いの感覚がない人がいるが、彼もその一人で、自分で「わかるための印」と名前をつけた小さい赤い点を左の親指につけていた。

アランは大きくなったら医者になりたいと言っていた。この立派な夢はチューリング家には喜ばしい。父親にとっては診察代がうれしかったし、母親にとっては著名人の患者と善き仕事というイメージが好ましかった。しかし、独学で医者にはなれない。なんらかの教育を始めるときがきた。そこで、一九一八年の夏、チューリング夫人はラテン語を習わせるためにセントマイケルズという私立学校に息子を通わせることにする。

ジョージ・オーウェルはアランより九年早く生まれるが、同じくインド行政府に勤める父親をもち、自分自身について「上層中産階級の下層と想定しうる家庭の生まれである」という言い方をした。彼は次のように書いた[1-5]。

> 戦前の人びとは紳士か、それ以外のどちらかに分類された。紳士であれば、たとえ所得がどれほどであれ、その身分に応じない努力をしたものだった。……上層中産階級の特徴点は、おそらく、その家系が商業とは無縁で、主として、軍人、管理、専門家といった職業にたずさわってきたことにある。この階級の人びとは土地を所有していないが、神の目から見れば地主なのだと思っており、商業ではなく専門的職業や軍人の道に入ることによって、なかば貴族のような生活態度をとり続けてきたのであった。子供たちは皿の上ですもものたねを数えながら、「陸軍、海軍、教会、医者、法律家」と口で唱えて将来を占ったものだ。
>
> （土屋宏之訳『ウィガン波止場への道』ありえす書房、一九八二年）

これはチューリング家にもあてはまった。ごくたまにスコットランドで過ごす休日以外、息子たちの生活は実に質素で、彼らのぜいたくといえば、映画とスケート、そしてスタントマンが自転車で桟橋から飛び込むのを眺めることだった。かたや、ウォード家は町の子どもたちと一緒にされないよう、つねに罪深いことを避け、匂いを洗い落とす家だった。オーウェルの回想によると、「私が階級差別を知ったのは、非常に幼いときで、せいぜい六歳くらいだった。その齢までは、私にとって英雄はたいてい労働者階級の人びとだった。漁師や鍛冶屋だったり、レンガ職人だったり、みんなわくわくすることをしているようにいつも思えた。……だがまもなく私は鉛管工の子どもたちと遊ぶことを禁じられてしまった。彼らは『平民』だから、近寄ってはいけないと言われた。高慢ともいえるが、必要なことでもあった。なぜなら中産階級の人間は自分の子どもたちが下品なアクセントを身につけるのを許すわけにはいかなかったからだ」。

チューリング家にはほとんど余裕がなかった。給料のよいインド行政府で働いていても、いつも将来に備えて貯蓄する必要にせまられていた。何に備えなければならなかったのか、一語に尽きる。パブリックスクールだ。戦争、インフレ、革命の噂があっても何も変わらない。あらゆることに優先させて、チューリング家の少年たちはパブリックスクールに通わなければならない。そして父は、息子たちにパブリックスクールにかかる費用を絶対に忘れさせなかった。アランの課題は問題を起こさずこの制度を通過することであり、まずはとくに、パブリックスクールの入学に必要なラテン語を学習することだった。

そこで、第一次世界大戦でドイツが崩壊し、厳しい休戦状態に入ったその時期、アランは習字帳とラテン語入門書で勉強を始めた。最初の練習問題の失敗は笑い話になった。the table という英語を冠詞がないラテン語に翻訳するとき、the に付いていた omit（削除）というただし書きを理解できず、omit mensa と訳してしまった。ラテン語には興味をもてず、それどころか、文字を書くこと自体が苦痛だった。手と頭とがきちんと連動しないのだ。こうして、ガリガリ音がするペン先とインクが漏れる万年筆と闘う一〇年が始まる。その間、彼が書いたもので×印やインクのしみがついていないもの、堅苦しい字とくずれた字が混ざっていないものはなかった。

この段階のアランはまだ利発で陽気な小さい男の子だった。アールズコートのトラストラム・イヴ家のクリスマスに招かれたときも、無邪気に笑いながら冗談を言うアランを叔父のバーティーはふざけてからかった。一方ジョンにとって、人が集まる行事は苦労のもと。弟の立居振舞の責任は彼にあったからだ。そんな責任はおよそ誰も簡単にとれるはずはない。ジョンの見るところ、事態はさらに深刻だった。[1-6]

アランは当時の慣習でセーラー服を着ていた（よく似合っていた）。しかしセーラー服ほど、おもしろみがなく、着るのが面倒な服はない。襟、ネクタイ、ネッカチーフ、飾り帯、長いテープがついている長方形のフランネルの布が箱のなかから出てくる。これらの細々した部品をどのようにしてどういう順序でまとめるのかは人知を越える。弟はボタン一つ気にしない。これはうまい言い方だ。実際には、気にしないことがたくさんあった。どっちの足にどっちの靴をはくか、また、朝食を知らせる大事な鐘が鳴るまでたった三分間しかないことなどどうでもよかった。僕はアランの歯や耳など、どうでもよいところは手を抜いてなんとかやっていたが、弟の身の回りの世話でくたくただ。兄としての役割から解放されるのは、パントマイムに連れていってもらったときだけだ。そのときでも、弟は『虹が終わるところ』という劇のなかに、緑の竜や怪獣たちが出てくると大きな声でブツブツ言って迷惑だった。……

後にアランはクリスマスについて、「小さかったのでクリスマスがいつかも知らないで、毎年必ずくることさえわかっていなかった」と述べているが、クリスマスパントマイムは一年で最も楽しい催し物だった。

もの寂しいバストンロッジで、彼の頭は地図で埋め尽くされていた。誕生日のプレゼントに地図帳をねだって何時間も読みふけった。ほかには薬の処方箋を考えたり、実際に薬を作ったりするのが好きで、イラクサの棘の治療薬としてスカンポの葉を使った薬の材料を書きとめていた。持っていた本は小さな理科の筆記帳だけ。ほかには母親が大声で読んでくれる『天路歴程』があった。一度、母親がこっそり神学論争の長い部分を省略すると、アランは非常に不機嫌になった。「全部だいなしだ」と叫んで自分の部屋に駆け上がった。著者バニヤンが描く、率直な物言いをするイギリス人の妥協しない態度に心が動かされていたのだろう。ところが、いったんルールが決まると、今度は見逃しもごまかしも許さない。最後の最後までそのルールに従わなければ気がすまない。乳母は同様の傾向を、彼と遊んでいたときに発見した。〔1・7〕

一番印象に残っていることは、非常に幼いアランにあった一貫性と知性です。なんであれ、彼をだますことは不可能です。アランと一緒に遊んだ日、わざと負けようとしましたがばれてしまいました。数分間のことですが、大騒動になりました。

一九一九年二月、チューリング氏は三年ぶりに帰国した。理屈で答えるアランを相手に父親の権威を取り戻すのは難しい。ある日、アランに「パンケーキのようにたいらにしなさい」と言ってよじれたブーツを直させようとすると、「パンケーキはふつう丸みがある」というアランの金切り声が返ってきた。何か考えがあるときのアランは、「知っている」とか「ずっと前から知っていた」という言い方をした。たしかに、彼はエデンの園で禁じられていた果物はリンゴではなくプラムであることを前から知っていた。夏、チューリング氏は家族をスコットランドのはるか北西にあるウラプールに連れていった。今回は釣りのガイドがつく明らかに上流階級の休暇だ。チューリング氏とジョンは鱒釣り、チューリング夫人は湖のスケッチ、そして、アランはヒースの茂みのなかを走り回っていた。そこですばらしい考えが浮かんだらしい。ピクニックのお茶用に野生の蜂蜜を集めるのだ。蜂が飛んでいる。アランはまず蜂が飛ぶ経路を観察し、次にそれが交差する地点の見取り図を作った。これで巣の位置が突き止められた。家族は採りたての蜂蜜以上に、アランが巣をみつけたことに強く心を動かされた。

その年の一二月、両親はインドに帰り、アランは再びウォード家に、ジョンはヘーゼルハースト校に返される。父親はついにマドラスの首都に転任し、税務局勤務になった。アランは、セントレオナーズ＝オン＝シーで、薬草の処方箋を作るだけの死ぬほど退屈な生活のなかで停滞していた。勉強は遅れて、一九二一年に母親が戻ってきたときは割り算さえできなかった。アランはもうすぐ九歳だ。

母親は、「気まぐれだが活発で誰とでも友達になれる」と思っていた息子が「非社交的でぼんやりしている」ことに気づく。アランの一〇歳の顔写真。物思いに沈んだ内気な表情。母親は彼をセントレオナーズ＝オン＝シーからブルターニュに連れ出す。そこでフラン硬貨を数えるだけの気楽な夏休みを過ごし、ロンドンに戻ってからは、母親が教師の役を引き受けた。アランは排水路の磁石についた鉄くずをみつけて彼女を驚かせたこともある。一方、チューリング氏は一九二一年の五月に再び昇進してマドラス政府開発局大臣になり、インドの三大管区の一つ、マドラス地区全体の農業と商業を担当した。一二月に再びインドに帰り、家族全員でサンモリッツに行き、アランはスキーを習った。

セントマイケルズ校長のミス・テイラーは、アランに「非凡な才能がある」と述べたが、だからといって教育内容を変えることを許さなかった。一九二二年の新学期、アランは進級し、兄と同じようにヘーゼルハースト校に行くことになる。

ヘーゼルハーストは、校長のミスター・ダーリントン、数学担当のミスター・ブレンキン、図画と聖歌を教えるミス・ギレット、そして、寮母が運営する小さい学校で、九歳から一三歳までの三六人の少年がいた。ジョンはここで過ごした時間を愛し、最終学期で首席をとる。しかし、弟は悩みの種だった。アランにとってへーゼルハースト校の管理体制は余計なことでしかない。母親が心配したとおり、学校は彼から「いつもの楽しみ」を奪う。一日中授業、運動競技、食事と時間が決められていて、自分の興味に没頭する時間がほとんどない。アランは折り紙に夢中になり、ほかの少年たちに折り方を教えた。ジョンが気づくと、そこらじゅうが折り紙のカエルやボートだらけになっていた。ダーリントン校長がアランの地図に対する情熱に気づいたことも、ジョンに屈辱を感じさせた。このため校長は生徒全員に地理のテストを課すことを思いついた。六番の成績をとったアランは、地理が退屈だと思っていた兄に勝った。さらに、ジョンが学校のコンサートで国歌を独唱したときのこと、アランは後ろの席でむせるほど笑っていた。

崖にて。アランと母。1921年にブルターニュ地方サンルネールにて。(ジョン・チューリング提供)

復活祭の日、ジョンはヘーゼルハーストを去る。パブリックスクールのマルボロー校に入るためだ。夏、チューリング氏は再び家族をスコットランドに連れていく。今回はロッホインヴァール。アランは山道に関する地理の知識を発揮し、湖で釣りをした。彼はもうジョンと競争しても負けない。とくに腕力を使わない勝負ではそうだ。たとえば、ストーニーおじいさんが訪ねてきたときの緊張を和らげる遊び。おじいさんにいつもの退屈きわまりないトランプクラブの話をさせるか、させないようにするかで点数をつけ、勝敗を決めた。ほかにも、食べ終わった西洋すぐりの皮をできるだけ遠くに投げる遊びに興じた。チューリング夫人が少し下品だと思ったが、この夕食後の遊びでは、家族のなかでアランが圧倒的に強かった。賢い彼は皮を膨らませ、それは生け垣をこえるほど飛んだ。

休暇中の大英帝国なら昼下がりの生活が快適なのも当然だ。しかし九月になると、両親はアランをヘーゼルハーストに見送る。両親のタクシーが去ると、アランは両腕をいっぱい広げて飛び出し、学校の車道を追いかけた。両親は辛い思いをこらえてマドラスに向けて出航していった。アランはずっとヘーゼルハーストの教育を冷ややかにみていた。平均点は取っても、授業に批判的だった。ミスター・ブレンキンスの代数の初級クラスが始まると、アランはジョンに「彼は x が何を意味しているかについてかなり間違った印象を与えた」と報告している。

体力のいらないちょっとした遊びや議論は楽しんだが、体育の授業と午後の運動競技を嫌い、怖がってもいた。冬、少年たちはホッケーをする。アランはボールを避けるために必死で早く走った。率先して副審の仕事をやって、ボールが線を越えたところを正確に判断した。学期末の合唱の詩をみてみよう。

　　チューリングはフットボール競技場が好き
　　タッチラインから幾何学の問題が生まれるから

別の詩には、彼がホッケーをしながら「デイジーが育つのを見ている」と書かれていた。母親はこの風変わりな光景を鉛筆画にした。彼の夢見がちで受け身の性格をからかった詩だが、一つの真実を告げている。彼の内部で新しい何かが始まっていたことを。

一九二二年の暮れ、ある匿名の篤志家が『すべての子どもが知るべき自然の不思議』という一冊の本をくれた[1-8]。この本によってはじめて自然に目が向いたとアランは後に母親に語っている。実際、はじめて「科学」と呼ばれるような知識の存在に気づいたのはこの本のおかげだ。さらにこの書物は、彼の人生という本を開くことにもなった。彼に影響を与えたものがあるとすれば、それはこの本だ。そして、多くの新しいものと同じように、これもアメリカからきた本だった。

初版は一九一二年。著者のエドウィン・テニイ・ブルースターが説明する。

> ……ふつうは一般生理学という名の下に集められている知識を、若い読者に知ってもらうはじめての試みだ。この知識はある意味でそれぞれ漠然とつながっているが、非常に現代的なテーマをあつかっている。つまり、八歳か九歳の子どもに疑問をもたせ、その答をみつける手伝いをする。自分がほかの生き物と共通してもっているものは何か、自分はそれらの生き物とどうちがうのか。さらに、子どものの疑問に親が答えるときの手がかりにもなる。この本があれば、わけのわからない質問にも、その気のある親なら答をみつけることができる。とくに、一番難しいのは自分がこの世に誕生するまでの過程、つまり生成過程についての疑問だ。

要するに性と科学に関する「なぜ?」だ。「鶏はどのように卵のなかに入るのか」で始まり、「いろいろな種類の卵」についての説明のあと、最後に「少年と少女は何で作られているのか」にたどりつく。ブルースターは「古い童謡」を引用してこう述べる。

多くの真実がここに入っている。少年と少女はまったく似ていない、片方を他方に重ねようとしても無駄だ。

正確な男女の違いの本質は明らかにされていない。ブルースターは、上手にヒトデの卵とウニの卵の話にして説明した後、最後に人間の身体へと戻る。

このように私たちはセメントや木の家のようにではなく、煉瓦の家のように作られているのだ。私たちは生きている小さな煉瓦でできていて、私たちが成長するのは、これらの生きている煉瓦がそれぞれ半分に分かれ、それが大きくなってまた元のサイズの煉瓦に戻るからだ。しかし、煉瓦はどのようにして次のことを知るのか。いつどこで成長が早まったり遅くなったり、そして、完全に止まるのか。正確には、それを発見する手がかりはまったくない。

生物学的成長の過程は、ブルースターの本の主要な科学的テーマだった。しかし、科学的説明はなく、ただ描写と記述があるだけだった。一九一一年一〇月一日は、母の胎内でアラン・チューリングの「生きている無数の煉瓦」の最初の分裂と再分裂が始まった頃だが、その日に、ダーシー・トンプソン教授は英国科学振興協会の講演で「最終的な生物学上の諸問題は、古くからの問題と同じくらい謎につつまれている」と語っていた。

同じように、『自然の不思議』は「人間の生成過程の最初の細胞がどこで生まれるか?」という謎にはもちろん触れていない。「その卵自体は、当然まだ親の身体の一部であるほかの細胞の分裂によって生まれた」というわかりにくいヒントがあるだけだ。生命の誕生の秘密は「困惑しつつも真剣な親」の説明に任されていた。このやっかいなテーマについて、チューリング夫人のあつかい方は実のところ、ブルースターの解決方法とかなり似ている。少なくともヘーゼルハーストのジョンは、鳥と蜂から始まって、「道を踏み外すな」という指示で終わる特別な手紙を母親から受け取っている。おそらくアランも同じように教えられたのだろう。

しかし、ほかの点では、『自然の不思議』は「非常に現代的」であり、明らかに重要な「自然に関する本」だ。物事のあり方には理由がなければならない、理由は神ではなく科学が与えるという考え方がきちんと述べられている。そして、幼い少年は物を投げるのが好きで、幼い少女は赤ん坊が好きだということについて長い文章で説明し、父親は外に出て仕事をして母親は家にいるという理想の生活を、生物界を手本にして導いている。ただし、このアメリカ人が描いた立派な生活像は、インドの官吏がほどこした息子の教育からかなり隔たっていた。アランにとって大事なのは脳に関する説明だった。

こっそり逃げ出して泳ぎにいくほうがずっといいのに、君たちはなぜ一日五時間学校にいて、堅い椅子に座って難しい授業を受けなければならないのかわかっているだろうか。それは脳のなかにたくさんの考える領域を作るためだ。（中略）私たちは若い。脳もやはり成長している。私たちは何年も勉強して学びながら、ゆっくり左耳の上のほうに考える領域を作る。この領域の出番はその後の人生にある。大人になってしまうと、もう考える領域を新しく作ることはできない。……

学校という制度でさえ科学によって正当化されるわけである。神の権威が支配する古い世界観は遠回しに表現されている。ブルースターは、進化について説明した後で次のように述べる。「進化すべてが起こるのはなぜか、そのこと自体はなんのためか」という疑問は、「誰にも発見できない物事の一つ」にほかならない。さらに、ブルースターが考える生き物とは、明らかに機械のことだ。

　もちろん、身体は機械だ。それもかなり複雑な機械で、これまで人の手で作られたどんな機械より何倍も複雑だ。しかし、やはり一つの機械だ。蒸気エンジンにたとえられたことがあるが、今ほどその仕組みについて知られていない昔のことだ。実際にはガソリンエンジン、つまり車、モーターボート、空を飛ぶ機械のエンジンに似ている。

人間はほかの動物よりも「知能が高い」が、「魂」について語ることは認められていない。細胞分裂と分化の過程についての解明は、まだ何も始まっていないとされているが、天使の助けが必要だとは書かれていない。アランがほんとうにデイジーが「成長するのを見て」いたのなら、そのとき彼は、デイジー自身が自覚的に成長しているように見えたとしても、その成長過程は機械のように動く細胞システムに頼っているということまで考えが及んでいたかもしれない。では自分自身については？　自分がすべきことをどのようにして知るのか。ホッケーのボールが飛び交う間、自由に考えることはたくさんあった。

デイジーを見るだけでなく、アランは発明が好きだった。一九二三年二月一一日、両親へ手紙を書く。[1・9]

おとうさん、おかあさん

　僕はすてきな映画みたいな物をもらいました。マイケル・シルズ[*2]からです。これ用のフィルムを描くことができます。コピーを作っているので、お父さんとお母さんへの復活祭のプレゼントにします。別の封筒で送ります。ほかにもあるので必要なら言ってください。送ります。各フィルムには一六の場面がありますが、頑張って「少年はティーテーブルの前に立った」を描くことができました。カサビアンカを主題にした詩韻を知っていますよね。僕は今週また二位でした。寮母さんがよろしくと言っています。僕が字をとても太く書くので新しいペン先をT・ウェルズからもらうようにGBから言われました。今それで書いています。明日講義があります。ウェインライトは今週下から二番めでした。この手紙は僕が作った特殊インクを使って書きました。

共通入学試験に科学、発明、現代世界の問題はない。パブリックスクールの入学試験はヘーゼルハースト校のような学校の存在理由だった。これはカサビアンカ少年にもほぼあてはまる。アメリカで出版された『自然の不思議』では、すべてに理由がなければならない。しかし、イギリスの教育体制は別の「考える領域」を作っている。それは、父の命令を実行するために燃え上がる甲板上の少年カサビアンカの美徳は、命を落とすことになりながらも父の指示をいわれたとおりに遂行したということだった。
教師たちはアランの科学に対する見当違いの興味を失わせようと全力を尽くすが、彼の発明を止められない。とくにアランがこだわったのは、まだ自分を苦しめている悪筆を克服するための機械だった。

四月一日(エイプリルフール)
僕が何を使って書いているか当ててみて。自分で発明した万年筆を使っている。こんなふうになっている［概略スケッチ］。インクをいれるためにEのところ［「万年筆のインク吸入器のぎゅっと押す方の端」］を押して放すとインクは吸い込まれて一杯になる。ペン先を押しつけると、インクは少し下がるけどなかに留まるように調節した。
ジョンはルーアンでジャンヌ・ダルクの像をもう見たかな。先週の月曜日にカブスカウトがあった。とてもおもしろかった。今週は宿題がない。ジョンがルーアンを好きだといいな。今日はたくさん書きたい気分ではないのでごめんなさい。ジョンが何か送ったと寮母さんが言っています。

この手紙のおかげで、二行詩がもう一つできた。「まるまる四本分のインクが漏れた」万年筆についてだ。七月の別の手紙には、（予想どおり）禁止になった緑のインクを使って、タイプライターについて大ざっぱな考えが書かれていた。

ジョンのルーアン滞在はチューリング家の家族大移動の一つにすぎない。マルボロー校に入学する前、ジョンは父親にウォート家を出たいといって父親の了解を得る。一九二三年の夏以降息子たちが住む場所として、両親はハートフォードシャーに牧師館をみつけた。そのとき、ジョンは復活祭の休みを使って、はじめて弟と離れて一人でルーアンに行く。ゴディエ夫人という人の家に泊まりとてもうまくいったので、夏は（「しきりに行きたがった」）アランを連れていく。アランは二、三週間の滞在でフランスの文化と文明を吸収し、プチブルジョワのゴディエ夫人にとても気に入られた。耳の後ろを洗わないとき、ジョンはガミガミしかられるのにアランは静かに注意されたのは、アランは「魅力的だから」だった。ジョンはゴディエ夫人をひどく嫌い、夫人はなぐさめを求めてアランに甘くなる。おかげでアランはこっそり映画館にも行けた。実際は、チューリング家の少年は二人とも、外見は繊細で弱々しいがハンサムだった。ジョンはややくっきりとした顔立ちで、アランは夢を見ているような顔をしている。しかし、この二人の滞在は大成功ではなかった。今回、ジョンは自転車を持っていくのを拒んだ。丸石が敷き詰められたルーアンの通りを、ふらふらするアランの自転車と一緒に走るなどとうてい考えられないからだ。そうなると、二人はゴディエ夫人宅にすることがないまま置き去りにされるか、長い散歩をさせられるかのどちらかだった。「彼はカタツムリのように歩く」とゴディエ夫人は断言した。たしかにアランは側溝に沿ってかたつむりのようにのろのろと歩く。これはチューリング家の姿そのものだ。緩慢なチューリング家。陰鬱なチューリング家。いつも敗者の側で闘い、無視できないものの、ゴールするのはいつも最後だ。

少年たちが残りの夏を過ごしたハートフォードシャーの新しい家の生活は以前に比べるとはるかに幸せだ。年老いた大執事、ロロ・マイヤーの地所ワットン゠アット゠ストーンに建てられたジョージア王朝風の赤煉瓦の牧師館。彼は魅力的で穏健で、ウォード家の古く厳しい規律にかわって、バラの花壇とテニスコートがあった。ジョンはテニスコートの少女たち（彼は一五歳、女の子に興味を持っていたのはたしかだ）を、そしてアランは一人になれたこと、自転車で森へ行くこと、最低限の約束を守るかぎり家のなかを好きなように散らかしてよいことを、ともに喜んで受け入れた。教会の祭りでジプシーの占い師がアランは天才になるだろうと予言したとき、マイヤー夫人のなかでアランの格が上がる。

だが、突然、インド行政府を辞職するとチューリング氏が決意して、後見人としてのマイヤー夫妻の務めは短期間に終わった。その頃チューリング氏は自分のライバルに怒りをおぼえていた。一八九六年に自分よりも成績が低かった同期のキャンベル[*3]という人物が、マドラス統治府の首席大臣に昇進したからだ。そこで、彼はこれ以上の出世はないとあきらめる。二人はサー・ジュリアス・チューリングとレディ・チューリングとしては二度とインドに戻らなかった。ただし、毎年一〇〇〇ポンドの年金というもっと実質的な利益を手にしていた。

だからといって本国へ帰るというわけではなかった。税金亡命者という新しい生き方を選んだからだ。内国税収入局は、英国で毎年六週間以上過ごさないという条件で所得税の支払いを免除した。そこで、チューリング家はブルターニュ海岸のサンマロに面したディナールというフランスの保養地に家を構え、少年たちはクリスマスと復活祭休暇にはフランスへ行き、夏は両親がイギリスに来ることになった。

正式には、チューリング氏は一九二六年七月一二日まで辞職していない。彼は休暇をとっていた。その間彼が不在でも、マドラス州の開発は続く。彼は時間を無駄にすることなく、新しい経済感覚を身につけた。チューリング夫人は、サンチームにいたるまで細かく家計費を計算して報告しなければならなくなり、サンモリッツとスコットランドで過ごす休暇も問題外になった。

しかし、彼の早すぎる退職はとにかく最悪の決断だった。二人の息子は、父親は間違っていると思った。アランはふざけた調子で、父が例のキャンベルについて言った怒りの言葉をまねる。兄は後に次のように書く[1・10]。

> 自分の父親が上司として、または部下としてあつかいやすい人物だったことに気づくべきだったとは思えない。というのもどう考えても彼はインド行政府勤務における上下関係や自分自身の将来について何も考えず、結果のいかんにかかわらず本心を語っていたからだ。例を一つあげれば十分だろう。マドラス統治府で穏健なウィリントン卿の首席個人秘書として働いていたとき、二人の間で意見のくい違いがあった。父親は「どのみち、あなたはインド政府そのものではない」と言ったらしい。このような途方もなく自滅的な軽率さはなんともたいしたものだ。自分に影響が及ばなければだが。

ここで報告されている出来事は、その後ずっと夫人が夫を恨む原因になる。とくに夫人はレディ・ウィリントンを畏怖するといってもよいほどだったのでなおさらだ。おそらく真実は細かく話せばきりがないが、地区官吏に必要な資質は規則遵守や上下関係の尊重とはまったく異なるものだったのだろう。ウェールズにあたるほどの広大な領域に散らばる何百万人の民衆を統治するには、独自の判断と個性の強さが必要とされるが、そのような資質は大都会のマドラスの上品な集団では歓迎されない。チューリング氏の引退に際してはそのような資質はまったく必要とされず、インドの複雑な手続きは、むしろ事後承諾の形をとったのであろう。その後の彼は、喪失感、幻滅、強烈な退屈感に悩まされ、それは釣りをしてもブリッジパーティに参加してもけっして軽減されなかった。また、年下の妻が、ダブリンとクヌールの精神的に窮屈な雰囲気から逃げるための好機としてヨーロッパへ戻ろうとしていることも気にくわない。彼は妻の知的野心をほとんど尊重せず、二人の生活はかなり緊張をともないつねに細いことで衝突した。妻は夫の強迫観念的な倹約と裏切られたという思いに苦しみ、感情的にはどちらも相手に多くを求めるだけで、相手の要求を満たそうとしない。庭以外のことについて夫婦の会話はなくなった。

こうして両親がフランスに住むことになり、アランはフランス語に興味をもち、授業も熱心に受けるようになる。アランはフランス語を一種の暗号として好んだ。母親へフランス語で葉書を書いたほどだ。ダーリントン先生は読めないと思い込んだのか、無邪気にもヘーゼルハースト校における「革命」についてだった（ディナールにいるブルターニュ人のメイドについてのジョーク。彼女はよく社会主義革命がもうすぐ起こりそうだと話していた）。

しかし、もっと夢中になったのは科学だ。両親が戻ったとき、アランは『自然の不思議』をしっかり抱えていた。両親は頭から反対するようなことはしない。チューリング夫人の遠縁のジョージ・ジョンストーン・ストーニー（一八二六～一九一一）は有名なアイルランド人科学者で、少女時代にダブリンで一度彼に会っていた。彼は、「エレクトロン」という言葉の考案者として有名だった。彼はこの言葉を電荷の離散性が確立される以前の一八九四年に考案していた。階級や肩書きを重要視するチューリング夫人は、自分の家系に英国学士院の特別会員がいることをとても誇りに思っていた。彼女はアランにフランスの郵便切手にあるパスツールの肖像をよく見せている。それは、アランが人類へ貢献する人物になってほしいという期待をうかがわせる。あるいはまた、昔カシミールで出会った伝道医師のことを思い出してのことだったのか。しかし、自分の思いよりも婦人としてふさわしい生き方を選んだにもかかわらず、彼女はやはり、帝国の拡大に捧げたストーニー家の一員だった。アランの父親も、科学者はインド行政府ですらせいぜい年俸五〇〇ポンドしかもらえないと指摘することもできたのに、何も言わなかった。父親は彼なりにアランのためになることをした。一九二四年五月、アランは学校へ戻り父親に手紙を書く。

……(お父さんは)汽車のなかで測量について話をしてくれましたね。人がどうやって木の高さ、あるいは川や谷などの幅を測ったかがわかりました。本も読みました。高さと幅の両方の測り方を組み合わせて、実際に登らないでも山の高さを計る方法がわかりました。

アランは地層図の描き方についても本を読み、その技能を「(ほとんどは自分の楽しみのために)家系図、チェス、地図など」にも発揮する。一九二四年の夏、一家はしばらくオックスフォードにいた。チューリング氏は昔を懐かしんだかもしれない。九月はノースウェールズの宿屋で休暇を過ごした。両親はそのまま滞在を続け、アランが一人でヘーゼルハーストに帰る(「僕はうまくポーターにチップを渡し、タクシーでもうまくやった……フラント村のボーイにチップをあげなかったけど、問題ないと思う」)。そして、自分でスノードニア山脈の地図を作った(「陸地測量部の地図と見比べてから送り返してください」)。

地図には昔から興味があった。家系図も好きだったし、とくに準男爵位が枝から枝へと移っていくチューリング家の複雑な家系図とビクトリア朝時代の大家族の家系図は、アランの腕の見せどころだった。そして、一番社交的な趣味はチェス。

チェスのトーナメントはまったく行なわれそうになかった。ダーリントン先生がチェスをしている生徒をそれほど見かけなかったからだ。先生は、僕がみんなに聞いて、チェスができて、今学期にチェスをしたことがある生徒全員のリストを作ったら、トーナメントを開催すると言ってくれた。なんとか十分な人数を集めたので、トーナメントをやることになるだろう。

Ｉｂクラスの勉強が「ほかよりもずっとおもしろい」ことにも気づいたが、どれも化学に比べると色褪せた。アランはいつも処方箋、変な混ぜ物、自分で開発したインクが好きで、マイヤー夫妻のところに住んでいたときは森で粘土を焼いた。化学変化という考え方は、彼にとってはそれほど目新しくない。夏のオックスフォードの休暇で、化学薬品箱で遊ぶことを両親がはじめて許可した。『自然の不思議』は化学についてあまり書いていない。ただし、毒については別だ。ブルースターの科学的な論述からは、禁止とはいわないまでもかなり抑制的な傾向が読み取れる。

人間、動物、植物というあらゆる生き物の一生は毒との長い闘いだ。毒はあらゆる方法で人間に取り付く……アルコール、エーテル、クロロホルム、さまざまな種類のアルカロイド、薬として使用されるストリキニーネ、アトロピン、コカイン、そして、タバコのアルカロイドであるニコチン、数多くある毒キノコの毒、お茶やコーヒーに含まれるカフェインとしても。……

ほかには「砂糖とそのほかの毒について」という節があり、疲れの原因となる血中の二酸化炭素の影響や脳の働きについての説明がある。

首の神経中枢は少しの二酸化炭素を感じても何も起こらない。しかし、二酸化炭素を強く感じた瞬間（全力疾走して四分の一秒以内）、この感覚は神経を通って二つの肺に伝達される。

「ここ、ここ、ここだよ！　どうかしたのか。急いで。深呼吸して。この血液は糖分が燃えてかなりジュージューいっているぞ！」

どれもこれもアランの知識になった。ただ、この節で彼の興味をひいたのはもっと淡々とした説明だ。

二酸化炭素は、血液のなかでふつうのクッキングソーダになる。血液は肺までソーダを運び、ソーダは肺で再び二酸化炭素に変わる。ケーキを膨ませるために小麦粉にベイキングソーダやベイキングパウダーを加えるのとまったく同じことが起こる。

『自然の不思議』には化学名や化学変化についての説明はまったくない。しかし、アランはほかのところからさまざまな考えを手に入れたにちがいない。一九二四年九月二一日学校へ戻ると、「科学の本を絶対忘れないでください。僕に必要なのは『子ども百科事典』ではありません」と手紙で両親に念をおす。さらに次のようにも書く。

『自然の不思議』には二酸化炭素は血液のなかでベイキングソーダに変わり、肺で二酸化炭素に戻ると書かれてあります。すべての子どもはこのことを知るべきです。できたら、ベイキングソーダの化学名を手紙で知らせてください。作り方の処方箋があればもっといいです。そうすれば僕は変化の過程を知ることができます。

おそらく彼は、『子どものための百科事典』を読んだことがあったのだろう。その本自体は、子ども向けの曖昧な書き方で気に入らなかったようだが、家庭用品を使ったたくさんの小さい「実験」から化学の基礎的な考え方をその本で読んで知っていたとしても不思議ではない。彼の研究の先を読む予言的ひらめきは、一方に化学物質の製造法、他方に身体の機械としての構造をおいてそれらを相互に結びつけようとしたことだ。

化学はチューリング夫妻の苦手分野だった。しかし、一一月にアラン自身が頼りになる情報源を発見する。「僕は大きな幸運に遭遇した。一冊の百科事典、一級品だ」。一九二四年のクリスマスには、化学薬品を一セット、るつぼ、試験管をもらい、リュー＝ドゥ＝カジノの別荘のケル・サミの地下室を使う許可をもらう。ごく微量のヨウ素を抽出するために大量の海草を海岸から引き上げ、ジョンをひどく驚かせた。彼にとってディナールは輝かしい一九二〇年代の英国領外居住区。カジノでテニス、ゴルフ、ダンス、恋愛ごっこをして楽しい時を過ごした。

アランの両親は共通入学試験の受験に備えて近所に住む男性英語教師を雇うが、その教師は科学の質問攻めにあった。一九二五年三月、アランは学校へ戻り、次のように書く。

今学期の共通入学試験[*4]は平均五三％で前回と同じ順位だ。フランス語は六九％だった。しかし、問題は化学だ。

なんらかの高熱作用のための陶器製蒸留器を手に入れられるかどうかわからない。有機化学を少し勉強している。最初は、

$H(CH_2)_{17}CO_2H(CH_2)_2C$
のようなものを見たときには、$C_{21}H_{40}O_2$のことだと考えたけれど、これだといろんな種類の油のどれでもよくなってしまう。構造式が役に立つこともわかった。たとえば、アルコールは$H(CH_2)_2OH$つまりC_2H_6Oで、上のほうの図のようになる。メチルエーテル$HCH_2.O.CH_2H$つまりC_2H_6Oは、下のほうの図のようになる。こういう構造式は、分子のなかの配置を示しているのだ。

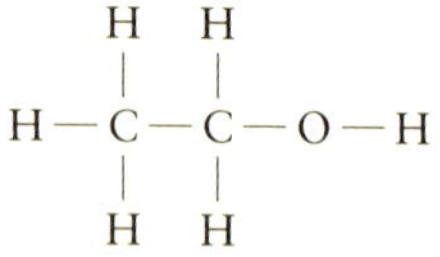

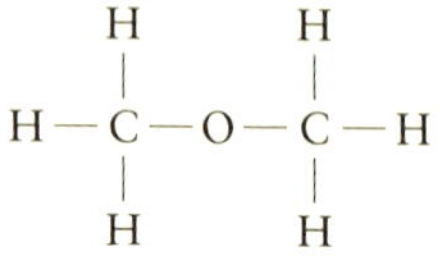

そして、一週間後、

……陶器製の蒸留器は、作りたい化学物質が気体であるときにはるつぼのかわりになる。こういうことは高い温度ではとても一般的だ。僕は自分で予定したどおりの順番で一連の実験をしている。僕は何か作るときには、いつも、本質的に一般的なものから始めて、エネルギーの無駄を最小にしているらしい。

アランは、自分を支配する強い情熱を自覚している。単純で一般的なことへの希求は、後にいろいろな形をとって表面に現われるが、それは彼にとってたんなる「自然回帰」趣味でも、文明という現実から逃避するための気晴らしでもない。生活そのものであり、ほかのすべてのことが自分にとって邪魔になってしまう生活様式にほかならなかった。

両親にとって優先順位は逆になる。チューリング氏はけっして気取った人物ではないし、また、タクシーよりも歩くことを好み、性格的には無人島暮らしに憧れる傾向も少しはあった。しかし、何をもってしても、化学はアランに許されたたんなる休日の楽しみでしかなく、一三歳でパブリックスクールに進学しなければならないという事実を変えることはできない。一九二五年の秋、アランはマルボロー校の共通入学試験を受け、よい結果をだして皆を驚かせる（事前に奨学生の申し込みはできなかった）。このときジョンは変わり者の弟の人生で決定的な役割を果たした。「お願いがあります。弟をこの学校に来させないでください。弟は押しつぶされてしまいます」と言った。

アランは難しい問題を抱えていた。パブリックスクールの生活に適応できるかどうかではない。地下石炭庫で泥だらけのジャムの瓶を使って実験することに一番関心をもつ少年に対して、パブリックスクールが提供できる最善のものは何なのだろうか。この段階で、もう矛盾がある。チューリング夫人はそのことに気づいていた[1・11]。

> 息子は予備学校の小さくて家庭的な集団で愛され理解されてきました。私は、パブリックスクールで先生と息子自身に問題が起こりそうな気がしていました。そのため、息子がパブリックスクールの生活に適応できず頭のいいただの変わり者にならないよう、どれだけの苦労をしても息子にふさわしい学校をみつけなければなりませんでした。

彼女はさほど苦労しなくてすんだ。ドーセットにあるシャーボーン校というパブリックスクールの科学教師を夫にもつジャーヴィス夫人という友人がいたからだ。一九二六年の春、アランは再び試験を受け、同校に合格する。

シャーボーン校は英国パブリックスクール創設期に作られ、その起源[1・12]は初期イングランドのキリスト教の修道院にある。一五五〇年に勅許によって、地方の教育のための学校として設立された。一八六九年にシャーボーン校は、パブリックスクールの一つであるラグビー校を改革したアーノルド博士のモデルにもとづく寄宿学校に変わる。評価が芳しくない時期もあったが、ノーウェル・スミスなる人物が校長に任命された一九〇九年にシャーボーンは復活する。一九二六年までにスミス校長は生徒数を二〇〇名から二倍の四〇〇名まで増やし、シャーボーン校をほどほどに有名なパブリックスクールとして確立させた。

チューリング夫人はアランが出発する前に同校を訪れ、校長夫人と面会する。彼女は息子について「どういうことが起きそうであるかをそれとなく伝える」と、校長夫人は「ほかの親が自分の子どもについて語るもう少し自慢気な内容と対照的だと思った」。アランが、ジェフリー・オハンロンが舎監を務めるウエストコット寮に登録されたのは、この校長夫人の計らいがあってのことだろう。

一九二六年五月三日月曜日、夏学期が始まることになっていた。まったく偶然にも、その日は全国一斉ストライキの初日だった。サンマロからのフェリー船上で、アランはミルクを運ぶ列車しか走らないことを聞く。しかし、彼はサウサンプトンから西に六〇マイル自転車を走らせれば、シャーボーンにたどり着けることを知っていた。

予定どおり自転車で出発して荷物は荷物管理人へあずけた。波止場を一一時頃出発。三シリングで地図を買ったがその地図にサウサンプトンはあったが、シャーボーンはあと三マイルのところでのっていない。シャーボーンはそのすぐ外側だと記されている。すごく頑張って中央郵便局をみつけオハンロンに一シリングで電報を打つ。自転車屋をみつけ六ペンスで修理した。一二時に出発し七マイル先で昼食をとる、三シリング六ペンス。リンドハーストまで三マイル進む。二ペンスでリンゴ買う。ビアリーまで八マイル進み、ペダルが少しおかしいので六ペンスで修理。そのままリングウッドまで四マイル。

サウサンプトンの通りはストライキの人びとであふれていた。ニューフォレストを楽しく走り抜け、荒れ地みたいなところを越えてリングウッドに入り、また完全にたいらな道を通ってウィムボーンへ着いた。

アランはブランドフォードフォーラムで最高級ホテルに泊まった。急場の判断だったが父親にはとうてい賛成してもらえなかっただろう(使ったお金はすべて説明しなければならなかった。実際、彼の手紙の最後には「一ポンド〇シリング一ペニーを一ポンド札と一ペニー切手で送り返します」と書いてある)。しかし、ホテルのオーナーはわずかな金額を請求しただけで、朝の見送りさえしてくれた。それから、

ブランドフォードのすぐ近くに気持ちのいい下り道がいくつかあったが、突然起伏がはげしくなりこまでほとんどそれが続いた。最後の一マイルは下るだけだった。

ウエストヒルからはアランの目的地であるシャーボーンというジョージ王朝時代の小さな町、そして修道院のそばにある学校が視界に入る。

彼のような家柄の子どもが、なんの騒ぎも起こさず臨機応変に問題を解決することは誰にとっても予想外だった。そのため、アランの自転車旅行は世間を驚かせ、地元の新聞で報道された。[1・13] ウィンストン・チャーチルが「敵対する」坑夫の「無条件降伏」を要求している間、アラン自身は全国一斉ストライキを最

大限利用した。日常では味わえない自由で楽しい二日間だったがあっという間に過ぎた。シャーボーンの生活を書いた本[1-14]にアレック・ウォーの『若さの織機』がある。それによると、

新入生がパブリックスクールで迎える最初の週は、その後の人生で味わえないほど惨めなものかもしれない。いじめではない。……ただ孤独なだけで、間違いを犯さないかといつもびくびくして、だからこそありもしない騒ぎを自分でおこす。

この本の主人公が二日めの終わりに書いた両親宛の手紙から、「息子がどうしようもなく悲惨な状態にいるのがわかり、それは賢い母親が行間から読み取る必要がないほど歴然としていた」。アランにとっての事態はさらに悪い。彼の持ち物はストライキですべてサウサンプトンに止められていたので、目立たないように溶け込むことさえできない。彼の第一週の終わりの様子はこうだ。

自分の衣類やほかに必要な物をまったく持たないでここにいるのはとても大変で、困っています。……落ちつけません。すぐに手紙をください。水曜日は「ホール」つまり自習以外の予定はありませんでした。自分の教室や必要な本を捜すのは一仕事です。でもともかく一週間ぐらいで落ちつくでしょう……

しかし、一週間たっても事態はそれほどよくならない。

僕は日に日に落ち着いていっています。でも、荷物がこないことにはすっかりよくはなりません。僕

たちに対するファギングが来週の火曜日に始まります。これは、最後に到着した男を拷問して殺したというガリア会議と同じ原則で運営されます。ここでは、ファグマスターに呼ばれて走ってくるファグのなかで最後にきたファグが仕事をさせられます。朝、冷たいシャワーを浴びなければなりません。マルボローの冷たい風呂のようです。月、水、金の六時半にお茶があります。昼食からその時間まで何も食べません。……印刷工も一斉ストライキに参加しました。それでベニッツ書店には注文した本が一冊もありませんでした。僕が持っていない本がたくさんあります。ほとんどのパブリックスクールでは新入生は何か歌を歌わなければなりません。まだですが、何を歌うか決めていません。いずれにせよ「キンポウゲ」は歌わないつもりです。……ここの寮でさせられる勉強の量はとても少ないときがあります。たとえば、「戯曲講読」では、第三幕と第四幕を読むだけで、ほんの四五分ぐらいです。

息子のアランより

歌のほかに、紙屑籠のなかに入れられて娯楽室をあちこち蹴り回されるという、もう一つの儀式があった。万が一、アランの母親が行間から読み取ったものがあるとしても、息子への憐憫より母親としての義務を重視した。「変なユーモア感覚」で書かれた手紙というのが、手紙に対する彼女のコメントだった。

彼はついに科学の授業を受け、次のように報告した。

僕たちは週二時間、ほんとうに化学をやります。「物質の性質」、「物理的な化学変化」などの段階までしかたどりついていません。ヨードを作っていると言ったら先生はとてもおもしろがったので作ったものを見せました。校長先生は「チーフ」と呼ばれていますが、ギリシャ語をやっていますが、文化、芸術というわけではないようです。……

アンドルーズ先生はアランがすでに非常に多くのことを知っているのを「おもしろがった」。彼は学校に着いたときから「気持ちよいほど才能豊かで、すれていなかった」。さらに、ウエストコット寮の寮長のアーサー・ハリーは、アランの機転が利いた自転車旅行の冒険を評価して、自分の「ファグ」つまり召使いに任命した。しかし、科学教育も冒険もシャーボーンの優先事項ではない。

校長は、講話のなかで学校生活の意義について延々と話した。[1・15] 彼の説明によると、「歴史的には……心を開くことは学校の本来の意義である」が、シャーボーンは「心を開く」ことを中心に考えていない。実際、「学校の本来の目的を忘れる危険がつねに」あったとも述べている。イギリスのパブリックスクールは、彼が「国家のミニチュア」と名づけるものを目指して意図的に変化させられてきた。学校は野蛮な現実主義のもとで、言論の自由、正義の平等、議会民主主義という理念を表面上は高く位置づけながらも、実は先例と権力という事実を重視した。校長は言う。

> 学級、ホール、寮、運動場、パレードにおける教師と生徒の関係から、また年齢差に応じた先輩との付き合い方から、君たち生徒は権威と服従、協調と忠誠、また、個人的な願望は家や学校に従属するという考え方をよく理解するようになっている。……

「年齢の上下関係」という枠組みは特権と義務のバランスをとるのに必要で大事なことであり、この言葉自体が大英帝国のより大きな価値を反映している。しかし、この枠組みに対して、「心を開く」という学校本来の意義はよく言っても的外れなものとみなされた。

ビクトリア朝改革の結果、競争試験はパブリックスクールの生活で重要な役割を果たすようになる。パブリックスクールで学者っぽいとみなされる者は、「国家のミニチュア」のなかで知識人の役割を引き受ける機会を得て、重要なことに干渉しないかぎり寛大にあつかわれる。しかし、このグループに属していなかったアランは、「ばかばかしいほど少し」のことしか自分に期待されていないことにすぐ気づく。事実、何年もの間シャーボーンの少年を支配してきたのは、組織されたチームによるラグビーとクリケットの試合だ。感情面の教育もこれらを通じて行なわれる。世界大戦による社会変動は、寄宿舎生活という内向的で自意識の強い体制そのものにはなんの影響も与えず、一人ひとりの少年すべてをつねに公然と監視し、管理するようにした。これこそがほんとうに優先されたことだった。

シャーボーンはただ一点だけだが、ビクトリア朝の改革に対して名ばかりの譲歩をしていた。一八七三年からシャーボーンに一人の科学教師がいたのだった。しかし、これはおもに生徒を医業に就かせるためであり、紳士の時間を使わせるのにあまりに世俗的で功利主義的すぎると非難される「世界の工場」で働かせるためではなかった。たしかにストーニー家の人びとは帝国の橋をかけているかもしれないが、それを命じたのはより上位の階級だ。真実を追究する科学研究も、有用性と関係なしには尊重されない。ここにきて再びパブリックスクールは一九世紀科学の勝利宣言に抵抗する。ノーウェル・スミス校長は知的世界を分割して、古典、現代、科学という順番をつけたうえで、次のように主張した。

人類をその誕生から悩ませてきた宇宙の謎が、あらゆる発見の進歩のおかげで着実に解明されそうになっていると考えられるのは、最も浅薄な人間だけだ。……

まさに化石化した英国のミニチュアのようなものだ。そこでは、いぜんとして主人と召使いは互いの立場をわきまえ、炭坑夫は自分たちの集団にそむく。少年たちは召使ごっこをして、国という主人がストライキを破るまで、牛乳缶を汽車に積み込んでいた。そのまっさい中に、アラン・チューリングという浅薄な精神が到着した。彼の心の浅薄さとは、将来の地主、将来の帝国建設者が抱える問題、あるいは植民地の統治者として白人に課せられる責任になんの関心ももたないこと。これらは、彼がなんの関心も払わない体制の一部だった。

　実際、「体制」という言葉は常時使われる言葉であり、個人のパーソナリティとほとんど関係なく機能する。アランが入寮したウエストコット寮が最初の寄宿生を受け入れたのはつい一九二〇年のことだが、昔からある監督生と「ファグ」の上下関係、洗面所での暴力が自然の法則であるかのようにすでに存在していた。舎監のジェフリー・オハンロンに持論があっても、これが真実だ。当時、彼は四〇代の独身、（やや俗っぽく）「ティーチャー」というあだ名をつけられ、ランカシャーの綿事業で儲けた資産で家を建て増した。彼は個人的には少年たちを平凡な型にはめることを正しいと思わず、ほかの舎監のように熱心には「ラグビー」教を生徒に吹き込まない。その結果、彼の寮は「たるんでいる」という芳しくない評判をたてられる。彼は音楽と美術を奨励し、弱い者いじめを嫌い、アランが着いてからまもなくして、新入生に歌うことを強制する入寮儀式をやめさせた。カトリックの古典学者であり、「ミニチュア国家」のなかでもリベラルな政府に最も近い。しかし、細部はともかく全体を支配していたのは体制だ。そこで、人は順応するか、反抗するか、あるいは撤退するかのいずれかを選べるが、アランは撤退した。

「彼は無口で、一人でいることが多い[1・16]」、「気むずかしいからではなく、内気なだけだと思う」とオハンロンは感想を述べる。アランには一人も友達がなく、この年に少なくとも一度は寮の娯楽室のゆるんだ床の下に罠を仕掛けられた。アランはそこで科学の実験を続けようとしたが、勉強ばかりしている、いやな匂いをだすと二重に嫌われた。「彼の生活習慣を見るとそれほど不潔でもだらしなくもない。むしろ、自分の行動を改めようとしている。ただ、彼は耕すべき自分の畑をもっていて、一般的共感を得られないのかもしれない。また、快活に見えるが、ほんとうにそうなのかどうか確信がもてない」と、一九二六年の暮れにオハンロンは書いた。

一九二七年、春学期の終わりには「彼のやり方が時にはいじめの原因になる。しかし、彼が不幸だとは思わない。明らかに、彼は『普通の』少年ではない。それで事態は悪くならないが、おそらく幸福の度合いは減る」とやや整合性を欠く感想を書いている。校長の意見はもっと明確だ。

彼は得意分野をみつければ、十分力を発揮するにちがいない。しかし、当面、彼がその気になって学校の一員として最善を尽くせば、はるかにより多くの力を発揮するだろう。彼はもっと集団の精神をもつべきだ。

アランは、ブルースターの考える「本来の少年」ではなかった。「本来の少年」とは、数千年にわたる戦いから受け継がれた本能をもち、その本能ゆえに他人に物を投げつけたくなるはずだ。これについては、彼は、ベッドフォード校で競争から逃げるのを助けてくれた自分の父親のほうに似ている。妻ほどにはこの校長を尊敬しないチューリング氏は、アランがクリケットをせずにすむよう特別に頼み込み、オハンロンはかわりにゴルフをアランに許可する。しかし、彼は、体育の授業のとき、「たるみ」ゆえに自分の寮の代表チームの期待を裏切ってしまい、自分で自分を「間抜け者」にしてしまう。彼は「ダーティー」とも呼ばれた。少し色黒で脂ぎっていて、インクのシミ痕が消えずに残っている。彼の不器用な両手が万年筆に近づくと、ペン先からたくさんのインクがふきだすよう思えた。ぐしゃぐしゃの前髪、ズボンからはみ出ているシャツ、ごわごわした襟にかかっているネクタイ。ちぐはぐにとめられているコートのボタン。

金曜午後の将校訓練部隊のパレードでは、帽子を斜めにかぶり、両肩を丸め、ぶかぶかの制服を着て両足にランプ傘のようなゲートルを巻いている姿は目立つ。彼のあらゆる特徴が嘲笑の的になった。とくに、弱々しくためらいがちな高い声、どもらないがおどおどした話し方は、まるで自分の考えを人間の言葉にする前に多くの問題を解決しなければならないかのようだった。

チューリング夫人が最もおそれていたことが現実になる。アランはパブリックスクールの生活に適応しなかった。彼は、寮で不人気でも教室では先生に好かれるような少年でもない。教室でも失敗した。最初の学期、彼は「ザ・シェル」と呼ばれる一歳年上の成績のよくない少年の学年に入れられる。その後「進級する」が、普通の能力の少年のクラスに入れただけだ。アランはほとんど注目されなかった。最初の四学期間で一七人の教師が教えたが、ただ通り過ぎていっただけで、二二人いた生徒でただ一人夢を見ているような少年のことを誰も理解しない。当時の級友の感想が[1・17]ある。

> 少なくとも一人の教師が彼を容赦なく笑い者にした。襟についたインクをみつけると、「チューリング、君の襟にまたインクがついているぞ！」と言って、みんなを笑わすことは簡単だった。とるに足りない些細なことだが、それでも僕の心には、こうやって、繊細で悪気のない少年がパブリックスクールで地獄の生活を送らなければならなくなるのだという例として刻み込まれた。

成績表は一学期間に二回発送される。その封筒は未開封のまま誰かを責めるかのように朝食のテーブルに置かれたままだった。チューリング氏が開ける勇気をもつのは「数本のタバコを吸って、『ザ・タイムズ』紙を読んでから」だ。「お父さんは学校の成績表にテーブルスピーチの賛辞のようなものを期待している」「お父さんはほかの子の成績表も見るべきだ」とアランは説得力なく言った。しかし、父親はほかの少年の授業料を払っているわけではない。息子のためにどうにか確保した授業料が目に見える効果をあげられずに消えていくのを見ていただけだ。

父親は、アランの行動の逸脱ぶりを気にしない。少なくとも寛大な気持ちで楽しんで見ていた。事実、ジョンとアランは父親似で、三人は信念をもって本音を言い、時に辛辣になることも含めて、自分の意見を主張することをよしとしていた。家族のなかで世間一般の考えを代弁するのは母親で、ほかの三人から見れば彼女の好みと判断はおもしろみがなく偏ってもいた。アランに変化を求めたのは父親でもなくジョンでもなく母親だった。しかし、チューリング氏も、高額のパブリックスクールの教育を無駄にするほど寛容ではなかった。この時期、家族の財政状態はとくに緊迫していた。さらに、彼は国外生活にうんざりしてサリー州のギルフォードの端に小さな家を買った。そのせいで所得税を払うほかに、ジョンの就職準備を始めなければならなくなった。彼はジョンにインド行政府を断念させる。イギリスの一九一九年の諸改革はインドのイギリス統治の終わりの始まりを意味し、インド統治は地方行政に組み込まれると予測したからだ。ジョンはかわりに出版関係を熱心に考える。父親の持論は、南アメリカに行きグアノという鳥糞石で金儲けすることだったが、結局、たどり着いたのは、ジョンは事務弁護士になるべきだというチューリング夫人の堅実な提案だった。そこで、チューリング氏は、事務所との契約と息子への五年間の援助のために四五〇〇ポンド払わなければならなかった。

しかし、アランにはそれほどの犠牲を払って学校教育を受けるということの意味がわからない。かつては得意科目だったフランス語でさえ、「彼は自分が楽しいと思うことがなければ、興味を示さず困ったものだ」と教師を嘆かせた。学期中は授業を無視して試験でトップをとるという教師をいらだたせる作戦を考えたが、シャーボーンに来てはじめて習ったはずのギリシャ語の授業を完全に無視した結果、三学期間を通しての成績は最低の最低だった。その後、単位を落として仕方なく放棄する許可がおりた。「怠けて無関心でいれば苦手科目から解放されるかのような行動をとった彼は間違っている」とオハンロンは書いた。

数学と科学では、教師たちは少し好意的な成績報告を書いたが、いつも不満の原因は残っていた。一九二七年の夏、アランは自力で「逆正接関数」を表現する無限級数をみつけ、ランドルフという数学の教師に見せる。それは $\tan^{1/2} x$ *5 に対する三角関数の公式から始めたものだった。ランドルフはあまりのことに驚き、担任に「アランは天才だ」と伝えている。しかし、そのニュースもシャーボーンの池の石のように沈み、ただアランを落第させずにすんだだけだった。ランドルフさえも好意的とはいえない評価をする。

あまりよくない成績だ。彼は明らかにかなりの時間を高等数学の研究に費やし、その結果、基本的な勉強を怠っている。十分な基礎はどの科目にも必須だ。彼の勉強はひどい。

校長は警告する。

彼があぶはち取らずにならないことを願う。もし、パブリックスクールに残るとしたら、彼は、〝教育を受ける側にまわる〟ことを目指さなければならない。もし、自分一人で〝科学の専門家〟になるつもりなら、パブリックスクールで時間を無駄にしている。

退学という衝撃的な言葉が嵐のように朝食のテーブルを襲い、チューリング夫妻が払った労力のすべて、祈り求めたものすべてが危機にさらされた。しかし、アランは、ノーウェル・スミス校長が「英国のパブリックスクールの本質的な栄光と機能」と呼んだ体制を打ち負かす方法を発見する。おたふくかぜにかかり、学期の後半を一人で療養所で過ごすことになったのだ。学校に戻って受けた試験はいつもと同じ出来だったので賞をとった。校長がコメントする。

今回の成績の順位と受賞はもっぱら数学と科学のおかげだ。文学でも向上がみられた。今の努力を続ければ、非常に順調にいくだろう。

チューリング家は再びウェールズに行き、今度はフェスティニョグの宿泊所で夏休みを過ごす。アランと母親は頂きから頂きへと歩いた。宿泊所に戻ると、ニールド氏なる人物がアランに大いに関心を示し、登山の本をくれた。その本には、アランの登山はアランが最終的に高い知的レベルに到達することを象徴していると書き添えてあった。一瞬だが、彼を真剣に受けとめた一人の人間がいた。

人体とは、『自然の不思議』の説明では「生きた薬屋さん」だった。発見されたばかりのホルモンの効果を、ブルースターはそう記述した。それによると、「身体のさまざまな器官」が「互いに信号を送ることができる」のは神経系統を通じてではなく、「化学的メッセージ」を使うからである。一九二七年、アランは一五歳になる。背が伸び、さらに興味深い変化と刺激的な変化が同時に起こったのもこの年かもしれない。

英国国教会では、思春期の通過儀式を受ける年でもあった。一九二七年一一月七日、アランは堅信礼を施してもらう。将校教練隊と同じく、堅信礼は誰でもが自発的に受けなければならない義務の一つだ。ソルズベリーの司祭の前にひざまずき自らこの世の名利と肉欲と邪心を放棄したとき、彼はほんとうにこの儀式を、あるいは少なくとも何かを信じた。スミス校長は、これを機会に次のような意見を述べる。
　彼が堅信礼を真剣に受けとめることを願う。そうすれば、どんなに楽しくとも、自分自身の趣味に耽るために明らかな義務を怠ることに満足しなくなるだろう。

アランにとって、ばかげた文章をラテン語に訳したり、教練用の上着のボタンを磨いたりするようなことなどは、「明らか」な義務ではない。彼独特のまじめさがあった。校長の以下の文は、堅信礼はうわべだけの服従だというアレック・ウォーの感想を適切に表現している。

　ほとんどの少年と同じように堅信礼がゴードンに与えた影響はほんの少しだ。彼は無神論者ではない。保守党を受け入れるのとほぼ同じようにキリスト教を受け入れる。すべての善良な人びとはキリスト教を信じているので、堅信礼は正しいことでなければならない。しかし、同時に、これは彼の行動になんの影響も及ぼさない。かりに、彼がこの時期に何かを信じていたとしたら、それは、寮のフットボールだ。……

シャーボーン校の卒業生が一週間に一人の割合で戦死した一九一七年に世に出た本としては、表現が直接的だ。このような表現ゆえに、シャーボーンでは『若さの織機』は禁止され、本がみつかればただちに体罰を受けることになった。
　しかし、背教者である著者がここで言ったことは、言い方はちがうが校長が明らかにした次の見解と大差ない。

ただし、私はパブリックスクールという体制を攻撃してはいない。この体制の非常に大きな価値を信じ、とりわけこの体制が教え込む義務感、忠誠心、遵法精神を信じているからだ。しかし、そこには、規律を確立する体制には避けられない危険、つまり、習慣にただ従い、受け売りの感情を間接的に採り入れ、卑屈とはいわないが従順になって自立心を失う危険がともなう。

校長によると、「体制はこれらの危険を避けることができない」。「しかし、私たち一人ひとりは、……私たちが体制の向かう方向を正しく定めるなら、これらの危険を克服できる」。個人が組織全体の性質に逆らうことはきわめて難しい。スミス校長が言うように、「あらゆる社会組織のなかで、学校ほど限定され、安易に理解されている組織はほとんどない。……学校とは一つの共通の教えのもとに一つの共同生活を送るところだ。学校組織は一つの明確な目的に向かっている」。さらに校長が続ける。「個々の男子生徒は独立心をもっているだろうが、彼らの行為は平凡きわまりない」。ノーウェル・スミスは偏狭な心の持ち主ではないので、この教育体制と彼が編集し愛好したワーズワースの詩とをどうにか調和させた。古典学者のなかでは、ロマン主義の精神と、おそらくは彼を悩ませていた精神とが脈打っていた。

しかし、「たんなる習慣」から成り立つ体制の内部で「独立心」を刺激するという問題は、おもに「猥談」といわれるものとの関係で生じる。校長は、猥談を避けることによって、各人にシャーボーン校への真の忠誠を示すことを要求し、独立心をもつ少年に対してそれを訴えた。その少年は、

文化的な家で育ち、ののしり、下品な冗談、卑猥な話を本能的に嫌うはずでありながらも、まったくの臆病心から自分のほんとうの気持ちを隠し、おそらくは無理に笑い、下品な言葉をおぼえようとさ

えするのだ。

男子校で考えられる「卑猥な話」はたった一種類しかない。少年たちの交流は性的な関係に発展する可能性が十分あった。実際、寮の違いと年齢の違いをこえる親密な交際が禁止されていたのがなによりの証拠だ。やはり、このような事実は存在したのだろう。ほかにも「ゴシップ」と「スキャンダル」は、表向きはパブリックスクールの生活にはないものだが、だからといって現実にないわけではない。校長は、「家族や先生と話すときの言葉と、勉強や寮で使う言葉」の二つの言葉が使い分けられていると非難するだろう。しかし、それが学校生活の現実だ。『自然の不思議』が次のように説明する。

脳を使って考えるとふつう言われている。ほんとうのことだが、けっしてそれだけではない。身体が左右二つに分かれているように、脳は二つの半球からできている。事実、脳の二つの半球は二本の手以上に正確に似ている。それにもかかわらず、私たちが思考するときに使うのは片方の脳だけだ。

アレック・ウォーが非難したのは、シャーボーンが、たとえていうなら二つの脳半球をばらばらに使う訓練をしたことだ。「思考」、いや表向きの思考は片方の脳のなかで進行し、日常生活では他方の脳を使う。これは偽善ではない。意識して二つの世界を混同する人は誰もいないからだ。この訓練はかなりうまくいった。間違いが起こるのは、偶然、何かが二つの脳の間の隙間を埋めてしまったときだけだ。したがって、いささか感情を込めてウォーが言ったように、パブリックスクールの教育がもつほんとうの犯罪性は自明のものではなく、発見されなければならないものだった。

一九二七年には、裏の慣習について学校はだいぶ変わっていた。少年たちは『若さの織機』を（もちろん禁止になっていたからこそ）読んだとき、そこで性的な友人関係について示されている、あるいは暗示されている寛容さにひどく驚いたものだ。シャーボーンのチームがほかのパブリックスクールのチームと対抗試合をしたとき、彼らは、相手の学校に許されている自由にさらに驚く。この時代のシャーボーンの生徒たちはアレック・ウォーが本を出した一九一四年よりも清教徒的で、真面目な考え方をしていた。スミス校長はもはや、「道徳的腐敗」を根絶するために独立心をもつ子どもたちを必要としていない。むしろ、四〇〇〇人の思春期の「生きた薬屋さん」から性についての情報が流れるままにした。

アラン・チューリングは独立した性格の少年だ。だからこそ彼は校長と正反対の問題を抱えることになる。ほとんどの少年にとって「スキャンダル」はその場かぎりの軽い会話で、単調な学校生活のささやかな楽しみだった。しかし、アランにとって、その話題は生活の中心に及んだ。今まではたしかに鳥や蜂についての知識だったが、彼の心はどこか別のところに向かっていた。赤ん坊の誕生に関する秘密は十分隠されていたが、どの少年もそれが秘密であるということは知っていた。しかし、アランは、シャーボーンで、外の世界ではその存在すらないものとされている秘密に気づいてしまう。それこそが彼の秘密になる。愛と欲望がアランを、「自然のなかで最も一般的なこと」、そして、彼自身の性を目覚めさせた。

彼は真面目で、アレック・ウォーの「平均的な少年」にあてはまらない。「最も平凡な」人間でないことに悩み、苦しんでいた。アランにとってはなにごとにも必ず理由があり、意味がなければならない。それも二つではなく一つの意味が。この点についてシャーボーンはアランのなんの助けにもならない。より自分のことを意識させただけだ。アランは独立した人間になるために、学校の表と裏の両方の規則を突破しなければならなかった。たしかに、彼は「受け売りの感情」は一切もっていない。シャーボーンの生活で彼がみつけた二つの自然の不思議は、「うさんくささ」と「道徳的腐敗」だ。

ノーウェル・スミスの発言にはパブリックスクールの体制を完全には支持していないという意見が、ときどき見られる。他方、一九二七年秋のアランのクラス担任A・H・トレローニー・ロスは信じて疑わない。この人物はシャーボーンの卒業生で、一九九一年にオックスフォード大学を卒業するとすぐにシャーボーンに戻ってきた。それから舎監としての三〇年間、何も学ばず、何も忘れない。[1・18]「たるみ」を厳しく取り締まり、独創性のなさに対する校長の危惧も無視した。書く文章の内容もスミス校長とは対照的だ。一九二八年の「寮便り」を見てみよう。

娯楽室長（身長が四フィート一一インチ）に文句がある。彼は、私が女嫌いだという噂を流し続けた。この嘘の噂の発端は、数年前ある婦人が私を無口だと思ったことだ。実際、私は、女嫌いの男には精神的欠陥があり、それは男嫌いの女にもあてはまると思っている。こういう人びとについての話はまだまだたくさんある。……

ロスは狭量な国粋主義者で、寮だけでなく学校に対する忠誠心も正しく理解していない。受け持ちの学年にほとんど目を向けず、学校と寮に自分の知識と人生経験を捧げた。担当した授業はそれぞれ週に一度のラテン語の翻訳、ラテン語の散文、英語。内容は、綴り方、「手紙の始め方、書き方、送り方」「要約のしかた」「ソネットの構成」、そして、形の整った要約を作ることによって、きちんとしたわかりやすい作文の書き方を教えた。

この点に関して、ロスは「民主主義が進歩するにつれて礼儀作法と道徳は後退する」というもっともな意見を力説し、職員に『有色人種の台頭』を読むように強く勧めた。彼によると、ドイツが敗北したのは

「ドイツでは科学と唯物論が宗教的な思想や従順な精神よりも強かったから」だった。科学の科目を「低レベルのいかさま」と呼び、匂いをかぐそぶりをみせて「この教室は数学の匂いがするぞ。消毒用噴霧器を取りにいけ」と言い放った。

アランは興味があることのほうに多くの時間を使った。ロスは「宗教教育」の時間にアランが代数をしているのをみつけ、学期の半ばにこう書いている。

彼の字が見たことがないほどひどくても許そう。字が不正確で読みにくくても、提出物が汚くだらしがなくても、理屈っぽいくせに適当でいいかげんでも、大目に見ようと思う。しかし、新約聖書についての健全な議論に対する彼の愚かな態度を許すことはできない。

学年ごとに決められている授業に関しては、彼はこの学年にいるべきではない。彼はばかばかしいほど遅れている。

一九二七年一二月、ロスはラテン語と英語でアランを最下位にして、インクのしみで汚れた答案を成績表に貼る。この答案から、ローマの政治家マリウスとスッラの事蹟に関して、アランがほとんどエネルギーを割かなかったのは明らかだった。それでも、ロスでさえ、「個人的には彼を好ましいと思う」というコメントをつけた。オハンロンも、アランの「欠点を補うユーモア感覚」について書いている。家族はアランが散らかす実験道具にうんざりしていたが、彼には科学的事実を思わず話し出したり、無器用なのに冗談を言ったりする陽気なところがあり、また、繊細で目立とうともしない。好かれないはずはない。たしかに自分で人生を難しくしているという点では愚かであり、自分にとって何がいいか知っているつもりになっているという点では怠惰で傲慢かもしれない。しかし、自分の関心とまったく無関係の何かにかられて混乱するほどひどくはなかった。家でもシャーボーンについての不満を言わない。シャーボーンを、ほんとうにこれが人生の現実だとみなしていたように思われる。

誰もが個人的にはアランを好ましく思っていたであろう。しかし、学校という体制にとっては、話はちがってくる。一九二七年のクリスマスに校長は書かざるをえなかった。

彼はどんな学校やコミュニティでも、かなり問題になりそうな少年だ。いくつかの点において間違いなく反社会的である。しかし、彼はこの学校で自分の特別な才能を発展させ、同時に生きる術を学ぶよい機会に恵まれていると思う。

スミス校長はこのような判断をアランにくだして、突然引退する。おそらく、学校が抱える矛盾やアラン・チューリングの独立心の問題を放棄するのも残念だとは思わなかっただろう。

一九二八年という新しい年はシャーボーンの転換期にあたる。ノーウェル・スミスの後継者は、C・L・F・ボウイというマルボローで副校長をしていた人物だ。偶然にも、前校長の引退は学校の競技主任であるキャレイの死と重なった。二人は「校長」と「雄牛」として、シャーボーンを精神世界と身体世界に分けて二〇年間別々に支配してきた。キャレイの役割はブルドッグ的人格のロスが受け継ぐ。

アランにも変化があった。舎監が、アランよりも一歳年上の一番まじめでやや孤立気味の少年ブレイミーに、二人用勉強部屋を一緒に使うように頼む。ブレイミーは、アランを少しきちんとさせ、「寮の生活に慣れるように力を貸し、人生は数学だけではないことを教える」ことになっていた。第一の目的については嘆かわしい失敗をする。第二の目的については、アランは「すごい集中力で難問に没頭してしまう」という問題にぶつかる。ブレイミーは、その場に応じて「途中でも止めさせて、チャペルに行く時間だよ、試合に行く時間だよ、午後の授業に行く時間だよ」と言うことを自分の義務と考える善意の人間で、学校という体制を可能なかぎり円滑に動かすことに信念をもっていた。[1・19] クリスマスの頃、アランについてのオハンロンの見方に変化があった。

たしかに、彼は人をひどくいらいらさせる。剥き出しの窓の敷居におかれた二本のロウソクを使って、魔女が何かを煎じているのだかなんだかわからないものを沸騰させているのをみつけても、私が気にしないことをそろそろわかるはずだ。しかし、彼は非常に陽気に自分の苦痛に耐え、そして、間違いなくさらなる苦労を引き受ける。たとえば、体育。私は、絶望的だとはまったく思っていない。

「魔女が煎じたもの」に関して、アランが残念に思うことが一つだけある。オハンロンが「加熱したろうそくの油から出た蒸気が燃焼してできるすばらしい色をその最高の状態で見損なった」ことだ。アランはまだ化学に夢中だったが、誰かに気に入られるようにやろうとは考えもしない。「……不正確で乱雑で、そしてひどい文体で……書いた物も実験した物もひどくずさんだ……」という数学と科学のレポートは、彼が「とても有望」であるにもかかわらず、いぜんとして効率よく物事を伝える能力に欠けていることを示していた。オハンロンによると、「彼のレポートの書き方はいぜんとしてひどいもの」「期待していた楽しみが奪われる」。「彼は、行儀が悪い、字が汚い、格好が見苦しいということがどういうものか理解していない」。ロスはアランを別の学年に移したが、一九二八年の春もまだほとんど最下位だった。「目下、彼の心はやや混沌としているようだ、自己表現がとても苦手だと思っている。もっと本を読むべきだ」とその学年の教師は書いている。ロスよりも見識があったのかもしれない。

アランが課程修了証明書を取得して第六年次に進級できるか疑わしかった。オハンロンと科学の教師は彼に修了試験を受けさせたかった。残りの教師は反対する。アランのことを何も知らない新任の校長が決めなければならない。ボウイ校長は神聖な学校の伝統をひっくり返して、学校の古いしきたりを一掃する新任者として振る舞った。古典語の六年次生主任が自動的に学校長になることはもうない。新校長が全校生徒に「卑猥な話」について説教したとき、監督生たちは無視されていた（彼らは、新しい校長がシャーボーンをマルボローの基準で判断していると感じた）。今後キャリー〔訳注：英国国歌の作詞作曲者と伝えられる〕を記念するチャペルでの式典を廃止するという校長命令が学校の前に貼り出されたとき、職員は震え上がった。この出来事は、新校長の運命を決定した。正式な学校史[1・20]に次のように記録されている。

> 彼の内気な性格は、自尊心が高く、学校業務に無関心であるという印象を与えるが、実はこれには大した根拠はまるでないようだ……彼は、主として戦時の軍務による体の不調と闘わなければならなかった。また、校長職に必然的に要求される公的行事への出席と親しみやすい雰囲気を保つことがますます難しくなっていることを自覚した。

原因か結果かわからないが、ブルースターであれば、彼はアルコールに「毒」されていたと言ったであろう。学校はロスとボウイ校長の権力争いとなったが、この新と旧の闘いがアランの将来を決定した。校長は原則にもとづいてロスの意見を却下し、アランが課程修了試験を受けるのを許可した。

休暇中、父親がアランに英語の受験指導をした。チューリング氏は抽象的に考えるタイプではないが、文学をとても愛していた。彼は、聖書、キップリングの小説、『ボートの三人男』のようなエドワード朝ユーモア小説を暗唱できた。しかし、どれもアランには無駄だった。彼はまず『ハムレット』を選び、少なくとも一行は気に入ったと言って父親を喜ばせたが、それもつかの間だった。「退場、死体を持ち去って……」というほんとうに最後の最後の行が気に入ったのだとアランが説明したとき、父親の喜ぶ気持ちは失せた。

一九二八年の夏学期、アランは試験に備えてさらに、W・J・ベンズリー牧師の学年に移された。アランには自分のこれまでの勉強方法を変える理由がなかったので、ベンズリー師も彼に最下位の成績をつけた。ただ、軽率にも、アランがラテン語をパスすれば、アランが指定するどんな慈善団体にも一億ポンド寄付すると言った。ベンズリー牧師よりも洞察力のあるオハンロンはどうなるかわかっていた。

アランの頭のよさはここのどんな生徒にもひけをとらない。彼の知能は、ラテン語、フランス語、英語のような「無用の」科目をパスするには十分すぎるくらいだ。

オハンロンは、アランの答案を何枚か見た。答案は「驚くほど、読みやすく、整然として」いた。アランは優等の成績で、英語、フランス語、初等数学、上級数学、物理、科学に合格し、またラテン語にも合格する。だがベンズリー師はけっして寄付金を払わなかった。権威にはゲームの規則を変更できる特権があるということだ。

課程修了証明書が出て、彼は「数学頭脳」を使う小さな自由を得る。シャーボーンの六年次生には、ウィンチェスターやそのほかの学校にあるような数学の授業がない。科学はあるが、アランの最も得意とする数学は補助科目だった。アランはすぐには六年次に進級できず、一九二八年の秋は五年次にとどめられるが、数学だけ六年次の授業を受ける許可をもらう。エパーソンという若い教師が数学を教えていた。オックスフォードを卒業してちょうど一年、穏やかで教養があり、少年たちからずっとからかわれるような教師だ。ここにいたって、体制はついに名誉を取り戻す機会に恵まれ、精神が規則を破る。エパーソンは、

彼を放っておくという消極的な方法でアランの望みをかなえた。[1・21]

私は、いろいろ考えて、ほとんど彼の思うようにさせ、必要なときに助けられるようにそばにいることにした。そのおかげで彼の天賦の数学的才能は制約を受けずに進歩できた。……

彼は、アランがいつも教科書の解法よりも自分の解法を好むことに気づいた。実際、アランはつねに自分の好き勝手に行動して、学校の教育体制にほとんど従わない。課程修了試験に備えた勉強でも、それ以前でも、アインシュタインの一般向け解説書を読んで相対性理論を勉強していた。[1・22]たしかに初等数学しか使わないが、学校の学習内容の範囲をはるかに越える。『自然の不思議』がアランにダーヴィン以降の世界を紹介したとするなら、アインシュタインは、アランを二〇世紀の物理学革命に導いた。アランは母親のために一冊の小さな赤いメモ帳を作る。

アランの解説はこうだ。「ここで、アインシュタインは疑問を投げかける。ユークリッドの定理が剛体に適用されたとき、その定理が成立するかどうかという疑問だ。……そこで、彼はガリレオとニュートンの法則というか公理の妥当性を調べ始める」。アランは本質的問題を理解していた。つまり、アインシュタインが公理系を疑ったということだ。アランにとって「自明の義務」がなかったように、アインシュタインにとっても自明のことなど何もなかった。兄のジョンはもう反感もなく保護者のような気持ちでアランを見るようになっていたが、弟のことをこう考えていた。

たとえば地球は丸いというような自明の命題を主張すると、アランであれば、地球はほとんどたいらである、卵の形をしている、摂氏一〇〇〇度で一五分ゆでたシャム猫と同じような形をしているなどのようなことを証明するために、間違いなく大量の動かしがたい証拠を作り上げるだろう。

デカルト的懐疑は、アランの家族や学校関係者に理解できない侵入者として理解される。かつてこの侵入者に対して、イギリス人は迫害ではなく嘲笑によって対応した。しかし、疑うということは非常に難しいめったにない心の状態なので、知的世界全体が、「自明の」「ガリレオとニュートンの法則あるいは公理」が真理かどうかを問い始めるのにはしびれを切らしそうに長い時間がかかった。一九世紀末になってやっと、電気と磁気についての有名な法則と矛盾することが認識される。その影響はおそろしいほどのものであり、それまで想定されていた力学の基礎が実際は間違っていることを証明するために、アインシュタインが必要だった。その結果、一九〇五年に特殊相対性理論が生まれる。この理論は、ニュートンの重力の法則とも矛盾することがわかり、アインシュタインはこれらの矛盾を取り除くためにさらに研究をすすめ、空間に関するユークリッドの公理にまで疑問を投げかけて、一九一七年に一般相対性理論を作る。アインシュタインがやったことの偉大さはあれこれの実験にあるのではない。アランの理解では、アインシュタインの偉大さは、疑う力、着想を真剣に考える力、それらを追求して、信じられなくとも論理的な結論までもっていく力だった。「今やアインシュタインは自分の公理を手に入れ」「自分の論理で前進することができる。時間、空間などについての古い考え方は捨てた云々」とアランは書いている。

アランはまた、アインシュタインは宇宙と時間が「ほんとうは」なんであるのかという哲学的議論を避け、かわりに原理上達成できるものに全力を注いだと考えた。アインシュタインは、物理学の操作的研究方法の一部として、「物差し」と「時計」とを非常に重視した。物理学では、たとえば「距離」は適切に定義された測定操作との関連においてのみ意味をもち、絶対的な理念としては意味をもたない。アランは、次のように書く。

二つの点がつねに同じ距離だけ離れているかどうかを問うことは無意味だ。なぜなら、その距離は測定の単位によって定義されると考え、その定義に従って考えを進めなければならないから。……このようなさまざまな測定方法は実は決め事である。誰もが自分の測定方法にあわせて、法則を修正する。

人間に対して特別な感情をもたないアランは、アインシュタインの研究よりも自分自身の研究を選ぶが、それは「そのほうが『魔法のように』見えないと思うから」だった。彼は、アインシュタインの本の最後の頁にたどり着き、一般相対性理論において、外部からの力がまったくかからない物体は一定の速さで直線を描いて移動するというニュートンの定理にかわる法則[*6]を見事に自分で導き出す。

アインシュタインは物体の運動の一般法則をみつけなければならない。もちろん、それは、相対性の一般原則を満たさなければならない。実際には彼は法則を述べていない。残念なことだ。僕が説明しよう。つまり、「ある粒子の歴史で起こる任意の二つの出来事の間隔は、この世界線に沿って測られたとき最大か最小になる」。

これを証明するために、彼は等価原則を持ち込む。それによると、「どの自然の重力場もなんらかの人工的な重力場と等しい」。そこで、自然の重力場のかわりに人工の重力場を用いると仮定しよう。そうすると、この重力場は人工的なので、その点においてガリレオ的であるなんらかの座標系が存在し、そして、それはガリレオ的なので、その粒子はその重力場に対しては一様に運動し続ける。すなわち、その重力場に相対的にまっすぐな世界線があることになる。ユークリッド空間における直線は、二つの点を結ぶ最大または最小の長さをもつ。ゆえに、世界線は一つの座標系に与えられた上述の条件を満足させ、ゆえに、それは、すべての座標系に対して条件を満たす。

アランの説明どおり、アインシュタインは一般向けの解説ではこの運動法則にふれていないので、アランが自分で推論した可能性はある。他方、一九二八年に出版されたもう一冊の本のなかで、この法則を発見していたという可能性もある。その本とはサー・アーサー・エディントンの『物理的世界の本質』で、アランは一九二九年までにこれを読み終えている。ケンブリッジ大学の天文学の教授エディントンは、恒星の物理学と相対性の数学的理論を発展させる研究をしていた。彼の有名な著作であるこの重要な本は、一九〇〇年以来の大きく変化した科学的世界像を述べることを目指す。相対性についてのやや印象主義的な説明に証明はないが、この運動法則を示しており、アランはそこで知ったのかもしれない。アラン自身、本で学ぶ以外のこともした。いくつかの考えは自分の力でまとめている。

　この研究は、アラン自身が勝手にやったことで、エパーソンは知らない。アランはまわりをまったく気にしないで考えごとをしてしまう。結局、まわりから寄せられるのはほとんど叱責と小言ばかり。すっかり途方に暮れている母親からの励ましも少し必要になる。ところがこのとき、新しいことが起こり、彼を世界と関わらせた。

　別の寮、実際はロスの寮に、モーコムという名前の一人の少年がいた。まだアランにとって、彼は「モーコム」以外の何ものでもなかったが、後に彼は「クリストファー」になる。[1・23] アランがはじめてクリストファー・モーコムを意識したのは一九二七年の初めで、彼に強い印象をもった。一つには、学年のわりに彼は驚くほど小柄だったからだ（アランより一歳年上、学校では一年次先輩、金髪でほっそりしていた）。ほかにも理由がある。「もう一度彼の顔を見たいと思ったほどとても魅力を感じた」からだ。一九二七年の終わり、クリストファーが一時学校を離れて再び戻ってきたとき、アランは彼の顔がかなり小さくなったことに気づく。彼もアランと同じく科学への情熱にあふれているが、性格はかなりちがった。アランにとって邪魔でしかない学校組織は、クリストファー・モーコムにとって、ほとんど努力なしに前へ進むために利用する手段であり、奨学金、賞金、賞賛を与えてくれる仕組みだった。彼はその学期も遅れて学校に戻り、学校に着いたとき、アランが彼を待っていた。

アランの完全な孤独についに一閃の光がさした。ちがう寮の一歳年上の少年と友達になることは難しい、アランは会話が得意でない。数学に入り口をみつけた。「学期中、クリスと僕は好きな問題を出し合い、それぞれの好みの解き方について自由に議論することにした」。知的行為と感情のさまざまな側面が入り混ざり、もう切り離すことはできない。これは初恋だ。そして、後に認めるように、多くの同性に対して抱いた恋心の最初だった。相手にひれ伏すほどの思い（「クリスが踏みしめた地面を拝んだ」）、黒と白の世界が一気に鮮やかな世界に変わってしまうほどの気持ちの高まり（「クリスにくらべれば、ほかの少年はみなとても平凡に見えた」）。同時に最も重要なことは、クリストファー・モーコムが科学的な考えを真剣に受けとめる人間だったことだ。そして、慎重に自制しながらも、クリストファーは次第にアランのことをまじめに考えるようになる（「クリスについての一番鮮明な思い出、クリスがときどき僕に話したことのほとんどすべてだ」）。これらの要素がすべてそろった結果、アランに意思疎通を求める理由ができた。

エパーソンの授業の前後に、アランは相対性についてクリストファーに話しかけたり、ほかにもいくつか自分がしたことを見せることがあった。たとえば、この頃、πを小数三六位まで自力で計算していた。おそらく、逆正接関数を自分なりに級数展開して使ったのであろうが、最後の桁の間違いに気づいて、ひどくいらだっていた。しばらくして、アランはクリストファーに会う別の機会をみつける。偶然、水曜の午後のある自習時間、クリスが寮に戻らず図書室にいることを発見した（ロスは、監視の目がないところで少年たちが勉強することを許可しなかった。自由な交流が性的な関係に発展することをおそれていた）。「僕は図書室でクリスと一緒にいるのがとても楽しかった」「それ以来ずっと勉強部屋でなく図書室に行った」とアランは書いている。

新しもの好きなエパーソンが始めた蓄音機クラブが、クリスに会う別の機会になる。クリストファーはピアノがうまく、熱心なメンバーだった。アランは音楽にほとんど関心がないが、日曜の午後にはときどきブレイミー（彼もまた蓄音機とレコードを二人の勉強部屋においていた）と一緒にエパーソンの下宿に行った。そこで、七八回転レコードがさまざまな大交響曲を演奏し終わるまでの間、彼は座ってクリストファーを盗み見ることができた。ちなみにこれは、ブレイミーがアランに、人生には数学のほかにもいろいろな物があることを教えようとした頭が下がる努力の一貫だった。ほかにも、簡単な材料を使った無線のトランジスタラジオの作り方も教える。アランがこういう物を買うための小遣いをほとんど持っていないことを知っていたからだ。アランは、昇降計のためにコイルを巻きつけようと主張し、自分の無器用な手で実際に動く物を作り、喜ぶ。もちろん、クリストファーの器用さと張り合いたいと思う気持ちなど一切ない。

クリスマスには、エパーソンは次のように書いた。

> 彼の知識そのものとその知識の整理との間には多くのギャップがあり、今学期は、それを埋めるのに費やされた。来学期とその次の学期も同じことに費やされるだろう。頭の回転が速く、「閃き」を示すが、いくつかの作業に関しては十分でない。問題が解けないことはめったにない。解き方はしばしば乱暴で、不器用で、大ざっぱだ。しかし間違いなく、そのうちに洗練されて完璧になる。

アランにとって、上級修了資格などはアインシュタインをきちんと理解する作業と比べると退屈でつまらないものだったかもしれない。しかし、以前よりも期待に応えられないことを気にするようになったのは、クリストファーの学期末のテストが「いやになるほど自分よりもよかった」からだ。一九二九年の新学期に再びクラス替えがあり、アランは正式に六年次のクラスに入って、すべての授業をクリストファーと受けることになる。アランはどの授業でも必ず最初から彼の隣に座るようにした。クリストファーについてアランが書く。

僕がおそれていたように（今は、それほどでないが）、偶然一緒になったことについて何か言ったが、それとなく喜んでいるように見えた。まもなくして僕たちは一緒に化学の実験をするようになり、そして、どんな話題でも二人で話すと考えがどんどん変わっていく。

運の悪いことに、一月と二月のほとんどをクリストファーは風邪で授業を欠席したので、アランが彼と一緒に勉強できたのは春学期の五週間だけだった。

クリスはいつも僕よりよい成績をとる。とても几帳面だからだと思う。たしかにとても頭がよいが、些細なことでも絶対におろそかにしない。たとえば、計算を間違えることはめったにない。実用的な能力に非常に優れていて、何をするにも、そのための最高の方法を的確にみつける。いい例がある。彼は一分が過ぎる瞬間を二分の一秒以内で当てることができた。また、日中でも火星をときどきみつけていた。もちろん、生まれつき目がとてもよいせいもあるが、それでも、これは彼を象徴している。彼の才能は、車の運転、ファイブズ〔訳注：ハンドボールに似た球技〕、ビリヤードのようなあらゆる種類の日常的な事柄に発揮されている。

誰もが彼の能力をほめる。自分にもそういう能力があればと思う。クリスは、いつも、自分の活動の成果に誇りをもっていて、それはいい意味で人を刺激する。だから、彼が関心をもつこと、彼が賞賛することをしたいと思う。彼は行動だけでなく、自分の所有物にも誇りをもつ。いかに自分の「リサーチ」製万年筆が優れているかを語り、つい僕も欲しくなるほどだ。あとで、うらやましがらせるためだったと白状した。

少々矛盾するが、アランはこうも書く。

クリスはいつもとても慎み深い。発言の機会がいくらあっても、アンドルーズ先生には先生の考えが間違っているとはけっして言わない。とくに彼は人をいやな気持ちにさせるのをとても嫌い、ふつうの少年だったら絶対に謝らないような場合でも彼は謝る（たとえば、教師に）。

あらゆる学校物の話や記事に書かれているように、ふつうの少年は教師を軽蔑し、ことさら「うさんくさく思う」。これが、学校という制度が抱える最も明白な矛盾だ。しかし、これはクリストファーにあてはまらない。それどころか、彼はそのはるか上をいく。

クリスについてとても変わっていると思うことは、彼が非常に明確な道徳律をもっていること。ある日、彼は試験にでたエッセイについて、どうして「正しいことと間違ったこと」という題にしたかを語り、「僕は、『正しいことと間違ったこと』について非常に明確な考えをもっている」と言った。どういうわけか、クリスがすることはすべて正しい、これについて疑ったことは一度もない。そこには、クリスに対する盲目的崇拝だけとは言い切れないものがあると僕は思う。たとえば猥談。クリスは、こんな話に付き合うのは馬鹿げていると思っていた。彼の寮でどうだったかはまったく知らない。ただ、クリスは自分を驚かせておもしろがるのをやめさせることよりも、その気をなくさせる方法で猥談を避けたにちがいない。こうして、僕は彼の性格に感銘を受けた。僕は、明らかに居間どころか学校ではもっと考えられないようなことを、ただ、彼の反応を見たくて、わざと言ったことを憶えている。彼は愚かだとも気取っているとも思われないように振る舞い、僕は彼に悪いことをした気持ちになった。

これほどすばらしい長所があっても、クリストファー・モーコムもやはり人間だ。陸橋から石を機関車の煙突に落とそうとして鉄道員に当たり、警察に呼ばれるところだった。ほかにも、ガスをいっぱい詰めた風船を飛ばしたら、野原を越えてシャーボーン女子校にいってしまった。彼らが実験室で過ごした時間もそれほど真面目なものではない。マーマジェンというがっちりしたスポーツ少年が物理の実験に加わった。ジャーヴィス先生が授業している間、三人は小さい建物で実験をしなければならなかった。この授業は、ジャーヴィス先生が作ったソーセージランプ、つまり、電気抵抗として使う電球の絵で活気づいていた。先生のキャッチフレーズは「さあ、もう一つソーセージランプを足してみよう」。三人は、これをおもしろくスケッチして、クリストファーは曲をつけることを考えていた。

一九二九年の夏学期、彼らは上級修了資格試験に向けて試験勉強をするだけのつまらない毎日だった。しかし、これですら、ロマンスで彩られた。「いつものように、クリスと同じ成績をとるのが僕の大きな夢だ。彼と同じくらいたくさん思いつくけれども、実行に移すときの徹底さは僕にはない」。アランは、それまで一度も細部や形式を気にして不安になることはなかった。一人きりで自分で勉強していた。しかし、おそらくここにきてはじめて、クリストファー・モーコムにとってよいことは自分にとってもよいことではないか、学校が求める方法で意思疎通がはかれるように自分を訓練すべきではないかと思うようになる。アランはまだそのために必要な技術をもっていない。アンドルーズは、アランが「ついに自分の作文の文体を改善しようとしている」ことに気づく。しかし、エパーソンの意見は、アランの試験勉強をみると「明白な将来性がある」[1-24]と述べながら、「答案用紙をきちんときれいに書く」ことを強く要求した。上級修了資格試験の数学の試験官の感想はこうだ。

A・M・チューリングにはたぐいまれな才能がある。いくつかの設問について、問題点を見破り、すぐに解答を簡単にみつける方法を発見してしまう。しかし、検算のために注意深く計算する忍耐力に欠けるようだ。字も非常にきたないので、それで点数を落とすことがよくある。答案を正確に読み取ってもらえないときだけでなく、自分で書いた字を自分が読み損なって間違えるときもある。彼の数学の才能は、これらの欠点のすべてを埋め合わせるのに十分な水準に達していない。

数学の試験の結果は、クリストファーは一四三六点、アランは一〇三三点だった。

　モーコム家は科学と芸術に強い裕福な家族で、ミッドランド地方に機械製作会社をもち、それで生計をたてていた。そして、彼らはウスターシャーのブロムグローブの近くにあるジェームズ一世時代の住居を改造してクロックハウスという大きな田園風家屋を建て、そこで贅沢な暮らしをしていた。クリストファーの祖父は定置型蒸気機関で会社を興し、バーミンガムにベリス&モーコム社を設立した企業家で、クリスの父レジナルド・モーコム大佐が最近この会社の会長になり、その当時は、スチームタービンやエアコンプレッサーも作っていた。クリストファーの母方の祖父ジョゼフ・スワン卿は非常に平凡な境遇から出発し、一八七九年に、エジソンとは独立に、電燈を発明した。モーコム大佐は科学的研究に積極的な関心をもち、モーコム夫人も夫に負けないエネルギーで自分の関心を追求し、クロックハウスでは山羊の牧場を経営し、キャストヒルという近隣の村に小さい家をいくつか買って新しく建て直して、つねに何かの行事や郡の仕事で外出する毎日だった。彼女はロンドンのスレード美術学校で学び、一九二八年にまたロンドンに戻ってビクトリア駅の近くにフラットとスタジオを借り、力強い独特な彫刻を製作した。美術学校に通ったとき彼女はまだ「ミス・スワン」を装っていたが、クロックハウスに美大生を招いたときは、それらしい服を着てミセス・モーコムと一人二役を演じた。いかにも彼女らしいセンスと魅力だ。

長男のルパート・モーコムは一九二〇年にシャーボーンに入学し、ケンブリッジのトリニティカレッジで数学の奨学金をもらい、当時はチューリッヒの工業高等専門学校で研究をしていた。彼は、アランと同じ貪欲な実験者だったが、両親が建ててくれた専用の実験室があるという点で恵まれていた。弟もこの実験室を使い、それを大いに自慢してアランをかなり羨ましがらせた。

とりわけ、クリストファーはアランに、ルパートが一九二五年にケンブリッジに行く前にとりかかっていた実験について語る。アンドルーズが、しばしば若者たちの関心を引くために使った化学変化に関するものだ。偶然にも、それはアランのかつての関心であるヨウ素に関係していた。ヨウ素と亜硫酸塩の溶液は、それらを混ぜると遊離したヨウ素の沈殿物ができる。後に、アランが説明したことによると、「それは美しい実験だ。二種類の溶液はビーカーで混ぜ合わせられ、正確に決められた時間が経過すると突然、全体が藍色になる。それには三〇秒かかることを知った、そして、一〇分の一秒かそれ以下で青に変わる」。ルパートが調べていたのはイオンを再結合させるという簡単な問題ではなく、この一瞬の時間のずれをどう説明するかということだった。それには物理化学の知識が必要で、微分方程式を理解していなければならない。どちらにしても学校の授業内容をこえるものに変わりはない。アランは次のように書く。

クリスと僕は、時間と溶液の濃度の関係を調べてルパートの理論を証明したかった。すでに、クリスはその実験にとりかかっていた。僕たちはその実験をとても楽しみにしていた。しかし、残念ながら実験の結果は彼の理論と一致しなかったので、僕は今度の休暇中さらに実験を重ねて新しい理論を発見し、その結果をクリスに送った。そこで、休暇中の僕たちの手紙のやりとりが始まった。

アランのほうが多くの手紙を書いた。そして、ギルフォードに来るよう誘う。ロスは、舎監として、このような大胆な誘いにぞっとしたことだろう[1・25]。クリストファーは、(何日か遅れて)八月一九日に返事を書いた[1・26]。

……実験について話す前にお礼を言いたい。泊まりにくるように誘ってくれてほんとうにありがとう。残念だけど、その頃、三週間ほど、僕たちはどこか、たぶん外国だと思うが、出かけることになっていて君の家に行けないと思う……。誘ってくれてうれしい。ありがとう。

ヨウ素化合物については、クロックハウスで行なった新しい実験の登場で明らかに興味の対象から外された。空気抵抗の測定、液体摩擦、ルパートと考えている物理化学上の別の問題(「君が試したがるかもしれない積分の問題を同封する」)、二一フィートの長さの反射望遠鏡を作る計画もあった。そして、

……これまでやったことは、ポンドとオンスの加算器を作ることだ。それは、驚くほどよく機能している。この休みは数学をあきらめて、相対性理論も含む物理学全般についてとてもためになる本を読

んだ。

アランはクリストファーが考えた空気抵抗に関する独創的な実験をなんとか自分でもやってみて、化学と力学の問題についてさらに多くの着想を書いた手紙を送る。クリストファーは九月三日の手紙でこの二つの問題の両方にけちをつけた。

僕は、君が考えた円錐形の振り子を慎重に検討していないが、今のところ、君の方法を理解できない。ついでにいうと、君は運動の方程式で間違っていると思う。……

僕は、今、美術家向けアメリカ製塑像用粘土を分析している兄を手伝っている。……その手順は、有機溶剤で煮ること。……僕はとてもいい粘土を作り、それは望んでいたものにかなり近い。この堅い石鹸と硫黄の華を混ぜて……そして、羊の脂を少し加えて作った。休暇を楽しんでいることを願って。では、二一日に。

親愛なる、C・C・モーコム

しかし、彼の関心は化学から天文学に移る。この年の初め、最初にクリストファーがアランに教えた。アランは、一七歳の誕生日に母親からエディントンの『星の内部構造』という本をもらい、また、一・五インチ口径の望遠鏡も手に入れた。クリストファーの望遠鏡は四インチで（「彼は、興味ある人をみつけては、自分の望遠鏡がいかにすばらしいかを飽きることなくいつまでも語り続けた」）、一八歳の誕生日には星座図鑑をもらった。天文学に加えて、アランは『物理的世界の本質』も夢中になって読む。一九二九年一一月二〇日の手紙に[1・27]、この本の一部についての説明がある。

シュレディンガーの量子論は彼が考える各電子に対して三つの次元を要求する。もちろん、彼は、約一〇の七〇乗の次元がほんとうに存在するとは信じていないが、この理論は一つの電子の動きを説明すると考える。彼はどんな図も心に思い描くことなく、六個の次元、九個の次元、あるいは、何個の次元でも考えられる。なんなら、新しい電子のどれに対しても空間の座標に類似するこれらの新しい変数を導入できるともいえる。

これは、エディントンが基礎物理学の概念におけるもう一つの変化について記述した箇所で、相対性理論よりもはるかに神秘的だ。量子論は、一九世紀的なビリヤードボール状の微粒子とエーテル性の波動を排除し、その両者のかわりに、微粒子と波動の両方の特徴をもつ存在、すなわち塊とも星雲状ともいえる存在を導入した。

エディントンには語るべきことがたくさんあった。一九二〇年代は理論物理学が急速に進歩し、世紀の変わり目に発見された大量の新事実を整理する時代だった。一九二九年、シュレディンガーが量子論を定式化してわずか三年めに、二人の少年は、もう一人のケンブリッジ大学の天文学者ジェームズ・ジーン卿の本も読む。ここでもまた完全に新しい発展があった。一部の星雲は銀河の辺縁にあるガスと星でできた雲で、そのほかの星雲は完全に別の銀河であるという理論がちょうど確立したばかりだった。頭に描く宇宙の図は一〇〇万倍にも広がる。アランとクリストファーはこれらの新しい考え方について議論するが、「意見が一致することは珍しく、だからかえっておもしろかった」と、アランは書いている。アランは「クリスの考えを鉛筆で、自分の考えをインクでそこらじゅうに殴り書きした紙」をとっておいた。「僕たちは、フランス語の時間にもこれをやった」。

殴り書きした紙の日付は一九二九年九月二八日になっており、そのなかには学校の答案もあった。

Monsieur ... recevez monsieur mes salutations empressées[*7]
Cher monsieur ... Veuillez agréer l'expression des mes sentiment distingués
Cher ami ... Je vous serre cordialement la main ... mes affectueux souvenirs ... votre affectioné

しかし、ほかにも三目並べを一般化したゲーム、ヨウ素と燐に関係する化学反応、そして、「すべての直線には所与の点を通過する一本の平行線が存在する」というユークリッドの公理に疑問をもったことを示す図がある。

アランは、自分の特別な気持ち（sentiments distingués）をけっして表に出すことはできなかったが、この数ページの紙をおそらく愛しい思い出（souvenirs affectueux）として保存していたのではないだろうか。心を込めて手を握る（serrer cordialement la main）とか、あるいはそれ以上のことについてはたぶん心のなかでしっかりと抑え込んでいたのかもしれない。とはいえ、すぐに、こうも書いている。「彼の人間性を非常に強く感じたことが何度もある。今、彼が実験室の外で僕を待っていた夜のことを考えている。僕が出てくると、彼は大きな手で僕をつかんで星を見に外へ連れ出した」。

アランの父親は成績表の様子が変わりはじめたとき、驚きながらも喜ぶ。彼の数学に対する関心は所得税の計算にかぎられているが、アランを誇りに思っていた。ジョンもしかり。ジョンは、アランが学校制度と戦いそれをやり遂げたことをほめる。アランの異常さにも一貫した秩序があった。チューリング氏は妻とちがって、息子がしていることをほんの少しも考えようとしない。アランがかつて、自分の勉強部屋で父からの手紙を大声で読んだ語呂合わせの二行詩がある。

I don't know what the *'ell 'e meant*（元素が何かも、彼が何を言っているのかもわからない）
But that is what *'e said 'e meant* !（それは元素のことであり、彼が言おうとしたと言ったことでもある）

アランは父のやせ我慢をとても喜び、また、自分について考えすぎないことを頼もしく思ったようだ。チューリング夫人は、「だから私が言ったとおりでしょう」という、どちらかといえば非難めいた対応をして、自分の学校選びが正しかったことを強調する。アランにかなりの注意を払っていたのはたしかだが、そのすべてが道徳的改善の方向に向かっていたとはいえない。彼女は息子の科学に対する情熱を理解していると思いたかった。

このとき、アランは大学の奨学金をねらえる立場にいた。奨学金はたんに授業料の免除だけでなく、学部学生としての生活をほぼまかなえるぐらいの金額だった。次席の志願者がもらえる奨学金は非常に少ない。一八歳になったクリストファーは兄と同じトリニティカレッジの奨学金をもらうものと期待されていた。大それたことにアランは一七歳でそれに挑戦する。数学と科学に関して、トリニティは大学のカレッジのなかで最も評判が高く、それだけで世界における科学の中心、ドイツのゲッティンゲンに次ぐ存在だった。

パブリックスクールは、歴史のある一流大学の入学奨学金をもらうための気が遠くなるような手続きを志願者にやり遂げさせることに長けていて、シャーボーン校は、すでにアランに年間三〇ポンドの奨学金を給付していた。しかし、だからといって自動的に入学が許されるものではない。トリニティの奨学生試験は、正解の見当もつかない想像力に富むもので、出題範囲は発表されない。試験を受ければ、それからの大学生活が予感できる。アランはこのような試験にわくわくしたが、それ以上に彼の情熱をかき立てるものがあった。すぐにもシャーボーン校を去るクリストファーの存在だ。それがいつのことになるかはっきりしなかったが、一九三〇年の復活祭の頃になるのだろう。奨学金の試験に失敗すると一年以上クリストファーに会えない。一一月にアランが感じたいやな予感は、この不安からきたものかもしれない。そして、そのとき、復活祭の前に何かが起こって、クリストファーがケンブリッジに行けなくなるのではないかという思いがアランの心のなかを何度も横切る。

ケンブリッジの試験が始まると、まる一週間、クリストファーと一緒にいられる。それも、寮生活の制約に縛られずに。「僕は、ケンブリッジ見学と同じくらい、クリスと一緒に一週間過ごせるのを楽しみにしていた」。一二月六日の金曜日、クリストファーの勉強友達ヴィクター・ブルックスがロンドンからケンブリッジまで車で帰るとき、クリストファーだけでなくアランも誘ってくれた。二人は一緒に汽車でロンドンへ立ち寄り、モーコム夫人に会う。彼女は彼らをアトリエに連れていった。彼らは制作中の胸像から出る大理石の削りかすで遊び、部屋に戻って昼食をご馳走になる。クリストファーはアランをひどくからかい、「やばいもの」というギャグを連発した。なんでもないが実はあぶないものだと見せかけるための言い方だ。彼は、モーコム社製バナジウム鋼刃物の成分バナジウムについて「絶対やばい」と言って笑った。

ケンブリッジでは一週間にわたって、若き紳士の生活を送ることができた。個室をあてがわれて、消灯時間もなかった。礼装してトリニティカレッジのホールの夕食会に臨むと、ニュートンの肖像画が見おろしていた。夕食会の時間は、ほかの学校の志願者に出会って交流するいい機会だ。アランに新しく一人の知り合いができる。その人物、モーリス・プライスは数学と物理学に対してアランとよく似た関心をもっていたので、すぐに気が合った。プライスにとっては二度めの試験だった。一年前、彼はニュートンの肖像画の下に座って、ここに来なければ満足できないことを確信する。クリストファーはどちらかといえばすべてに冷めていたが、全員が同じことを確信した。ここに来たら、何事も二度と戻ることができないのだと。

アランによれば「食事はとてもすばらしかった」。その後で二人は、シャーボーン校のほかの生徒とブリッジをするためにトリニティホールに出かけた。僕たちは……一〇時までにカレッジに戻ることになっていたが、一〇時四分前にクリスはもう一勝負やりたがった。僕は彼にそれを許さなかったので、戻ったのはちょうど一〇時。翌日の土曜日、僕たちはまたトランプをやり、今度は「ラミー」をした。一〇時を過ぎても僕とクリスはほかのゲームをやり続けた。僕たちはまだベッドに入らないと決めたときのクリスのこぼれんばかりの笑みをとても鮮やかに憶えている。一二時一五分までトランプをした。その数日後、僕たちは天文台に入り込もうとした。クリスの天文学者の友達から天気がよかったら来るようにと誘われたからだが、天気がいいということに関する僕たちの考え方は、その友人とはずいぶんちがっていた。

クリストファーは、「あらゆる種類のゲームを好み、そして、いつも（そして前よりくだらない）新しいゲームをみつける」。彼はよく「ありそうだけど事実ではないことを人に信じさせよう」と努力していた。ケンブリッジでは、アランを説得して時計を二〇分進ませた。「僕がそれに気がついたとき、彼は大いに喜んだ」。二人は映画にも行った。クリストファーの予備学校の友達であり、ケンブリッジの学生になっていたノーマン・ヒートリーも一緒だ。クリストファーは彼に、アランがいかに自分独自の記号を使って微積分の計算をするか、そして、試験ではふつうの記号に変換してすべての問題を解くという話をする。実は、アランの独立精神のこの部分は、エパーソンの心配の種子でもあった。彼は、「彼の試験問題の解き方は正統な方法からずれていることがよくあり、書いた本人の説明が必要になる」と考え、ケンブリッジの試験官が、答案用紙の背後にある知性の闘いに気づくかどうかを心配した。映画からの帰り道、アランは、ヒートリーと一緒に遅れがちに歩く。クリストファーがどのくらい彼を必要としているかを試すためだ。試す価値はあった。

クリスが一緒に歩こうと僕を手招き（ふつうなら、彼は目で合図すると思う）したとき、きっと僕はとても寂しそうに見えたはずだ。僕がどれほどクリスを好きなのか知っていたと思うけれども、僕がそれを表に出すことをいやがった。

アランは、自分がクリスとちがう寮の生徒であり、すべてについて何か言われることに気づいていた（「僕たちは一緒に自転車で出かけたことがない。たぶん、寮でクリスが僕のことについてからかっていたことのほうが多かったからだ」）。このときのことについて、アランは「非常に」満足していた。

アランがいうところの、人生で最高に幸せな一週間が過ぎた後の二月一三日、少年たちは残り少ない学期の最後の日々を過ごすために学校へ戻る。夕食時の寮で、彼らは次のようにアランについて歌った。

〝数学屋はしばしば、ベッドでも目が覚めている
一〇桁まで対数計算をして、彼の頭のなかはこざっぱり〟

一二月一八日の『ザ・タイムズ』紙で、試験の結果が発表される。学期が終わった直後の大きな衝撃。クリストファーはトリニティ奨学金を獲得したが、アランは獲得できなかった。祝いの手紙の返事として、アランはクリストファーからとりわけ親愛の情がこもった手紙を受け取る。

親愛なるチューリング、

手紙をどうもありがとう。僕は、自分がトリニティの奨学金の試験に受かってうれしいが、同じくらいに君の不合格が残念でたまらない。ガウさんは、ふつうの奨学金にしておけば取れていただろうと言っていた……。

……僕が知るかぎりで最も空が澄み切った二晩だった。これ以上の木星を一度も見たことがない。五つか六つの縞が見え、中心にある大きな縞の一つは細部まで見えた。昨日の夜は、第一の衛星が蝕の影から出てくるのを見た。木星からかなり離れたところにまったく突然(ほんの二、三秒間)現われ、とても格好よかった。木星の衛星を見たのははじめてだ。アンドロメダ星雲もとてもはっきり見えたが、長くはなかった。シリウスのスペクトル、双子座のβ星とオリオン星座のα星、そしてオリオン星雲の輝く線スペクトルを見た。僕は、今、スペクトログラフを製作中だ。

また、手紙を書く。クリスマス、新年おめでとう。

一九二九年一二月二〇日

いつも君の友、C・M・C

「スペクトログラフを製作」することは、アランがギルフォードで入手できる材料ではとうていできない。彼は古い球形のガラスのランプシェードを手に入れ、焼き石膏をなかに詰めて、表面に紙を貼った(これは彼に曲面の性質について考えさせた)。そして、恒星からなる星座を描き込んだ。星座は、図鑑を見たほうがもっと簡単に正確に描けそうだが、いかにもアランらしいことに、夜の空を自分で観察してから描くことにこだわる。早朝の四時に目が覚めるように自分の体を慣らし、その結果、一二月の夕方には見えないいくつかの星を描き込むことができたが、このとき、母親を起こしてしまう。彼女は泥棒の物音だと思った。作業を終えて、彼はクリストファーに星図ができたと報告する手紙を書く。また、来年、トリニティではなく別の大学を志願することが賢明かどうかも尋ねた。これが愛情を試す問いであったなら、アランの思いは再び報われた。クリストファーからの返事の手紙。

親愛なるチューリング、

……ほんとうのところ、僕は君に試験についてなんの助言もしてあげられない。それは、僕ではなく君自身の問題だから。でも、こういう言い方がまったく正しいとも思わない。セントジョンズカレッジはとてもいいカレッジだけれど、もちろん個人的には君にもっと会えるトリニティに来てほしい。君の星図ができあがったのならぜひ見せてほしい。でも、学校にもってきても意味がないかもしれない。今まで天球模型を作りたいと何度も思ったけれど、ほんとうに作ろうとしたことはない。とくに今は。六等級の星まで載っている星図をもっているから。……

最近、星雲をみつけようといろいろ努力している。このあいだの晩、いい星雲をいくつか見ることができた。竜座に七等級で視直径一〇秒のなかなかの星雲があった。また、いるか座にある七等級の彗星をみつけようと思っている。……その彗星を捜すのに使える望遠鏡が君の手に入るかちょっと不安で、そんな小さい物体を捜すのに君の一・五インチの望遠鏡では役に立たない。この彗星の軌道を計算しようと思ったけど、解けない方程式が一一本と消去すべき未知数が一〇個も残ってしまい無惨にも失敗。

粘土でいろいろ作っている。ルパートは、ひどい匂いの石鹸とべとべとの酸を作っている……材料はレイプ油とニールズ・ブート油だ。……

一九三〇年一月三〇日

この手紙は、ロンドンのクリストファーの母のアパートで書かれた。ロンドンにいたのは「歯医者に行くためと……家でダンスをするのを避けるため」。翌日、クロックハウスでまた手紙を書く。

……僕は計算された位置にただちに例の彗星をみつけた。考えていたよりもはるかにはっきりしていておもしろかった。……ほとんど七等級。……君の望遠鏡でもはっきり見えるはず。一番いい方法は、まず四等級と五等級の星の位置を記憶して、それからゆっくりとあるべき位置まで動かす。そのとき、知っている星を全部ぜったいに見失わないこと。……約三〇分たってから、もし晴れていたらもう一度見てみる（ちょうど曇ってきた）。そして、星と星の間をそれがどう移動したかがわかるかどうか、また（二五〇倍の）強力な接眼鏡を使ったらどう見えるかも調べてみようと思う。いるか座のなかに五つの四等級の星の塊りが二組に分かれてファインダーのなかに入ってくる。

C・C・モーコム

アランはすでにその彗星を観察していた。かなり偶然だったが。

親愛なるモーコム、

彗星をみつけるための星図についてはありがとう。日曜日に、この星をたしかに見たと思う。僕はいるか座を見ながら、それはこうま座だと思っていた。そして、少しかすんでいて約二倍の長さのそれらしきもの［小さい図］を見た。もっと注意して観察しなかったのが残念。それから、いるか座と思っていたこぎつね座のどこかに彗星はないかと捜した。その日、いるか座に彗星が現れるのを『ザ・タイムズ』紙を読んで知っていた。

……この彗星にとってこの天気はほんとうに迷惑だ。水曜日も今日も、日没まではとても澄み切った天気だったのに、その後、雲の層が鷲座をおおってしまった。水曜日、彗星が消えたすぐ後に雲はなくなった。

A・M・チューリング

一九三〇年一月一〇日

僕の手紙に、いつもそんなにきちんとお礼を言わないでほしい。なんなら、この次は読める字で手紙を書いたことにはお礼を言ってくれてもよい（万が一僕がうまく書ければだが）。

彗星が、凍りつくような天空を、こうま座からいるか座に向かって飛んだとき、アランはその星の動きを自分の天体儀に描き、それをクリストファーに見せるために学校へ持っていった。ブレイミーはクリスマスに学校を去っていた。アランは、もう一度天体儀を使った研究を披露しなければならなかった。描かれた星座はほんの少しだったが、それだけでも後輩たちはアランの博学に驚いた。

冬学期に入って三週間後の二月六日に歌手たちがやってきて、感傷的な歌のコンサートが開かれた。アランもクリストファーと会場に出向いた。そこで、アランは友人の顔を見つめながら「大丈夫、これがモーコムに会う最後ではない」と自分に言い聞かせようとした。その晩、彼は暗闇のなかで目を覚ます。修道院の時計の鐘が鳴った。三時一五分前。ベッドから起きて、星を見るために窓の外を見る。望遠鏡をベッドに持ち込んで、そこから空を見ることがよくあった。今晩はロスの寮のむこうに月が見える。アランは思った、「さようなら、モーコム」の兆しではないかと。

その晩のまさにそのとき、クリストファーは具合が悪くなり救急車でロンドンに運ばれ、そこで二度の手術を受けた。六日間の苦しみの後、一九三〇年二月一三日木曜日、彼は逝ってしまった。

＊1　ウォリントン・ロッジ、現在は、Colonnade Hotel, Warrington Avenue, London W9 となっている。彼はこの道を横切ってすぐの聖セイヴィア教会で洗礼を受けた。

＊2　アランの手紙はスペルと句読点の間違いが多い〔訳注：英語版はそのまま引用しているが、日本語版は一定程度訂正して引用した〕。

＊3　サー・アーチボルド・キャンベルとは別人。

＊4　模擬試験のことを指している。

＊5　その級数は、$\tan^{-1}x=x-x^3/3+x^5/5-x^7/7\ldots$ というものである。この結果自体は、大学受験準備レベルでは標準的な結果であるが、重要なのは、アランが、初等的な解析学を使わずに発見したことだ。あるいはむしろ、注目すべきなのは、そもそもそのような級数が存在することを理解していたということかもしれない。

＊6　普通は「測地線運動の法則」と呼ばれている。

＊7　この答案には、「名詞の性が九箇所間違っている。五／二五点。非常に悪い」と記されている。

2
真理の精神

The Spirit of Truth
to 14 April 1936

ぼくは充電されたからだを歌う、
ぼくの愛してやまぬ人びとの大群がぼくを包囲し、ぼくも彼らを包囲する、
ぼくが彼らに同行し、応答し、彼らの穢《けが》れを払い、
魂の電流で彼らを満たしてやるまでは、彼らはぼくをどうしても放免してくれそうにない。
自分自身のからだを穢《けが》す者が人目を避けて身を隠すことがかつて疑われた例《ためし》があったか、
そしてもしも生きている人を穢す者が死者を穢す者と同じ程度の悪人なら、
もしもからだが魂に劣らずりっぱに仕事を果たさないなら、
もしもからだが魂でないなら、魂とはいったい何だろう。

アランは誰からも聞かされていなかった。幼少期にクリストファー・モーコムが、感染した牛乳を飲んで牛結核にかかったことだ。このため、内臓疾患が頻発し、彼の命はつねに危険にさらされていた。モーコム家は一九二七年にヨークシャーに行き、六月二九日の皆既日食を観察するが、クリストファーは帰りの汽車で重体になり手術を受けなければならなかった。その夏、遅れて学校へ戻った彼の痩せた姿にアランが驚いたのはこのためだった。

クリスの死の翌日、「可哀想なチューリング。ショックでほとんど気絶しそうだ。二人はとても仲がよかったにちがいない」と、友人がシャーボーンからマシュー・ブレイミーに手紙を書いている。事実はこれ以下でもあり、これ以上でもあった。クリストファーは、アランに対して礼儀正しい段階から気さくな友達の段階になったばかりだった。しかし、アランはクリストファーに心を半分奪われ、ただ呆然とするしかない。彼の気持ちを理解できそうな人はシャーボーンにはいない。それでも、クリストファーが亡くなった木曜日、副校長の「ベン」・デーヴィス[2・1]は最悪の事態に備えるようにというメモをわざわざアランに届けた。アランはすぐ母親に手紙を書き、土曜日の早朝の葬式に花を送るよう頼んだ。チューリング夫人はすぐに、アラン自身がモーコム夫人に手紙を書いたらどうかと返事を送った。土曜日、彼は手紙を書く。

親愛なるモーコム夫人、

僕がどれほどクリスの死を悲しんでいるかおわかりください。昨年、僕はクリスといつも一緒に勉強しました。彼ほど聡明でとても魅力的で誠実な友人はどこにもいません。僕の勉強と（クリスが教えてくれた）天文学のようなものに対する関心は、クリスと共有していると考えていました。彼も僕についても少しは同じように感じていたと思います。その関心の一部分は失われてしまいました。彼が生きていたときと同じだけの関心をもつことはできませんが、せめて同じだけのエネルギーを自分の勉強に注ぎ込むつもりです。彼がそう願っていると思うからです。もちろん、あなたこそ一番お悲しみのことでしょう。心からお悔やみ申し上げます。
あなたの親愛なる、アラン・チューリング

一九三〇年二月一五日
クリスの写真をいただければ大変感謝申し上げます。そうすれば、彼というお手本と、僕に注意深くなってきちんとすることを教えてくれた彼の努力を思い出すことができます。彼の顔と横を向いて笑いかけてくれた様子が懐かしいです。幸い彼からもらった手紙はすべて保管してあります。

アランは夜明けに目が覚めた。クリスの葬式の時間だった。

土曜日の朝、星がまるでクリスの死を悼むかのようにきらめいていたのがとてもうれしい。オハンロン先生が葬儀が行なわれる時間を教えてくれたので、いろいろな思いを込めて彼を偲ぶことができた。

翌日の日曜日、今度はもう少し落ち着いた感じで母親へまた手紙を書く。

親愛なるお母さん、
お母さんの言うとおりにモーコム夫人へ手紙を書きました。それで少し心が慰められました……。
……モーコムにまたどこかできっと会うことができる、そして、二人で取り組まなければならない研究があると思います。僕たち二人がここでやるべきことがたしかにありました。僕は取り残されて一人でそれをやらなければなりません。彼をがっかりさせないために、彼が生きていたときと同じだけの関心をもつことは無理でも、せめて同じだけのエネルギーを注ぎ込みます。それがうまくいったら、僕は今よりももっと彼がそばにいるような気持ちになります。一度、オハンロン先生が「たゆまず善を行ないましょう。飽きずに励んでいれば時が来て実を刈り取ることになります」と僕に言ったこと、そして、こういう事態になるととても優しいベネット[*1]が「一晩苦しい思いをするかもしれないけど、朝には喜びが来る」と言ったことを思い出します。プリマス同胞教会の考え方なのかもしれません。クリスが逝ってしまって悲しい。僕がモーコム以外の誰かと友達になろうと思ったり、友達になったりすることは二度とないかもしれません。彼を知ってしまうと誰もが平凡に見えます。だから、たとえば僕たちの「尊敬すべき」ブレイミーと彼が僕のために努力してくれたことに対して、僕がほんとうに感謝の気持ちをもっているか心配です……

一九三〇年二月一六日

チューリング夫人はアランからの手紙を読んでモーコム夫人へ手紙を書いた。

親愛なるモーコム夫人、

あなたのご子息と私の息子はとてもすばらしい友達でした。同じ母親として奥様のお悲しみを心よりお察し申し上げます。ご子息の成長を見届けられなかったこと、どんなにか寂しく辛いことでしょう。私はクリストファーのたぐいまれな頭脳と愛すべき性格に輝かしい未来を確信していました。アランが申しますには、モーコムは誰からも愛されていました。そして、アランもご子息のことが大好きで、私までもがご子息に夢中になりすばらしいと思うようになりました。試験期間中、アランはいつもクリストファーの優秀な成績を報告してくれました。アランはたとえようもない寂しさを感じて、自分のかわりに花を送ってほしいと手紙で頼んできました。息子はお悔やみの手紙も書くことができないかもしれません。そのときには、どうか私の気持ちとともに息子の気持ちも汲み取っていただければと思います。

一九三〇年二月一七日

心を込めて、エセル・S・チューリング

すぐモーコム夫人は、復活祭休暇にクロックハウスに来るようアランを招待した。彼女の妹のモリー・スワンが、クリストファーの写真を一枚アランに送ってくれた。悲しいことに、モーコム家はクリストファーの写真をほとんど持っていなかった。この一枚は自動カメラでとられ左右が反転しているので、あまり彼らしくない。アランは返事を書いた。

親愛なるモーコム夫人、

お手紙をありがとうございます。クロックハウスへ行くのがほんとうにとても楽しみです。四月一日から春休みが始まりますが、一一日まで舎監のオハンロン先生と一緒にコーンウォールに行くことになっています。それ以降五月の初めまでの間で、ご都合のよろしいときにいつでもうかがえます。僕はクロックハウスのことをたくさん聞いています。お兄さんのルパートさん、望遠鏡、山羊、実験室などすべてです。

どうかスワンさんに写真のお礼をお伝えください。写真は今、机の上から頑張れと僕を励ましています。

一九三〇年二月二〇日

写真はさておき、アランは自分の感情を胸に納めておかなければならない。喪に服する時間はまったく与えられず、ほかのみんなと同じように軍事教練とチャペル礼拝に出席しなければならなかった。一方、モーコム家では、クリストファーとの思い出に浸るアランの気持ちに驚いてもいた。クリストファーは家では学校友達についてあまり語らず、はじめて口にするように「何々と呼ばれる人」という言い方をいつもしていた。実験について話すときにほんの少し、「チューリングという人」という言葉が出ていただけで、それ以上ではなかった。モーコム夫妻もアランに会ったのは一二月にちょっとだけだ。彼らはアランのことを、彼からの手紙でしか知らなかった。三月の初め、モーコム夫妻は予定を変えてスペインで休暇を過ごすことにする。それは、クリストファーが亡くなる前に変更した計画だった。そこで、三月六日、彼らは、クリストファーにかわって同行してほしいと家にではなく旅行にアランを誘う。アランからの手紙に対する感謝の気持ちだった。翌日、アランは母親に次のような手紙を書いた。

モーコム大佐夫妻とクリストファー。1929年夏、休暇中に。(ルパート・モーコム提供)

……クロックハウスに行かないことになり半分がっかりしました。クロックハウスやモーコムが話してくれたそこにあるものすべてをとても見たいからです。でも、ジブラルタルに招かれるなんて滅多にありません。

三月二一日、モーコム夫妻は最後の挨拶にシャーボーンを訪れた。夕方、アランは夫妻に会うためにロスの寮に入る許可をもらった。一週間後、冬学期は終わり、アランはオハンロン先生とコーンウォールの北海岸にあるロックに行く。このように少年たちが集団で連れていってもらえるのはオハンロン先生の個人的な収入のおかげだった。一行のなかには勇ましいベン・デーヴィスと三人のウエストコット寮の生徒、そして、ホグ、ベネット、それにカースがいた。アランからブレイミーへの手紙には「とても楽しい時を過ごした。たくさん運動して、その後にたらふく食べて少しビールを飲んだ」とある。

アランがいない間、チューリング夫人はモーコム夫人に会うためにロンドンにある彼女のスタジオを訪れた。モーコム夫人は日記（四月六日）にこう記している。

今夜、チューリング夫人が私を訪ねてきた。会うのははじめて。二人でほとんどクリスのことばかり話した。彼女は、どれほどクリスがアランに影響を与えたか、また、アランがどれほど今もクリスとともに学び、助けてもらっていると思っているかを語ってくれた。彼女は一一時近くまでいた。ギルフォードに戻らなければならなかった。彼女はクィーンズホールのバッハのコンサートに行ったことがあるようだった。

コーンウォールで一〇日間過ごした後、アランはギルフォードでほんの少し下車する。そこで、チューリング夫人は急いで彼の身だしなみを整えるよう努力した（外套の裏側からいつもどおり何枚もの古いハンカチがでてきた）。四月一一日、アランはティルベリに着き、カエザリヒンドゥ号の船上でモーコム家一行と合流。メンバーにはモーコム夫妻とルパートのほかに、ロイズ銀行の重役とパウエル・ディフリンというウェールズの炭坑会社会長イヴァン・ウィリアムズ氏がいた。この日のことをモーコム夫人は日記に書いている。

……正午ごろ出航。太陽がきらめくすばらしい日。午後三時半、霧が出はじめて速度を落とす。お茶の前に船の錨を降ろして、真夜中までテームズ河口のちょうど外側に碇泊する。そこらじゅうの船が霧笛をふき、ベルを鳴らす、……ルパートとアランは霧にとても興奮するが、ほんとうはかなり気がかりだ。

アランはルパートと同じ船室だった。ルパートはジーンズとエディントンのことを話題にして、精いっぱいアランを会話に引き込もうとするが、アランはすごく内気で優柔不断なままだった。アランは毎晩、就寝前に長い時間クリスの写真を見ていた。航海第一日めの朝、アランはクリストファーに関する話をモーコム夫人にする。はじめて感情のままに話すことができた。翌日、デッキでルパートとテニスをした後、アランは前日と同じように夫人と話をして過ごした。クリストファーと知り合いになる前、自分がいかに彼に魅力を感じていたか、クリストファーが亡くなった晩、夜空に月が沈むのをみて悲劇が起こりそうな予感がしたこと(「これらのことをたいしたことではないと説明しきってしまうことは難しくないが、それはどんなものだろう」)。月曜日、サンヴィセンテ岬を一巡し、アランはクリストファーの最後の手紙を彼女に見せた。

一行は、半島部に四日間だけ滞在し、車でたくさんのヘアピンカーブが続く山道を通ってグラナダへ移動。復活祭を翌週に控え、星空の下を信者が行進していた。復活祭前の金曜日にジブラルタルに戻り、翌日、本国行きの定期船に乗り込む。復活祭当日、アランとルパートは船内で早めの聖餐式をすませた。

今では、ルパートはアランの独創的な思考に感銘を受けるが、彼が知るトリニティの数学者や科学者たちとちがう部類に入るレベルとまでは思わなかった。アランの将来はまだわからない。ケンブリッジで科学や数学を学ぶべきだろうか。奨学金は必ずもらえるのか。そろそろ旅が終わる頃、アランはイヴァン・ウィリアムズに産業界における科学者の職業的役割の可能性について相談した。ウィリアムズは粉塵の毒性を調べる分析を例にあげて、石炭産業が抱えている問題を説明した。アランは、この話を疑問に思い、科学的証明が炭坑夫たちをだますために使われるかもしれないとルパートに言った。

一行は盛大な旅行を終えた。最高級のホテルに泊まったが、アランが一番望んだことはクロックハウスを訪れることだった。モーコム夫人はそれに気づき、優しい気持ちで彼にクリストファーの書いたものを整理するのを「手伝って」ほしいと頼んだ。水曜日、アランはロンドンにある彼女のスタジオを訪ね大英博物館を見学した後、彼女とブロムスグローブ行きの列車に乗る。アランは二日間かけて実験室、未完成の望遠鏡、山羊（生け贄の牛のかわりに飼われていた）、そして、生前クリストファーが彼に話してくれたすべてのものを見た。四月二五日の金曜日には家に帰らなければならないが、翌日、またロンドンに出てきてモーコム夫人を驚かせ、クリストファーの手紙が入っている小包を彼女にあげる。月曜日、手紙を書いた。

親愛なるモーコム夫人、

旅行に連れていってくださりありがとうございました。とても楽しかったです。それをお伝えしたくて、この手紙を書いています。ケンブリッジでクリスと過ごしたすばらしい一週間を除いて、ほんとうに今までこんなに楽しい時を過ごしたことがありません。僕にくださったクリスの細々した持ち物すべてについてもお礼を申し上げます。クリスの思い出の品を持っていることは僕にとってとても重要なことです。……
一九三〇年四月二八日
親愛なるアランより
クロックハウスに寄せていただき、たいへんうれしく思っております。家と調度品すべてにとても感動しました。そして、クリスの物を整理する手伝いができてとてもうれしかったです。

チューリング夫人も手紙を書く。

親愛なるモーコム夫人、
アランは、昨夜、とても元気に幸せそうに帰宅しました。息子は奥様と一緒に過ごした時間をとても大切に思っていますが、彼にとってとくに重要だったのはクロックハウスに行くことでした。今日、誰かに会いにロンドンへ出かけました。このことについては、日を改めて私に話すつもりだと言っています。そして、それはことのほか特別の経験を意味しているようです。まだ詳しい話を聞いていませんが、奥様とクリスの思い出を語り合ったことが彼の支えになり、また、いただいた鉛筆、美しい星図とそのほかの思い出の品々が、一人のご婦人の優しさとともに彼の宝になることを確信していま す。……
厚かましいとお思いにならないでいただきたいのですが、私たちの会話の最後に、奥様は弱い人の味方だったクリスは自分の名前にふさわしいことをした（私もそう思います）とおっしゃいましたが、聖クリストファーを記念するパネルが学校のチャペルに掲げられるようになれば、どんなにすばらしいことでしょう。奥様が製作するパネル、それは、一部の少年たちをどんなにか元気づけることでしょう。彼らはクリストファーのことが大好きでよく思い出しています。そうすれば、天才と慎ましい行動が見事に調和することでしょう、クリスのように……。
一九三〇年四月二七日

モーコム夫人はすでに同じような考えを実行に移していた。窓に嵌める聖クリストファーのステンドグラスを発注していたのだ。しかし、シャーボーン校ではなく、キャッツヒルにある彼らの教区の教会に納めるものだった。また、ステンドグラスの画像はチューリング夫人のいう「慎ましい行動」ではなく、生き続ける生命を表現していた。アランは学校へ戻り、モーコム夫人に書く。

……僕は、今学期の上級修了資格試験でクリスと同じくらいの成績をとれたらいいと思っています。ときどき考えることは、いくつかの点において僕がいかにクリスに似ているかということです。だから僕たちが真の友達になったのです。死が彼から取り上げたものをやり遂げるために僕が残されたのではないかと思います。

モーコム夫人もアランを訪ね、クリストファーの死後、成績優秀者として彼に与えられることになったディグビー賞の本を選ぶのを手伝う。

クリスはほとんど間違いなくディグビー賞の賞品として『物理的世界の本質』（エディントン）と『私たちをとりまく宇宙』（ジーンズ）を選んだと思うが、『星の内部構造』（エディントン）と『宇宙と宇宙進化論』（ジーンズ）の可能性もあったと思う。

モーコム家はシャーボーンに新しい賞を作る基金を寄付する。それは、独創性のある研究に与えられる科学賞だった。アランはヨウ素酸塩の実験と研究を続けていた。いまや、この賞をとるためにそれを書き上げることにした。クリストファーは墓に入っても、アランに研究を発表させて、それを競わせようとしたのだろう。アランは母親へ手紙を書いた。

……僕は、たった今、メラーという一冊の化学書の著者へ手紙を書いて、去年の夏に僕がやった実験に関係する参考文献を教えてもらえないか頼みました。ルパートはそれを知らせてくれたらチューリッヒで探してくれると言ってくれました。困ったことに前回は何も教えてもらえませんでした。

アランは遠近画法にも興味を示す。

今週頑張った絵ですが全然うまく仕上がりません。……実は、ギレット先生をあまり評価していません。先生が一度か二度、平行線について漠然と何か一つの点に向かっているというようなことをおっしゃったのを憶えています。でも先生は、普段は「垂直線はあくまで垂直に」というスローガンを口にしていました。先生が自分の位置よりも下にある物をどうやって描くか不思議です。僕はツリガネスイセンやその種の物を描いていません、ほとんど遠近画法の絵を描いています。

一九三〇年五月一八日

絵については、チューリング夫人もモーコム夫人への手紙に書いた。

……アランが絵を描き始めました。ずいぶん前からアランに望んでいたことです。奥様から刺激を受けたのでしょう。息子は奥様に夢中です。お宅から帰ってきた翌日にロンドンに出かけたのは、ただ、奥様を訪問する口実がほしかっただけだと思います。お宅のみなさまにはとてもよくしていただき、また、多くの意味で新しい世界を開いていただきました。……アランと二人になると彼はいつもクリスと奥様とモーコム大佐、そしてルパートさんの話ばかりをしたがります。

一九三〇年五月二一日

この夏、アランは、上級修了資格試験で前回よりも高い得点を目指し、ケンブリッジのペンブロークカレッジを志願した。このカレッジは、上級修了資格試験の得点だけで奨学生を決定するからだが、アランはトリニティを受験できるように、なかば失敗することを希望していた。たしかにうまくいかなかった。数学の試験が前年度よりもはるかに難しく、得点は前回より伸びなかった。しかし、エパーソンは評価している。

……彼の答案の書き方はかなりよくなった。昨年度よりも説得力があり、大ざっぱではない。……

そして、ガーヴィスも。

彼は昨年のこの時期よりもはるかによくやっている。一つには彼の知識が増えたからだが、主たる理由は彼が成熟した答案の書き方を習得したからだ。

アンドルーズは、新しいモーコム科学賞へアランが応募した書類を渡され、後にこのことをチューリング夫人へ書いている[2・2]。

アランがヨウ素酸と二酸化硫黄の化学反応に関する論文を提出したとき、はじめて、彼が並外れた頭脳の持ち主であることを悟りました。私は実験を「見栄えのいい」デモンストレーションとして利用してきましたが、彼は私を驚かせる方法を使って、実験からその数式を導き出しました。……

ヨウ素酸塩の研究で彼は賞を獲得。「モーコム夫人は、ふつうでは考えられないほど親切な人で、家族全員がとてもおもしろい」「彼らはクリスを記念する賞を設立し、今年、僕が、しかるべくその賞をもらえてとてもよかった」と、アランはブレイミーに書き、さらに、次のように続けた。

ドイツ語の勉強を始めた。来年ドイツに行かせられることになりそうだが、あまり行きたいと思わない。シャーボーンにいて引きこもりそうなので不安だ。その場合の最悪のことは、グループⅢに残ったやつらからすごくいやな思いをさせられることだ。そのなかで、二月以来ただ一人まともなのはマーマゲンだが、彼は物理を真面目にやらず化学にいたってはまったくだ。

アランにドイツ語を指導した教師は、「彼には言語の素質がまったくないようだ」と記している。それは、アランが引きこもりの期間中に考えたいことではなかった。

夏のある日曜日、ウエストコット寮の少年たちが午後の散歩から戻ってくると、実験に関してある意味でおそれられ、尊敬されるようになっていたアランが一つの実験に取り組んでいた。彼は、階段の吹き抜けに長い振り子を吊るし、一日そのままにしておくと、地球は振り子の下で回転しているのに振り子が運動する平面は一定であるということをたしかめようとしていた。これは初歩的なフーコー振り子の実験にすぎず、ロンドンの科学博物館にもある。しかし、シャーボーンではかなり驚かれ、一九二六年に自転車で到着したことを除けば最大の話題になった。アランはさらにピーター・ホグに、これは相対性理論と関係があるはずだと語ったが、実際、突き詰めれば関係のある話だった。アインシュタインにとっての問題は、振り子がどのようにして遠く離れている星に対して相対的に固定した位置を保ち続けるのかということだった。いったいなぜ振り子は星のことを知っているのか。自転の絶対基準があるのはなぜか、そして、それが天体の配置と一致しているのはなぜか。

星のことで少年たちの頭のなかがいっぱいだったとしても、アランはさらにクリストファーについてもまとめなければならない。というのは、四月にモーコム夫人から、追悼集を作るのでクリスの思い出を書いてほしいと頼まれていたからだ。アランには簡単にやり遂げられそうもない頼みだった。

手紙に書いたクリスの思い出は、何よりも僕たちの友情について述べたものになってしまいました。そこで、それは奥様のために書くものと考え、ほかの人の原稿と一緒に印刷できるように僕がそれほど関わっていない別のことを書きたいと思います。

最終的に三つの草稿を書くがどれも男らしい冷静さからかけ離れたもので、正直すぎて自分の感情がでてしまっていた。六月一八日に最初の数ページを送って、次のように説明する。

クリスがときどき僕に話してくれたことを鮮やかに憶えています。僕はただクリスが踏んだ地面を拝むだけでした。これほどの思いを隠せませんでした。すみません。

モーコム夫人は続きを頼み、アランは休暇中に書くことを約束する。

……奥様がさまざまな細かい点を記録に残したいと思われているお気持ちがわかるような気がします。それについて、アイルランドで静かに考える時間がたくさんあるでしょう。ただ、今学期はもうあまり時間もなく、キャンプも物を考えたり書いたりするのにふさわしい雰囲気とはいえませんので、休暇まではできないだろうと思います。切り取った思い出は僕にとってクリスらしさを象徴するようなものでしたが、後でそれを読み通してみて、僕たち二人のことを少しも知らない人にとってはあまり意味のないことに気づきました。この問題を乗り越えて、クリスが僕にとってどんな存在だったか少しだけ述べることにしようと思います。もちろん、奥様ならおわかりでしょうが。……

一九三〇年六月二〇日

モーコム夫人はクロックハウスへ泊まりに来るようアランと母親を招待するが、すでに夏期休暇の第一週にOTCキャンプが予定されていた。しかし、幸いなことに、シャーボーンで伝染病が発生し、キャンプは中止になる。

八月四日の月曜日、アランはクロックハウスに着いた。モーコム夫人の記録によると、「……彼に布団をかけにいった。私の部屋で、クリスが去年の夏に寝たスリーピングパックに入って眠っている……」。翌日、チューリング夫人も来る。モーコム大佐はアランに、クリスと一緒に始めた研究用にと実験室を使わせてくれた。郡の農産物品評会にみんなで出かけ、クリスのお墓参りもした。日曜日の夕方、モーコム夫人は書いている。

……チューリング夫人、アランとともにランチェスターに行く。午後七時すぎに彼らはアイルランドに向けて出発した。七時まで彼らと話をした。……今朝、アランがやってきて、彼がここにいることをどんなに大切に思っているかを言った。そして、ここにいるとクリスからの祝福を感じるとも。

チューリング一家はアイルランドに渡りドネガルで休暇を過ごす。アランは父親とジョンと釣りをし、母親と丘に登った。自分の思いは胸にしまっていた。

夏学期の最後、オハンロンはアランに賛辞を送る。「よい学期だった。たしかに少し欠点はあるが彼には個性がある」。アランは、以前よりも学校の体制と折り合いをつけていく心構えができていた。今までも反抗的だったというわけではなく、一歩身を引いていただけだった。また、今も体制と妥協したわけではなく、いぜんとして身を引いていた。しかし、彼は、「明白な義務」をそれが重要なことの邪魔にならないかぎり、強制的な負担としてではなくたんなるしきたりとして理解するようになった。一九三〇年の秋学期、同学年のピーター・ホグが寮長になり、その六か月後には三年次生に進級したアランが監督生になった。オハンロンからチューリング夫人へ宛てた手紙がある。「アランが従順になることを確信しています。彼は頭がいいうえにユーモアのセンスもあります。だから、大丈夫です……」。彼は、寮の後輩に規則を教える係になる。デイヴィッド・ハリスという新入生がいた。四年前の寮長アーサー・ハリスの弟だ。彼がフットボールのユニホームを二度も衣服掛けにかけずにいたことをみつけた当番監督生のアランは、「君を叩かないといけない」と言って、それを実行した。しかし、ハリスははじめて罰をうけた新入生として同級生たちのヒーローになった。ハリスはガスこんろにしがみつき、アランは叩きはじめる。しかし、きちんとした靴を履いていなかったので洗面所のつるつるする床の上で滑りまくり、いくら振り下ろしてもねらいは定まらない。一振りは背骨に、また一振りは足にあたった。これでは尊敬は得られない。アラン・チューリングは親切だが「軟弱な」監督生ということで、寮でろうそくを吹き消されたり溲瓶《しびん》に重曹を入れられたりして、下級生に意地悪をされた（寮には便所がついていない）。「チューログ・パン」、後には「古チューログ」とあだ名をつけられて、からかうにはもってこいの対象だった。事件は「自習室」でも起こり、クヌープが目撃した。[2・3] クヌープはアランより一歳年上で、アランのことを「あいつは頭脳、自分は腕っぷし」とみていた。彼の目撃談がある。

一時間三〇分という問題の自習時間、寮生によるいつもの鞭打ちの罰が実行された。ウエストコット寮の学習室は長い廊下に沿って両側に二人から四人の少年が共有する学習室に分かれている。その晩の静かな自習時間に、廊下を歩く足音、ドアをノックする音、ぼそぼそ話す声が聞こえ、それから、二人のどたどたした足音が廊下を通ってロッカーと洗面所に行く音がした。その次に聞いたのは、鞭のヒューという音と鞭が陶器の底にからまって陶器が壊れる音となかにある棒砂糖の音だ。これが一振りめで、まったく同じことが二振りめにも起きた。そのときには、僕とルームメイトは笑いすぎて腹が割けそうだった。何が起こったかというと、チューリングの背中にあたった鞭で監督生が持つ陶器の茶器が壊れたのだ。これが二回続いた。そして、音からして洗面所の様子がすべてわかった。三振りめと四振りめは陶器にあたるはずがない。もう粉みじんになって床に散らばっていたから。

もっと動揺させる出来事があった。鍵をかけた日記[2・4]がほかの少年に取られて壊された。一方、アランに我慢できないことがあった。[2・5]

チューリング……は、きわめて愛嬌があるが、見た目はややだらしない。彼は一歳ぐらい年上で僕たちはとても仲のよい友達だ。

ある日、彼が洗面所で髭を剃っていた。両袖はだぼだぼに垂れ下がり、全体的にひどい格好だ。僕は親しみを込めて、「おい、チューリング、みっともないぞ」と言ったが、彼は気を悪くしたようにみえない。よせばいいのにもう一度言った。彼は腹をたて、僕にそこで待っているように言う。僕は少し驚き（寮の洗面所はおしおき場だ）、何が起こるか覚悟した。彼は叩き棒を持ってのろのろと現われ、僕をかがませて四回打った。そして、棒を戻して再び髭を剃り始め、それ以上何も言わない。僕は自分が悪かったことを悟り、その後もずっと彼とはよい友達だ。彼は二度とこのことにふれなかった。

パブリックスクールを支配する「規律、自制心、義務、責任感」という重要な事柄はさておき、考えるべきはケンブリッジだった。アランはその心境をモーコム夫人への手紙に綴っている。

親愛なるモーコム夫人、

ペンブロークから試験の結果についての連絡を待っているところです。二、三日前に間接的に聞いたところでは、僕は奨学金をもらえそうもありません。そんな気がしていました。三教科でとくに目立っていい点数をとったものがありませんでした。……一二月の試験に望みをかけます。この試験の問題は、上級修了資格試験よりもずっと好きです。それでも、去年のように楽しめないでしょう。クリスがいてくれて、二人がまたもう一週間一緒にいられたらと思います。

「クリストファー・モーコム」賞の記念品の本のうちの二冊が決まりました。昨夜は、『数学の楽しみ』を読み、あやとりを覚えました。とてもおもしろかったです。……今学期、学校の監督生になりました。前学期に寮監督生すらなってないのに驚きます。前学期に、学校は各寮に少なくとも二人の監督生をおくようになりました。それが理由なのでしょう。

ここのダファーズという交友会に入りました。隔週の日曜日、一人の先生の家に行き（気が向けばですが）、お茶を飲み、それから誰かが好きな題で書いた自分の論文を読みあげます。いつもとても楽しいです。僕は、「別世界」について書いて読むことにしました。今、約半分書いたところです。とてもおもしろいです。クリスはなぜ入会しなかったのでしょうか。

母はオウベラマガウに劇を観に行きました。かなり楽しんだようです。まだ詳しく聞いていませんが。……

心を込めて、A・M・チューリング

一九三〇年一一月二日

アランが学校の監督生を命じられたことは、母親の大きな慰めになった。しかし、彼女にとってそれ以上に重要なことは、アランの人生に新しい友情が芽生えたことだ。

寮にビクター・ビュッテルという三歳年下の少年がいた。彼もまた、パブリックスクールという体制に順応も反抗もせずそこから身をひいていた少年だった。そして、アランと同様に悲しみを人知れず抱えて苦しんでいた。母親が牛結核で死にかけていたからだ。アランは、ビクター自身が肺炎にかかって重体のとき、息子に会いに来て病状を聞いた母親に会っている。そこで、激しく同情するようになった。アランはまた、ある秘密も知っていた。ビクターが別の寮の監督生からかなり激しく鞭で打たれ、脊椎を傷めたことだ。これ以後アランは体罰に反対して、よく面倒を起こすビクターを自分では叩かず、別の監督生にまわした。二人は一種の同情によって結ばれるが、それは友情に発展していく。パブリックスクールの原則によると、通常、年がちがう生徒が一緒にいることは禁止されている。しかし、寮生の行動記録のカードを持ち、身近で見守るオハンロンは二人がその後も一緒に時を過ごすことを特別に許可した。

　彼らは暗号や組み合わせ文字を使う遊びに多くの時間を費やした。この遊びの一つのヒントは、『数学遊びとエッセー』[2・6]にある。アランはこの本をクリストファー・モーコム賞の賞品に選んだが、一八九二年に出版されて以来一世代以上各校で受賞者に贈られてきた本だ。最終章は簡単な暗号文についてだった。アランの好きな暗号の作り方はそれほど数学的なものではない。彼は、一冊の本と一緒にたくさんの穴をあけた細長い紙をビクターに渡す。可哀想に、ビクターは丹念にページをめくって、紙の穴を通してHAS ORION GOT A BELT（オリオン座にはベルトはあるか）のようなメッセージが浮かんでくるところを探さなければならなかった。このときにはすでに、アランは宇宙への情熱をビクターに伝え、星座の説明をしていた。彼はまた、魔法陣の作り方を教え（これも『数学遊び』を使って）、そして、何度もチェスをした。

　偶然、ビクターの家族はスワン電気照明工業の関係者だった。父親のアルフレッド・ビュッテルは一九〇一年にリノライト式管状反射型電灯を発明し、その特許で一財産を作っていた。その電灯はエジソン&スワン電球会社が製造し、父親の絨毯卸売業と縁を切ったビュッテル氏のほうは電気技師としてさらなる経験を積み、第一次世界大戦まで飛行機、自動車競争、セーリングを楽しみ、モンテカルロのカジノで大もうけするなどぜいたくな生活を送った。[2・7]

　ビュッテル氏は非常に背が高く、威厳ある家長として二人の息子を支配していた。ビクターが上の息子で、性格は母親に似ている。母親は一九二六年に奇妙な平和主義、神秘主義的な本を出版した。彼には母親そっくりの茶色の目と少しうっとりさせる魅力があり、父親のくっきりと整った顔立ちを受け継いでいた。一九二〇年代にアルフレッド・ビュッテルは照明の研究に再挑戦して、一九二七年に新しい発明「K光線照明システム」で特許を取る。これは、絵画やポスターに均一に照明をあてるために考案されたものだ。ポスターをガラス箱に入れ、前面のガラスを湾曲させ、上につけた光源からの光が反射して完全に均一に広がるようにする（このように光の反射を調整しなければ、ポスターの上側だけがずっと明るくなる）。問題はガラスの湾曲度を出す正確な公式をどのようにしてみつけるかだ。アランはビクターからその問題を知らされるとただちにその公式を導き、結果はアルフレッド・ビュッテルの計算と一致した。ただ、なぜかは説明することはできなかった。そして、アランはさらに先を行き、ガラスの厚さゆえに生じる複雑な問題を指摘する。ガラスの厚さによっては二度めの反射を起こしてしまうからだ。この計算のおかげでK光線照明システムのガラス湾曲度を変える必要がわかり、すぐに、野外用看板に適用された。契約の第一号はケータリングチェーンのJ・ライオンズ株式会社だった。

いかにも彼らしい。ヨウ素と硫黄の反応式をみつけたときのように、数学の公式が物理で実際に使えることはアランにとってはつねに喜びであり、実際使えることを示すことをよしとしてきた。もっとも、自分ではそれほど得意というわけではなかったが。そして、頭でっかちの「数学屋」ではあったが、思考を具体的に実現させてもその価値が損なわれたり下がったりするとは考えなかった。

ほかにも同様のことがある。つまり、アランはシャーボーンの「試合」信仰にもまれても、肉体を軽視はしなかった。彼は精神においてと同様に、肉体においても目的を達成したいと思っていた。そして実際のところは、両方について同様の問題を抱え、どちらについてもうまく調整することが下手で、表現も流暢にできなかった。しかし、そのときには自分がけっこうよく走れるほうだと気づいていた。後に、雨でフットボールの試合が中止になったときの寮の競走で一位になる。ビクターは二マイルも走ると、「もう駄目だ、チューリング、もうこれ以上走れない」と言って引き返すが、それでも途中で、はるかに長い距離を走って戻ってきたアランに追い抜かれた。

ランニングは彼にあっていた。装備も社会的意味も必要としない自己充足的な運動。アランの走りにはスピードも優雅さもない、少し扁平足で、ただひたすら相当の持久力をつけた。しかし、彼の持久力は重視されない。シャーボーンにとって重要だったのは、アランが寮のチームで(ピーター・ホグが驚いたことに)「戦力的前衛」になったことだ。しかし、クノップはアランの持久力に気づき、称賛する。アラン自身にとってもたしかに意味があった。この種の体力トレーニングを自らに課し、歩く、走る、自転車に乗る、そして、山に登るという能力や耐久力を証明することで永続的な満足を得ようとした知識人は彼以外にもいる。これは「自然回帰」願望の一部にあてはまるだろう。しかし、必然的にほかの要素もあった。彼はマスターベーションのかわりにランニングをして自分を疲れさせていることに気づいていた。しかし、このときからその後の彼の人生において、彼の性的なものに関する葛藤が占める重要性を過大評価することは難しいだろう。この葛藤は肉体的欲求をコントロールするときと、同性に対する感情の意識が高まるときのどちらにも生じる。

一二月、前回と同じくケンブリッジに行く途中ウォータールーで降りるが、モーコム夫人のスタジオには行かなかった。母親とジョン(今では市の正式な事務官)が彼を待っていた。アランは、ハワード・ヒューズの航空映画『地獄の天使』を見にいくつもりだと言った。彼はまたケンブリッジのトリニティ奨学金に失敗したが、前回より自信があったことはまったくの的外れではなかった。第二の志望大学キングズカレッジの奨学生に選抜されたからだ。メジャースカラーズ奨学生の八位になり、年間支給学額は八〇ポンドだった。[*2]

誰もが彼を祝福した。祝福をよそに、彼はあることに着手する。あることとは、クリストファーが「召されて」できなくなってしまったことだ。数学的思考力、すなわち、非常に抽象的な関係と記号をその辺にある日用品のようにあつかえる能力をもつ人間にとって、キングズカレッジの奨学金を獲得することは、ソナタを初見で朗読したり車を修理したりするような能力の証明であってそれ以上のものではない。頭がよくて人を満足させるが、それ以上ではない。ほとんどはもっとよい奨学金を、それも彼よりも若くして獲得する。今では、校長の口から出る「才気がある」という言葉よりももっと核心をついているのは、ピーター・ホグが寄宿舎の夕食の席で歌った二行詩だ。

　われらが数学者は僕たちの後だ
　アインシュタインにかぶれていて、勉強机の電気スタンドの罰金だ

彼はアインシュタインについて深く考えるあまり、規則を破ってしまった。
　アランはさらに二学期間、自分のなかにこもった。いつものことだ。一九三一年の状況で短期間でできることはそれほど多くはない。アランはこのときまでに、ケンブリッジで学ぶのは科学ではなく数学だと決めていた。一九三一年二月にG・H・ハーディの『純粋数学』を入手する。数学の入門書として大学で使われる古典的力作だ。彼は、今度は数学を主要科目にして三度めの上級修了資格試験を受け、ついに優秀な成績をとった。また、再びモーコム賞に応募して受賞。同時に、受賞者記念像も完成した。アランは、「最高に魅力的な像で、クリスの精神というべきものが澄んだ輝きのなかに照らし出されています」と書いている。モーコム家の人びとは現代的でネオ中世風の像を依頼し、古めかしいシャーボーン校を背景にくっきりとそびえ立っていた。

復活祭休暇中の三月二五日、アランはピーター・ホグ（熱心な鳥類学者）と年長のジョージ・マックルールと一緒に、ヒッチハイク旅行に出かける。ギルフォードからノーフォークへ行く途中、彼らは労働者階級の宿屋に一晩泊まるが、そこは装飾的なものが一切なくアランは気に入った（母親はショックだった）。ほかの二人の少年は車に乗せてもらっても、わが道をいくアランだけ一人で歩くような日もあった。さらにはナイツブリッジの兵舎で行なわれる大学士官教育隊ＯＴＣの五日間コースを取り、教練コースと戦術コースで合格した。ジョンは少し驚いたが、アランのなかにふだん見せない、兵士の制服への強い情熱を見抜いた。アランは、おそらく、上層中産階級という安全地帯の外にいる男性と接触する稀な機会に妙な興奮をおぼえたのかもしれない。

　アランのファグになったデイヴィッド・ハリスは、彼のことを人はいいがそそっかしいご主人だと思った。ボウイ校長の革命的な刷新の一つは、監督生に対して日曜の午後のお茶にほかの寮の監督生を招待する許可を与えたことだ。アランはその特権を使い、そのときに出すトーストにのせるベイクドビーンズをハリスに作らせたときもあった。アランは最高の特権をもつにいたった。また、彼はビクターの趣味と非凡な芸術的才能に刺激をうけて遠近画を描き続けた。二人は遠近画法と幾何学について議論を重ね、アランは六月にウェストミンスター寺院の線画を学校の美術展に出展し、それをピーター・ホグにあげた（ビクターは水彩画で賞をもらう）。そして、ついに、さようなら、Ａ・Ｍ・チューリング君、学校の監督生、

ジョージ・マックルール、ピーター・ホグ、アランがゴダルマイニングからハイキングに出かける。1931 年復活祭。（ピーター・ホグ提供）

ＯＴＣの軍曹、そしてダファーズ・クラブのメンバー。アランはたくさんの賞をとり、シャーボーン基金からケンブリッジに行く奨励金を一年につき五〇ポンド受け取った。さらに、数学でエドワード六世の金メダルを授与された。祝賀会で少しだけほめられ、それは在学中に校内誌[2・8]で取り上げられた唯一の記事になる。これで彼の学校における位置づけがはっきりした。奨学金獲得者として名前が出ている。

> G・C・ローズは、彼（校長先生）に対して並々ならぬ支援を提供し、本校の気風の屋台骨であり、飽くことなく才気と陽気さに満ち、完璧なまでに最良のシャーボーン生です（拍手）。別の一人の公開試験奨学金は、数学でA・M・チューリングが獲得した。この分野において、彼は近年のわが校において最も傑出した少年の一人だ。

オハンロンが「さまざまな経験を積んだ興味深い経歴を」「非常にうまく締めくくる」ために書き、アランの「本来は忠誠心のある協力」に感謝の意を表明した。

モーコム夫人は、夏にまた泊まりにくるようアランとチューリング夫人を招待した。八月一四日の手紙でアランはモーコム夫人のさらなる質問に答え、クリストファーの手紙をすべて同封し、自分の母親が日程調整をすべきであると書く。しかし、なんらかの理由で訪問は実現しなかった。かわりに、九月前半の二週間をアランはオハンロンとサークに出かけた。ピーター・ホグ、アーサー・ハリス、そしてオハンロンの旧友二人からなる一行だった。彼らは一八世紀の農家に泊まり、日中を島の岩だらけの海岸で過ごし、アランは裸で水浴びをした。それから、アランは水彩画でスケッチをしているアーサー・ハリスの後ろにやってきて、前の道路にあるたくさんの馬の下肥を指さし、「あれも描いたらどうだい」と言った。

キングズカレッジの敷居をまたぐ新入生はほとんど全員、荘厳さに加えてある種の戦慄をおぼえる。しかし、ケンブリッジに行くことはべつに新しい世界に飛び込むことではない。というのも、多くの意味でこの大学は大きなパブリックスクールのようなもので、暴力はないが多くの雰囲気をパブリックスクールから受け継いでいた。寮と学校への忠誠心という微妙な関係に慣れている者なら誰でも、カレッジと大学のシステムを相手に困ることは何もない。午後一一時の消灯、日没後のガウン着用義務、保護者の同伴を必要とする異性の訪問、これらの規則を大多数の学部学生は適当にこなし、改めて自由であることを感じ、酒を飲み、タバコを吸い、好きなように一日を過ごす。

　ケンブリッジの仕組みはまったくもって封建的だった。学部学生の大多数を占めるパブリックスクール出身者と、奨学金をもらって入学した少数のグラマースクール出身の下層中産階級の学生は、「紳士」と「召使い」という奇妙な関係に適応しなければならなかった。女子学生についていえば、二つの学寮に入学できれば満足だと思われていた。

　パブリックスクールと同様に、社会的地位に比べるとそれほど学問に関係がない、いかにも古い大学につきものの状況がたくさんあった。たとえば、研究に関心のない学生のために地理学と不動産管理学のコースなどが残っていた。しかし、面白半分にからかったり、ズボンを無理矢理脱がせたり、一番真面目な生徒の部屋をめちゃめちゃにするというような狼藉は一九二〇年代で終わっていた。大恐慌で始まった三〇年代は切迫していて深刻だった。しかし、自分一人の部屋で味わう貴重な自由を誰もじゃますることはできない。ケンブリッジの部屋は二重ドアで、外側のドアの鍵をかけて「ドアを閉めている」部屋の主は慣行として在室していないことになっていた。アランはついに、いつでも、どのようにでも勉強したり思索したり、あるいは、幸せでないという理由だけで一人惨めな気持ちになることができた。掃除人と仲良くすれば、自分の部屋を好きなようにめちゃめちゃに散らかすこともできた。チューリング夫人が朝食を作るときガスこんろに注意するように言ったこともあっただろうが、それもごく稀だ。最初の一年が過ぎると、両親に会うのはほんのつかの間、ギルフォードを訪問したときだ。彼は独立を手に入れ、とうとう、一人になった。

しかし、大学の講義にも出なければならない。全体としてその水準は高い。ケンブリッジの伝統は数学の全コースを網羅していることだ。数学の世界的権威者が事実上最も信頼のおけるテキストを使って講義する。その一人G・H・ハーディは当時を代表するイギリスの数学者で、ケンブリッジのサドレリアン記念教授に着任するために一九三一年にオックスフォードから戻ってきた。

アランは科学の世界の中心にいた。パブリックスクールでは名前しか知らなかったハーディやエディントンのような人びとがいる。彼を含めた八五名の学生が、一九三一年にケンブリッジに設けられた数学学位取得コースすなわち「トライポス」に向けた勉強を開始。この学生たちは性格の異なる二つのグループに分かれる。つまり、スケジュールAをとるグループと、さらにスケジュールBの試験も受けるグループである。前者は標準的な優等学位であり、一年後のパート一と二年後のパート二でとるすべてのケンブリッジの優等学位と同じように取得される。スケジュールB志願者も同じことをやるが、さらに、最終学年に彼らは高度なコースから五つか六つの試験科目を追加選択して申し込む。面倒なシステムだったので翌年には変更され、スケジュールBは「パート三」になった。しかし、アランの学年は、歴史的遺物のような学校数学の難問に取り組むパート一の勉強を無視して、ただちにパート二コースの勉強に取りかかり、時間があく第三学年を難解なスケジュールBの論文試験の勉強にあてた。

奨学生と給費生はスケジュールBを申し込むと思われていた。とりわけアランは。そして、彼は、社会的地位と金銭と政治が意味をもたない別世界、ともに農家出身だった偉大な人物ガウスとニュートンがいた世界に入ったと感じることができた一人だった。それまでの三〇年間影響力を持ち続けた数学者ダーフィット・ヒルベルトは次のように述べる。[2・9]「数学に人種はない……数学にとって、文明世界全体が一つの国家である」。これは断じて根拠のない決まり文句ではない。なぜなら、一九二八年の国際会議でドイツ代表団の指導者として彼が演説したときの言葉だからだ。一九二四年の会議ではドイツ人は締め出され、一九二八年の会議では逆に多くのドイツ人が参加を拒んだ。

アランは数学という絶対的本質、すなわち、明らかに人間的な事柄と縁がない数学の独立性に心を動かされ、喜びを感じた。G・H・ハーディも表現はちがうが同じことを言っている。[2・10]

三一七が素数であるのは、私たちがそう考えるからでもなく、私たちの知性が何よりもこのように作られているからでもない。三一七は素数だから、そして、数学的現実はこのように作られているからだ。

ハーディ自身「純粋な」数学者だ。つまり、彼は人間生活だけでなく物質世界そのものとも関わらないさまざまな数学の分野で研究した。とくに素数には非物質的な性質がある。純粋数学は絶対的な論理的演繹をも強調する。

一方、ケンブリッジは「応用数学」も強調した。しかし、これは産業、経済、工芸に数学を応用することではない。イギリスの大学には、高い学問的地位を実用的利益に結びつける伝統はまったくない。そのかわり、その関心は数学と物理学の接点に向けられていた。この場合の物理学とは、一般的には最も基礎的で理論的な物理学のことである。ニュートンは引力の計算と理論を一緒に発展させた。一九二〇年代にも同じように多産的な時期があり、そのときに量子論は多くのテクニックを必要としていることがわかった。それらのテクニックとは、不思議なことに純粋数学が新しく発展させたもののなかに入っている。ケンブリッジはこの分野において、エディントンとほかにP・A・M・ディラックのような人たちの研究のおかげで、多くの量子力学の新しい理論を作ったゲッティンゲンに次いで第二位になる。

アランの物理の世界に対する興味は昨日今日始まったものではない。しかし、このときの彼に一番必要なものは、厳格さと知的強靭さと絶対的真理であり、これらをしっかりつかみとることだった。「純粋」と「応用」が半々のケンブリッジの優等卒業試験、トライポスのために彼は科学を続けた。一方で、失意の世界に立ち向かうために一人の友達として求めたのは純粋数学だった。

アランはほかに多くの友人をもたなかった。とくに最初の一年は精神的にはまだシャーボーンの生徒だった。キングズカレッジの奨学生の大半は自意識の強いエリート集団を形成していたが、彼は例外の一人だ。一九歳の内気な少年、理念や自己表現ではなく、つまらない詩を暗記して覚えたり、正式な手紙の書き方を重視したりする教育を受けた少年。彼の最初の友達で、ほかの学生を紹介してくれたのはデイヴィッド・チャンパーノウン、もう二人いる数学専攻の奨学生の一人だ。彼はウィンチェスターカレッジの数学の第六年次から来ており、そこでも奨学生でアランよりも社交に自信をもっていた。二人は同じような「ユーモア感覚」をもち、制度や伝統に感動しないという共通点もあった。ほかに、スピーチでどもることも。ただし、デイヴィッド・チャンパーノウンのどもりはアランよりも軽い。二人の友情はやや冷めたパブリックスクール的なものだったが、ずっと続いた。アランにとって重要なことは、アランの型にはまらない行動に「チャンプ」が驚かないことだ。アランは彼にクリストファーのことを打ち明け、クリスが亡くなってからの気持ちを書いた日記を見せた。

彼らは一緒に大学のチュートリアルに出かけ、個別指導を受ける。そもそも、アランが彼に追いつくことは大変だ。デイヴィッド・チャンパーノウンはアランよりもいい教育を受けていた。アランの文章はいぜんとして表現に乏しく混乱気味だった。一方、友達の「チャンプ」は、まだ学部学生でありながら、なんと論文を出版しており、[2・11] その出来もアランを上回っていた。キングズカレッジの数学の教科主任は二人。真面目だが皮肉屋で数学の厳しさを絵に描いたようなA・E・インガムと、フェローに選ばれたばかりで内気さの陰にとくに親しみやすい性質が隠れているフィリップ・ホール。ホールは喜んでアランを引き受け、彼が発想に満ちあふれていることに気づく。アランが興奮して話すときは、声の強弱ではなく声の高さが不安定になった。一九三二年の一月までにはアランは思いつくまま、印象に残る手紙を書けるようになっていた。

先日、一つの定理を作って先生を少し喜ばせた。その定理について、先生は以前からシェルピンスキーという人がかなり難しい方法を使ってやっと証明したと思っていた。僕の証明は実に簡単だ。シェルピンスキー[*3]に勝った。

しかし、アランの活動はこれだけではない。大学のボート部に入った。奨学生にしてはめずらしい。大学はパブリックスクールの両極化効果というべきものに困っていた。学生は「運動派」と「頭脳派」に分かれてしまうと考えられていたからだ。アランはどちらにも属さない。もう一つ問題があった。心と身体のバランスだ。彼は再び恋に落ちる。今度の相手はケネス・ハリソン。自然科学のトライポスを学ぶ、アランと同学年のキングズカレッジの奨学生だ。アランは彼にクリストファーのことを山のように話した。そして、彼もまたクリスと同じように金髪の青い目をした科学者であり、偉大な初恋の友の生まれ変わりのようだった。前回とちがう点は一つ。アランはクリストファーに自分の気持ちをけっして告げなかったが、今回は自分の感情を遠慮なく打ち明けた。彼らは頻繁に会うことはなかったが、ケネスはアランの率直な気持ちを評価し、科学についての話し合いをやめなかった。

一九三二年一月の末、モーコム夫人はアランとクリストファーの手紙をすべてアランに送り返した。一九三一年にアランが彼女に渡した手紙だった。彼女はすべて写真におさめた。クリストファー没後二年め、モーコム夫人はケンブリッジで二月一九日に開く食事会の招待状をアランに送り、彼は滞在中の夫人をもてなす準備をする。アランには動きにくい週末だった。ちょうど春学期のボートレースがあり、夕食は質素にしなければならなかった。しかし、アランは時間をみつけて彼女を案内する。このときモーコム夫人は、アランの部屋がとても「散らかっている」と書き留めた。奨学生選抜試験のために、昨年トリニティでクリストファーと一緒に泊まったところを見に行き、そこで、モーコム夫人はトリニティのチャペルにクリストファーが座る姿を思い浮かべていた。

四月の第一週、アランは再びクロックハウスに泊まりにいく。今度は父親も一緒だ。アランはクリストファーの寝袋を使った。すでにキャッツヒル教区教会の窓に嵌められていた聖クリストファーのステンドグラスを全員で見に出かけ、アランは、これ以上美しいステンドグラスを見ることはできないと言った。窓にあるクリストファーの顔は小川を歩いて渡る不屈の聖クリストファーとしてではなく、神秘的なキリストのように描かれていた。日曜日に彼はその教会の正餐式に出かけ、夜は家でレコードを鑑賞。チューリング氏は読書をして、モーコム大佐とビリヤードに興じ、アランはモーコム夫人と室内遊戯を楽しむ。アランは父親と日がな一日散歩に出かけ、また、ほかの日にはストラトフォード＝アポン＝エイボンで過ごした。最後の晩、アランはモーコム夫人に就寝前に枕元へお休みを言いにきてくれるよう頼み、彼はベッドでクリストファーのかわりに横になった。

クロックハウスにはいぜんとしてクリストファー・モーコムの精気が漂っていた。しかし、それでどうなるというのか。アランの脳の原子細胞は見えない世界からのシグナルに共鳴する無線電信のように、非物質的な「精神」によって気持ちが高められるだろうか。アランがモーコム夫人のための論説を書いたのは、まさにこの訪問がきっかけになったのかもしれない。[2・12]

精神の本性

科学の世界では、ある特定の時点において宇宙の全容が解明されるなら、宇宙の全未来を予言できると考えられていた。こう考えられたのは、天文学上の予言が大成功をおさめたおかげだった。しかし、近代科学は、原子や電子を研究しているときにその厳密な状態を把握するのは不可能だと結論づけた。実験機材そのものが原子や電子でできているからである。そうだとすると、宇宙の厳密な状態を知ることが可能だという考え方は、小規模のものについては破綻せざるをえない。つまり、天体の蝕のようなものと同様に、人間のすべての行動も運命づけられていると考える理論もまた破綻する。私たちは、脳のおそらく小さな一部分、あるいはひょっとするとその全域にわたって、原子の振る舞いを決定できる意志をもっている。そのほかの身体部分は、この意志を拡大するために機能する。さて、ここで答えなければならない疑問がある。宇宙のほかの原子の動きはどのように制御されているのか。同一の法則、簡単にいうと精神の遠隔作用によって管理されているのかもしれない。そして、身体のような意志を拡大する仕掛けがないので、まったくの偶然によって制御されているように見える。物理学で決定されていないように見える出来事は、ほとんどこの偶然の組み合わせにほかならない。

マクタガートが示すように、精神がなければ物質は無意味だ（ここでいう物質とは、物理学があつかうような固体、液体、気体、ガスのことでも光や重力のようなものでもない。宇宙を構成するもののことだ）。人間にとって精神は現実には永遠に物質とつながっているが、たしかにつねに同一の身体と結びついているわけではない。人間が死ぬと精神は生きている人間の宇宙と完全に別の宇宙に行くと信じていたが、今では、物質と精神はつながっているので、別の単語で表現すること自体が矛盾していると思う。このような宇宙が存在するかもしれないということはありそうでありえない。

では、精神と身体との実際のつながりについて、私は次のように考える。身体は、生きているゆえに「精神」を「引きつけ」、「精神」にしがみつく。身体が生きて覚醒している間は、精神と身体は固く結ばれている。身体が睡眠中に何が起こるか、私は推測できないが、身体が死亡すると、精神にしがみつく身体の「メカニズム」は消えて、精神はいずれ、あるいはおそらくはすぐに新しい身体をみつける。

そもそもなぜ人間に身体があるのかという問題、なぜ人間は精神として自由に生き、精神として意思疎通しないのか、あるいは、なぜ人間はそれができないのか。たぶんできるのだろうが、なすべきことは何もないだろう。身体は、精神が気遣って使用する何かを提供する。

アランは、まだパブリックスクールにいるとき、エディントンの著作からこのような考え方を知ったのだろう。彼がかつてモーコム夫人に『物理的世界の本質』を気に入ってもらえると思うと言ったのは、エディントンが宗教の主張に対して科学の立場から和解の手を差し伸べていたからだ。彼は、精神と物質における決定論と自由意志という古典的な問題に対する解答を新しい量子力学のなかにみつけた。

アランがいう「かつて科学で当然とされていた」考え方は、応用数学を学ぶ者ならよく知っていることだ。学校や大学の練習問題では、物理的システムの未来全体を決定するために十分な情報が与えられている。現実の場合には最も単純な場合と複雑なシステムとの間の区別は存在しない。一部の科学、たとえば熱力学や化学は、平均化された量しか考えていないということもまた真実で、これらの理論において情報は現われることも消えることもありうる。砂糖が紅茶のなかで溶けると、通常、もとは角砂糖の形をしていた証拠は残らない。しかし、原理的には、十分に詳細な記述がなされれば、証拠は原子運動に残る。これは一七九五年にラプラスがまとめた見解だ。[2・13]

ある瞬間、ある知性体が、自然が活力を得る原因となるすべての力と自然を構成する諸存在の対応する諸状態を知ることができる、つまり、その知性体はこれらのデータを分析対象とするに十分なだけ巨大であるとしてみよう。すると、この知性体は最大の物体の運動と最軽量の原子の運動とを同一の公式によって包括することであろう。すなわち、この知性体にとっては何事も不確実であるということはなく、未来は過去と同様にどの知性体の眼前にも展開しているということになるだろう。

以上の観点から考えると、ほかの記述のレベルで（化学や生物学や心理学やほかのどんなものであっても）世界についてどのように語られようとも、たしかにある一つの記述のレベル、すなわち、顕微鏡による物理学的に詳細な記述が存在し、そこではすべての事象は完全に過去に起きたことによって決定されている。ラプラス流の見解では、不確定の事象が存在する可能性はまったくない。事象は不確定のように見えるかもしれないが、それは、ひとえに、人が実際に必要な測定や予測をすることができないからだ。

難しいのは、人びとが大いに愛着をもっている世界の描写が一つあることだ。それは日常言語による描写であり、そこには決定と選択、正義と責任が登場する。そして、この二種類の描写の間に一切の関係が存在しない。物理学の必然は心理学の必然とはまったく関係ない。物理学の法則が存在するからといって、自分のことを紐で引っ張られる人形のように感じる人は誰もいない。エディントンはこう断言する。

私は、物理的な世界の物体と関係があるどんなものよりもより身近に自分の直観を感じる。ということは、私が右手を挙げようとしているか左手を挙げようとしているかの決定的要因がある痕跡は、今のところ、世界中のどこにも見あたらないのだ。どうするかは、決定も予感もまだされていない自由な意志の行為にかかっている。私の直観によると、未来というものは、秘密裡に隠れていなかった決定要因を過去から表に出す力をもっている。

しかし、彼は、自分がいうところの「二つの完全な密室に科学と宗教」を別々に入れておくことに満足できなかった。というのも、身体が物体の法則になぜ従わないですむのかはまったく自明ではなかったからだ。統一性というか、見解の統合性というか、ともかく二つの方法による記述の間になんらかの関係がなければならないと考えた。エディントンは教条主義的なキリスト教徒ではなく、自由な意識があると考え、「精神的」あるいは「神秘的な」真理を直接に感知する能力を保持したいと考えているクエーカー教徒だった。彼としては、この思いと物理法則に関する科学的見解とを調和させなければならない。そして、どうすれば「ふつうの原子の集まりが考える機械になれるのか」という問題を提起した。アランが抱えている問題も同じだったが、若いぶんだけその思いも強い。彼は、クリストファーがまだ自分を助けてくれていると信じていたが、それはおそらく「物理的な世界の物体と関係があるどんなものよりも身近に感じる直観」によってだろうと考えていた。しかし、脳の物理的な基盤から独立している非物質的な精神が一切存在しなければ、生き残るものは何もなく、また、生き残ったクリストファーの精神が彼の脳に影響を与えることもまったく不可能になってしまう。

新しい量子物理学は、その両者の調停を可能にする。なぜなら、ある種の現象は、絶対に決定されていないと思われるからだ。二つの穴があいているプレートに電子ビームを向けると、たくさんの電子が穴ごとに二つに分かれるが、一つひとつの電子について進む道を予測する方法は原理的に存在しない。一九〇五年に、関連する光電効果を記述して、初期の量子論に非常に重要な貢献をしたアインシュタインは、実際にこのとおりになるとはまったく考えなかった。しかし、エディントンにとっては当然だった。決定論はもはやありえないということを一般の聴衆に説明するのに、自分の表現力を発揮しても恥じらいはなかった。確率的な波束という概念のシュレディンガー理論と（別々に公式化されたが、結果的にはシュレディンガーの考えと等価であることがわかった）ハイゼンベルクの不確定性原理に発想を得て、エディントンは、精神が物質に影響を与えることがあっても物理法則を破っていない可能性があると考えるにいたった。おそらく、その考えに従うと、ほかの方法では決定できない出来事の結果を選択できるかもしれない。

しかし、これは、それほど簡単ではない。エディントンは、心が脳という物質を制御する仕組みを描いたが、一つの原子の波動関数を操作して意思決定という心的行為を生じさせることは不可能だと考えていた。「個々の原子の振る舞いを決定するだけでなく、大きな原子集団に系統的に影響を与えられるほどの能力が心にあると私たちは考えざるをえないようだ。事実、原子の振る舞いの賭け率を変えられるほどなのだ」。しかし、量子力学自体は、そのような心の力が生じる理由を説明することはできない。この段階にくると、彼の議論から厳密さがなくなり、いかにも示唆的になってくる。そして、エディントンは新しい理論の曖昧さに溺れる方向に行ってしまった。さらに議論を進めるにつれて、物理学の概念はますます混乱し、ついに彼は電子についての量子力学的記述を、『鏡の国のアリス』に登場する怪獣ジャバウォッキーと比較しはじめてしまう。

何か未知の物が、私たちが知らないことをしている。これが、私たちの理論の言わんとするところである。それではたと納得するような理論には見えない。私は、どこかほかのところで似たようなものを読んだことがある。それはこれだ。

The slithy toves（スライシーなタブたちが）

Did gyre and gimble in the wabe.（ウェイブのなかでジャイルしたり、ジンブルしたりする）

エディントンは慎重に、ある意味で理論が実際に機能するのは、理論が実験結果と一致する数字を出すからだと述べる。一九二九年の時点ですでに、アランはこれを漠然と理解していた。「もちろん、彼は一〇の七〇乗の次元が実際に存在すると思わないが、この理論は電子の行動を説明すると考える。彼は心にイメージを思い浮かべないで、六次元、九次元、あるいは可能なかぎりどんな次元についても考えている」。しかし、波動や微粒子がほんとうは何なのか問うことはもはや不可能だと思われた。なぜなら、ビリヤードボールと連想できる一九世紀風の具体性は雲散霧消したからだ。エディントンの主張によると、物理学は世界の記号的表象になり、それ以上の何ものでもない。そして、すべては心のなかにあるという（専門的な意味での）哲学的観念論に接近する。

アランが「私たちは、脳のおそらく小さな一部分、あるいはその脳全体に、原子の振る舞いを決定できる意志をもっている」と主張したとき、このような背景があった。エディントンの考えは、アランが『自然の不思議』から学んだ身体の「メカニズム」と、アランが存在してほしいと願う「精神」の隙間を埋めてくれた。彼はこの考えを支持する別の根拠を観念論哲学者マクタガートに発見し、死後の再生という考えを付け加えた。しかし、アランはけっしてエディントンの見解を先に展開したわけでも、まして、解明したわけでもない。エディントンが「意志」の作用を議論したときに指摘した困難を無視しただけだった。そのかわり、方向を少し変えて、身体が「意志」の作用を増幅するという考えに強く興味をもち、より一般的には、生と死における心と身体の関係の本質に関心をもった。

これらの考え方のなかにその後のアランの思想の枠組みが見える。一九三二年には、その後の展開を示す確証はほとんど表面に現われていない。六月に彼はトライポスのパート一で二番めのクラスに入れられた。「その後、誰の顔も見ることもできません。弁解するつもりもありません。実際はそれほど悪くないことを示すために、メイズ[*4]で一位を取らなければならないだけです」とモーコム夫人へ手紙を書いた。ところで、実に重要なことがある、彼はシャーボーンから贈られる最後の賞品として一冊の本を注文した。それは一九三二年に発行されたばかりの、量子力学についての専門書だ。彼は研究するにあたって野心的な選択をした。書名は『量子力学の数学的基礎』、著者は若きハンガリーの数学者、ジョン・フォン・ノイマン。

六月二三日は彼の二〇歳の誕生日、翌月の七月一三日はクリストファーが二一歳になる日だった。モーコム夫人はプレゼントとして、クリストファーがかつて見せびらかした「リサーチ」万年筆をアランに贈った。アランは、「長期休暇」を過ごしているケンブリッジから返事を出す。

親愛なるモーコム夫人、

……クリスの誕生日を憶えていました。でも、自分の気持ちを表現することができなかったので、手紙を書きませんでした。昨日は奥様の人生で最も幸福な日々の一日になるはずだったと思います。「リサーチ」万年筆を送ってくださったご親切にほんとうに感謝いたします。（この種のもので）これ以上にクリスのこと、彼の科学についての理解や器用な実験を思い出させてくれるものはありません。これを使えば、彼のことをたくさん思い出すことができます。

一九三二年七月一四日

しかし、二〇歳でヨーロッパの数学者たちの研究に取り組もうとしても、アランはまだ家からもシャーボーンからも離れて暮らす一人の少年だ。この年も例年どおりの夏期休暇を過ごす。

父と僕は二週間ドイツに行ってきたところです。だいたいは、二人でシュバルツバルトを散歩して過ごしました。もっとも、父はもちろん、一日に一〇マイル以上は歩けません。僕が使えるドイツ語は役に立たず、ほんとうに必要なドイツ語を知りませんでした。僕のドイツ語のほとんどはドイツ語の数学の本を半分読んで身につけたものです[*5]。どうにか家に着きました。

心を込めて、アラン・チューリング

休暇中、アランはジョンとアイルランドでキャンプをする。コークでは潜水艦の上で仰向けになって家族を驚かせた。それから九月前半の二週間、オハンロンのサークでの二回めで最後の合宿に参加する。オハンロンは現代的考えの持ち主でパーティーに二人の女子を招待した。アランは、彼女たちを「真夜中に混浴するほど陽気な仲間」と記している[2・14]。アランは、オハンロンがやや成りゆき任せに発生学を勉強していたとき、彼と一緒にミバエを捕まえた。ギルフォードに戻るとショウジョウバエが逃げ出していて、数週間チューリング家に群がっていた。もちろんチューリング夫人が喜んだはずがない。オハンロンはアランのことを[2・15]「人間的で愛らしい」と書くほど、「ミニチュア国家」にしばられていなかった。彼は次のように書いている。

コーンウォールとサークでの休暇を思い出します。人生で大いに楽しんだ時間でした。アランの愛想のよさと風変わりなユーモア、何か質問をしたり、反対意見を述べたり、あるいはユークリッドの公準を証明したことを白状したり、デカダンス期のハエを研究しているときの彼の遠慮がちに頭を振って、やや高い声で話す様子。いったい何が起きているのかを知る人はいません。

学校という体制がすべてを支配していたとはいっても、まだある程度の自由な瞬間は許されていた。シャーボーンはまた、一つの持続する友情をアランに残した。ビクターとの友情だ。彼は年下だが父親が大恐慌で財政的損失を被り、アランと同時に学校を去った。高校課程修了試験に失敗するが（アランにはチェスと暗号に時間をかけすぎたからだと言った）、すぐにロンドンの予備校に通って遅れを取りもどし、アランの言葉を借りると「公認会計士として厳しい人生」を歩き出した。一九三二年のクリスマス、アランはビュッテル家に二週間泊まり、ビクトリア近くのアルフレッド・ビュッテル事務所で働いた。一一月五日にビクターの母親が亡くなったという事実がこの訪問に影をおとす。深い悲しみが二人の少年をつなぐ絆となる。彼らはともに、あまりにも早すぎる死という事実を受け入れなければならなかった。二人の関係は、アランに、ちょうどモーコム夫人のように自分の心情を率直に語らせ、嫌々ながらも宗教と生きることについての考えを論じさせるほど十分に親密だった。

ビクターはキリスト教の本質的な考えだけでなく、超感覚的な知覚や霊魂の再生をかなり強く信じていた。彼にはアランが、信仰心をもちたいと強く願いながら、科学的精神ゆえにしようがなく不可知論者にならざるをえない人物、その結果、非常な緊張を内に秘めているような人物に見えた。ビクターは自分を一人の「十字軍戦士」として考え、アランを正道から外れないようにした。彼らは激しい議論を闘わすが、アランは一七歳の少年に諭されるのを嫌がるのでその激しさはさらに増す。聖書についても話し、誰が石を投げたのか、実際にはどうやって五〇〇〇人に食べ物が与えられたのかも議論した。神話とは何か、事実とは何か。彼らは来世と前世についても語った。ビクターは、「考えてごらん、今まで、誰も君にどんな数学も教えることはできなかった。たぶん、君は前世で教わったことを憶えているのかもしれない」とアランに言ったものだ。しかし、アランはビクターが考えるように、「数学の公式がない」ようなものを信じることはできなかった。

その間、ビクターの父親は、妻との死別を克服するために研究と仕事に身を投じた。彼の事務所で、アランは、グレートクイーンストリートにあるフリーメイソンの新しい本部の照明コンサルタントとして必要な計算に関わった。アルフレッド・ビュッテルは、明るさの科学的な測定の先駆者であり、「視覚の生理学を科学的、数学的基礎に還元すること」の一部としての「第一諸原理」にもとづく照明基準[2・26]の開発を先導していた。フリーメイソンから頼まれた仕事は、設置されたろうそくの光力と壁の反射特性を考えて床の明るさを推定すること、そのために詳細な計算をすることだった。アランは、フリーメイソンの建物に入れなかったので、想像してビュッテル氏の数値をチェックしなければならなかった。

アランはビュッテル氏と親しくなった。ビュッテル氏は若いときにモンテカルロのカジノで大儲けをして、その賞金で一か月、生活したことを話した。彼はアランに自分の賭けの勝敗率グラフを見せ、アランはケンブリッジに戻って調べてみた。一九三三年二月二日、アランはその分析結果を手紙で送る。賭けは期待値が正確にはゼロになる仕組みになっていて、ビュッテル氏が賭けに勝ったのは完全に幸運によるものであり、賭けのスキルがあったからではない。アランはまた、半円の部屋の中心から照らされた床の明るさを出すために考案した公式も送った。すぐには使えないが、非常に見事なものだった。

ビュッテル氏が考えた賭けの勝敗率グラフを否定するにはある種の勇気が必要だった。ビュッテル氏は強い人で、彼の優しい心はいくつもの強固な意見と一緒に深く体内に埋め込まれていた。神知学へ傾倒する一人の折衷主義的キリスト教徒として未知の世界を強く信じており、自分のリノライト照明の発明は来世から送られてきたものだとアランに語るが、アランは納得しない。ビュッテル氏は脳についても考え、一九〇〇年代の初期からずっとその考えをまとめていた。それによると、気分を決定する電位差があって、脳は電気の原理にもとづいて機能する。電気的頭脳！ そこにはより科学的な発想がある。この話題に関して、彼らは長い時間議論した。

また、アランとビクターは寄宿舎の夕食会に参加するために、一緒にシャーボーンに行く。クリスマスが過ぎるとアランはブレイミーに手紙を書き、以下のように報告した。

大人になって何をするかまだはっきり決めていない。キングズカレッジのフェローになるという野心をもっている。でも、それは専門職に就くよりもさらに大きい野心だと思う。だから、絶対にフェローになれそうもない。

君が成人式のお祝いをしてもらえて僕もうれしい。僕としては、そのときがきたら家から離れてイングランドの片隅にこもってすねていると思う。僕は大人になりたくないから（学校のようなところで暮らす生活が一番幸せだ）。

シャーボーンは彼の一部であり、本質的なところでは彼の過去を守り、彼はそれを捨てようとする過ちを犯さなかった。実際は、訓練、統率力、大英帝国の将来に関する学校側の公式的発言は、ほとんど彼の心に届かずに終わったが、さまざまな局面におけるイギリスのパブリックスクール独特の文化は、実は彼の文化でもあった。所有と消費があまり意味をなさない時代遅れの厳格なアマチュア主義、それは彼のなかにもある。保守性と異様な風変わりさが結びついているのはアランも一緒だ。学校の反知性主義も、ある程度は彼にもある。アラン・チューリングは自分が優秀な部類に入るのは脳のおかげだと思わないからだ。自分の脳という特別な部分に起きたことを実行しているだけだと主張する。そして、パブリックスクールが剥奪と抑圧のうえに成り立っているのなら、だからこそ、自分たちの思考と行動は意義があるとみなされることを認識するのだ。アランは人生で何かをやり始めるとき、舎監が訓辞を通して懸命に教えようとした道徳的使命感を純粋な形で示した。

しかし、片足を一九世紀に残したままにしておくことはできない。ケンブリッジがアランを二〇世紀に導いた。一九三二年のあるとき、大学の祝賀会が終わってアランはかなり酔っぱらってデイヴィッド・チャンパーノウンの部屋にさまよい込んだが、ただ、「自分を抑えろ」と言われただけだった。「自分を抑えなければならない、自分を抑えなければならない」とアランはふざけながら繰り返したので、チャンプは、つねにこのときが転換点だったと思うことにした。それはそれとして、実に一九三三年こそが、アランが現代世界の諸問題に近づき、現代世界と関わり始めた年だ。

一九三三年二月一二日、アランはクリストファーの三回忌に寄せて手紙を書く。

親愛なるモーコム夫人、

この日をむかえて、クリストファーに思いをはせていらっしゃることと思います。僕もそうです。そして、これからも僕はクリスと奥様のことを思い続けるでしょう。彼は、生きていたときと同じくらい今も幸せだと確信しています。

心を込めて、アラン

その週は、別の理由でも忘れられない週になる。二月九日、オックスフォードユニオンは、将来いかなる状況下でも、英国王と祖国のために闘わないことを決議した。これと同種の感情がケンブリッジにもあった。それは、必ずしも完全な平和主義ではないが、このスローガンにもとづいて一切の戦争を拒否するというものだった。第一次世界大戦以後、愛国主義だけでは戦えなくなった。「国家の戦争」ではなく「集団安全保障」という防衛が合法的に存在するのかもしれない。各新聞、政治家たちは、反戦啓蒙運動が二度と起こらないかのように反応したが、啓蒙された懐疑主義はとくにキングズカレッジでさかんで、アランは、それは巨大なパブリックスクールの威厳で震え上がらせる寮どころではないと気づき始めていた。

キングズカレッジは英国の大学のなかでも特別の位置にあり、ジョン・メイナード・ケインズが蓄積した財産のおかげで、莫大な財政的ゆとりがあった。また、道徳的自律性も重んじ、その純粋さと激しさは一九〇〇年代初期に頂点に達した。ケインズは次のように表現している。[2・17]

……私たちは、個人の一般法則に従う傾向を全面的に拒否する。私たちにはあらゆる個別的事例をその利点にもとづいて判断する権利と、知恵と経験、そして、うまくそれらを使うための自制心があることを、私たちは主張した。このことは、激しく攻撃的になるほどの忠誠心をもっているという意味では重要な要素であるが、外の世界に対してそれは最も目立って危険な特質だった。私たちは、慣習的な道徳、ありふれた知恵を全面的に拒否した。すなわち、私たちは厳密な意味での不道徳主義者である。それがはっきりした結果、当然、彼らになんの価値があるかを考えなければならない。しかし、私たちには合わせたり従ったりするいかなる道徳的義務も、内面的拘束力もないことを認める……

一方、E・M・フォースターはより穏やかに、より広い範囲にわたって、どんな組織よりも個人的関係が重要だと主張した。一九二七年、キングズカレッジの歴史家で「国際連盟」の最初の主唱者であるロウ

ズ・ディキンソンは、自伝に次のように書いた。[2・18]

一年のこの時期のケンブリッジほど愉快なものを見たことはない。しかし、ケンブリッジは流れに逆らって停滞している。本流はジックス、[*6]チャーチル、共産主義者、ファシスト、町の小道にみなぎるおぞましい活気、政治、そして、「帝国」と呼ばれるおそろしいものだ。この「帝国」と呼ばれるものに対して、誰もが自発的にすべての人生、すべての美しいもの、すべての価値のあるものを捧げているように見える。いったい、この本流にどんな価値があるというのか。たんなる権力の行使機関にすぎない。

彼らはたんなる権力という言い方をしているが、この言い方は重要だ。国務に関わって経済学に専心していたケインズさえが、このようにどうでもいいような問題が解決されてはじめて、人びとは何か重要なことを考え始められるという信念をもって職務を遂行した。しかし、これは、権力構造のなかで期待される役割を果たさなければならないという義務への忠誠心とは大きく異なるものだ。この意味で、キングズカレッジはシャーボーン校と見事に異なっていた。

競技、パーティー、ゴシップを楽しむのは当然であり、賢い人はまだふつうの生活を楽しむだろうと考えるのも、キングズカレッジの人生観の一つだ。キングズカレッジはイートン校の姉妹校として創立された本来の役割を少しずつ失っていっただけだが、フェローのなかにはパブリックスクール出身ではないフェロー志願者を励ますために積極的に働き、彼らを安心させようとする人もいた。各学年の生徒数が六〇人以下の小さいカレッジではフェローと学部学生の交流は強く奨励された。ほかのどのカレッジでも考えられないことだ。そこで、アランは自分が偶然ユニークな環境にたどり着いたという事実に少しずつ気づいていった。つまり、考えられる組織のなかで一番彼にふさわしい環境だと。ここは、彼がいつも知っていたこと、すなわち「自分の義務とは自分で考えること」を支持してくれる。アランとキングズカレッジの組み合わせはさまざまな理由から完全とはいえなかったが、それでも思いがけない大きな幸運だった。トリニティに行っていれば彼はもっと孤独だっただろう。トリニティもまた道徳的自律性の伝統があるが、キングズカレッジが奨励する親密な人間関係はなかったからだ。

一九三三年になってやっと、キングズカレッジの伝統である反戦的思想傾向が表面に登場し、アランもまた戦争への反対表明をする。

親愛なるお母さん、

靴下などありがとう。……夏休みにロシアに行こうと思いますが、まだはっきりと決めていません。「反戦評議会」という組織に入りました。政治的には少し共産主義的です。その綱領は主として、国家が戦争しそうになったら、軍需品と化学物質に関わる労働者のストライキを組織化することです。また、ストライキをする労働者を支援する保証基金を設立します。

……こちらでは、バーナード・ショーの「メトセラに還れ」という非常にすばらしい劇をやっています。

一九三三年五月二六日　　　　あなたの息子、アラン

短期間で反戦評議会がイギリス全域に生まれ、平和主義者、共産主義者、国際主義者を「国家のための」戦争反対にむけて団結させた。事実、一九二〇年、指名ストライキが行なわれた結果、英国政府は反ソビエト連邦の立場でポーランド側について軍事介入するのを断念した。しかし、アランにとって現実に重要

なことは政治に関与することではなく、権威に異議を申し立てる決意をすることだった。一九一七年以来、イギリスにはボルシェビキロシアは悪魔の王国であるというプロパガンダが氾濫していたが、一九三三年には、西欧の通商産業体制が完全に破綻していることは誰もが理解していた。失業者は二〇〇万にのぼり、何をすべきか誰にもわからないこの驚愕的な状況は過去に前例がなかった。一九二九年の第二次革命後のソビエトロシアは国家計画と国家統制という解決策を打ち出し、知識層周辺はこの解決策がどのように機能しているのか非常に関心をもった。近代という時代そのものが試されていた。アランは無関心な「共産主義者っぽさ」をよそおって、母親を怒らせるのを楽しんだのかもしれない。しかし、重要なのは、そのようなレッテルを貼ることではなく、彼の世代が自分自身で考え、自分たちの両親よりも広い世界観をもち、脅し文句に驚かされないようにしているという事実だ。

アランはロシアに行かなかった。たとえ行ったとしても、自分がソビエト体制の熱狂的な支持者になるのを嫌悪したかもしれない。また、彼は一九三〇年代のケンブリッジによくいた「政治的」人間にもならない。「たんなる権力」にはそれほど興味がなかった。『共産党宣言』には、「各人の自由な発展が万人の自由な発展の条件となるような一つの共同社会」が究極の目的だという文言が含まれている。しかし、一九三〇年代に共産主義者になることはソビエト体制と一体感をもつことを意味したが、それはまったくちがう話だ。自らをイギリスの責任ある監督生階級に属すると認識するケンブリッジの学生たちが、インドの農奴の利益を考え、その集団農場化と合理的計画化を実行するまだましな英領インドに一体化するのと同様に、ロシアの支配者と自分たちとを一体化したとしても不思議ではない。商業的行為を嫌悪する傾向にあるイギリスのパブリックスクールから巣立った人間にとって、資本主義を拒絶してより大きな国家統制に信頼を置くことは小さな一歩でしかない。たいてい、赤の女王は鏡に映る白の女王の姿だ。しかし、アラン・チューリングは組織化に一切興味はなく、また、他人に組織化されることも望まない。彼はすでにパブリックスクールという一つの全体主義体制から逃れてきたのであり、もはや別の全体主義体制を求めなかった。

マルクス主義はそれ自身が科学的であることを主張し、科学による正当化が可能な歴史の変化の理由に対する現代の要求に応えようとした。『鏡の国のアリス』の赤の女王がアリスに言ったように、「ナンセンスと呼びたければ、そう呼べばいい。ただ、ほんとうのナンセンスを知っているが、それと比べれば、今ナンセンスと呼んだものは辞書に載っているほど意味のある真っ当なものだ」。しかし、アランは歴史の問題には関心がなかった。「支配的生産様式」の観点から厳密科学を説明しようとするマルクス主義者の試みは、彼の考えや経験からかなり離れていた。ソビエト連邦は政治的基準で相対性理論と量子力学を判断した。一方、イギリスの理論家ランスロット・ホグベンは、最も初歩的な数学の応用だけに注意を限定して、数学の発展を経済学的に説明することを認めた。そこには、つねに数学者と科学者、そしてアランにも着想を与えてきた美しさと真理は欠落していた。ケンブリッジの共産主義者たちは、原理主義宗派の特徴を備え、救済された雰囲気をもっていた。そして、アランのなかでは、かつてキリストの教えに抱いた懐疑心と同様に「転向」という要素が芽生えた。彼は同僚の懐疑主義者、ケネス・ハリソンとともに共産主義路線を非難することになる。

実際、経済学的な問題に関しては、アランはキングズカレッジの経済学者アーサー・ピグーを尊重するようになった。彼は、一九世紀の資本主義を部分修正する点では、ケインズよりも少し早い時期に役割を果たした。ピグーは、所得の分配が平等になるほど経済的福祉が増加すると考え、福祉国家の初期の提唱者だった。ピグーとケインズの見解は広義では似ており、ともに一九三〇年代に国家支出の増大を要求していた。アランもまた、『ニューステイツマン』誌を読み始め、個人の自由とより合理的に組織された社会体制との両方を求めて憂慮するという、この雑誌の読者である中産階級の進歩的意見に大筋で賛同することができた。科学的計画の恩恵について多くのことが語られていて（その結果オルダス・ハクスリーの一九三二年の風刺小説『すばらしい新世界』では、すでに時代遅れになった知識人の正統的理論として扱われた）、アランはリーズ市住宅建設計画のような進歩主義的な新事業について話を聞きに出かけた。しかし、彼は、自分自身が科学的計画の指導者であるとか、立案者であると考えたことはない。

事実、彼は社会を個々人からなる一つの集合と考える社会観をもち、それは、社会主義者よりもJ・S・ミルの民主主義的個人主義の考えにはるかに近い。そして、自分の個人的自我を傷つけずに自立させ、妥協や偽善に汚染されないようにしておくことが、彼の理想だった。これは、経済的、政治的なものよりも、ずっと道徳的なものに関わる理想であり、一九三〇年代の進歩的傾向よりもキングズカレッジの伝統的価値に近かった。

アランは、多くの人（E・M・フォースターもその一人）と同じように、サミュエル・バトラーの『エレホン』を発見して特別に喜んだ。そこには、道徳の公理を疑ったビクトリア朝時代の作家がいた。彼は、『鏡の国のアリス』の手法を使って道徳原理を風刺した。性についてのタブーを肉を食べることに結びつけ、英国国教会という宗教を装飾的な貨幣による取り引きとして表現し、「罪」の社会を「病める」社会に変えた。アランはまた、バトラーの後継者にあたるバーナード・ショーを賞賛し、真剣な思いが込められた、けれど軽妙な戯曲を楽しんだ。一九三〇年代の博学の教養人にとって、バトラーとショーはすでに読み古された古典になっていたが、シャーボーン校出身の人間にとって、それらはまだ解放感を与える不思議な力をもっていた。ショーはイプセンが「精神の革命」と呼んだものを受け継ぎ、ほんとうの意味での個人、すなわち「因習的な道徳」ではなく信念をもって生きている人びとを舞台の上に出すことを望んだ。さらにショーはこのような真の個人が生きていく社会とはどのような社会かという困難な問題も提起した。それは若いアラン・チューリングにも強く関係のある問題だった。一九三三年五月にアランが「とてもよい劇だ」と思った『メトセラに還れ』は、ショーが「永遠の相のもとにおける政治」と呼ぶものを目指す試みだった。この劇にはフェビアン協会のSF的な見解がはいっていて、アスキスとロイド・ジョージの惨めな現実が軽蔑的にあつかわれていた。これはアランの理想主義的な考え方にぴったりだった。

しかし、バーナード・ショーが戯曲でとりあげず、かろうじて『ニュースティツマン』だけがとりあげた一つのテーマがある。[2・19] 一九三三年、この雑誌の演劇評論家が『ザ・グリーンベイ・ツリー』をとりあげて、これは「ある裕福な変質者が不道徳的な目的で養子にした……一人の少年」の物語で、「劇のテーマとしては、肝臓を患っている男の話よりも、一人の性倒錯者の話のほうがまだ退屈しないと思う人には十分見る価値」があると批評した。この点に関して、キングズカレッジの反応は独特だった。ここでは、ショーが当然のこととして放置し、バトラーが神経質にあつかった道徳原理に疑問を投げかけることが可能だった。

これが可能だったのは、ひとえに、表の世界と裏の世界の境界線を誰も越えなかったからだ。同性愛が発覚した結果として起こることは、キングズカレッジでもほかと同じだった。そして、ここでも外の世界から二重生活を強いられる。そこは性的異端者が隔離されるゲットーであり、ゲットー生活の便利さと不便さがある。異端的思考や感情を表現する内面的自由は、たしかにアランにとって有益だった。たとえば、彼は、ケネス・ハリソンの他人の同性愛的感情を理解する自由な心は、同じキングズカレッジ卒業生である父親から受け継いだものだという事実によって救われた。しかし、ケインズとフォースターの世界、すなわち、ブルームズベリーの人びとが行き来して集まるパーティーは、アランの手の届かないはるか遠くにあった。キングズカレッジで光彩を放っているものがある。芸術、とくに演劇が最強だった。アランはそのどれとも関わらない。彼が自分の同性愛をもっと芝居っぽく表現していたら、あっさりと止められたり脅されたりしただろう。シャーボーンで彼の性的傾向が、「猥褻」「スキャンダル」といわれていたとしても、今度はもっと辛い言葉で呼ばれることに耐えなければならない。それほど重要な意味をもつ呼び名とはパンジー（同性愛の男）、男性優位の社会を侮辱する裏切り者という意味だ。ここにアランの居場所はない。キングズカレッジという安全圏で華々しく活動している耽美主義者の集団も、一人の内気な数学者に手を差し伸べなかった。こんなにも多くの意味において、アランは完全に一人で自らの欲望と向き合わなければならなかった。キングズカレッジは彼が自分で問題を解決する間、彼を外の世界から守ることしかできなかった。

宗教的信念に関しても同じことがいえる。キングズカレッジでは不可知論が避けがたいほどに流行していたが、彼は、時流に従う人間ではなく、今まで問うのを禁じられてきた問題について質問する自由を得て刺激され、解放されただけだ。アランはその内気な性格ゆえに知的生活を発展させても社会的関係を作ることはできなかった。親しい友人の多くとちがって、彼はキングズカレッジの学部学生が入る二つの集まり、「テンクラブ」にも、マッシンジャーソサエティにも入らなかった。前者は劇を読み、後者はココアを飲みながら文化や道徳哲学に関する論文について夜遅くまで議論する。彼は臆病で野暮すぎて、この心地よさそうな集まりにとけ込めなかった。また、会員の多くをキングズカレッジとトリニティカレッジから選ぶ排他的なケンブリッジ使徒会にも選ばれなかった。結局のところ、彼はキングズカレッジにとってあまりにも平凡すぎた。

以上の点に関して、アランは新しい友人の一人、学年三位の奨学生ジェームズ・アトキンスと共通するものがあった。ジェームズとアランは気が合い親しくなったが、クリストファーや科学を話題にするような深い話は一切しなかった。それでもアランが、二、三日間湖水地方へハイキングに行こうと声をかけた相手はジェームズだった。

彼らは六月二一日から三〇日まで出かけたので、アランは「自分が成人する」日の六月三〇日には家にいないという目標を達成した。その日彼らはマーデールのユースホステルからハイストリートを越えてパタデールまで歩いていた。天気はいつになく暑く晴天で、途中、アランは裸で日光浴をする気になったほどだ。数日後、丘の中腹で休んでいたとき、アランがジェームズにそれとなく性的なアプローチをする気になったのもこの天気のせいかもしれない。ほとんど偶発的な出来事で、この電気が走るような瞬間はアランよりもジェームズにとって重要な意味をもった。ジェームズはパブリックスクールでとくに抑圧され、自己認識に関しては精神的にも肉体的にも数年遅れていた。休暇中に二度とこのようなことはなく、彼は終わったと思った。それから二週間、彼はアランに対する愛情と欲望がわいてきたことに気づき、長い休暇に入る七月一二日にケンブリッジに戻ってアランに会うのを期待していた。ケンブリッジに戻るのは数学を勉強するためではなく、開催中の国際音楽研究大会のコンサートに参加するためだった。ジェームズは音楽のなかに、アランが純粋数学のなかに見出した絶対性を見出していた。

ジェームズはその同じ日に、アランがクリストファーを偲ぶためにクロックハウスに行ったことを知らなかった。アランは復活祭にクロックハウスを訪れ、自分の聖堂で聖餐式を行ない、手紙を書いた。

親愛なるモーコム夫人、

復活祭期間中クロックハウスにいられてとてもうれしかったです。いつもクロックハウスのことをとくにクリスと結びつけて考えます。そこは、ある意味でクリスが今も生きていることを思い出させてくれます。将来いつか会えるときの彼の姿だけを考えすぎているかもしれませんが、実際、当面は、彼は僕たちのそばにいないだけだと考えるとすごく気が楽になります。

一九三三年四月二〇日

アランの七月の訪問は偶然にも、クリストファー追悼の窓を献納する七月一三日とぶつかった。その日はクリストファーの二二歳の誕生日だった。学校が休みだった地元の子どもたちはステンドグラスの下に花をそえ、モーコム家の友人が、クリストファーを偲んで「思いやり」について話をした。その場にいた者は全員、クリストファーの好きだった賛美歌を歌った。

Gracious Spirit,Holy Ghost　　慈悲深く、聖なる聖霊よ
Taught by Thee we covet most　　あなたに導かれて、私たちがもっとも望むのは、
Of thy gifts at Pentecost　　聖霊降臨節のあなたの贈り物のなかでも
Holy heavenly Love　　聖なる、天の愛

クロックハウスに用意された大きなテントのなかでは、手品師がレモネードを飲みパンを食べている子どもたちの相手をしていた。ルパートがクリストファーのヨウ素酸塩と亜硫酸塩の実験を披露し、叔父がそれについてみんなに説明する。彼らは風船を膨らませて空に飛ばした。

このほろ苦い儀式の二、三週間後、アランはケンブリッジに戻る。ジェームズはすぐに、休暇中にアランに火をつけられた性的接触を続けたいと思っている素振りをみせた。しかし、アランはずっと、夏の太陽に誘われて冒してしまった性的な誘いを二度としないと思っていた。また、ジェームズにけっして理解してもらえない複雑な思いもあった。ジェームズに話していないクリストファーにまつわるさまざまなことが理由の一つかもしれない。クロックハウスを訪問したことで、ジェームズとの間にはない、純粋で激しい恋の思い出が鮮やかによみがえった。そのかわり、彼らは恋愛感情をともなわない気楽な性的友情をもつことで満足する。しかし、少なくともアランは自分が一人ぼっちではないと思った。

ときどき、彼はいらいらしているように見えた。一九三三年一二月の創立祭でささいな出来事があった。ジェームズと同じ学校から来ている一人の学生が不愉快な態度で「僕をそんなふうに見るな。僕は同性愛者じゃない」とアランに言った。アランはこの唐突な言葉に狼狽してジェームズに、「もし、君がベッドに行きたければ、それは君からだけの一方通行だ」と口走った。しかし、次第に弱まりつつも七年間続いた関係で例外的な瞬間だった。

誰も二人の関係には気づいていなかった。ただ、創立祭での出来事が物語るように、対外的に、アランはとくに自分の性的傾向を隠さなかった。アランには（ジェームズに告げたように）憧れを抱いていたほかの学生がいた。そして、アランとその学生の名前は、休刊したキングズカレッジのゴシップ誌のクロスワードパズルに「タテの鍵二の下を見よ」というような下品なヒントで結びつけられていた。一九三三年の秋、アランはまた別の友達を作る。彼らを結びつけていたのは主として性についての議論だった。その友達フレッド・クレイトンの性格はアランとまったく似ていない。アランとジェームズは両者とも控えめな性格で、つまらない騒ぎを起こすことなくやってきたのに対して、フレッドとの関係は逆だった。父親はリバプールの近くにある小さな村の学校の校長で、彼はパブリックスクールの教育を受けていない。やや小柄でまだ若い古典学者である彼は、アランが漕ぐボートの舵手だ。フレッドが、アランは自分の性的傾向を自他ともに少しも秘密にしない人物だと気づいたとき、彼らの仲は進展した。

フレッドは互いの考え方や感情的経験について興味津々だったが、性に対してかなりの戸惑いもあった。そして、自分よりも同性愛の魅力に気づいているパブリックスクール出身者と出会う。彼は、キングズカレッジの討論の自由を利用し、大学のフェローからは「かなりふつうの両性愛の男性に見える」と言われた。しかし、ことはそれほど簡単ではなかった。フレッド・クレイトンにとってはなにごともけっして簡単ではない。

アランは自分が割礼されたことにどれだけ腹を立てているかを友人に話し、庭師の息子と遊んだ（おそらく、ウォード家で）幼い頃の思い出にふれて、それが彼の性的傾向を決定したかもしれないと思うと語った。正しいにせよ間違っているにせよ、パブリックスクールではきちんとした性的経験ができるような印象を与えた。ただし、より重要なことは、アランが自分の性的傾向を自覚するにあたって、学生時代が大きな意味を持ち続けているということかもしれない。フレッドはハブロック・エリスとフロイトを読み、古典的作品に多くの発見をして数学好きの友に知らせる。ラテン語とギリシャ語に対する関心については触れていない。

同性愛に戸惑うことは、一九三三年の状況下ではまったくもっともな反応だ。当時、キングズカレッジのなかでさえ、それらしいサークルの外にいる同性愛者に近づく者はほとんどいなかった。この話題は圧倒的な静けさのなか、ささやき声で交わされた。すべての男性の同性愛行為を禁止する法律の影響ではない。率直に言って、この法律が一九三〇年代のイギリスで果たした役割はきわめてわずかだ。J・S・ミルが異端について書いたとき、これはより明確になった。[2・20]

……法的罰の主たる悪影響は、社会的汚名がさらに強まることだ。実際に効果を発するのはこの汚名だ。それほど効果があるということは、イギリスではほかの多くの諸国ほど社会で禁止されている考えを表明しないということだ。ほかの諸国では、司法上の刑罰を受けることを覚悟して発言する。

現代の心理学が二〇世紀をほかの時代から区別した。一九二〇年代、アヴァンギャルドはフロイトという重要人物の名前と結びつけて考えられた。しかし、実際にフロイトの考えが使われたのは、同性愛者がどんなに「具合が悪い」かを論じるためだった。そして、このような知的な幕開けよりも重要なことは、表の世界が同性愛を不可視とするための努力を続けたことであり、学問の世界は起訴と検閲という役割を果たしていた。立派な中産階級の意見は一九二八年の『サンデーエクスプレス』誌に象徴される。この雑誌は、「健全な少年、健全な少女には、この小説ではなくむしろ青酸入りの薬瓶を与えたほうがましだ」という言葉で、レズビアン小説『孤独な井戸』を出迎えた。誰も口にしてはいけない社会的タブーをそのままにしておくことが何にもましての大原則で、学歴の高い知識人でさえ取り残された。彼らを勇気づけてくれるのは、古代世界からのかすかな理解、オスカー・ワイルド裁判で彼が残した言葉、そして、例外的存在である擁護者、性科学者ハブロック・エリスと社会主義詩人エドワード・カーペンターの著作だけだった。

ケンブリッジのような一風変わった環境で同性愛を経験することは、肉体を解放する機会という意味だけでも明白な強みになるだろう。剥奪とは法的剥奪ではなく精神の剥奪、すなわちアイデンティティの否定である。異性愛、欲情、結婚がさまざまな問題、苦悩から解放されることはめったにないが、これまでのあらゆる小説、詩はそれを表現するために書かれてきた。おなじく同性愛に関しても、話題になったとしても、マンガ的、犯罪的、病理的、嫌悪すべきものへと追いやられた。たかが言葉とはいえ、まさにその言葉に埋め込まれてしまうと、このような描写から自分を守るだけで十分難しい。自己を分裂させ、服従の仮面をかぶって内的真実を隠すようなことをせずに、完全で一貫した全体として自己を保ち続けることは奇跡だ。自己発展を可能にすること、内なる自己とのつながりを増やすこと、そして他者と意思疎通することは、その次に不可能なことだった。

アランはこのような自己形成の助けを得られる唯一の場所にいた。そもそも、そこには「オスカー・ワイルド的な誰も口にしてはいけない社会的タブー」についてかなりのことを書いた小説『モーリス』〔訳注：二〇世紀初頭の英国を舞台に惹かれ合いながらも対照的な人生を歩む同性愛男性たちを描いた一九一三年の小説』の草稿を著者フォースターが回覧させ、そこに人の輪があった。この作品をどう終わらせるか、それは一つの問題だった。作者は自分の感情にそれなりに正直でなければならないが、同時に現実の世界に関する物語として信用できるものにしなければならない。そこに根本的な矛盾があり、物語の主人公を「青葉茂る林」に逃避させてハッピーエンドに終わらせることによっては解決されない。

意思疎通を求めるこの試みが出版まで五〇年以上隠されていた事実に、もう一つの矛盾がある。[2・21] しかし、少なくともキングズカレッジにはこれらの矛盾が理解される場所があり、アランは打ち解けない性格ゆえに大学の社交の和に入れなかったにせよ、過酷な外の世界から守られていた。

アランが『メトセラに還れ』をおもしろいと感じたとしたら、それは、ショーが生命力理論の題材として戯曲を書き、「精神」と同じ問題を提起したからだとも考えられる。ショーの作品の登場人物が言う。「この宗教という枯れたものと科学という乾いたものがわれわれの手のなかで活気づき、生き生きして非常におもしろくなるのでなければ、われわれは、自分の墓を掘るときがくるまで、庭に出て穴を掘っているほうがいい」。これは一九二三年にアランが抱えていた問題そのものだが、ショーの安易な解決策を受け入れることはできなかった。バーナード・ショーは、科学については、自分の考えと同じでなければ良心の呵責をまったく感じないで科学を書き換える。生命力理論と相容れなければ、決定論も廃棄されなければならなかった。ショーは、ダーウィンの進化論に注目して、この理論があたかも社会的、心理的変化を含めたあらゆる種類の変化を説明しているかのように論じて、「教義」として拒否した。彼は次のように書く。[2・22]

教義としてのダーウィンの自然選択説を罵ることは、進化から希望を取り除き、かわりに絶望的で無力な運命論を入れることだ。バトラーの言葉でいうと、それは、「宇宙から精神を追放する」。魂なきダーウィニズムの登場によっておせっかいな全能の神の専制から解放されたとき、大喜びで安堵する以外何も感じなかった世代はもはやほとんど亡くなり、その後には自然が嫌悪する真空が残った。

ショーにとって科学は、もはや啓示を受けた宗教が与えなくなった希望ある「教義」を与えるために存在するものだった。生命力は存在しなければならず、その生命力については、紀元三〇〇〇年の超賢人であれば、「われわれの自然科学者が生命力をあつかう。われわれの数学者が代数方程式でその大きさを表現する」といえるだろう。

しかし、アランにとって、科学は気休めではなく真理でなければならない。数学者にして物理学者でもあるフォン・ノイマンも、生命力の信憑性を高めるようなことは何も言わない。彼の『量子力学の数学的基礎』が一九三二年一〇月にアランの許に届くが、彼はたぶん読むのを翌夏まで延ばしたようだ。その夏は、シュレディンガーとハイゼンベルクの本も手に入れている。一九三三年一〇月一六日、次のように書く。

シャーボーンから賞品としてもらった本はすごくおもしろい。応用数学者にはかなりわかりにくそうだが、僕はまったく難しいと思わない。

フォン・ノイマンはエディントンと対照的な説明をしている。ノイマンの定式化では、物理的系の状態は、完全に決定論的に展開する。ランダムな要素がどうやっても入るのは、その系を観察するときだ。しかし、この観察過程自体が外部から観察されるなら、それは決定論とみなされる。したがって、不確定性がどこにあるか述べる方法は存在しないし、特定の場所に集められているわけでもない。ノイマンは、観察に関するこの奇妙な論理、すなわち、日常的な事物について生じるどのようなものともまったく似ていない論理が、それ自体で整合的であり、かつ、これまでの実験と一致すると示すことができた。これによって、アランは量子力学の解釈に疑問をもつようになるが、心が脳のなかで波動関数を操作しているという考え方に対する根拠を失ったのはたしかだ。

アランが、フォン・ノイマンの本を「非常におもしろい」と思ったのは、自分にとって哲学的に重要な意味をもつテーマをあつかっていたからだけではない。ノイマンが論理的な思考によって可能なかぎり科学的なテーマにアプローチしていたからだ。アラン・チューリングにとって科学とは、自分で考え、自分で見ることであり、事実の集積ではない。科学は公理を疑っている。アランは純粋数学者として物事を考え、思考を自由に操り、その後でそれが物理の世界に応用できるかどうかを試みた。この方針にそって、アランは、より古典的な科学観で実験、理論、検証を考えるケネス・ハリソンとしばしば議論した。

「応用数学者」にとってノイマンの量子力学が「非常にわかりにくい」理由は、当時の純粋数学の進歩についてかなりの知識が必要とされたからだ。彼はシュレディンガーやハイゼンベルクと一見異なる量子論を採用し、はるかに抽象的な数学的形式で彼らの発想の核心を表現することによって両者の理論は同等であると示した。ノイマンの研究対象は、理論の論理的整合性であり、実験結果ではない。これは、理論に対してこの種の強靭さを求めていたアランにぴったりあい、また、純粋数学それ自体の発展がいかにして物理学に想定外の成果をもたらしたかを示すすばらしい例になった。

第一次世界大戦前、ヒルベルトはユークリッド幾何学を一般化した理論を展開した。そのためには、多数の無限次元空間について考察することが必要だった。この「空間」は、物理空間とはまったく関係がない。それは、想像上のグラフのようなものに似ている。たくさんの基音と第一倍音と第二倍音などで作られるフルート、バイオリン、ピアノの音を考えると、そのグラフの上にはすべての音楽的な音を表示できるはずだ。したがって、それぞれの音を構成する（原理的には）無限にある多くの要素を特定しなければならない。[*10] そのような「空間」すなわちヒルベルト空間における「点」はこのような一つの音に対応する。そうすると、二つの点を（ちょうど音を追加するように）足すことができ、また、一つの点を（ちょうど音量を上げるように）倍数で増やすことができる。

ノイマンは、まさにこの「ヒルベルト空間」が、量子力学的系における「状態」、たとえば水素原子のなかの電子の「状態」を厳密に考えるために必要なものだと気づいた。このような「状態」の特徴の一つは音のように足していけることだ。また、基音の上に無限に連なる倍音のように、一般的にはいろいろな状態が無限に存在できるという特徴もある。ヒルベルト空間は量子力学の厳密な理論の定義に使え、明白な公理を論理的に展開した。

「ヒルベルト空間」の意外な利用方法は、ちょうど、アランが主張する純粋数学の必要性を裏づけるものだった。アランはさらにもう一つの裏づけをみつける。一九三二年に陽電子が発見されたときだ。ディラックは、量子力学の公理と特殊相対論の結合に依存する抽象的な数学理論にもとづいてこれを予言していた。しかし、数学と科学との関係を議論したとき、アラン・チューリングは、複雑で、理解しにくく、また彼にとって個人的に重要な近代思想の一側面に自分が立ち向かっていることに気づいた。

自然科学と数学との区別は、一九世紀になってようやく確定的になる。それまでは、数学は物理的世界に必然的に現われる数と量の関係を説明するだけと思われていただろうが、このような見方は「負の数」のような概念の発達によって否定された。一九世紀、数学のさまざまな分野が抽象的観点に向かって発達した。数学の記号が物理的実体と直接関わる必要性はますます減る。

学校で習う代数は実質的には一八世紀の数学で、そこでは、文字は量を表示する記号として使用されている。量の加算と乗算の公式は、それらの量が「ほんとうに」数で表されることが前提になっている。しかし、二〇世紀までにこの考え方は捨てられた。「$x+y=y+x$」というような規則は、ゲームのためのルールとみなせる。ちょうど、チェスの場合と同様に、記号をどのように移動させ、どのように組み合わせられるかを示すルールだ。そのルールは、数に関するルールとして解釈できるかもしれないが、その必要はなく、また実際そうすることが必ずしも適切なわけでもない。

重要なのは数学が抽象化され、代数とすべての数学が計算と計測という古典的な数学の領域から解放されたことだ。近代数学では、記号はなんであれなんらかの公式に従って使用され、かりに記号がほんとうに何かの解釈を引き受けるならば、数量に限定されずにはるかに一般的な意味で解釈される。量子力学は、数学が数学それ自体のために発展し解放されたことが物理学のどの分野で成果をおさめたかを示すいい見本になった。すなわち、数と量に関する理論ではなく、「状態」に関する理論を作る必要性があることを証明した。そして、この「ヒルベルト空間」はまさにこれらの状態にふさわしい記号法を提供した。純粋数学はさらに「抽象群」の理論も発展させ、これについては量子物理学者が当時、精力的に開発していた。抽象群理論の発展は数学者が「操作」という観念を記号形式で表現し、その結果を抽象的操作としてあつかうことによってもたらされた。[*11] 抽象化するねらいは新たなアナロジーを一般化し、統合化し、引き出すことだった。これは創造的で、建設的な動きである。というのも、これらの抽象的な体系の表現を変更することによって、予測不可能な有用性をもつ新しい種類の代数が考案されたからだ。

他方、抽象化へ向けた動きは、純粋数学の内部に危機のようなものも生じさせた。数学は、記号の働きを支配する恣意的な公式に従うゲームとして考えられてしまうなら、絶対的真理という意味に何が起こったのだろうか。一九三三年三月、アランは、この核心的問題に取り組んだラッセルの『数理哲学序説』を購入する。

数学の最初の危機[2・23]は幾何学に訪れていた。一八世紀、幾何学は科学の一分野であり世界に関する一つの真の体系、そして、ユークリッドの公理によって本質的核心に凝縮されたものであると信じることができた。しかし、一九世紀には、ユークリッドの公理とは異なる幾何学の諸体系が発達し、真の宇宙がほんとうにユークリッド的であるかどうかも疑わしいものになる。近代になると数学が科学から切り離されて、ユークリッド幾何学は抽象的な操作であるかどうか、完全で整合的な全体であるかどうか考える必要がでてきた。

ユークリッドの公理系がほんとうに完全な幾何学理論を定義しているかどうかは明らかでない。直観的かつ絶対的に点と線を理解した結果、余計な前提が証明のなかに密輸入されていたかもしれない。近代的観点からは、まず点と直線との論理的関係を抽象化して純粋に記号による公式で定式化し、物理空間の観点からこの関係の意味について考えることをやめ、結果として生じた抽象的なゲームがそれ自身で意味があると示すことが必要だ。一貫して現実的に物事を考えるヒルベルトは言う。「『点、直線、平面』ではなく、『テーブル、椅子、ビールジョッキ』と言えるようにしなければならない」。

一八九九年、ヒルベルトは一つの公理系を発見し、その公理系が物理的世界の性質をまったく持ち出さないでユークリッド幾何学の全定理を導くことを証明した。しかし、彼の証明には、「実数*12」の理論に問題がないという前提が必要だった。「実数」は、ギリシャの数学者にとって無限に分割可能な長さの測量値であり、ほとんどの使用目的に対して、「実数」は物理的空間の性質にしっかりもとづいている。しかし、ヒルベルトの観点に立つとこれだけでは十分でない。

幸いにして、「実数」を本質的に異なる方法で記述することが可能だ。一九世紀までには、「実数」は無限小数として表されると理解されていた。たとえば、πは3.14159265358979……と書くことができる。

「実数」がそのような小数、すなわち整数の無限列によって望むかぎり正確に表されるという考え方に対する正確な意味が与えられた。しかし、ようやく一八七二年になって、ドイツの数学者デデキントは、測定の概念とまったく関係なく、整数を使っていかに実数を定義するかを厳密に示した。この一歩は数と長さという概念を統合しただけでなく、幾何学に関するヒルベルトの疑問を整数の領域、すなわち専門的な数学における意味での「算術」にまで持ち込む効果があった。ヒルベルトが言うように、デデキントが行なったことは、「すべてのことを算術の公理の整合性の問題に帰着させたことであり、この問題はまだ解決されないまま残されている」。

この点に関して、数学者はそれぞれ異なる態度をとった。算術の公理について議論するのはばかげているという考え方もあった。整数ほど基本的なものがあるはずがない。他方、ほかのすべての性質の基礎になる整数について、基本的性質の核心が存在するかどうかという疑問を提起することは間違いなく可能だ。デデキントもまた、この問題に挑戦し、一八八八年に、すべての算術は次の三つの考え方、すなわち、1という数がある、どの数にもその次の数が存在する、数学的帰納法の原理がすべての数についての言明に妥当することから導き出されることを示した。この三つの考え方は、もし望むなら「テーブル、椅子、ビールジョッキ」というヒルベルトの精神に従って抽象的な公理として書き尽くすことが可能であり、「1」や「+」のような記号の意味を問題にすることなく、数についての全理論をその公理群で構成することができる。一年後の一八八九年、イタリアの数学者G・ペアノは、後に標準的となる公理を考案した。

一九〇〇年ヒルベルトは数学界に一七の未解決の問題を提示することによって新しい世紀を迎えた。その二つめの問題は、彼がすでに示したように、数学の厳密性がかかっている「ペアノの公理」の整合性を証明することだった。「整合性」は最も重要な言葉だ。たとえば、証明に一〇〇〇以上のステップを必要とする算数の定理があるとしよう。すべての整数は四つの平方数の和として表されるというガウスの定理はそのような定理だ。では、この定理と矛盾する結果にいたる同じ程度の長さの演繹の連鎖が存在しないことを、どのようにして確実に知ることができるのか。すべての数に関するものであるので調べ尽くすことができないこのような命題を信じる根拠は何か。「1」や「+」を意味のない記号としてあつかうペアノのゲームの抽象的な規則の何が、矛盾がないということを保証するのか？　アインシュタインは、運動の法則を疑った。ヒルベルトは、二足す二が四であることすら疑う。少なくとも、そのためには理由が必要だと言った。

この問題との闘いは、G・フレーゲによる研究において、すでに一八八四年の『数学の基礎』から始まっていた。その考え方は、論理主義的な数学観である。すなわち、算術は、世界に存在するものがもつ論理的関係から導出され、その整合性は実在的な基礎によって保証されているという考え方である。フレーゲにとって、「1」という数字は明らかに何か、すなわち、「一つのテーブル」「一つの椅子」「一つのビールジョッキ」が共有する性質を意味する。「2＋2＝4」という言明は、いかなる二つのものも別の二つのものと一緒にされたならば、そこには四つのものがあるという事実に対応する。フレーゲの課題は、「いかなる」とか「もの」とか「別の」などの概念を抽象化することであり、また、存在に関しては可能なかぎり単純な概念をもとにして算術を導出する理論を構築することだった。

しかし、フレーゲの研究は、同じ方向性をもつ理論を考えたバートランド・ラッセルによって凌駕されることになる。ラッセルは、「集合（set）」という概念を導入して、フレーゲの考えをより具体化した。ラッセルの提案は、一つの要素からなる集合は、その集合から一つの対象を取り出すと、その対象はつねに同一のものであるという性質によって特徴づけられるというものである。この着想は、一つであるという算術的な性質を同一性あるいは相等性という論理的概念で定義することを可能とする。そしてその場合、相等性は同じ範囲の述語を充足することとして定義することが可能である。このようにすれば、数の概念と算術の公理とは、もの、述語、命題という最も基本的な概念から厳密に導き出されうるように思われた。

不幸なことに、ことはそれほど単純ではない。ラッセルは数えるという概念に頼らないで、相等性の定義を使って「一つの要素からなる集合」という概念を定義しようとした。次に、彼は「1」という数は「一つの要素からなる集合のすべてからなる集合」であると定義する。しかし、一九〇一年、ラッセルは「すべての集合の集合」を使おうとするとただちに論理的矛盾が起こることに気づいた。

この問題が生じるのは、「この言明はうそである」のような自己言及的かつ自己矛盾的命題が可能だからだ。この種の問題はドイツの数学者G・カントールが開発した無限論に現われていた。ラッセルは、集合論にもカントールのパラドクスと類似する問題があることに気づく。彼は、集合を、自分自身を含む集合とそうではない集合の二つに分けた。「通常、クラスはそれ自体の要素ではない。たとえば、人類は人間の一人ではない」とラッセルは書く。しかし、抽象的な概念の集合や、すべての集合の集合は、自分自身を含む。ラッセルは、このように帰結するパラドクスを説明する。

> そこで、それ自体を要素としないクラスの集まりを作ってみよう。これはクラスである。ではこれは、それ自体の要素か、そうではないのか。それ自体の要素であるとすると、それはそれ自体を要素とはしないクラスのなかの一つだ。すなわち、それ自体を要素とはしないクラスである。他方、それ自体の要素でないとすると、それ自体を要素としないクラスのうちの一つではない。すなわち、それ自体を要素とはしていない。このようにして、そのクラスがそれ自体を要素とする仮定も、そうでないとする仮定も、二つともそれに矛盾する命題を帰結する。これは矛盾だ。

このパラドクスがそもそもほんとうは何を意味するのかと考えてもパラドクスの解決は得られない。哲学者だったら好きなだけいつまでもこの問題を議論していてもよいが、それはフレーゲやラッセルがやろうとしていたことと無関係だ。この理論の核心は、自動的かつ厳密で個人に依存しない方法で、算術を最も基本的な論理的概念から導き出すということだった。ラッセルのパラドクスの意味は別にして、ゲームの規則に従って冷酷にも自らの矛盾に導くのは記号の列である。そしてこれは破局の到来を予見する。純粋な論理体系は、一つでも不整合性が入る余地はない。「2＋2＝5」になるなら、「4＝5」や「1＝0」も成立し、その結果、すべての数が0に等しくなり、どの命題も「0＝0」と同値となり、それゆえに真になる。数学は、このようなゲームであるとして考えると、完全に整合的でなければならないし、そうでなければ、数学など無に等しい。

一〇年間にわたって、ラッセルとA・N・ホワイトヘッドはこの欠陥を修正しようと努力を続けた。本質的問題は、ものと一つの集まりにまとめたらなんでも「集合」と呼ぶという前提は自己矛盾にいたると判明したことだ。もっと正確な定義が必要だった。ラッセルのパラドクスは、けっして集合の理論にある唯一の問題ではないが、しかし、それだけでも一九一〇年出版の『プリンキピア・マテマティカ』のかなりの部分を占めた。彼らは三巻本となった浩瀚な同書で、論理学の基礎的な概念から数学を導出しようとしていた。ラッセルとホワイトヘッドがみつけた解答は、さまざまな種類の集合からなる階層を作り、その階層のそれぞれを「階型」と呼ぶという方法だった。まず、基礎となるものが存在し、次にそれらのものの集合があり、それから、その集合の集合、集合の集合の集合があるというようになっている。集合の異なる「階型」を区別することで、一つの集合がそれ自体を要素とすることが不可能になる。しかし、このために彼らの理論は非常に複雑になり、正当化しようとしていた数体系よりもはるかに難しくなった。この考え方が集合と数に関する唯一の方法であるかどうかは不明である。一九三〇年まででも、ラッセルの方法にかわるさまざまな枠組みが開発され、その一つはフォン・ノイマンによるものだ。

数学が完全かつ整合的な一つの全体を構成するということを証明できなければならないという素朴な要求は、さまざまな問題が飛び出すパンドラの箱を開いた。ある意味で、数学の命題は真である命題のなかで比べようもなく真であるように思われていた。また別の意味では、紙につけられた印にすぎないようにも見える。そして、その結果、その意味について解明を試みようとすると、心を悩ますパラドクスが生まれることになった。

鏡の国の庭のように、数学の核心にせまる研究方法は複雑な専門的性質という森のなかに連れ込まれそうだった。このように数学の記号と実在する物の世界とがまったくつながっていないことはアランを夢中にさせた。ラッセルは著書の終わりに、「ここまでの性急な概説から明らかになったことではあるが、この分野には未解決問題が数えきれないほどあり、多くの研究がなされなければならない。この小冊子によって学生が数理論理学を真剣に学ぶ気になったら、本書を著した主要な目的は達成されることになる」と書いた。つまり『数理哲学入門』は、その目的を果たした。アランは、「階型」の問題を真剣に考えた。そして、より広く考えて、真理とは何かというピラトの問いに直面する。

ケネス・ハリソンもまた、ラッセルの思想に詳しかった。彼とアランはラッセルについて何時間も議論する。少しアランの気に障るが、彼は「いったいそれがなんの役に立つのだ」と言う。アランは楽しそうに、もちろんなんの役にも立たないと答えたものだ。しかし、アランはもっと熱心に聞いてくれる人物とも話をしたにちがいない。一九三三年の秋、彼は「モラル・サイエンス・クラブ」で論文を発表するように誘われた。この誘いは、学部の学生、とくに、当時ケンブリッジで哲学と関連分野の呼び名であったモラル・サイエンス学科に所属しない学生にとってきわめて稀で名誉なことだ。哲学の専門家の前で話をすることは、気持ちの萎えるような経験だったであろうが、アランは、いつもの冷めた調子で母親に次のように書いている。

……ぼくは金曜日にモラル・サイエンス・クラブで論文を読むことになっています。数理哲学に関することを少し話します。みんながすべて知っていることではないことを願います。

一九三三年一一月二六日

モラル・サイエンス・クラブの議事録[2・24]に、一九三三年一二月一日金曜日の記録がある。

マイケルマス学期第六回目の会合は、キングズカレッジのチューリング氏の部屋で開催された。A・M・チューリングは、「数学と論理」に関する論文を発表した。彼は、数学に関する純粋に論理主義的な見解は不十分であり、かつ、数学的命題は多様な解釈をもち、論理主義的見解はその一つにすぎないと述べた。その後で議論が行なわれた。

R・B・ブレイスウェイト（署名）

アランの講演は科学哲学者でキングズカレッジの若いフェロー、リチャード・ブレイスウェイトのおかげで実現したと考えられる。一九三三年末までアラン・チューリングは、非常に深遠な二つの並列する問題に関わっていた。量子物理学と純粋数学の課題は、抽象的なものと物理的なもの、記号的なことと現実的なことを結びつけることだった。

この研究の中心にいたのは、あらゆる数学と科学同様、ドイツの数学者たちだ。しかし、一九三三年が過ぎると、ヒルベルトのゲッティンゲンが破壊されて、この中心は空虚で巨大な空白になった。ジョン・フォン・ノイマンはアメリカへ去り、二度と戻らなかった。ほかの者はケンブリッジに来た。「今年、ケンブリッジに来る著名なドイツ系ユダヤ人がいます、数学科に少なくとも二人、ボルンとクーラントです」と、[*13]アランは一〇月一六日に書く。彼は、その学期はボルン担当の量子力学の講義、次の学期はクーラントの微分方程式の講義に出席したようだ。ボルンはエディンバラに、シュレディンガーはオックスフォードに移ったが、ほとんどの亡命科学者はイギリスよりもアメリカのほうが研究しやすいと考えた。プリンストン高等研究所の規模はとくに短期間で拡大した。一九三三年アインシュタインがプリンストンに永住したとき、物理学者のランジュヴァンは、「バチカンがローマから新世界に引っ越すほど重要な出来事だ。物理学における法王ともいうべき人物の移住によりアメリカは世界の自然科学の中心になるだろう」とコメントした。

ナチス官僚の介入を招いたのは彼らがユダヤ系であるからだけではなく、数学の哲学さえも含む彼らの科学的知識そのものであった[2・25]。

> 最近、ベルリン大学に多くの数学者が集まり、第三帝国で数学という科学が占める位置について考えた。そこで、ドイツ人数学者が述べたことは、彼らはこれからもゲーテの「ファウスト的人間」であり続ける、論理は数学の学問的根拠として不十分だ、無限大の概念を作ったドイツ人の直観は、フランス人とイタリア人が問題解決に持ち込んだ論理的知識より優れているというものだった。数学は無秩序を秩序に変えた科学のヒーローだ。国家社会主義はこれと同じ任務をもち、同じ解決能力が必要だった。したがって、これらのものと新しい秩序の間に「精神的つながり」が確立された。論理と直観の結合によって。……

イギリス人には、国家であれ、党であれ、そんなものが抽象的観念に興味をもつこと自体不思議だった。

一方、イギリスの大衆誌『ニューステイツマン』は、ヒトラーのベルサイユ条約に対する憎悪は、ケインズとロウズ・ディキンソンのベルサイユ条約に関するいつもの発言を裏づけただけだと考えた。ただし、当時のドイツに公平であることは、野蛮な政権に譲歩することを意味していた。しかし、保守的な意見は国民国家間のバランスという観点から新しいドイツを理解する。それによると、新しいドイツはイギリスの新たな潜在的脅威になるが、ソビエト連邦に対する強固な「砦」にもなる。一九三三年一一月、こうした状況でケンブリッジ反戦運動が復活した。アランは書く。

今週は多くの出来事があった。ティヴォリ映画館は騒々しい軍国主義者の宣伝映画「闘う海軍」を上映することにした。反戦運動は組織的に抗議しようとしたが、あまりうまくいかなかった。僕たちは四〇〇人の署名しか集められず、そのうちの六〇名ぐらいはキングズカレッジの人だ。結果的に映画の上映は中止になった。軍国主義者たちが、僕たちが抗議してその映画を中止させようとしていると考え、映画館の外で騒ぎを起こしたからだ。

一九三三年一一月一二日

政治色が強まったその年の休戦記念日に花輪を捧げる儀式にふれて、「昨日の反戦デモは大成功だった」との感想もある。だからといって、アランは心からの完全な平和主義者だったわけではない。アランの友人、ジェームズ・アトキンスは自分が平和主義者だと考え、アラン自身はそうでないと思った。しかし、第一次世界大戦が武器の製造という国益に駆り立てられて始まったという意見は彼に大きな影響を与える。

彼は、二度めの大きな戦争を起こしかねない武器礼賛を許してはいけないと強く思った。

アランの経歴において、はっきりと目に見える次の一歩のきっかけとなったのは、平和主義者であり、国際主義者だったクエーカー教徒のエディントンだ。今度のきっかけは、量子力学の「ジャバウォッキー」の言葉とはなんの関係もなく、一九三三年の秋にアランが参加した科学の方法論に関するエディントンの連続講義だった。[2・26] そこでエディントンは、科学的な計測値をグラフにプロットすると、専門用語でいう「正規」曲線の上に分布するという傾向について論じた。ショウジョウバエの翼の幅であれ、アルフレッド・ビュッテルが勝ったモンテカルロの賭けの勝率であれ、読み取った値は一つの中心的な値の周辺に集まり、ある特定の形をとって両側にむけて減っていく傾向がある。必然的にこうなる理由の説明は、確率と統計の理論にとって重要な基本問題である。エディントンは正規分布が当然である理由について説明したが、アランは納得しなかった。いつもどおりに懐疑的で、厳格な純粋数学の基準に照らして厳密な結果を証明しようと考えた。

一九三四年二月末までに彼はこの証明を終わらせていた。概念を発展させる必要はなかったが、この証明は彼自身が出したはじめての実質的な成果だ。実に彼らしいことは、この証明によって純粋数学と物理的世界が結びついたことだ。この成功を誰かに見せると、すでにリンデベルクなる人物によって一九二二年に証明された中心極限定理だと告げられた。[2・27] 彼は自己解決的に研究していたので、目標がすでに達成されているかどうかをまず調べることなど考えもしなかった。しかし、正当な説明をつければ、独自の研究としてキングズカレッジのフェロー選抜論文として採用される可能性があるという助言ももらった。

一九三四年三月一六日から四月三日まで、アランはケンブリッジ大学のスキーツアーに参加して、オーストリアのアルプスに行く。このツアーにはフランクフルト大学と国際的に関係があるクエーカー教徒らしき人がいて、一行はオーストリア・ドイツ国境のリッヒ近くにある彼のスキー小屋に滞在した。しかし、ドイツ人のスキーコーチが熱烈なナチで、友好的雰囲気は台無しになった。アランはスキーから帰って次のように書く。

……僕たちは、スキーに行ったグループのドイツ人リーダー、ミカからとても愉快な手紙をもらった。……手紙には、「……でも、思いは君たちと同じだ」……

去年やった研究をウィーンにいるツーバー*14に送ろうと思う。興味を示す人がケンブリッジにいなかったからだ。だが、一八九一年に著作を出した人だから亡くなっているかもしれない。

一九三四年四月二九日

しかし、まず、トライポスの最終試験を片づけなければならない。パート二の試験は五月二八日から三〇日にあり、次にスケジュールBの試験[2・28]が六月四日から六日まであった。しかも、二つの試験の間に、父親に会いにギルフォードまで急行しなければならなかった。当時六〇歳になっていたチューリング氏は前立腺の手術を受け、それ以後昔のような健康を再び取り戻すことはなかった。

ギルフォードストリートとおぼしき道を歩くアラン・チューリング。1934年に偶然撮られたスナップショット。(ジョン・チューリング提供)

アランは優秀な成績で合格し、ほかの八人とともに「Bスターのラングラー」〔訳注：ケンブリッジ大学で、数学の学位試験の一等合格者〕と呼ばれる。たんなる認定試験にすぎないので、アランは母親が電報を送って騒ぎ立てたことを非難して、六月一九日の学位授与式に来ないよう彼女を説得した。しかし、この成績のおかげで、キングズカレッジから年二〇〇ポンドの研究奨学金が授与され、大学に残って、フェローシップを志願することができた。こうして、一九三二年に志したフェローシップ獲得に対する彼の真剣な野心が強まっていった。ほかにも彼の学年から数人が大学に残り、そのなかにはフレッド・クレイトンとケネス・ハリソンがいた。デイヴィッド・チャンパーノウンは経済学に移ったので、まだ学位を取っていない。ジェームズは、パート二の数学科目の抽象性にまごつき、第二等の学士号を取った。彼は、どのようにして自分の人生を始めるかはっきりさせていなかった。その後ほんの数か月間、彼はあるところで家庭教師をして、アランを数回訪れている。

学部時代が終わるまでには、ちょうど外の世界と同じように、アランの憂鬱も晴れて新しい意欲がわき上がっていた。彼はケンブリッジにしっかりと根をおろし、抑圧から解放されてより多くの機知と楽しいユーモアを身につける人物として頭角を現わし始めた。いぜんとして「耽美主義者」の部類にも「運動選手」の部類にも入らない。今もボートクラブで船をこぎ、ほかの部員ともうまくやり、一度は一息に一パイントのビールを飲み干した。同学年の友達とブリッジをするが、真面目な数学者によくある欠点ゆえに、スコアの計算は任されなかった。彼の部屋を訪れる人は、本とノート、そして母親が送ってくれた靴下と下着に対するお礼の手紙がそのまま乱雑においてあるのを目にする。周囲の壁はさまざまな記念品がピンで留められていた。壁にはクリストファーの写真。しかし、見る人によってはわかる、男性的セックスをアピールする雑誌の写真もあった。彼はまた特売や露天市場で探し物をするのが好きで、ロンドンのファリングドンロードでバイオリンを買い、レッスンも数回受けた。これで耽美主義者になることはなかったが、彼には少し「耽美主義的」側面があった。耽美主義者は、仰々しく感情を抑えた行動の正体を暴露するからである。そんな一九三四年のクリスマス、チューリング夫人がまったく面食らったことに、アランは小さいときに一度ももらったことがないと言ってテディベアをせがんだ。チューリング家はたいてい、実用的で役に立つプレゼントをうやうやしく交換したからだ。しかし、彼には彼のやり方があり、ポーギーと名づけるクマをもらう。

卒業してても、ボートをやめてランニングを再開した以外、彼の生活はほとんど変わらなかった。学位授与式の後、アランは知り合いのデニス・ウィリアムズに同行を頼んでドイツへ自転車旅行に出かけた。モラル・サイエンス・トライポス一年生のデニスは、モラル・サイエンス・クラブ、キングズカレッジのボートクラブ、スキーツアーでアランを知っていた。彼らはケルンまで汽車で自転車を運び、そこからは一日に三〇マイルほど自転車で走った。旅行の目的地の一つは、中心極限定理と関係がありそうな誰か権威ある人物に相談できるゲッティンゲンだった。

ベルリンには奇妙なならず者の政府が存在していたが、ドイツ自体は、その頃でも運賃は安く、ユースホステルがある、学生にとって最良の旅行地だった。彼らはいたるところに掲げられた鍵十字の旗を見ないわけにはいかなかったが、イギリス人の目には不吉というよりは滑稽に映った。彼らはある炭坑町に立ち寄り、そこで、炭坑夫が仕事に行くときに歌っているのを聞く。それは、わざとらしいナチとは対照的な歓迎の歌だった。ユースホステルでデニスはドイツ人旅行者と話をして、「さよなら」がわりに「ハイル、ヒトラー」と愛想よく最後に言った。一般的に外国の学生がたんに礼儀としてその地方の慣習に従うようにしただけだ（そうしないと逮捕されることもあった）。アランは偶然その場に居合わせて、デニスに「君はあれを言うべきではなかった。あのドイツ人は社会主義者だ」と告げた。彼はデニスよりも先にそのドイツ人旅行者と話したにちがいなく、デニスは当時の政権の反対者だとアランに自分の素性を明かした人間がいたという事実に衝撃を受けた。しかし、これはアランが署名までした反ファシストとしての反応ではない。彼は自分が同意できない儀式に耐えられなかったのだ。これは旅行中のもう一つの出来事以上に、デニスの印象に残った。その出来事とは、イギリスから来た二人の労働者階級の少年がたまたま彼らに追いつき、デニスが彼らに飲み物をおごるのが礼儀だろうと言ったときのことである。「貴族の義務だね」とアランが言った。デニスは自分が非常に小者で偽善的だと感じた。

ナチ党の突撃隊の幹部が逮捕された一九三四年六月三〇日以後の一日か二日、彼らは偶然ハノーバーにいた。アランのドイツに関する知識は数学の教科書から抜粋した程度だったが、デニスよりもまだましで、彼は、突撃隊参謀長のレームがまず自殺する機会を与えられた後に射殺された真相を究明する新聞記事を翻訳して読んだ。彼らは、イギリスの新聞がレームの死に関心を示したことに非常に驚く。しかし、このときのレームの事件は、ヒトラーが最高権力を手に入れたという明白な事実以上のことが進行している時代を象徴する出来事だった。この出来事はナチ党内部の大きな矛盾を取り除き、ドイツを巨大な馬の飼育場に変えようとするナチの思惑を喧伝した。保守主義者にとってはありがたいことに、これは「退廃的」ドイツの終焉だった。後に、ヒトラーが完全に人気を失うと逆転し、ナチ帝国自体が「退廃的」で「邪悪な」ものとなる。その陰には、ヒトラーが見事なまでに演出した、同性愛者は裏切り者だとする強い基本思想があった。

新生ドイツの登場とその無作法さは、数人のケンブリッジの学生を強い反ファシスト的行為に走らせた。しかし、アランはそのような行動をとらない。彼はいつも反ファシスト的主張を支持していたが、何があってもけっして「政治的」人間にならない。彼の自由への道は別にある。自分の研究に身を捧げることだ。できる人にやらせればよい。彼は正しいこと、ほんとうのことを行なう。彼は反ファシストが守る文明にこだわり続けた。

一九三四年の夏と秋、アランはまだ論文に取り組んでいた。[2・29] 提出期限は一二月六日。アランは一か月前に提出して、次の段階に進むところだった。エディントンはこの頃のアランの成長に重要な役割を果たし、論文の問題になりそうなところをそれとなく指摘した。さらに問題になりそうなところは、エディントンほど直接的ではないがヒルベルトが知らせてくれた。アランは、キングズカレッジのフェローの間で自分の論文が回覧されていた一九三五年の春、「数学の基礎」パート三の授業を受けていた。この授業は、M・H・A・ニューマンが担当した。

ニューマンは当時四〇歳近く、トポロジーの分野ではJ・H・C・ホワイトヘッドとともにイギリスを代表する研究者だった。数学のこの分野は、計量に依存しない「連続性」「辺」「近傍」のような概念を幾何学から取り出したものである。[*15] 一九三〇年代、この分野は純粋数学のかなりの部分を統合し、一般化していた。ニューマンは、古典的な幾何学が主流だったケンブリッジでは進歩的な学者だ。

トポロジーの基礎にあるのは集合論であり、そのためニューマンは集合論の基礎研究に関心を示した。そして四年前の前回にヒルベルトがドイツを代表して出席するのを許されなかった一九二八年の国際数学者会議にも出席した。ヒルベルトは数学基礎論研究の必要性を訴えていた。ニューマンの講演はヒルベルトの精神を引き継ぎ、ラッセルの「論理主義」プログラムを継承しなかった。プログラム以外でもラッセルの伝統は消えていた。ラッセル自身が一九一六年にまず有罪宣告を受け、ケンブリッジの講師資格を剥奪されたからだ。また、ラッセルの同世代人ウィトゲンシュタインも方向性を変えた。ハリー・ノートンは狂気に冒され、フランク・ラムゼイは一九三〇年に亡くなる。そこでニューマンは現代数理論理学に深い知識をもつケンブリッジ唯一の人物になった。ほかには、ブレイスウェイトやハーディが多様な研究法と研究計画に関心を示していた。

ヒルベルトのプログラムは実質的には一八九〇年代に彼が着手した研究の延長上にある。それはフレーゲとラッセルが取り組んだ問題、すなわち、そもそも数学とは何であるかという問題に答えようとしてはいない。この意味で、それほど哲学的ではなく、野心的でもない。他方で、ラッセルが提案したような論理体系について深く難しい疑問を呈したという意味ではるかに遠大なプログラムだ。事実、ヒルベルトはプリンキピア・マテマティカのような構想の限界は原理的には何かと考えた。そのような理論のなかで証明可能なものと証明不可能なものをみつける方法があるのか。ヒルベルトのアプローチは形式主義的アプローチと呼ばれる。数学をあたかもゲームであるかのように、まったく形式の問題としてあつかった。すなわち、正当な証明段階はちょうどチェスで許される駒の動きのように考えられ、公理はちょうどチェスのゲーム開始時における駒の配置にあたる。この比喩では「チェスを戦うこと」は「数学をすること」に対応するが、たとえば、「二つのナイトを使ってチェックメイトをかけることはできない」というようなチェスについての言明は、数学の範囲についての言明に対応する。このような言明にヒルベルトのプログラムは関わるものだった。

一九二八年の会議でヒルベルトはこの疑問点を断固として明確にした。第一に、すべての言明（たとえば「すべての整数は、四の平方の和である」）は証明されるか、反証されるかのいずれかであるという技術的意味において、数学は完全であるか。第二に、「2+2=5」のような言明が、一連の妥当な証明の連鎖をたどることによっては絶対に到達できないという意味において、数学は整合的であるか。そして、第三に、数学は決定可能であるのか。ここでヒルベルトが意味していることは、なんらかの主張に原理的に適用でき、かつ、その主張が真であるか否かについての正しい判定を保証するたしかな方法が存在するのだろうかということだ。

一九二八年にはこの三つの疑問のいずれにも答は与えられていない。しかし、どれについても解答は「イエス」であるというのがヒルベルトの意見だった。一九〇〇年にヒルベルトは、「すべての確定的な数学の問題は必然的に厳密な決着が得られなければならない、……数学においては、「知らない」というこ

とはありえない」と主張していた。一九三〇年の引退に際しては、こうまで述べている。[2・30]

哲学者のコントは、解決不可能な問題の例を挙げようとして、宇宙の天体を構成する化学物質の神秘の解明に科学が成功することはけっしてないだろうと述べた。その数年後にこの問題は解決された。……コントが解決不可能な問題をみつけることができなかった真の理由は、そもそも解決不可能な問題など存在しないからだと私は考える。

これは、論理実証主義者たちよりもさらに実証主義的な考え方だ。しかし、その同じ会議でチェコの若い数学者クルト・ゲーデルは、この考えに深刻な一撃を与える結果を報告した。

ゲーデルは、数学は不完全でしかありえないこと、すなわち、証明も反証もできない命題が存在することを示すことができた[2・31]。彼はまず整数に関するペアノの公理から出発したが、単純な階型理論によってそれを拡張した。その結果、拡張したシステムは整数の集合、整数の集合の集合などを表現できることになった。しかし、このゲーデルの論法は、自然数論を表現できる程度に豊かないかなる形式的な数学体系にも適用可能なので、個々の公理の詳細はそれほど重要な役割をもたない。

次に、彼は「証明」という操作のすべて、すなわち、論理的演繹の「チェスのような」規則のすべてが本質的に算術的なものであることを示す。すなわち、「証明」という操作は、一つの表現に別の表現が正しく代入されたかどうかを判定するために、数え上げ、比較などの操作だけを利用しており、それは、ちょうど、チェスの一手がルールに違反していないか否かの判定が数え上げと比較の問題にすぎないのと同様なのである。実際、ゲーデルは、拡張した自分の体系の式が整数として符号化されることを示し、結果として、整数に関する言明を整数が表現するということになった。これが核心となる考え方だ。

続けて、ゲーデルは証明を整数として記号化する方法を示し、この結果、算術の内部で記号化される算術の全理論を手に入れた。これは、数学を純粋に記号のゲームとしてみなすなら、ほかのいかなる記号とも同様に数字の記号を利用してもかまわないという事実を利用したことにほかならない。この結果、ゲーデルは、「証明である」や「証明可能である」という性質が、「平方である」や「素数である」という性質とまったく同程度に算術的であると証明することができた。

このような記号化過程の結果、「自分はうそをついている」と言っている人のように算術的言明そのものに関する算術的言明を書くことが可能となった。実際、ゲーデルは、そのような性質をもつ一つの言明、実質的には「この言明は証明不可能である」と言っている言明を構成した。この言明は真であると証明されえない。なぜなら、矛盾が導かれるからだ。同じ理由によって、この言明が偽であると証明することもできない。この言明は、公理から論理的演繹によって証明も反証もされない言明だ。このようにしてゲーデルは、ヒルベルトが定義した厳密な意味において、算術が不完全であることを証明した。

この点に関してもっと重要なことがある。ゲーデルの特別の言明に関して注目すべき点は、この言明は証明可能ではないゆえに、ある意味では真であるということだ。しかし、「真」であると言うためには、この論理体系をいわば外部から眺める観察者を必要とする。このことは、公理系の内部で考察するかぎりは示せない。

もう一つ重要な点は、以上の議論が算術の整合性を想定していることだ。実際、算術が不整合的であるなら、すべての言明が証明可能になる。より正確にいうと、ゲーデルは形式化された数学は不整合的であるか不完全であるかのどちらかでしかないことを証明した。さらに、算術の整合性をその公理体系を使って証明できないことも証明した。少なくとも一つ、真であると証明できない言明（たとえば2＋2＝5）が存在することが証明されるだけでよい。ゲーデルは、そのような言明の存在はそれ自体の証明不可能性を主張する命題と同一の性質をもっていることを証明できた。このようにして、ヒルベルトの問題の最初の二つを片づけた。算術の整合性は証明不可能であり、かつ、たしかに、算術が整合的かつ完全ということはない。これは驚くべき研究の方向転換だ。ヒルベルトは、自分のプログラムについて、少し不明確な部分をはっきりさせる程度のものだと考えていた。ゲーデルの出した結論は、数学には絶対に完璧で堅固なものがあってほしいと願う人びとを動揺させた。つまり、新しいさまざまな問題が出現したことを意味した。

ニューマンの講義はゲーデルの定理を証明して終わり、アランは知識の最前線に到達した。ヒルベルトの第三の問題はいぜんとして解決されていないが、今や問題を「真」ではなく「証明可能性」という用語を使って書き換える必要があった。ゲーデルの結果は、証明可能な言明と証明不可能な言明を区別する方法が存在する可能性を排除してはいない。うまくいけば、かなり特殊なゲーデル的言明をなんとか特定して分離できるかもしれない。数学的言明に適用可能で、それが証明可能かどうかについて答えられる、確定的な方法、あるいは、ニューマンがいう機械的方法は存在するのだろうか。

ある観点から見ればかなり無理がある難問で、創造的な営為としての数学に関して知られていることすべての核心にせまっている。たとえば、ハーディは、一九二八年にいくぶん憤慨して言った[2・32]。

もちろんそのような定理はない。それは大変幸運なことだ。そのような定理があったら、すべての数学的問題を解決する機械的な規則があることになってしまう。そうなれば、われわれの数学者としての研究は終わってしまう。

何世紀も費やして証明も反証もできていない、数に関する言明はたくさんある。たとえば、フェルマーの最終定理であり、これは、二つの立方数の和として表現される立方数は存在しない、二つの四乗数の和として表現される四乗数は存在しないなどを予想するものだった。さらに、すべての偶数は二つの素数の和であるというゴールドバッハの予想がある。実際、これほど長い間攻撃に耐えてきた言明が、ある一連の規則によって自動的に決定されるのは信じがたいことだった。しかも、ガウスの四平方和の定理のように解決された難問も「一連の機械的な規則」などではほとんど証明されておらず、むしろ、創造に富む想像力を使って新しい抽象的な代数的概念を構成してきた。ハーディもいうように、「数学者はある奇跡の機械のハンドルを回して発見すると考えるのは、数学をまったく知らない部外者だけだ」。

他方、たしかに数学が進歩してますます多くの問題が「機械的」な方法で解決できるようになった。ハーディは、「もちろん」この進歩はけっして数学の全域に行きわたらないというだろう。しかし、ゲーデル以降、もはや「もちろん」といえるものはない。この問題はさらに徹底的に分析されなければならない。

アランは「機械的な方法で」というニューマンの含みのある表現について思いを巡らした。ところで、一九三五年の春にはほかにも二つの進展がある。三月一六日のフェロー選挙。ちょうど選挙管理委員になったフィリップ・ホールがアランを支持して、彼の能力は中心極限定理の再発見に留まらないという演説をした。しかし、応援演説は不要だった。ケインズ、ピグー、そして、学寮長のジョン・シェパードの全員が自分の考えでアランを評価した。アランは、四六人のフェローの一人として、その年最初のフェローとして選ばれ、シャーボーン校の生徒たちは半日休校の恩恵にあずかった。生徒の間で四行詩が回された。

チューリング
誘惑していたに決まっている

こんなに早く
フェローになるなんて

アランはまだほんの二二歳。フェローになると三年間毎年三〇〇ポンド支給され、ふつう六年まで延長でき、とくに仕事の義務もない。望めばキャンパス内に食事付きの住居を与えられ、大学食堂ではハイテーブルで食事することが認められた。シニアコモンルームにはじめて行った夜、アランはトランプで学寮長から数シリング勝ち取った。しかし、彼は友人のデイヴィッド・チャンパーノウン、フレッド・クレイトン、ケネス・ハリソンとの夕食が多くなる。彼の生活は変わらないが、三年間好きなように思索を深められる自由、つまり、働かないでも好きなことができる自由を得た。ただ、フェローとしてではなく、隣のトリニティホールの学部学生を監督することになっていた。学生たちはキングズカレッジの変わり者を一目でも見たいと彼の部屋を訪れる。運がよければ、アランがテディベアのポーギーを暖炉の脇の定規に立てかけた本の前に座らせて、「いや、今朝のポーギーは勉強熱心でね」という言葉をかけてもらえた。

フェロー選挙の時期と同時に、はじめての出版可能な論文の一部になる、アランがいうところの「小さい発見」をする。それは群論における見事な成果で、四月四日、（その分野の専門家の）フィリップ・ホールにこの発見を知らせて、「これを真剣にやってみようと考えている」と伝えた。その後四月中にロンドン数学協会に投稿され、出版された[2・33]。

その論文で報告された結果はフォン・ノイマンのある論文[2・34]を少し改良したもので、そこでは「概周期関数」の理論を展開*16する際にそれを「群」と関連させて関数を定義していた。偶然にもその月の後半、ノイマンがケンブリッジに到着した。プリンストンから離れたところで一夏を過ごす計画で、「概周期関数」について一連の講義を行なった。アランがその学期にノイマンに会っていたことは確実であり、この連続講義を通じて会っていた公算が最も大きい。

この二人は何から何までちがっていた。アラン・チューリングが生まれたとき、フォン・ノイマン・ヤノスは裕福なハンガリー人銀行家の八歳の息子だった。[2・35] ノイマンは学校の教育をまったく受けていない。アランがヘーゼルハーストで紙ボートを浮かべる前の一九二二年までに、一八歳の少年フォン・ノイマンは最初の論文を出版していた。ブタペストのヤノスはゲッティンゲンでヨハンと呼ばれてヒルベルトの弟子の一人となり、一九三三年のプリンストンでは英語が彼の第四番めの言葉となり、ジョニーと呼ばれるようになった。「概周期関数」の論文は、フォン・ノイマンの五二番めの論文で膨大な研究成果の一つだ。集合論の公理や量子力学から、量子論の純数学的な基礎となる位相群まであつかい、それ以外のものも広範にとりあげている。

ジョン・フォン・ノイマンは二〇世紀の数学において最も重要な役割を果たした人物の一人だが、知識人の成功を世俗的な意味で増大させた人物でもあった。威圧的な振る舞い、洒落た痛烈なユーモア、工学研修、歴史についての広い知識、そして、相当な個人的収入に加えて一万ドルの給料。一方アランは、着ているのは粗末なスポーツジャケット、頭は切れるが内気で、ためらいがちな話し方は、四つの言語はおろか一つの言語さえ問題がある二二歳。あまりにちがいすぎる。しかし、数学にとってこんなことはどうでもよい。五月二四日にアランが家族に、「……僕は、来年のプリンストンのフェローシップに応募しました」という手紙を書いたのは二つの精神が出会った結果だったかもしれない。*17

しかし、さらに別の理由も考えられる。一九二九年の奨学生試験で出会い、それ以降連絡をとっていた友人のモーリス・プライスが奨学金をとって九月にプリンストンに行くことになっていた。いずれにせよ、プリンストンが新しいゲッティンゲンになりつつあることが次第に明確になっていた。一流の数学者と物理学者が大西洋を行き来した。これは、知的勢力がヨーロッパ、とくにドイツから継続してアメリカに移っていることの一側面だ。たとえばアランのように何かをしたいと望んでアメリカ合衆国を無視できる者は誰もいなかった。

一九三五年の一年間アランは群論の研究を続けた[2・36]。さらに量子力学を研究することも考え、適当な研究課題を求めて数理物理学の教授R・H・ファウラーを訪ねる。ファウラーは自分が好きな研究課題である水の比誘電率の説明を試みてはどうかと提案する。しかし、アランはこの研究をまったく進捗させなかった。そして、この問題を含め、一九三〇年代の野心的な若い数学者を引きつけた多くの問題の根源である数理物理学の全分野が無視された。アランは、新しい何か、数学の中心にある何か、そして彼の興味の中心にある何かを見ていた。その何かとはトライポスから得たものではない、自然のなかにある最もふつうの物だけを使ったもの。きわめて日常的だが、目を見張らせる着想へと導いてくれるものだ。

午後、長距離を走るのがアランの日課になっていた。川沿いのときもあれば、イーリー市まで走ることもあった。彼によると、ヒルベルトの第三の問題の答を考えていたのは、グランチェスター村の芝生に寝転がっていたときだった。そしてそれは、一九三五年の初夏にちがいない。ニューマンは「機械的方法によって」と言った。だから、アラン・チューリングは芝生で機械のことを夢みていたのだろう。

「もちろん、身体は機械だ。非常に複雑な機械であり、人間の手で作られたどんな機械よりも何倍も何倍も複雑だが、それでも結局は機械だ」。ブルースターの不可解な主張はこのように述べられている。あるレベルでは、身体は生きていて、機械ではない。しかし、より詳細に記述された「生きているレンガ」のレベルで考えると、身体のすべてが決定されている。ここで指摘している重要なことは、機械がもつ力ではない。機械における意志の欠落だ。

決定可能性に関するヒルベルトの問題と関係があるのは、物理学、化学、あるいは、生体細胞の決定論ではない。もっと抽象的なものだ。新しいことが何も起こらないようにあらかじめ固定されている性質のもの。そして、操作といっても、固有の質量や化学的構造をもつ物質を操作するのではなく、記号を操作する。

アランは、決定済みの性質を抽象化して取り出し、記号操作にその概念を適用しなければならなかった。ハーディと同様に、人びとは数学の「機械的規則」について、また、奇跡の機械の「ハンドルを回す」ことについて語ったが、実際にそれを設計しようとした者はいない。これこそアランが実行しようと思ったことだ。アランはハーディがいう「まったく知らない部外者」ではないが、彼は、数学の巨大さと複雑さに怯むことなく彼特有の素朴な方法でこの問題に取り組む。まったくの無から出発し、ヒルベルトの問題、すなわち、提示された数学的言明の証明可能性を決定する問題をあつかえる機械を構想しようとした。

もちろん、記号を操作する機械は存在していた。タイプライターがその一つだ。アランは子ども時代、タイプライターを発明するのが夢だった。チューリング夫人がタイプライターを持っていたので、そのタイプライターが「機械的」と呼ばれるのはどういう意味でなのかについて自問したことに端を発する。操作する人の特定の動作に対するそのときの反応が完全に決まっているという意味だと考えた。どのようにキーを押しても、それに対して機械がどう動くかを事前に正確に記述できるということだ。簡単なタイプライターについてさえ言えることはもっとある。タイプライターの反応の仕方は、その機械のそのときの状態、あるいはアランが後に「配置」と呼んだものに依存する。とくに、タイプライターには「大文字」配置と「小文字」配置が設定されている。アランはこの考え方をより一般化、抽象化した。すなわち、機械が有限個の可能な「配置」にあるものとすると、タイプライターのキーボードと同様に、機械に対する動作も有限個にとどまり、機械の動きを完全に、未来永劫にわたって有限の形式で説明できることになるのだ。

しかし、タイプライターにはさらにその機能上、欠くことのできない特徴がある。活字が打ち下ろされる位置は、一ページのなかで移動できるということだ。そして、活字を打ち込む動きとそのページの打ち込まれる位置は独立している。アランはこの考え方を彼のより一般的な機械の構想のなかに取り込んだ。内部「配置」はあるが、どこに字を打ち込むかは可変とする。つまり、機械の動作は打鍵の位置に影響されない。

余白、改行制御などの細部を無視するならば、以上の見方はタイプライターの本質を完全に記述している。可能な配置と可能な位置、文字キーがどのようにして印字される記号を決定するのか、シフトキーがどのように「小文字」から「大文字」に配置を変えるのを決定するのか、スペースバーとバックスペースキーはどうやって打鍵の位置を決定するのかについて正確な説明があれば、タイプライターの機能にとって最も重要な特徴が明らかになる。技術者がこの説明をもとに、その仕様にあった物理的な機械を製造するなら、できあがった製品は、色、重さ、そのほかの特質がどうであれ、まぎれもなくタイプライターだ。

しかし、タイプライターは、理想のモデルとして使うには制限が多すぎる。タイプライターは、記号をあつかうといっても記号を「書く」だけで、一回ごとに記号を選択し、配置や打鍵の位置を決めるのは操作する人間だ。そこで、アラン・チューリングは考えた。記号をあつかう最も一般的な種類の機械は何かと。そのような「機械」は、まさに「機械」であるために、有限個の配置と、各配置において厳密に規定された動作をするタイプライターの性質を保持しなければならない。いや、はるかにそれを超える能力がなければならない。したがって、アランが想像した機械は、実はスーパータイプライターといえるようなものだった。

そのような機械を簡単に記述するために、アランは、機械は一行だけの印字ができると考えた。これは余白と改行の問題を気にしないですますためだけの技術的な設定にすぎない。しかし、重要なのは紙が際限なく補充されることが前提になっていることだ。彼の構想では、そのスーパータイプライターの打鍵位置は、右へも左へもどこまでも移動できる。打鍵位置を確定するために、使う用紙はテープの形をしていてマス目に区切られており、一つの記号が一つのマス目に書き込まれるようになっている。このように、彼の機械は有限の手順によって定義されているが、作業するスペースは無制限に与えられている。

次に、その機械は読むことができ、アランの言葉を借りるなら、それはその位置が対応するテープのマス目を「スキャン」できる。また当然ながら記号を書くこと、さらに消すこともできる。ただし、一度に右ないし左に一マスずつしか移動できない。タイプライターを操作する人間に残された役割とは何か？彼は「選択機械」と呼ぶものの可能性に触れている。その機械の場合は、外部のオペレーターがある時点で意思決定の作業を行なう。しかし、議論の方向は、人間の介入をまったく必要としない彼が自動機械と呼ぶものに向けられていた。アランの目標は、ハーディが「奇跡の機械」と呼んだもの、すなわち、ヒルベルトの決定問題を検討することができ、提示された数学的言明を読み取り、それが証明可能であるか否かについての決定を最終的に書き出す機械的方法を論じることだった。そしてなにより、人間の判断力、想像力、知性の介入なしにそれができなければならない。

「自動機械」は独立して動き続け、読み、書き、左右に移動する。その動きはすべて機械の製作に従う。各段階において、その動きは機械の配置とそれが読み取る記号によって完全に決定される。厳密にいえば、機械の製作にあたっては、配置とスキャンされた記号を組み合わせるごとに次のことが決定される。

・新しい（特定の）記号を空白のマス目に書き込むか、現在のマス目の内容をそのまま残しておくか、あるいは、そのマス目の内容を消して空白のままにしておくか

・同一の配置にとどまるか、あるいは、それ以外の〔特定の〕配置に変わるか
・左側のマス目に移動するか、右側のマス目に移動するか、あるいは、同一の位置にとどまるか

自動機械を定義するこれらの情報が書き尽くされると、有限規模の「動作の表」ができあがる。この表はその機械を完全に定義する。すなわち、機械が物理的に製作されているか否かにかかわらず、その機械について必要な情報がすべてそこにあるということだ。このような抽象的観点から、この表はこの機械にほかならない。

表が少しでも異なると、機械もまた異なる動作をする〔次頁囲み参照〕。無限に多くの表が考えられ、それぞれが無限に多くの機械に対応する。アランは「確定的な方法」や「機械的な手順」という曖昧な概念をきわめて正確なものに作り変えた。それが「動作の表」だ。その結果、今や答えるべき問題を非常に正確に表現できる。すなわち、ヒルベルトが要求した決定することができる機械、すなわち表は、その多くの「動作の表」のなかに一つは存在するのだろうか、しないのだろうか。

この種の非常に単純な機械ですら、この例からわかるように足し算以上のことをしている。この機械は「右側にある最初の記号をみつける」という認識の行為を行なう。さらにより複雑な機械ならばかけ算ができる。つまり、「1」の一つの連なりをコピーし、同時に「1」の別の連なりの一つを削除し、そして、その終わりを認識する行為を繰り返せばかけ算になる。そのような機械は、たとえば、ある数が別の数で割り切れるかどうか、所与の数が素数であるか合成数であるかを決める決定という行為を実行することもできる。たしかに、この原理を利用して広範囲にわたる「確定的な方法」を機械化する可能性は存在する。しかし、証明可能性に関するヒルベルトの問題を決定できるような機械は存在するのだろうか。

この問題の解決のために一枚の「表」を書くという方法にはかなりの困難がある。しかし、裏口から入

機械の一例：次の「動作の表」は加算器としての特徴を備える機械を完全に定義する。一つの空白のマスによって二つに分けられている「1」の連なりの左側のどこかに位置する「読取部」から始めると、機械は二つの連なりを加算し停止する。つまり、この機械は、

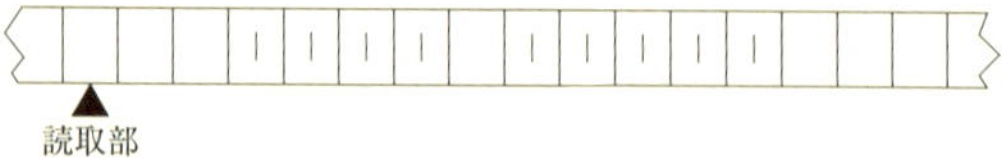

から

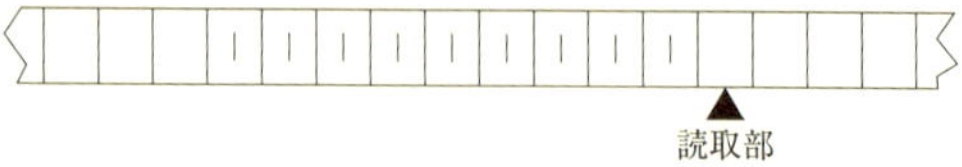

へ変換する。この機械が解く課題は、空白のマスを埋めて、最後から「1」を消去することである。したがって、この機械には四つの配置を与えればよいことになる。すなわち最初は、最初の「1」の連なりを探して、空白のマスからなるテープの部分を移動する。最初の連なりまで移動したところで、第二の配置に移行し、さらに間を分かつ空白のマスがあると、第三の配置に移行させる。そこで引き返すようにという合図として機能し、第四、すなわち最後の配置になり、最後の「1」を消去して永久に待機状態に入る。

完全な表は次のとおりだ。

	読み取った記号	
	空白	1
配置 1	右に移動：配置 1 へ	右に移動：配置 2 へ
配置 2	「1」を書いて右に移動：配置 3 へ	右に移動：配置 2 へ
配置 3	左に移動：配置 4 へ	右に移動：配置 3 へ
配置 4	移動せず：配置 4 へ	消去して移動せず：配置 4 へ

って答に到達する方法があった。アランは、「計算可能数」という着想を得た。その要点は、確定的な規則によって定義される「実数」はすべて、彼が定義した機械の一つによって計算可能であるということだ。たとえば、彼自身が学校時代に計算したのと同じ方法で、π の小数展開を計算する機械がある。その計算には足し算、かけ算、複写などの規則だけが必要だ。π は無限少数なので、機械の仕事はけっして終わらず、「テープ」の作業領域は無制限でなければならない。しかし、有限

の時間で有限のテープを使うだけで、どの桁の数字にも到達はする。また、そこにいたる過程は一つの有限な規模の表によって定義され、空白のテープ上で作業だけすればよいことになる。

つまり、アランは、たとえばπのような無限小数を有限の数を使って表現する方法をみつけたことになる。同じことが、三の平方根や七の対数、そして、なんらかの規則によって定義されたそのほかの数についてもあてはまる。そのような数を彼は「計算可能数」と名づけた。

より正確にいうと、機械それ自体は少数や桁という概念について何も知らない。ただ桁数字の列を生み出すだけだ。最初は空白のテープに彼の機械が生み出す数字の列を、彼は「計算可能な列」と呼ぶ。次に、小数点から始まる計算可能な無限の列によって、0と1の間の「計算可能数」が定義される。0と1の間にあるどんな数も有限の表で定義されるというのは、このより厳密な意味においてだ。彼の議論では、ある桁以降はすべて0が続くことになったとしても、計算可能数が桁数字の無限列として必ず表現されるということが重要だった。

ところで、これらのたくさんの有限の表は、たとえば最も単純なものから始まって次第に大きなものへと順番に並べ変えられる。つまり、すべての計算可能数を一覧表にできる。もちろん実際に実行することは現実的な提案ではないが、原理は完璧で、三の平方根はその一覧表の六七八番めであるとか、πの対数はその一覧表の九三六九番めだという結果になる。これは、きわめて驚くべき発想だ。この一覧表には、算術の演算、方程式の解法、三角関数や対数関数のような関数を使用して得られるすべての数、すなわち数学で計算されて出てくるすべての数が含まれる。アランはこれを理解したとたんに、ヒルベルトの問題の答がわかった。おそらく、グランチェスターの芝生で理解したのはこれだったにちがいない。この答がわかったのは、すばらしい数学的仕掛けがあり、後はそれを棚から取り出すだけになっていたからだろう。

その五〇年前、カントールはすべての分数、すべての比つまり有理数を一覧表にできることを理解した。

直観的には、整数よりも分数の数のほうが多いかもしれない。しかし、カントールは、厳密な意味において、この直観が正しくないことを示した。分数を数えると、アルファベットの順番のように並べられる。分子分母に共通因数を含む分数を除くと、0と1の間にあるすべての有理数からなる一覧表は次のように始まる。

1/2　1/3　1/4　2/3　1/5　1/6　2/5　3/4　1/7　3/5　1/8　2/7　4/5　1/9　3/7　1/10……

次に、カントールはある種のトリックを考案する。これはカントールの対角線論法と呼ばれ、無理数の存在を証明するために使われる。そのためには、有理数を無限小数として表現すると、0と1との間にあるすべての有理数の一覧表の最初は次のようになる。

1	.**5**000000000000000000....
2	.3**3**33333333333333333....
3	.25**0**0000000000000000....
4	.666**6**666666666666666....
5	.2000**0**00000000000000....
6	.16666**6**6666666666666....
7	.400000**0**000000000000....
8	.7500000**0**00000000000....
9	.14285714**2**8571428571....
10	.600000000**0**000000000....
11	.1250000000**0**00000000....
12	.28571428571**4**2857142....
13	.800000000000**0**000000....
14	.1111111111111**1**11111....
15	.42857142857142**8**5714....
16	.100000000000000**0**000....
.	....
.	....

始まりが次のような対角線上に並んだ対角数を考え、

.5306060020040180……

次に各桁を変える。たとえば、9を0に変える以外は各桁をそれに1を加えた数にしてみることにする。そうすると、次のような無限小数が得られる。

.6417171131151291……

この数は、有理数ではありえない。なぜなら、この数は、一覧表の最初の有理数とは小数点以下第一位において、六九四番めの有理数とは小数点以下第六九四位において異なり、結局、どの有理数とも異なるからだ。したがって、この数は一覧表のなかのものではありえない。しかし、この一覧表には有理数がすべて含まれているので、この数は有理数ではありえない。

無理数が存在することはすでによく知られていた。ピタゴラスも知っていた。カントールの対角数の構成の目的はその存在を示すこととはちがっていた。実際は、いかなる一覧表もすべての「実数」、すなわちすべての無限小数を含むことは不可能だということを示すためのものだった。なぜなら、どのような一覧表についても、まだみつかっていない別の無限小数をそこから定義することができるからだ。カントールの議論は、整数よりも実数のほうが多いことをきわめて厳密に示した。それは、「無限」が意味するものに関する厳密な理論の可能性を開いた。

しかし、アラン・チューリングの問題に関わる要点は、ここで有理数が無理数を生み出すことが明らかにされたことだ。まったく同じ意味で、計算可能数が計算不可能数を生み出すということが可能になる。アランはこれに気づくとすぐに、ヒルベルトの問題に対する解答が「ノー」であることを理解できた。すべての数学的問題を解決するための「確定的な方法」は存在しえない。計算不可能数は解決不可能な問題の一例だからだ。

彼のこの結果が明らかになるためには、まだやるべきことが多く残っていた。まず、この議論には何か納得できないところがある。カントールの仕掛けそれ自体は「確定的な方法」に見える。つまり、対角数は、十分に確定的に定義されているように見える。それではいったい、なぜこの確定的に定義された数が計算不可能なのか。このように機械的な方法で構成された数が計算不可能だというのはどういうことか。計算しようとすると、なぜ失敗するのだろうか。

この計算不可能な対角数を作るための「カントール機械」を設計することにしよう。概略を述べると、その機械は空白のテープから出発して、1という数字を書く。次に第一の表を作り、それを実行し、前に書いた最初の数字で止まり、それに1を足す。次に、もう一度最初に戻って、数字の2を書いて、第二の表を作り、同じことを二番めの数字にくるまでそれを実行する。そして、それを記録して、1を足す。機械はこの動きを永遠に続ける。たとえば、その結果、読取部が1000を読むときには、それは一〇〇〇番めの表を作り、一〇〇〇番めの数字までそれを実行し、その数字に1を足してそれをテープに書くことになる。

チューリングの機械の一つがこのプロセスの一部を実行できることはたしかだ。なぜなら、所与の表の「記載された数字を調べ」、その機械の実行内容を書き出すプロセスそれ自体は「機械的な過程」だからだ。それを実行できる機械は一つ存在するだろう。表はふつう二次元で表現されるという点に困難はあるが、「テープ」上に表現できる形に表を符号化するのは技術的な問題にすぎない。実際、ゲーデルが式と証明とを整数で表現したのと同様に、表は整数として記号化される。アランはこれらの整数を「記述数」と呼んだ。つまり、各表に対応する一つの記述数が存在することになる。ある意味では、この過程は表をテープ上に表現して、それを「一定の順番で」並べるだけという技術的な工夫でしかない。しかし、基礎になっているのはゲーデルが利用したのと同一の強力な考え方である。「数」と数に対する操作との間には本質的違いはなくなる。現代数学の観点からみると、これらはすべて等しく記号だった。

この結果、どんな機械の仕事も模倣できる一つの機械が存在しうることになる。アランはこの機械を普遍的機械と呼んだ。これは、記述数を読み取り、それを解読して表の形にして、それを実行するように設計される。この機械は、テープの上に記述数が与えられているほかのどの機械の計算も実行できる。しかも、それは、なんでもできる機械であり、これはいったい何かと少し考える時間が必要な代物だった。しかも、この機械は完全に確定的な形式をもつ機械だ。アランは普遍的機械のための正確な表を書き上げていた。

ここでは、カントールの対角化の方法を機械化するということは問題ではない。むしろ、計算可能数に対する表を「一定の順番で」作るという条件のほうである。実際、表が記述数として符号化されるとしても、表はすべての整数を使い切らないし、事実、アランが考案した方式では、一番単純な表だけですら膨大な量の数に符号化される。これはそれほど問題ではない。整数を一つずつ調べて、適切な表に対応しない整数を飛ばすことは本質的には「機械的な」問題であり、まったく技術的詳細にすぎず、ほとんど表記法上の問題だといってよい。ほんとうの問題はもっと微妙なところにある。それはこういうことだ。適切に定義された（たとえば）四五八九番めの表があるとして、それが四五八九番めの桁数字を生み出すということはどうすればいえるのか。あるいは、そもそも表は数字を生み出すのだろうか。機械がそれ以上の数字を生み出さずに、前後に行ったり来たりして、操作のサイクルを永遠に繰り返すことになるかもしれない。そのようなことになれば、カントール機械はそこで行き詰まり、永遠にその仕事を終わらせることはできない。これこそが問題だ。

解答は、それはわからないということだ。一つの表が無限列を作ることを事前にチェックする方法はない。特定の表についてチェックする方法はあるかもしれないが、すべての指示表についてチェックできる機械的方法、つまり機械はない。「その表を使ってみて、実際に試してみよ」という以上の指示はない。しかし、この手続きでは、無限に多くの数字が出現するかどうかを調べるのに無限の時間がかかる。どんな表にも適用可能で、かぎられた時間で答を出すことが、その対角数を書き出すために必要であるのと同様に、保証されている規則はない。したがって、カントールの方法は機械化できない。つまり、計算不可能な対角数を計算することもできない。これは不思議なことではまったくない。

アランは、無限小数を生じさせる記述数を「満足数」と名づけた。ということは、「不満足数」を特定する確定的な方法がないことを示したことになる。ヒルベルトが存在しないといったもの、つまり解決不可能問題を明確に特定した実例を突き止めたのだ。

　不満足数を排除できる「機械的方法」がないことを証明する方法はほかにもいろいろある。彼が好んだ方法は、この問題のなかにある自己参照との関係を明らかにする方法だ。すなわち、このような「チェックする」機械が存在して、不満足数をみつけられると想定すると、その「チェックする」ことをその機械そのものに適用できるが、この想定は端的な矛盾を生むことを彼は示した。したがって、そのようなチェックを行なう機械は存在しえない。

　いずれにせよ、アランは解決不可能な問題を発見した。そして、数学に関するヒルベルトの問題提起に、最初に問題が提起されたときの厳密な形で決着をつけたことを示すには、何よりも技術的な手順を踏むことが必要だ。アラン・チューリングはヒルベルト・プログラムに致命的な一撃を加えた。彼は、数学が有限な手順の組み合わせに尽きないことを証明した。問題の核心にせまり、一つの単純にしてエレガントな観察によってその問題に決着をつけたのだった。

　しかし、彼がやったことは、数学的な技巧や論理学的工夫以上のことだ。彼は新しい何か、つまり機械に関して彼独自の考え方を生み出した。すると当然一つの問題が残る。その機械の定義には、「確定的な方法」とみなされるすべてがほんとうに含まれるのだろうか。読む、書く、消す、移動する、止まるという動作のレパートリーで十分なのか。これは重要なことだった。というのは、十分でなければ、機械の能力を拡大することでより広い範囲の問題が解決されるのではないかという疑いが残るからだ。アランはこの問題に取り組み、数学で通常出会うどんな数字の計算も確実にできることを証明した。さらに、ヒルベルトによる数学の定式化のなかで証明可能なすべての言明を生み出す機械を設計できることを示した。また、それまで数学の論文ではかなり珍しい議論[2・37]に数ページを費やし、考えたり紙にメモを取ったりして「計算する」ときに人びとがしていると考えられることについて考察して、この定義を正当化した。

計算の作業は、普通、記号を紙の上に書くことによって行なわれる。この紙が、子ども用算数ノートのように四角いマス目に区切られているとしよう。初等算術では、紙の二次元的な性質を利用することがある。しかし、その性質の利用はつねに回避可能だ。紙の二次元的性質が計算にとって必須要素でないということには同意が得られると思う。そこで私は、計算は一次元的な紙の上、すなわち、四角いマス目に区切られたテープの上で行なわれると考える。さらに、印刷される記号の数は有限であると仮定しよう。無限の数の記号の存在を認めるならば、互いの差異が任意に小さい記号が存在することになってしまう。

「無限の数の記号」は現実の何にも対応しないことを彼は主張したかった。もちろん次のような論法で、無限大の記号が存在するという反論ができるかもしれない。すなわち、

17とか9999999999999のようなアラビア数字は通常一つの記号としてあつかわれる。同様にどのヨーロッパの言語においても単語は一つの記号としてあつかわれている（ただし、中国語は、可算無限個の記号をもつことを試みている）。

しかし、彼は次のように考えてこの反論を切り捨てる。

単一記号と複合的な記号の違いは、後者はあまり長くなると一目では観察できないと私たちは考える。これは経験に一致する。私たちは、999999999999999と999999999999999とが同じであるか一目見ただけではいえない。

このことから彼は、機械が有限個の記号をもつという制限を加えることは正当だと考えた。そして最も重要な発想にいたる。

任意の瞬間におけるコンピューターの動作は、その人が観察している記号とその時点におけるその人の「心の状態」によって決定される。そのコンピューターが一つの時点において同時に観察できる記号またはマス目の数に上限Bがあると想定してみよう。それ以上の数の記号を観察したいなら、複数回の継続的な観察を行なわなければならない。また、考慮しなければならない心の状態の数は有限であると考えよう。その理由は、記号の数を限定する理由と同じ性質のものだ。心の状態の無限性を認めるなら、そのような心の状態のいくつかは相互に「どこまでもわずかな程度に接近し」てしまう。ここでも、制限は計算に深刻な影響を与えない。なぜなら、それより複雑な心の状態を使用することは、テープの上に書く記号を多くすれば回避できるからである。

ここで使われる「コンピューター」は、一九三六年におけるこの言葉の意味、つまり、計算する人にほかならない。論文の別の箇所で、彼は「人間の記憶は必然的に制限されている」という考え方に頼っているが、これは人間の心の本性に関する議論に関してだけだ。「心の状態」が数えられるという発想は、彼の議論の基礎にある大胆な想像であり、勇敢な意見でもある。これがとくに注目に値するのは、量子力学では、物理的状態は「どこまでも接近」できるからだ。彼は、そのようなコンピューターについての議論を続ける。

コンピューターが遂行する操作が「単純な操作」に分割されると想像してみよう。「単純な操作」とは、それ以上の分割が想像できないほど基本的な操作のことである。この単純な操作は、コンピューターおよびその人が操作するテープからなる物理的システムで起こるある変化を必要とする。テープの上の符号の列とそれら記号のうちどれが（おそらく特別な順序で）コンピューターによって観察されているのか、そして、コンピューターの心の状態を知ると、われわれはそのシステム全体の状態を知ることになる。単純な操作では、一つ以上の記号は変化させられないとしよう。これ以外の変化は、単純な変化に分割できる。このように変えられる記号が書かれたマス目に関する状況は、観察されたマス目に関する状況と同じだ。したがって、このような制限をしても一般性を失うことなく、変化が加えられる記号が書かれたマス目は、つねに「観察されているマス目」であると考えてよい。

単純な操作は、記号のこのような変化だけでなく、観察されたマス目の区分に関する変更を含まなければならない。新たに観察されたマス目は直接的にコンピューターによって認識されなければならない。そのようなマス目は、以前に直接的に観察されたマス目のなかで最も近いものからの距離が一定のきまった長さを越えないと想定することは合理的だと私は考える。そこで、新たに観察された各マス目は直接的に事前に観察されたマス目からマス目L個分以内の距離の範囲にあるとしよう。

「直接的認識可能性」という点に関しては、ほかにも直接的に認識可能な種類のマス目が存在するとも考えられる。とくに、特殊な記号によって印をつけられたマス目は、直接的に認識可能なものとして理解できるかもしれない。さて、これらのマス目がそれぞれ一つの記号によって印をつけられるなら、そのようなマス目の数は有限でしかありえない。したがって、これらの印をつけられたマス目と観察されたマス目とを一緒にすることによって私たちの理論を混乱させてはならないだろう。他方、記号の列によって印をつけられているならば、そのマス目の認識の過程を単純な過程としてみなすことはできない。これは根本的なことなので、説明する必要がある。たとえば、大半の数学の論文において、等式や定理には番号がふられている。通常、そのような番号は（たとえば）一〇〇〇を越えない。論文が非常に長くなると、第一五七七六七七三三四四三四七七定理というようなものにまで到達することになるかもしれない。この場合、その論文の後のほうで、「……したがって、（第一五七七六七七三三四四三四七七定理を適用して）……となる」というような文章を見出すことになる。その大事な定理がどの定理であるかを確認するために、二つの番号を数字ごとに比較するべきだろう。おそらくそのためには、一つの数字を二度数えないようにそれぞれの数字に鉛筆で印をつけることになるだろう。こうすることができるにもかかわらず、これ以外に「直接的に観察可能な」マス目が存在すると考えられたとしても、そのことは、私が定義した機械の能力の範囲内の手順によってこれらのマス目が見出されるかぎり、私の主張を覆すものではない。……

したがって、単純な操作には次のものが含まれる。

(a)観察されたマス目のうちの一つに書かれた記号の変更。

(b)観察されたマス目の一つから、以前に観察されたマス目の一つからLマス目分以内の距離にある別のマス目への変更。

もちろんこれらの変化のなかに、心の状態の一定の変化を必要とするものがあるかもしれない。したがって、最も一般的な単一の操作は、以下のいずれかであると理解されなければならない。

（A）記号に関する上記（a）の可能な変更、および、心の状態における可能な変更。
（B）観察されたマス目に関する上記（b）の可能な変化、および、心の状態における可能な変更。実際に実行される操作は、すでに［上述において］示唆したようにコンピューターの心の状態と観察された記号によって決定される。とくに、この両者は、その操作が遂行された後のコンピューターの心の状態を決定する。

「さて、このコンピューターの作業を行なうある機械を作ることができる」とアランは書く。すでに彼の議論の方向性は明白だ。人間コンピューターの「心の状態」はどれも、対応する機械の内部状態によって表現されている。

これらの「心の状態」はこの議論の弱点であるために、アランはさらに、彼の機械であれば心の状態を必要としないどんな「確定的な方法」でも遂行できるという考えを別の方法で正当化する。

私たちは（いぜんとして）テープの上で計算が行なわれると考える。しかし、「心の状態」を導入することを避けるために、より物理的で確定的な対応物を考察する。コンピューターが、自分の仕事を中断して、その場を離れ、仕事のことをすっかり忘れてしまっても、後で戻ってきて仕事を続けることがいつでも可能だ。このためには、再開方法を説明する（標準的な形式で書かれた）指示ノートがなければならない。この指示ノートが「心の状態」の対応物だ。コンピューターの仕事の仕方が実に気ままで、一回座るたびに一つの操作しか実行しないと考えてみよう。この指示ノートは、コンピューターが一つの操作を実行したら次の指示ノートを書けるものでなければならない。このようにして、どの段階でも計算の進行状態はテープ上の指示ノートと記号によって完全に決定される。……

しかし、この二つの議論はまったく異なり、相補的関係だ。第一の議論は、個人の内部における思考の範囲、つまり、「心の状態」の数にスポットライトをあてる。第二の議論は、与えられた指示を遂行する心無き実行者としての個人を考えている。二つとも自由意志と決定論の矛盾にせまるが、前者は内的な意志から、後者は外的な制約からせまる。この方法は論文のなかではこれ以上探求されていないが、将来の発展のための種子として残された[*18]。

アランは、ヒルベルトの決定問題、あるいはドイツ語のEntscheidungsproblemから刺激を受けていた。彼はこの問題に解答を与えただけではなく、問題をはるかにこえることをやり遂げた。論文の題名は「計算可能数について：決定問題への応用を含めて（*On Computable numbers, with an application* to the *Entscheidungsproblem*)」。あたかも、ニューマンの講義から一貫して続いていた探究の流れが、この問題に出口をみつけてほとばしり出たようだった。アランは実にたいしたことをやってしまった。数学の中心的問題の解決を成し遂げたのだ。しかも、まだ無名で事情にも通じていない部外者としてこの分野に突入することによって。しかし、たんなる抽象数学、記号遊びの話ではない。人間が物理的世界で何をしているのかについての考察が必要だった。正確には観察して予測するという意味での科学ではない。彼がやったことはどれも、新しいモデル、新しい枠組みを打ち立てている。まさに、想像力の発揮であり、アインシュタインやフォン・ノイマンと同様に、結果を測定するのではなくスタート地点の公理を疑った。彼の提出したモデルですらまったく新しいものではない。『自然の不思議』のなかにすら、脳が機械、電話交換、オフィスであるとする多くの見方があった。彼がやったことは、そのような心に関する素朴な機械論的見方を純粋数学の厳密な論理と結びつけたことだ。アランの機械は、すぐにチューリング機械と呼ばれはじめた。そして、抽象的記号と物理的世界をつなぐ連結点となった。実際、彼の描いた姿は、ケンブリッジにとってはほとんどショッキングなまでに工学的なものだった。

アランが早くからラプラスの決定論の問題に関心をもっていたことがチューリング機械と関係があるのは明らかだ。ただし、その関係は間接的である。というのもまず、彼が考えていた「精神」は知的な仕事を遂行する「心」ではなく、さらに、チューリング機械の記述は物理学とはまったく関係ないからだ。それでも、あえて「有限に多数の心の状態」についての論文、すなわち、心に物質的基礎があることを含意する論文を書いて、安全な「指示ノート」の議論に固執しなかったうえに、一九三三年になってもまだモーコム夫人に「有益である」と述べていた考え、すなわち、精神としての存続とか精神の交流というような考えについては、一九三六年には信じるのを止めてしまったようだ。その後すぐにアランは強力な唯物論者として目立つようになり、自らを無神論者と認める。クリストファー・モーコムに二度めの死が訪れた。『計算可能数』論文はクリストファーの死を意味している。

彼の変化の基底に、より深い意味での整合性と一貫性が存在する。アランは、意志とか精神という概念を、物質の科学的な記述の問題とどう調和させるかについて悩んでいた。それは、彼が唯物論的見解の説得力だけでなく、やはり個人の心がもたらす奇跡も切実に感じていたからだ。この難問はそのまま残ったが、今や彼はこの問題を逆の方向から解決しようとしている。決定論を負かすかわりに、自由の出現を説明しようとするのだ。これには理由が必要だった。クリストファーは、『自然の不思議』の物の見方からアランの関心をそらせたが、彼は今そこに戻った。

また別の一貫性があった。彼はいぜんとして、決定論と自由意志のパラドクスの、くだくだしい哲学的解決ではなく、確固たる現実的な解決を求めていた。この解決を求め、かつては、脳の原子に関するエディントンの考え方を好んだ。彼は量子力学とその解釈、すなわちフォン・ノイマンがけっして解決しなかった問題に大いなる関心を持ち続けるが、ジャバウォッキーは、アランの問題でなくなる。自分自身の本来の領分をみつけたからだ。今や彼は、新しい世界観を定式化していた。原理的には、量子物理学はすべてを含むかもしれないが、世界についてほんとうに語ろうとすれば、とにかくさまざまなレベルの記述が必要になる。自然淘汰というダーウィンの「決定論」は、個別の遺伝子の「偶然的な」変異に依存する。化学の決定論は、個々の分子の動きが「ランダム」であるような枠組みで表現される。中心極限定理は、最も一般的な無秩序から秩序が生まれる過程を示す一例であり、暗号システムは決定論的なシステムによって無秩序が生まれる過程を示す一例だ。エディントンがていねいに観察したように、科学はさまざまな決定論とさまざまな自由を認識してきた。重要なのは、アランがチューリング機械で、心の議論にとって適当であると自分が考えた論理的枠組みのなかで動く自動機械という彼自身の決定論を作り出したことだ。

　アランは一人で孤立して研究していた。「機械」の構成についてニューマンと議論したことは一度もない。リチャード・ブレイスウェイトとは、ある日ハイテーブルでゲーデルの定理について少し話した。別の日には、カントールの方法について、キングズカレッジの若きフェロー、数学から哲学に専門を変更したアリスター・ワトソン（偶然、共産主義者だった）に質問した。彼は自分の考えをデイヴィッド・チャンパーノウンに説明した。チャンパーノウンは、普遍的機械の要点を理解して、やや嘲笑的に、そんな機械を納めるには巨大なアルバートホールが必要だと言った。これは『計算可能数』という論文に入っているアランの設計図に対する公平な意見だ。アランが実用的な提案を考えていたとしても、それは論文に出ていなかった。[2・38] アルバートホールのすぐ南にある科学博物館には、一〇〇年前に計画されたバベッジの「解析機関」の残骸がひっそりと置かれている。アランも見た可能性はかなり高いが、たとえ見ていたとしても、それがアランの考え方や言葉に影響を与えたかどうかは不明だ。テレタイプ、遠隔画像「スキャニング」、自動電話交換システムという一般的な意味での新しい電気産業は別にして、一九三六年に存在していたもののなかにアランの「機械」の明白なモデルはない。それは彼自身の発明だった。

長い論文で豊富な発想、膨大な量の技術的内容とそれ以上の証拠が入っている未刊行の『計算可能数』は、一九三五年の春から翌年までアランの生活を支配していたにちがいない。一九三六年四月半ば、復活祭休暇をギルフォードで過ごした後ケンブリッジに戻り、彼はニューマンを訪れ、タイプ清書した草稿を手渡す。

ゲーデルとアランが発見したこと、そして、その発見が心の記述に対して何を意味するかということについて、疑問点は数多くあった。ヒルベルトのプログラムのこの最終的決着は、深い意味では曖昧なままだが、素朴すぎる合理主義の希望、すなわち、なんらかの計算方式によってすべての問題を解決するという希望が消えたことはたしかだ。ゲーデル自身を含む一部の人びとにとって、整合性と完全性を証明できないということは、心が機械より優れていることを新たな形で証明したことを意味した。しかし、他方、チューリング機械は、決定論的科学の新しい分野への門戸を開いた。この機械は、最も複雑な手順が、状態と位置、読み書きというレンガで作られているモデルだ。すばらしい数学ゲーム、すなわち、標準的な形式であればどんな「確定的方法」でも表現するゲームを提案していた。

アランは、すべての数学の問題を解くことができる「奇跡の機械」は存在しないことを証明したが、その過程で、ほとんど同じくらい奇跡的なことを発見していた。すなわち、いかなる機械の作業も引き受けることができる普遍的機械という考え方だ。そして、人間であるコンピューターがすることはなんでも機械にもできると論じた。テープの上におかれたほかの機械の記述を読むことによって人間の心的活動と同等の活動を遂行できる単一の機械が存在しうる。一台の機械、人間であるコンピューターに取ってかわる！　電気脳だ！

ところで、ジョージ五世の死により、旧い秩序に対する反抗が、新しい秩序が内含しているものへの恐怖へ変化したことが明らかになる。ドイツではすでに新しい啓蒙主義が敗れ、観念論的な魂に鉄の精神が吹き込まれていた。一九三六年三月には、ラインラントが再び占領された。未来は軍国主義とともにあった。そして、これが無名のケンブリッジの数学者の運命と関係があるなどと誰が知ろうか。しかし、関係があった。将来ヒトラーはラインラントを失うことになる。そのときようやく、普遍的機械は実践的活動の世界に登場できた。この普遍的機械の着想は、アラン・チューリングの個人的な喪失ゆえに生まれ、そして、その着想とその実現との間には、何百万もの犠牲がなければならなかった。しかし、ヒトラーがいなくなっても何も終わらない、世界の決定問題は何も解決されていなかった。

*1 ジョン・ベネットは寮にいた少年だが、一九三〇年の冬、ロッキー山脈を徒歩で単独横断中に死亡した。

*2 参考のため、熟練労働者一人の年収は、一六〇ポンドであり、独身男性の失業手当は、一年に四〇ポンドだった。

*3 W・シェルピンスキー (W.Sierpinski) は著名な二〇世紀のポーランドの純粋数学者。

*4 メイズ (May's) とは、二年次生のための半公式的な試験である。

*5 アランが一九三二年に受け取ったばかりのフォン・ノイマンの本ではない。

*6 ジョイソン・ヒックス (Joynson Hicks)、反動主義的な内務大臣。

*7 これにより、彼と母親との間に細い絆が生まれた。彼女は、ベスナル・グリーン住宅教会の株券を持っていたからである。アランの反応は、彼らが、必要としない家族ではなく、必要としている家族のためにアパートを作る計画を建てていることに賛成するものだった。

*8 「J叔母の葬式に関して」は、アランは一九三四年一月の母親宛の手紙に次のように書いた。「僕は行くことにあまり乗り気ではありません。それは完全な偽善になると思います。そして、もし僕が行けば、するのが誰にとってもいっそう良いことになるとお母さんが考えるのであれば、なんとか行けるかどうか考えてみましょう」と記してある。

*9 アランはまた、イプセンの戯曲を「めだってよい」と考えた。

＊10 このアナロジーは、厳密なものであることを意図していない。ヒルベルト空間と量子力学的な「状態」とは、日常経験のなかのいかなることとも本質的に異なっている。

＊11 「群（group）」という語は、数学において用いられるとき、日常言語におけるその用法とまったく異なる専門的意味をもつ。その意味は、演算の集合という観念であるが、その演算の集合が厳密に規定された条件を満たすときにかぎられる。その条件は、球の回転について考えるとわかりやすいだろう。A、B、Cは異なる回転であるとする。すると次のことがわかる。

（i）回転Aの結果を正確に反対にする回転が存在する。

（ii）まずA、次にBを行なったときと正確に同じ結果を生じさせる回転が存在する。

この回転をABとすると、

（iii）ABの後でCを行なうと、Aの後でBCを行なったのと同じ結果になる。

以上が、本質的には、この回転が「群」を形成している回転であるために必要な条件である。抽象的な群論が次に登場した。それは、これらの条件を採用したうえで、それを記号によって適切に表現し、もともとの具体的な状況を捨象することによって生まれる。そこに生まれる理論は、回転、すなわち実際には量子力学における回転に適用されたときの最良の結果を得ることができる。また、表面上はまったく無関係な暗号解読という分野にも適用可能であることだろう（暗号には「群」の性質がある。暗号文は、それを元に戻す、適切に定義された復号の操作をもっていなければならない。また、二つの暗号化の操作が続けて行なわれると、結果は別の暗号文になる）。一九三〇年代までには、「群」の議論は、抽象化された形で、特定の表現や操作を具体的に思い描かないで探求できると理解されていた。

＊12 「実数（real number）」については、なんら「実在的」（real）なことはない。この用語は、歴史的な偶然であり、同様に誤解を招きやすい「複素数（complex number）」「虚数（imaginary number）」という用語から生まれてきた。これらの表現に親しみのない読者は、「実数」とは「仮説的な無限の正確さによって規定された長さ」であると理解しておけばよいであろう。

＊13 アランは、一九三三年七月にヒルベルトとクーラントの『数理物理学の方法』を一冊手に入れたが、書き込みが増えるのに時間はそうかからなかった。

＊14 何冊かある中心極限定理を書いた本のうちの一冊の著者。

＊15 トポロジーのわかりやすい問題は、「四色定理」である。この定理は、たとえばイギリスの地図は、それぞれの群を四色だけで塗り分けられる、つまり、四色あればとなり同士の郡が同じ色にならないように塗れるという内容である。アラン自身は、この問題にある程度の興味は抱いたが、定理自体は、一九七六年にいたるまで証明のない主張だった。

＊16 この概念は、純粋数学における当時直近の発展であり、「周期性」という概念を拡張、一般化したものである。

＊17 この「来年」が、一九三五―六年を指すのか、一九三六

*18
―七年を指すのかは、文脈からは明らかではない。

これらの議論は、機械の「内部状態」について二つのかなり異なる解釈を含意することにもなった。第一の観点からは、内部状態を機械の内在的な状態、つまり、さまざまな刺激に対してさまざまな反応から推論される、ちょうど行動主義心理学において考えられているような状態として考えることが自然である。しかし第二の観点からは、書かれた指示として内部状態を、機械に何をなすべきかに関する指示のリストとして指示表を考えることが自然である。この場合、機械は一つの指示に従った後、次の指示に移行すると考えることができる。すると、普遍的機械は、テープに配置された指示を読んで解読していると表象できる。アラン・チューリング自身は、「内部状態」という最初の抽象的な用語に拘ることはなく、後には、そのときの彼自身の解釈にあわせて「状態(state)」とか「指示(instruction)」という用語を自由に使っていた。したがって、以下においては、これらの用語を自由に使用することにする。

3 新しい人びと

New Men

to 3 September 1939

ぼくが制度破壊者だと咎められたのだそうだ、
ところが実は制度なるものにぼくは賛成でも反対でもない、
(このぼくが制度なんかと、あるいは制度の破壊なんかと、いったいどんな
　共通点がある)、
ぼくはただマナハッタに、そして内陸であれ海辺であれこれら諸州のあら
　ゆる都市に、
そして野原に森林に、あるいは航跡を描いて進む小さい船大きい船の一つ
　一つに、
建物も規則も評議員もどんな議論もぬきにして、
ただ僚友たちの心底《しんそこ》からの愛の制度を築きたい。

アランが自分の発見をニューマンに報告したほぼ同じ日、もう一人の人物が同じくヒルベルトの決定問題が解決不可能であることを証明していた。一九三六年四月一五日、プリンストンでは、アメリカ人論理学者、アロンゾ・チャーチが自分の議論をまとめ終えて出版を待つだけだった。[3・1] 一年前、チャーチは「解決不可能な問題」の存在を示す重要な考えを発表するが、この頃、ヒルベルトの問題に答える論文をようやく書き上げていた。

新しい考えが二人の人間の心のなかに同時に、そして、別々に浮かんだ。チャーチはまだ、ケンブリッジでは知られていなかった。五月四日にアランは母親に書く。

> ケンブリッジに着いてから四、五日後にニューマン先生に会いました。今は何かほかのことで非常に忙しく、論文を見てもらうのは数週間先になりそうです。ただ、『コント・ランデュ』誌に提出する僕の要約[*1]を検討してくれて、変更する箇所はありましたが僕の考えに賛成してくれました。フランス語の専門家に見てもらって送りました。まだお礼を言っていないので、少し気になっています。全部できあがるのに二週間かそれ以上かかりそうです。五〇頁ぐらいになります。いまは、何を論文に載せるか、また次の機会まで何を残すか決めるのがとても難しいです。

五月の中旬、この論文を読んだニューマンは、チューリング機械という簡単で直接的な着想がヒルベルトの問題を解くとはとうてい信じられなかった。ゲーデルがほかのヒルベルトの問題を解決してから五年、数学者はこぞってこの問題を研究してきた。ニューマンは、チューリング機械は間違っているはずだと感じた。もっと巧妙な機械なら「解決不可能問題」を解いてさらに先にいくことができるからだ。しかし、最終的に彼は、有限の手順で定義された機械で、チューリング機械以上のことができるものは存在しないと納得する。

そのとき、チャーチの論文が大西洋を越えて到着した。先に結論を出したのはチャーチで、アランの論文の雑誌への掲載が危うくなった。科学論文では別の論文のたんなる繰り返しや模倣は許されない。しかし、チャーチの方法はアランと少しちがい、ある意味で論理的に弱かった。彼は、「ラムダ計算」[*2]と呼ばれる形式的方法を発展させ、論理学者のスティーブン・クリーネと協力して、この形式的表現を使うとあらゆる算術の式が標準的な形式に翻訳できることを発見した。この標準的な形式において定理を証明するということは、比較的やさしい規則に従って、ラムダ計算の記号列を別の記号列に変換することである。そこでチャーチは、一つの記号列が別の記号列に変換可能かどうかを決めるという問題は、そのような変換を行ないうるラムダ計算の式がどこにも存在しないという意味で、解決不可能だとする。このような解決不可能な問題を一つみつけ、ヒルベルトが提出した厳密な問題もまた解決不可能であることは不可避だと証明された。しかし、「ラムダ計算式」が「確定的な方法」の概念に相当するかどうかは自明ではない。チャーチは、計算の「実効的」方法はすべてラムダ計算式で表されるという主張に賛成する議論を文章で行なった。しかしチューリングが作った機械はより直接的で、基本原則から議論を展開してチャーチの証明の不足を補った。

一九三六年五月二八日、アランは『ロンドン数学会紀要』に載せるための論文を送ることができた。ニューマンはチャーチに手紙を書く。

チャーチ教授、

ご親切にも最近送ってくださった貴兄の論文の抜刷のなかで、「計算することができる数（calculable numbers）」を定義してヒルベルトの解決不可能問題は解決できないことを示していますが、それは、こちらにいるA・M・チューリングという一人の青年にとって少し困った内容でした。彼は、まさに雑誌に投稿する論文を送ろうとしていたところで、その論文で彼は貴兄と同じ目的で「計算可能数」の定義を使いました。彼の論文の要点は計算可能などんな数も出す機械についての記述で、貴兄の論述と少しちがっていますが、非常に価値があるように思われます。そこで、可能であれば、来年、彼が貴兄のところに行って一緒に研究することは貴重な機会だと思います。彼は、ご批判を仰ぐために論文のタイプ原稿を送ろうとしています。

彼の論文が正しく、価値があると思われるならば、チューリングが来年プリンストンに行けるようご助力いただけませんでしょうか。そのために、ケンブリッジのクレアカレッジの副学長へ手紙を書いて彼のプロクター・フェローシップの志願を支持していただければ大変ありがたく思います。もし、彼がそれに失敗しても、彼はキングズカレッジのフェローなので、まだそちらへ行く方法はありますが、状況はかなり厳しくなるでしょう。プリンストンから少額でも補助金をもらう可能性はありますか？……チューリングはまったく一人で研究を行なったと申し上げなければなりません。彼は、誰の指導も受けず、誰からも批評されずに研究してきました。こういう事情ですので、彼がかたくなに孤立した学者にならないように、できるかぎり早くこの方面の優秀な研究者の指導を受けることが重要です。

一九三六年五月三一日

イギリスにはアランの論文をロンドン数学会の『紀要』に掲載するべきかどうか判断できる人物はいなかった。実際、正しく判断できるのはチャーチだけだ。ニューマンはロンドン数学会の事務局長、F・P・ホワイトに書面で状況を説明する。

ホワイト様、

計算可能数に関するチューリングの論文のいきさつをご存じだと思います。ちょうど彼の論文が最終段階に入ったとき、プリンストン大学のアロンゾ・チャーチからチューリングの結論をかなりの程度まで予想するような論文の原稿が届きました。

しかしながら、私はチューリングの論文が活字になることを望んでいます。彼の方法はチャーチとは大幅に異なり、結果が非常に重要なだけに問題の異なるあつかい方が興味深いです。ヒルベルトの弟子たちが長年にわたって研究してきた決定問題、すなわち、所与の記号の列がヒルベルトの公理から証明できる定理の表現かどうかを決定する数学的方法をみつける問題を一般的な形で解決するのは不可能だということです。……

一九三六年五月三一日

五月二九日、アランは母親へ報告する。

ちょうど本論が終わって送ったところです。一〇月か一一月に出版されると思います。『コント・ランデュ』誌に掲載される見通しはあまりよくありません。僕の論文のことを伝えてくれるよう手紙を書いて頼んだ人は中国へ行ってしまいました。さらに悪いことに、郵便局が手紙を紛失したようです。次の手紙が彼の妹のところに着いてわかりました。

その間、同じことをちがう方法で実現したアロンゾ・チャーチの論文がアメリカで発表されました。でも、ニューマン教授と僕は、発見方法が全然ちがっているので僕の論文も発表できると判断しました。僕は断固としてアロンゾ・チャーチが住むプリンストンへ行きます。

彼は、プロクター・フェローシップに応募する。プリンストン大学は、ケンブリッジ大学、オックスフォード大学、そしてコレージュ・ド・フランスの三大学からそれぞれ一名募集していた。その年、ケンブリッジ大学から選ばれたのは彼ではなく数学者で天文学者のR・A・リトルトンだったが、アランはキングズカレッジのフェローシップでなんとかなると考えたにちがいない。

一方、論文を出版するには条件が一つあった。その論文における「計算可能」、すなわちチューリング機械を使って計算できるということの定義が、チャーチの「実効的に計算可能である」の定義と厳密に等価である、つまり、「計算可能」という概念がラムダ計算を使った式で記述可能であるということを証明して論文に加えなければならなかった。そこで、チャーチがクリーネと共同で一九三三年と一九三五年に執筆した論文を検討してチャーチの研究結果を調べ、八月二八日に完成させたばかりの論文に必要な証明の概要を付録として追加した。諸々の概念はきわめてぴったりと対応した。チューリングの「満足な」機械という概念にちょうど対応する「式が正規形である」という定義をチャーチが使い、それから、カントールの対角線論法を使って解決不可能問題を作ったからである。

アランがもっと常識的な研究者だったら、チャーチの論文も含め、入手できる文献を読まずにヒルベルトの問題に着手などしなかっただろう。そうすれば先を越されなかったかもしれない。しかし、そんなことをしていたら、「心の状態」を模倣する論理的機械という新しい考えを思いつくこともけっしてなかっただろう。この考えは、ヒルベルトの問題を終わらせるだけでなく、まったく新しい問題を提起した。これがニューマンの言い方では「かたくなに孤立した学者」として研究することの利点と欠点だ。中心極限定理と決定問題の両方に関して、彼は数学におけるスコット隊長といってよい。どちらも二番めの到着だった。彼は数学や科学を競争する学問だと考えるような人物ではないが、ひどく落胆した。数か月の遅れが大きく響き、彼自身の解決戦略の独自性は伝わらなかった。このせいでアランがいつこの世界に登場したかが曖昧になった。

その年の夏、彼の中心極限定理についてのフェローシップ論文がケンブリッジ大学の数学論文審査でスミス賞をとり、この突然の朗報にギルフォードは大騒ぎになった。チューリング夫人とジョンは夏期休暇で帰省中のアランがぎりぎりまで放置した荷物を三〇分で慌ただしくまとめた。ジョンは一九三四年八月に結婚し、アランはすで叔父になっていた。兄も両親も、アランの研究の基礎、すなわち彼の人生の基礎になっている哲学的問題について最小限の知識すらもっておらず、アランの受賞のことも、パブリックスクールの第六年次で評判になってはじめて知った。チューリング夫人は精神世界に興味をもち、アランの自由意志に対する関心を誰よりも強く感じとっていたが、彼女ですらこの数学と哲学の根本的関係を理解するにはいたらなかった。アランも自分の内面的な問題をけっして詳しく語らず、ときどき、少し秘密めいた素振りを見せただけだった。

キングズカレッジのような大学は、定理に関するアランの再発見を寛大に評価し、彼に賞と賞金三一ポンドを与えた。そのころアランは休日の気晴らしにセーリングを始めていて、賞金で船を買おうと考えた。しかし、アメリカで一年間暮らすことを考えたのだろうか、断念する。

夏の初め、ビクター・ビュッテルはケンブリッジのアランのところへ泊まりにくる。以前ビュッテルがアランを歓待してくれたように今度はアランが彼をもてなした。しかし、ビクターの訪問には別の理由があった。彼は同族会社に入社して、K光線照明システムの開発研究に着手していた。学校時代にアランと議論した幾何学を使ってきたが、新しい問題でアランの助言を必要としていた。今度は醸造所の宣伝のために、一つの光源でポスターの両側まで平均して光があたるような照明システムを作らなければならない。

しかし、アランは自分の研究で頭が一杯だった。かわりに彼らは、ボートレースを見にいく。

彼らが美術と彫刻について話していたときのこと。アランが突然、男性の体形は美しいが女性の体形は魅力的でないことに気がついたと言って、ビクターを驚かせた。ビクターは自分が二重の意味で十字軍戦士の立場にいることに気づき、主イエスがマグダラのマリアを助けて正しい道を指し示したことをアランに納得させようとした。アランは何も答えない。彼にとって、これは理性の問題ではなかった。鏡の国の世界にいるような気がするというのが精一杯だった。アランにとって伝統的な考え方が間違いとされる世界だ。このときアランはキングズカレッジの外ではじめてこの問題にふれたのかもしれない。

それほど成熟していない二一歳のビクターはどう対応していいのかわからなかった。アランは「完璧に紳士」であり続けたが、このとき以降アランの部屋に泊まることには信頼という要素が加わった。しかし、ビクターはアランの友情を拒まなかった。かわりに、彼らは、以前の宗教についてと同様に、この問題についても考え方がちがうということで意見が一致する。また、どちらにしても、どのような遺伝的、環境的影響が性的傾向を決定するのかについて話をした。しかし、そんなことはどうでもよい。ここでは明らかにアランがそうだということが重要なのだ。すなわち、彼の現実のこの部分はこのように形作られている。神を信じないアランにとって、ある種の内的一貫性以外に彼が頼るものは何もない。数学とちがって、その内的一貫性は規則の積み重ねのうえにはない。正か邪かを判定する機械仕掛けの神は存在しない。このときまでにアランの人生の公理は明確になりつつあったが、その公理に従って生きていくことはまったく別の問題だ。彼はあくまでも自然で平凡でありたかった。ふつうのことが好きだった。しかし、アランは気づいてしまった。自分が平凡なイギリス人でありながら、同性愛者で無神論者で数学者であることに。そして、それは容易なことではないということを。

アメリカに行く前、アランはクロックハウスを訪れている。三年ぶりだった。モーコム夫人は病気がちだったが、気持ちは以前のように潑剌としていた。彼女は日記に書く。

九月九日（水曜日）……アラン・チューリング来訪……アメリカに行く挨拶にくる。彼は九か月間（プリンストンで）、自分の課題に関わっている二人の偉大な権威者、ゲーデル（ワルシャワ）、アロンゾ・チャーチ、クリーネのもとで研究する。夕食の前に話をし、夕食後も互いの近況を話す。……アランとエドウィンはビリヤードをする。

九月一〇日……アランとヴェロニカは農場へ行き、ディングルサイドに出かける。……ヴェロニカとアランはここで私と一緒にお茶を飲む。アランと彼の研究について長く話す。また、彼の研究テーマ（難解な論理学の分野）で、「行き詰まり」があるかどうかなどについて。

九月一一日……アランはクリスのステンドグラスとできあがったばかりの小さな庭を見に一人で教会へ行く。彼はステンドグラスの献呈に立ち会っただけだった。……アランは「碁」というゲームを教えてくれた。五目並べのようなものに少し似ている。

九月一二日……ルパートとアランは私の部屋でお茶を飲み、そのまま夕食になり、皆が驚く。私たち一〇人の楽しいパーティーだった。レコード鑑賞……男性はビリヤード。

九月一三日……アランはR［レジナルド］と問題を解く……アラン、Rup［ルパート］と二人の少女はカドゥベリーのプールで泳いだ……Rup［ルパート］とアランは私と一緒にお茶を飲み……アランは今研究していることを説明しようとした……彼らはニューストリート駅で七時四五分の汽車に乗るために去った。

ルパートは話が満足な記述数と不満足な記述数になったところでアランについていけなくなった。モーコム夫人が、この「難解な論理学の分野」がクリストファーの科学的想像力と何か関係があり、彼が天に召されたときにやり残したことをアランがやっているように感じるのは無理だっただろう。

九月二三日、チューリング夫人はサウサンプトンで、キュナード海運の定期船ベレンガリア号に乗船するアランを見送った。彼は航海中の気晴らしにとファーリントン通りの店で六分儀を買う。標準的「上層中産」階級の英国人なら誰もがもつアメリカとアメリカ人に対する偏見は、五日間大西洋を航海してもほとんど変わらなかった。「北緯四一度二〇分、西経六二度」を過ぎてから、不満が口にでた。[3・2]

> 驚くことにアメリカ人は最も無神経で鼻持ちならない生き物かもしれない。一人のアメリカ人が話しかけてきて、いかにも誇らしげにアメリカの最悪な面をすべて教えてくれた。すべてがそうだとはかぎらないだろうに。

翌朝の九月二九日、そびえ立つ塔のシルエットがマンハッタンの空に見え、アランは新しい世界へ上陸した。

火曜日の午前一一時にニューヨークに着くが、検疫所や移民局で時間をとられ、午後五時三〇分まで船にいた。泣き叫ぶ子どもに囲まれながら二時間以上も列に並んで移民局を通り抜ける。次に税関を通り、そして、タクシーの運転手にだまされた。アメリカで生きていくための最初の試練だった。請求された乗車料金はかなり非常識な額だったが、荷物の送料もイギリスの二倍以上だったので、それも正当な額かもしれない。

アランは、タクシーはぜいたくの極みだという父親の信念を受け継いだ。しかし、無限の多様性があるアメリカではすべてが「そうとは」かぎらない。その晩遅く汽車で到着したプリンストンには、最安値の二等客室に乗る「貧乏人」との共通点はほとんどなかった。ケンブリッジが階級を体現するなら、プリンストンは富を代弁する。おそらく、数ある全米エリート大学のなかで経済的に一番自立しており、大恐慌による精神的ダメージを一番受けずにすんだ大学だ。アメリカが問題を抱えているようには見えず、けっして感じさせもしない。事実、プリンストンはまったくアメリカには見えなかった。ゴシック様式をまねた建物、女子禁制で人工のカーネギー湖にはボートがある。オックスフォード、ケンブリッジ以上に超然とした存在であろうとしていた。まるでオズの国のエメラルドの都だ。普通のアメリカがあったとしても、大学院は学部の生活から切り離されていて、ずば抜けた優秀さを上品に誇示し、手入れの行き届いた野原や森を見おろしていた。大学院校舎の塔はオックスフォード大学の学寮モードリンカレッジを正確に模したもので、通称アイボリータワー。アイボリー石鹸を製造するプロクター社からの寄贈だった。

プリンストン大学の数学科は、一九三二年の高等研究所創設時に五〇〇万ドルの寄付を受けて大幅に拡大された。しかし、一九四〇年まで、研究所は独自の建物を何一つ持っていない。資金を提供された人はほとんどすべてが数学者と理論物理学者で、彼らは数学科常勤教員用のファインホールにある空き部屋を共同で使っていた。専門性の違いから両者の間には一線を画す必要があるにもかかわらず、プリンストン大学所属か高等研究所所属かを把握する人も、気にかける人もまったくいない。この二重構造の数学科は、数学界で最も偉大な名声を博した数学者数人と、とくにドイツからの亡命者の関心を引いた。プリンストンはある意味で全米を代表して創られた新しい大学であり、ほかの意味ではまだ大西洋を航海している移民船ともいえた。多額の寄付が集まるプリンストンの奨学金は世界的レベルの研究生を引きつけ、とりわけイギリスがほかの国を上回った。キングズカレッジからは誰もいなかったが、二年生にトリニティカレッジからきた友人モーリス・プライスがいた。ヨーロッパからの亡命知識人エリートが身を寄せ合うこの大学は、アランに彼を世に出した研究を続ける機会を提供した。一〇月六日の家族に宛てた最初の手紙からはからずも自信のほどがうかがえる。

ここの数学科は十分期待に応えてくれます。世界で最も著名な数学者がたくさんいます。J・v・ノイマン、ワイル、クーラント、ハーディ、アインシュタイン、レフシェッツです。つまらない数学者もいますが。不運なことに、論理学者は昨年ほどいません。もちろん、チャーチはここにいますが、昨年いたゲーデル、クリーネ、ロッサーそしてベルナイスはいなくなりました。ほかの人がいなくともゲーデルがいればよかったのですが。クリーネとロッサーはチャーチの弟子にすぎず、チャーチから得られないものを彼らが与えてくれるとは思えません。ベルナイスは、彼の著作から受けた印象では少々「時代遅れ」になりつつあると思いますが、彼に会うことになれば、ちがう印象をもつかもしれません。

彼らのうち、ハーディはケンブリッジから一学期間だけ来ていた。

最初、アランは非常によそよそしかった。恥ずかしかったのかもしれない。彼に会ったのは私がここに着いた日、プライスの部屋でだ。私に一言も声をかけなかったが、いまはかなり親しみやすくなっている。

ハーディは一世代前のチューリングだった。つまり、もう一人のふつうの同性愛者で無神論者の英国人が、たまたま世界で最も優秀な数学者の一人だった。彼がアランよりも運がよかったのは、主に関心を示したものが数論で、それは純粋数学の古典的な枠組みのなかにすっきりと収まった。彼には、自分自身の研究テーマを作り出さなければならないという、アランのような問題はない。彼の研究はこれまでのアランの研究よりもはるかに正統的であり、技術的だった。しかし、アランもハーディもともに体制からの避難者であり、ケインズがいたケンブリッジが彼らにとって唯一可能な住処だった。そして、華やかなグループからは離れていた。二人とも受動的な抵抗者であるが、ハーディのほうが少し受動の度合いが少なかった。ハーディは信条にもとづいて科学労働者連合会の会長を務め、レーニンの写真が部屋にあった。ハーディは、年嵩の分だけアランよりもはるかに毅然としている。バートランド・ラッセルはかつて、カトリック的懐疑主義者とプロテスタント的懐疑論者を、両者が拒否した伝統の違いで軽妙に区別したが、そのモデルによると、この段階のアランはどちらかといえば英国国教会内における無神論者にすぎない。しかし、ハーディは真剣に考えるのを拒否する英国人を演じ、無神論的福音主義者だった。同時に、ハーディはクリケットの試合に没頭して、宗教的儀式にかかわる楽しさを見出した。彼以上にクリケットを知っている者は誰もいない。しかも、アメリカでは、クリケットに対する忠誠を野球に転じた。そして、トリニティカレッジでは信仰者対不信仰者のクリケットの試合を計画したが、全能の神は雨を降らせて試合を中止させた。ハーディはどんなものもからかっておもしろがったが、無神論の話題はとくに喜んだ。

アランはケンブリッジ大学でハーディの高度な講義に出ていたので、無視されるのを不当に思っていた。「親しい」関係だったが、二人の間から世代の違いと過度に控えめな態度がなくなりはしなかった。非常によく似た世界観をもつハーディとの付き合いがこの程度なのだから、ほかの先輩研究者たちとの関係はもっと希薄だった。アランは本物の学問の世界に属する人物として登場したものの、学部学生に見える風貌と態度はどうしようもないことに気づいた。

アランの手紙にでてくる名前の数々は、アランが彼らの講義やセミナーに出席していることをうかがわせる以外ほとんど意味がなかった。ときどきアインシュタインを廊下で見かけても、会話は不可能だった。S・レフシェッツはトポロジーの先駆者であり、トポロジーはプリンストン大学の数学の中心をなし、レフシェッツが現代数学の成長点というべき重要な役割を果たしていた。しかし、アランがレフシェッツと個人的に話すとしても、それは、レフシェッツがL・P・アイゼンハートのリーマン幾何学に関する連続講義をアランが理解できたかどうか尋ねるようなときだけだった。これはアランにしてみれば侮辱的な質問だ。クーラントとワイルはノイマンと共同で純粋数学と応用数学の主流を担い、ヒルベルトが育てたゲッティンゲンの伝統を大西洋の対岸に蘇らせた。しかし、彼らのうちで、群論への関心を共有してアランと交流したのは、ノイマンだけだ。

論理学者といえば、ゲーデルはチェコスロバキアに帰国していた。そして、クリーネとロッサーは論理学に対して、アランが手紙に書いた以上の貢献をするが、この二人はほかに仕事が決まり、どちらにも二度と会うことはなかった。ヒルベルトの親しい同僚であり、ゲッティンゲンからのもう一人の亡命者であるスイス人論理学者L・ベルナイスはチューリッヒに戻っていた。したがって、アランが何人かの重鎮たちと共同研究しているような印象をモーコム夫人へ与えたのは正しくない。レベルの低い論理学専攻の大学院生がいたことを別にすれば、実際にはチャーチだけが共同研究者だった。チャーチ自身は内気な人物で、あまり議論に熱中しない。つまり、プリンストンはアランが「かたくなに孤立した学者」であることから救ってくれなかった。

チャーチに数回会い、非常にうまくいきました。僕の論文をとても気に入ってくれたようです。彼は目下企画している研究プログラムの実行に僕の論文が役に立つと考えています。そのプログラムにどの程度関わるのかわかりません。少しちがう方向で進めていることがあります。たぶん、数か月以内にその論文を書き始めます。後で本にするかもしれません。

この計画がどのようなものであれ、実を結ばなかった。該当する論文や本は一つも見あたらない。

アランは真面目にチャーチの講義に出席するが、かなり退屈で面倒だった。とくにチャーチの階型理論はきちんとノートをとった。これは、アランがこの方面の数理論理学に関心を持ち続けていることを意味する。出席者は学生が一〇人程度、アランより年下のアメリカ人、ヴェナブル・マーティンもその一人だ。アランは彼と友達になり、チャーチの講義を理解するのを手伝う。アランはこう記した。

大学院生の大半は数学専攻で、誰もが気楽に自分の専門の話をする。ケンブリッジとまったくちがう。

ケンブリッジ大学では、教授たちのハイテーブルやそのほかどこであれ、自分の専門についてだけ話すのは非常に印象を悪くすると考えられていた。しかし、プリンストン大学が建物と一緒に取り入れたのは英国の大学の特徴ではない。イギリス人学生は全員がオックスフォード大学かケンブリッジ大学から来ており、「こんにちは、会えてうれしいです、どのコースを取っていますか」というアメリカ人の挨拶をおもしろがった。イギリス人は上品に無知を装って自分の専門を隠す。研究者の倫理を熱烈に支持する者たちはこの見せかけの無関心さに驚く。しかし、洗練さに欠けるゆえにケンブリッジ大学の粋なサークルから締め出されたアランにとっては、率直な人間関係が魅力的だった。その意味でアメリカは彼に合っていたが、ほかの面ではちがった。一〇月一四日、母親へ手紙を書く。

この前の晩、チャーチが外食に誘ってくれました。誘われた人たちは全員大学の人なのに、彼らの会話に少し失望しました。記憶に残った会話は出身国についてだけで、それ以外なんの議論もありませんでした。旅行や場所についての話を聞くのはとても退屈です。

アランは、思索の交錯を好んだ。この手紙にもバーナード・ショー自身が劇の構想に使ったかもしれない着想がほのめかされている。

お父さん、お母さんから数学の分野で応用可能なものは何かとよく聞かれましたが、目下の研究が応用可能だということをちょうど発見したところです。それは、「可能なかぎり最も一般的な種類のコードまたは暗号はどのようなものであるか」という疑問に解答を与え、同時に（やや当然ながら）、特別で興味深い暗号がたくさん作れるようになります。一つは非常によい出来で、手がかりなしには解読できず、暗号化も瞬時にできます。これらの暗号をかなりの額で英国王の政府に売ることができるのではないかと思いますが、そういう行為の道徳性について少し疑問を感じます。どう思いますか。

暗号は「確定的方法」が記号に適用される非常によい例であり、まさにチューリング機械によって可能になる。暗号の送信者は、事前に受信者との間で決められた規則に従って機械のように暗号化していく。暗号に欠かせない本質的な作業だ。

「可能なかぎり最も一般的な種類のコードまたは暗号」に関していえば、ある意味、どんなチューリング機械も、テープ上で読み取ったものを暗号化してテープ上に書き出しているようなものだ。しかし、使えるようにするには、元のテープに復元できる「逆」機械がなければならない。いずれにせよ、彼が出した結論は、この方針にそって始められたにちがいない。しかし、「特別で興味深い暗号」について、彼はこれ以上の手がかりを残していない。

今度もまた、彼は「道徳性」という言葉によって生じる心の葛藤にふれない。どうするつもりだったのか。チューリング夫人はストーニー家の一員として当然、科学は応用されてこそ人の役に立つと考え、英国王の政府の道徳的権威を疑う人物ではなかった。しかし、アランを取り巻く知的伝統は別世界だ。ケンブリッジ大学が世間から孤立しているからだけではなく、以下でG・H・ハーディが語っている現代数学の考え方のきわめて重要な一つの部分に理由がある。[3・3]

「本物の」数学者たちによる「本物の」数学、すなわち、フェルマー、オイラー、ガウス、アーベルそしてリーマンによる数学は、ほとんど完璧に「役立たず」である（そして、これは「純粋」数学だけでなく「応用」数学についてもそうだ）。天才的なプロの数学者の人生をその研究の「有用性」を根拠に正当化することは不可能だ。……応用数学の現代における成果は、相対論と量子力学の分野にあるが、ともかく現在、これらの研究は数論とほとんど同じくらい「役立たず」である。純粋数学の退屈で初歩的な部分と同様に、応用数学の退屈で初歩的な部分は善用も悪用も可能である。

ハーディは、数学が応用科学から離れていくことに対する自分の態度を鮮明に打ち出し、社会的、経済的有用性という観点から解釈する当時の「左翼」主義者ランスロット・ホグベンの数学観の浅はかさを攻撃する。それは「退屈で初歩的」な側面にもとづく数学観だ。しかし、ハーディは自分の立場を擁護し、

「役に立つ」数学はいつの世もいいことよりも悪いことのため、とくに圧倒的に軍事に応用されたと考える。彼は、自分の数論研究がまったく世の中の役に立たないことは謝罪すべきことではなく、むしろ明らかに長所であると考えている。

数論や相対性理論を役立てられるような軍事目的はまだ誰もみつけていない。そして、何年たってもそんなことをする人がでてくることはないだろう。

ハーディ自身のこの平和主義的確信は第一次世界大戦以前からだが、一九三〇年代に反戦運動の影響を受けた者ならば、数学を軍事的に応用すべきでないと考えないはずはなかった。アランがこのとき、記号を使った遊びのなかに「軍事目的」が存在することに気づいていたならば、明確な自覚はまだであっても、数学者のジレンマに直面していたといえる。母親に宛てたぶっきらぼうでからかうような言葉の裏には、深刻な問題があった。

一方、イギリス人学生たちはそれぞれ楽しみをみつけて明るい大学院生活を過ごしていた。

コモンウェルス・フェローの一人、フランシス・プライス（モーリス・プライスではない）は、一三十数マイル離れているヴァッサー女子大とホッケーの試合をする段取りをつけた。できたのは、メンバーの半分だけがホッケー経験者のチームだ。日曜日、僕たちは二、三回練習試合をしてから車でヴァッサーに向かうと、少し雨が降っていた。グランドが使えないと言われたときはどれほどうろたえたか。そこの体育館でホッケーもどきの試合をしようと彼女たちを説得し、一一対三で勝った。フランシスは、今度は必ず運動場での試合を計画するだろう。

位相数学者のショーン・ワイリーと物理学者のフランシス・プライスはともにオックスフォード大学のニューカレッジからきた全英レベルの選手だったので、アマチュア試合というのは欺瞞だ。アランは(たとえもはや「デイジーの成長を見つめ」なくとも)彼らとは比べものにならないが、試合を楽しんだ。まもなくして彼らは自分たちで週に三度試合をするようになり、ときにはその地元の女子校と対戦した。

女性と試合をする女々しいイギリス人はプリンストン大学のアメリカ人学生を驚かすのに十分だったかもしれない。しかし、体制内には少しやっかいな親英派がいて、彼らは全員、英国教育の堅苦しく不自然な面を賞賛した。一九三六年の夏、プリンストン大学のチャペルはジョージ五世の追悼式に出席する人であふれていた。大学院の教授が、学識あるイギリス人の耳には無教養としか思われない言い方でくどくどと何度も王室を称賛した。同時に、王位継承者、エドワード八世の地中海巡航と既婚のアメリカ人女性シンプソン夫人の存在が発覚してプリンストン大学は特別大騒ぎになる。一一月二二日のアランから母親への手紙。

シンプソン夫人の記事の切り抜きを送ります。この件に関してこちらでどのように書かれているのかよくわかるでしょう。お母さんは聞いたことのない名前の人だと思いますが、ここ数日「第一面の記事」になっています。

実際、イギリスの各新聞は一二月一日まで沈黙を守っていた。その日、ブラッドフォードの司教は国王が神の恩寵を必要としているという所見を述べ、ボールドウィン首相は真意を明らかにして文書でエドワード八世に退位をせまった。一二月三日、アランは以下のように記す。

国王の結婚に対して世間がいろいろな形で干渉することに戦慄を覚える。国王はシンプソン夫人と結婚すべきではないかもしれない。しかし、これは彼のプライベートな問題だ。僕自身としては司教によるいかなる干渉も認めるわけにはいかない。国王が必要としているとも思わない。

しかし、国王の結婚は国王自身だけではなく、イギリス国家に関わる。個人の生活に政府が干渉することに「戦慄を覚える」アランにとって、まるで彼の将来を予言するかのような出来事だった。彼らの階級にとって、国王自身が王位と祖国を裏切ったこと自体が恐怖だった。それは、ラッセルやゲーデルが発見したどんなものよりも動揺させる論理的パラドクスだ。

一二月一一日、ウィンザー家はエドワード八世のきまぐれな放浪生活を調査した結果、ジョージ六世の治世が始まる。その日、アランは手紙を書いた。

今回の国王の退位問題はお母さんにとってかなりショックだったと思います。シンプソン夫人についてイギリスでは、一〇日ほど前までは何も知らされていませんでした。事件の全容に関する僕の意見は分かれました。最初は、国王が王位にとどまってシンプソン夫人と結婚することに全面的に賛成でした。そして、問題がこれだけだったら、まだ自分の意見は同じだったでしょう。ただ、最近聞いた話から考えが少し変わった気がします。たしかに、国王は国家文書に対して極度にずさんで、そのへんに放置してシンプソン夫人や友達に見られてしまったらしいのです。やっかいごとになった機密漏れもありました。ほかにも一つや二つ、似たようなことがありますが、僕が一番気になったのはこのことです。けれども僕は、その潔い態度ゆえにデイヴィッド・ウィンザー［エドワード八世］を尊敬します。

アランは彼を尊敬するあまり、彼の退位演説の蓄音機のレコードも入手する。さらに、一月一日。

エドワード八世が退位をせまられたことを残念に思います。英国政府は彼の追放を望み、シンプソン夫人の件をいい機会だと考えたのです。彼を追放しようとしたことが賢明かどうかは別問題です。僕は、その勇気ゆえにエドワードを尊敬します。反対にカンタベリー大司教は恥ずべき行動をとりました。彼は、エドワードが無事に退位するのを待ってから不必要な暴言を吐きました。エドワードが国王だったときには言えなかったことです。大司教は国王がシンプソン夫人を愛人にすることにはまったく反対せず、彼女と結婚することに反対しました。これはいったいどういうことでしょう。重大なときにエドワードが自国の閣僚の時間と知恵を無駄に使う過ちを犯したと、なぜお母さんが言えるのかわかりません。この問題を公にしたのはボールドウィンです。

一二月一三日の大司教のラジオ演説は、たんなる「私的な幸せを切望」するために自分の義務を放棄した国王を非難した。それまで英国の統治者が自らの幸福の追求を優先させたことは一度もなかった。アランの結婚観と倫理観はキリスト教を近代主義的に解釈したものだ。アランと同時代的宗教観をもつクリストファー・ステッドとキングズカレッジで議論したとき、アランは、人間は自分の自然な感情の成り行きにまかせるべきだと言った。司祭たち、つまり、チューリング夫人がとりわけ敬愛する階級の人びとは、アランにとって旧体制の典型だった。アランは、国王が受けた「非常に卑劣な待遇」について、チャーチの論理学のクラスで一緒のアメリカ人ヴェナブル・マーティンと話をした。

研究については、一一月二二日にフィリップ・ホールに手紙を書いている。

こちらでは特筆すべき発見は何もしていませんが、小論文が二つ三つ出版されるかもしれません。ほんの短い小論です。一つは、ほんとうに新しいと認められるなら、ヒルベルトの不等式の証明です。もう一つは、約一〇年前の群に関する論文で、ベーアは刊行する価値があると考えています。これらの論文をきちんとまとめて、数理論理学で次の挑戦をします。

ここでは「碁」はほんとうにごく稀にしかやりません。でも、僕は二、三度対戦しました。プリンストンは僕にとても合っています。ただし、アメリカ人の話し方以上に僕が実に嫌だと思うことが一つだけ——いや、二つだ！——あります。ふつうの意味での入浴が不可能なことと、室内の温度調整についての考え方です。

「彼らの話し方」について、アランは納得できないようだった。[3・4]

ここにいるアメリカ人の会話を聞くと妙なことがいろいろあり、どういうわけか気になります。ともかく礼を言うと、必ず「どういたしまして（You're welcome）」と言われます。最初、自分が歓迎されていると思って喜んでいました。でも壁に投げられたボールのように機械的に返ってくるので、それなりに受け止めています。ほかには、文章で使われる「アー」のような音を会話のなかで発する癖です。アメリカ人は意見に対する適当な答をみつけられず沈黙はまずいと思うとこの音を発します。

プリンストンに着いた直後、『計算可能数』の校正が彼のもとに送られてきた。論文の刊行は間近だ。一方、アロンゾ・チャーチは、アランの発見を大学の数学科の主流派に知らせるために、定例セミナーを一つ使ってもいいと告げた。一一月三日、アランは家に手紙を書く。

　プリンストン大学の数学クラブで、僕が発見した計算可能数について講演をすべきだとチャーチに言われました。講演する機会をもらえたらいいと思います。そうすれば、少しは関心も集まります。僕の講演が実現するのにそう長くはかからないでしょう。

事実、待ったのは一か月だけだが結果は失望に終わる。

　一二月二日に講演した数学クラブの出席者は多くありませんでした。聴衆を集めるには評判が必要です。僕の翌週、G・D・バーコフが来ました。彼の評判はとてもよく、部屋はぎゅうぎゅう詰めでした。しかし、内容はまったく凡庸で、講演終了後、皆は笑っていました。

一九三七年一月に『計算可能数』がついに活字になるが、反響のあまりの少なさにアランはまた失望する。チャーチが『記号論理学雑誌』に批評を寄せたことで、「チューリング機械」という言葉は公になった。しかし、抜刷を依頼してきたのはキングズカレッジに戻ったリチャード・ブレイスウェイトとハインリッヒ・ショルツ[3・5]の二人だけだった。ショルツはドイツにとどまりドイツの論理学をほとんど一人で代表していた。アランへの返事の手紙には、ミュンスターで論理学のセミナーを行なったこと、今後のアランの論文はすべて二部ずつ送ってほしいこと、それがないと学問の進歩についていくのが非常に困難であることが書かれていた。今や数学にとって世界は一つの国家ほどの大きさもない。二月二二日、アランは家に手紙を書く。

抜刷を求める手紙を二つ受け取りました。……僕の論文にとても関心を示したようです。それなりの印象を与えていると思います。こちらでの受け取られ方には失望しました。数年前に僕の論文とかなり近い研究をしたワイルなら少しは何か言ってくれると思いました。

アランはジョン・フォン・ノイマンからの批評も期待したかもしれない。ここにもアランという無邪気なドロシーの邪魔をする実に強力な魔法使いがいる。ワイルと同様ノイマンもヒルベルトのプログラムに強い興味をもち、かつては自分が解きたいと考えたが、彼の数理論理学に関する積極的な関心はゲーデルの定理で終わってしまっていた。ノイマンは論理学に関するほかの論文を一九三一年以降一切読んでいないというが[3・6]、ほんとうのところはわからない。ノイマンは朝、誰よりも早く起きて、数学の文献すべてに目を通す驚異的な読書家だったからだ。しかし、この時点で、母親やフィリップ・ホールに宛てたアランの手紙にノイマンの名前は一切出てこない。

『紀要』の一般的な読者相手では、アランの論文が注目されそうもない理由はたくさんあった。まず、数理論理学は境界領域の研究だと思われていた。そして、たいていは数理論理学がいずれにせよ明白なことを整理し直すだけの学問であると考えるか、あるいは、実際にはなんの問題も存在しないところで難しそうにする学問だと考えるかのどちらかだった。アランの論文は冒頭でこそ関心を引いたであろうが、すぐに、得体の知れないドイツ語の花文字の茂みに（いかにもチューリングらしいやり方で）突入し、普遍的機械のための指示表を開発していた。一番読みそうもないのは、宇宙工学や流体力学のような分野で実用的な計算に頼らざるをえない応用数学者だ。これらの分野では方程式に明示的な解は存在しない。実際、応用数学者にはほとんど勧められていない。『計算可能数』論文は、機械を実用的に設計するための譲歩を一切しない。その論文のなかで、この機械を使って限定した範囲の論理学的問題を解こうとする場合についてすら、譲歩はない。たとえば、機械は「テープ」の上に「計算可能数」を書き出すときマス目を一つおきに使い、間にある空白のマス目は作業用スペースとすると取り決める。しかし、もし作業用スペースを一マスより多めにとっておけば、計算はもっと簡単だったはずだ。この結果、数理論理学という狭い集団の外にいる者には関心のもちようがなかった。そもそも計算可能数と実数との違いに関心をもつ純粋数学者は例外だったかもしれない。この論文はランスロット・ホグベンが「現実世界の研究」と呼んだものとは明らかに無関係だった。

　数理論理学に専門的な関心をもつ数少ない人には、個人的にかなりの関心を示した者がいた。シティ・カレッジ・オブ・ニューヨークで教えていたポーランド系アメリカ人数学者、エミール・ポストだ。公表はしなかったが、彼は一九二〇年代初めから、ゲーデルとチューリングの考えのいくつかを予想していた。[3・7] 一九三六年一〇月、ポストは、「一般的な問題を解く」ことの意味を明確化する方法を提案した論文[3・8]を、チャーチが編集長を務めていた『記号論理学雑誌』に寄せた。この論文は、とりわけチャーチの論文を参照していた。チャーチの論文は、たしかにヒルベルトの決定問題を解決したが、そのためには、いかなる確定的な方法もチャーチのラムダ計算で一つの式として表現できることを主張しなければならなかった。これに対して、ポストは、確定的な方法は、無限に続く「箱」を操作する、心をもたない「作業者」に指示を出す形で書かれるべきであり、その「作業者」ができるのは指示を読み取ることと以下のことにかぎられるという提案をした。

（a）自分が今いる箱（空いているとして）に印をつけること
（b）自分が今いる箱につけられた印を消す（印がつけられているとして）こと
（c）自分の右側の箱に移動すること
（d）自分の左側の箱に移動すること
（e）自分が今いる箱に印がついているかいないかを決めることができること

ポストが「作業者」にチューリング「機械」とまったく同じ範囲の仕事をさせているのは非常に驚くべき事実だ。そして、使っている用語もアランが「指示ノート」解釈と名づけたものと一致する。そのイメージが組立ラインにもとづいているのはもっと明らかだ。ポストの論文は『計算可能数』よりもはるかに野心に欠ける。「普遍的作業者」を開発せず、ヒルベルトの決定問題にも関わらない。また、「心の状態」に関する議論もなかった。しかし、チャーチには解決できなかった概念上のギャップを自分の定式化が正しく埋めると考えていた。この点で、ポストがチューリング機械に先を越されたのはほんの数か月のことにすぎない。編集者だったチャーチは完全に独立した研究であることを確認する必要があったほどだった。たとえアラン・チューリングがいなかったとしても、彼の考えはなんらかの形ですぐに知られるようになったであろう。いや、そうにちがいない。それは論理学の世界と人びとが物事を遂行する世界を結ぶ必要な橋だった。

別の意味で、アランが困難だと考えたのは、まさにこの橋渡し、つまり、論理の世界と人間活動の世界との架橋だった。何かを思いつくことと、思いついたことを世界に理解させることとはまったく別のことだ。必要な手順がまったく異なる。好むと好まざるとにかかわらず、アランの頭脳といえどもある特定の学問的世界に関わらざるをえない。人間組織と同様、そこも、裏で糸を引いて、人を束ねる人に一番反応する。しかし、同時代の誰もがみるとおり、彼はこの点に関して最も「政治的」でない人間だった。むしろ、魔法で真理が勝つことを願い、自分の品物を店頭に出して売り込もうという態度は唾棄すべきだと考えていた。アランが好きな言葉の一つは「いかさま師」だった。学問的権威の基準と照らして、アランが相応ではないと考える職業や地位を手に入れた人びとを指す。たとえば、春に提出した群論の論文の査読者だ。その人物は、間違った評価をした。

アランは研究だけでなく、自分自身のためにもっと努力しなければならないことにようやく気づいた。友人のモーリス・プライスは知的能力をもち、それを最大限有利に活用できることを知っていた。これに気づかないわけにはいかなかった。

アランとモーリスは一九二九年一二月に試験を受けて以来、長い間ともに歩んできた。アランが先にフェローになった（キングズカレッジがアランの学位論文のテーマを寛大に考慮したおかげだ）。モーリスはトリニティカレッジのフェローに選ばれたばかりだったが、こちらのほうが少し強く印象に残った。誰の目にも将来性があると映ったのはモーリスだ。二人は互いの関心に刺激を受けて成長してきた。モーリスは量子電気力学の研究に取り組んでも、純粋数学への関心を持ち続ける。二人とも根本的な問題に関心があった。かなり頻繁にケンブリッジ大学の講義で会い、お茶を飲みながらノート交換もした。プライスの家族もギルフォードに住んでいて、一度モーリスはお茶の招待を受けてエニスモア街八番のアランの家を訪れた。そのときチューリング夫人は彼を優秀なグラマースクール出身の貧しい青年としてもてなした。逆にアランもモーリスを訪ね、彼がプライス家の車庫に作った実験室をほめた。

プリンストン大学の最初の一年間、モーリスはオーストリア人量子物理学者パウリの指導を受け、二年めは漫然とフォン・ノイマンの傘の下にいた。モーリスはみんなを知り、みんなはモーリスを知っていた。「一八世紀のオペラ」のような壮観で豪華なノイマン主催のパーティーにも彼の姿はあった。ただし、この年は、ノイマン夫妻の結婚生活に問題が生じていて出席者はいつもより少なかった。イギリス人の大学院生でフォン・ノイマンの知り合いで、社交的で活気があって博識のプレーボーイ気取りだと思われる者がいるとしたら、それはモーリス・プライスで、けっしてアラン・チューリングではない。究極的にちがうタイプの人間にも同じ態度で接し、会話がはずまないハーディの関心の引き方を心得ているのもモーリスだった。モーリスは誰とでもうまくやることができ、実はアランがアメリカ生活を楽しめる気分になれたのもモーリスのおかげだった。

キングズカレッジは学者としての生活のわずらわしい側面からアランを保護してくれたが、そのわずらわしさはアメリカではいっそう顕著だった。アランは、体制のなかで決められた役割を演じる英国の保守的な人生観にうまく適応しなかったし、競走に勝って生き残るアメリカンドリームにも適応しなかった。

しかし、キングズカレッジは別の意味でも厳しい現実からアランを保護した。一九三六年五月にビクターがアランを訪ねたときのこと、懐かしいシャーボーン校のある学生が自分の部屋で「女性」と一緒にいるところをみつかり停学になるというちょっとしたスキャンダルがあった。なんと、ケンブリッジでアランはこれを冗談のネタにした。彼が犯したのは罪ではないと皮肉っぽい口調で言った。アランは不平を言わない。いつもユーモアのセンスを見せようとした。しかし、彼が世に出たときに直面した問題で冗談にできるものは何もない。

バーナード・ショーは晩年、『メトセラへ還れ』で、紀元前三万一九二〇年に存在した並外れた知能をもつ生物を思い浮かべた。そして、芸術、科学、性に対する関心(「歌って踊って求愛する子どもっぽい遊び」)を卒業して数学について考え始めた(「数学は魅力的で、実におもしろい。永遠に続く踊りと音楽から逃げ出し、ただ座って数について一人考えたい」)。これはショーにとって非常によかった。数学は彼の手の届かない知的な研究を記号で表すことができたからだ。しかし、アランは二四歳で数学について考えなければならなかった。この年齢のアランは「子どもっぽい遊び」にもまるで飽きていなかった。アランは自分の心を厳密に細分化せず、数学から性的快感を得ると言ったこともあった。一九三七年の新学期、アランは新しい友達のヴェナブル・マーティンとともにH・P・ロバートソンの相対論の講義を受け、また、カーネギー湖とつながっている川でカヌーをした。あるとき、アランは[3・9]「同性愛関係に興味があること」を「間接的にほのめかした」が、マーティンは関心がないことをはっきりと示した。アランは二度とこの話題を持ち出さず、二人の関係は何も変わらなかった。

ニュージャージー州の詩人ホイットマンだったら理解したことだろう。しかし、アランはウォルト・ホイットマンのアメリカを見たことはなかった。見たのは性的禁忌の国アメリカだけだった。一夫一妻制の国アメリカは、とくに二〇世紀の浄化が始まって以来、同性愛を徹底的に反アメリカ的な行為と認めた。プリンストン大学でも、「粋な両性愛者の男性」が話題になることはなかった。拒絶したのがヴェナブル・マーティンのような非常に寛大な人間でアランは幸運だった。

アランは、鏡の国の世界で目覚めたときの心の葛藤を内面的に解決できた同性愛の人間が誰でも直面する困難にぶつかった。個人の心はすべてを物語らない。鏡に映る異性愛制度の逆像、つまり同性愛制度を絶対に認めない社会的現実もあった。一九三〇年代後半という時代は、アランがこの問題に対処するなんの助けにもならなかった。フレッド・アステアとバズビー・バークレイの粋な異性関係の真相を見抜く目をもつ人たちを除いて、時代はいつも厳密な「男性」像と「女性」像を好んだ。いつの時代でも街での男(女)あさり、蒸し風呂、深夜のバーがあったが、アラン・チューリングのような人間とはまるで無縁のアメリカの一面だった。アランは、少なくともケンブリッジの外では、自分の性的傾向を行動にうつすつもりはなかった。

どう考えても、受け入れてもらえる余地はまったくない。この特殊な心と身体の問題を解く答は一つもない。しばらくは内気な性格ゆえに、社会的現実の過酷さに直面することから逃れ、個人的レベルで対処する努力を続け、研究を通じて出会った何人かにそっと近づくが大した成果は得られなかった。

アランは感謝祭をニューヨークで過ごした。チューリング夫人と親しいアンダーヒル神父[*3]の友人（右派の聖職者、「彼は一種のアメリカ人アングロ・カトリック主義者で、僕は彼を好きだが、少し頑固で保守的だ。ルーズベルト大統領は利用価値が大いにあると思っているようだ」）から招かれ、行かなければならなかったからだ。「マンハッタンをぶらついて、バス、列車、地下鉄に慣れ」、プラネタリウムに行った。さらに心理的影響が大きかったのは、モーリス・プライスがクリスマス休暇にアランを二週間のスキー旅行に連れていってくれたことかもしれない。

> 一六日に出かけると聞いていたが、出かけたのは一八日だ。出発間際、ワニアーという男性も行くことになった。よかったのかもしれない。僕は一人の友達と休暇で出かけると必ず喧嘩する。モーリスは誘ってくれていい奴だ。プリンストンに来てからずっととても親切にしてくれた。最初の数日はほかに客がいないコテージに泊まり、その後、イギリスから来たフェローたちといろいろな国の人がいるところに移った。理由はわからないが、モーリスが一緒に宿泊する客は多いほうがいいと思ったのだろう。

アランはモーリスをもっと独占したかったのかもしれない。彼は成長したクリストファー・モーコムのような存在だった。帰りがけ、ボストンで車が故障した。そして、プリンストンに戻ると、モーリスとフランシス・プライスは先週の日曜日、宝物探しパーティーの用意をしていた。いろんな種類のヒントが一三あった。暗号、アナグラム、そして、まったく知らないもの。どれもすごく独創的だが、僕はあまり使い物にならなかった。

使われたヒントは「悪賢いフランシスの役割」というもので、とんちをきかせれば、フランシス・プライスとショーン・ワイリーの共同バスルームのトイレットペーパーのなかに隠された次のヒントにたどり着くものだった。ワイリーは驚くほどアナグラムが得意で、この宝物探しは「学部レベルのユーモア」に「典型的なイギリス的奇抜さ」があいまって、真面目なアメリカ人を困惑させた。ジェスチャーゲームと台本の読み合わせがあり、これにはアランも参加した。昼時にはチェス、囲碁そして「心理学」という名前のゲーム。雪が溶けるとテニス。ホッケーは一年中だった。フランシス・プライスが遠征試合に出かけるとき、「うるさい女は抹消しなければならない（Virago Delenda Est）」と掲示板に書くと、もっと大胆な者たちは最初の「a」を消した（virgo は乙女）。一九三七年五月、プリンストン大学の運動場から、飛行船ヒンデンブルグ号爆発の炎が地平線を照らすのが見えた。新しい人びとには、英米協力の予行演習のように映った。

アランはプリンストンのすべてを楽しんだが、社会生活は演技だった。どんな同性愛者でもそうであるように、彼の生活もまた模倣ゲームだ。ゲームをしているという自覚はない。自分でない人物として受け入れてもらうゲーム。他人はアランのことをよく知っていると思うが、たんに知っているだけ。彼らは、世界の現実と相容れない一人の個人主義者としてアランが直面している困難には気がつかない。全力で同性愛を抹消しようとする社会で生きる同性愛者としての自分自身がいた。そして、彼の人生には同性愛ほど深刻ではないにせよ、同じくらい根強い問題もあった。自分の考え方に合わない学問体制にも適合しなければならなかった。どちらの場合も自律的な自我は曲げられ、侵害された。理性だけで解決できる問題ではない。社会生活ではアランという生身の人間がいるから、問題が起こるのだ。いかなる解決もない。あるのは混乱と災難だけだった。

一九三七年二月初旬、『計算可能数』の抜刷が届き、アランはそれを数人の友達に送った。送り先は、エパーソン（シャーボーン校を去って、彼らしいことに英国国教会に移っていた）と、ジェームズ・アトキンスだ。ジェームズはもう校長になっていて、ウォールサル・グラマースクールで数学を教えていた。アランは手紙[3・10]も出した。その手紙には、ややぶっきらぼうに気持ちが滅入っていること、自殺する方法すら考えたと書かれていた。リンゴと電線を使う方法だった。

何かを達成した後にくる抑鬱だったのかもしれない。『計算可能数』の執筆は恋に燃えているようなもので、恋の嵐も過ぎ、今や残務整理が残っているだけだった。この段になると、アランには「継続」という問題が押し寄せてきた。精神を使い切ってしまったのか。研究が「行き詰まった」のか。自分はそれなりの研究をしたが、いったいなんのためだったのか。真理のみを糧として生きることは、バーナード・ショーの作品に出てくる古代人にとっては実に問題のない生き方だったが、アランには過度な要求だった。アランが理想とする生き方ではない。「いったい全体なぜ私たちには身体があるのか、またなぜ私たちは精神として自由に生きないのか、生きられないのか、または精神として理解し合わないのか、理解できないのかという疑問については、私たちはそのように生きられるかもしれないが、そのためになすべきことは何もない。肉体は、世話をして使ってもらうものを精神に提供する」。しかし、アランの肉体がなすべきことはなんだったのか。純粋さを失わず、真理を曲げないでなすべきことはなんだったのか？

一九三七年の一月から四月までの四か月間はラムダ計算について論文を一編、群論についての論文を二編書くのに費やされた[3・11]。そのうち、前者の論理学の論文ではクリーネの考えを少し発展させた。群論の第一論文は、当時、高等研究所にいたドイツ人代数学者のラインホルト・ベーアの論文に関連する研究で、一九三五年には完成間近だった。群論の第二論文は新しい別の方向性をもち、フォン・ノイマンとの交流を通じて生まれた。それは、亡命ポーランド人数学者のS・ウラムが提起した、「連続群は有限群で近似できるか」という、多面体で球を近似する問題と似ていた。ノイマンはこの問題をアランにまわし、アランは四月までに問題を見事に解決して提出した。早業ではあったが、連続群は一般にそのようには近似できないという否定的な結論だった。「これらを論理学と同じように真剣に考えてはいない」とも記している。

一方では、プリンストンに二年めも滞在できる可能性が出てきた。二月二二日家族に手紙を書く。

昨日、恒例のアイゼンハート家のお茶会に行きました。彼らはかわるがわる僕を説得してもう一年プリンストンに留まらせようとしました。アイゼンハート夫人は主に社会的理由、いや半分は道徳的な理由もつけて二年めもここで過ごしたほうがいいと言います。学長も加わって僕が申請さえすればプロクター・フェローになれそうだ（年俸二〇〇〇ドル）と言いました。キングズカレッジは僕が戻るのを望んでいるとは思うが、それとなく聞いてみるという曖昧な返事をしました。ここにいる知り合いは全員去ります。この国で長い夏を過ごそうとは思いません。どう思いますか。ぜひ、意見を聞かせてください。たぶんイギリスに帰ることになるでしょう。

アイゼンハート大学院長は、講義では釈明してから現代的な抽象群を使うような古風な人間だったが、とても親切だった。夫妻は自宅でお茶会を開いて学生たちをもてなすために気高い努力をした。フィリップ・ホールは、両親の考えとは関係なくケンブリッジ大学の講師職の募集要項をアランに送って寄越した。アランはできるならその職に就きたいと心から願った。ケンブリッジ大学の講師になれば、ケンブリッジで一生を送れる。それは、アランにとって自分の業績の正当な評価だけでなく、彼の人生における問題の唯一可能な解決を意味した。四月四日、アランはフィリップに返事を書く。

講師職に応募しますが、決まらないほうに大金を賭けます。

母親にも手紙を書く。彼女はちょうどパレスチナ巡礼に旅立つところだった。

モーリスと僕は講師職に応募していますが、どちらも通らない気がします。でも、こういう職への応募は早くからはじめて、存在を認めてもらうのはいいことだと思います。どちらかというと僕が軽視しそうなことです。モーリスは僕よりもはるかに自分のキャリアのために当然すべきことを自覚しています。数学界の大物に対しても相当の社会的努力をしています。

結果はアランの予測どおりだった。ケンブリッジ大学の講師にはなれなかった。キングズカレッジのインガムは手紙を書き、もう一年プリンストンに滞在するよう勧める。そこでアランは決心した。五月一九日に返事を書く。

もう一年ここにいることに決めましたが、前の計画どおりに夏はだいたいイギリスにいます。援助の申し出、ほんとうにありがとう。でも、大丈夫です。大学院長が言うとおりここでプロクターになれれば、僕は金持ちになります。なれなければ、ケンブリッジに帰ります。同じ条件でここで過ごす一年はもう少しぜいたくなものになるでしょう。……

僕の船は六月二三日に出帆します。その前にこのへんを少し旅行できるでしょう。来月、ここではほとんどすることがありません。研究者にとって一年のうちで非常にいやな時期です。旅行のための旅行というものを普段あまりやらないのでなおさらです。

モーリスが九月からいなくなるのが残念です。彼とはずっといい友達でした。王室が閣僚に抵抗してエドワード八世の結婚を静観しているのはよいことだと思います。

一年間滞在が延びたので、彼はモーリスのように博士号をとることに決める。チャーチは、自分の講義でも取り上げた、ゲーデルの定理の含意に関わる話題をテーマにすることを提案した。三月、アランは「論理学における新しい着想を得つつあった。計算可能数ほどではないが、かなり有望だ」と書いている。この新しい着想で実際に論文を書くことになる。

プロクター・フェローシップについては、彼に幸運が舞い込んだ。フェローを任命するのはケンブリッジ大学の学長で、彼の元にはアランを推薦する手紙が複数送られてきていた。一通は、まさにオズの魔法使いその人からだった。[3・12]

拝啓

A・M・チューリング氏から、一九三七―一九三八年度のプリンストン大学のプロクター・フェローシップに応募していることを聞きました。この件に関してぜひ彼の力になりたいと思っております。チューリング氏のことは数年前からよく知っております。私がケンブリッジ大学で客員教授をしていた一九三五年の後期とチューリング氏がプリンストンに滞在した一九三六年度です。私は彼の科学的関心を観察する機会がありました。私が関心をもっている数学の分野、つまり、一種の周期関数の理論と連続群の理論において彼は立派な研究をしました。

プロクター・フェローシップを志願するのに最もふさわしい人物です。彼にそれを授与できるとお考えくださされば大変うれしく思います。

敬具

一九三七年六月一日　ジョン・フォン・ノイマン

フォン・ノイマンは手紙を書くように頼まれたのだろう。それほど彼の名前は影響力があった。しかし、彼はなぜ『計算可能数』に触れなかったのか。彼が言及した論文よりもはるかに重要な研究だったのに。すでに論文が印刷されて抜刷も発送されていたにもかかわらず、気づいてもらう努力が足りなかったのだろうか。アランがノイマンと夕食を食べたなら、まずしなければならないことは、その機に『計算可能数』へノイマンの関心を向けさせることだった。たとえ、内気なあまり「数学界の重鎮」に自分の研究を売り込めなかったとしても、一事が万事アランはこんなふうに世事に疎かった。

アランの予想に反して、また、おそらくやや残念なことに、侮りがたい競争相手のモーリス・プライスが現職のレイ・リットンと同じくケンブリッジの講師に採用された。アランはモーリスから一九三一年型

V八フォードの車を譲り受けてしばらく旅行にでかけることにする。一九三六年の夏にコモンウェルス・フェローとしてアメリカ中を旅させられたときの車だ。モーリスはアランに車の運転を教えるが、四苦八苦した。アランは不器用で機械に弱い。ギアをバックにしてあやうくカーネギー湖に突っ込んで溺れそうになったほどだ。六月一〇日頃、二人でチューリング家の親戚を訪問した。間違いなくずっとチューリング夫人がアランに望んでいたことで、アイルランドから移住した彼女の母方の従兄弟に会いに行くようせっついていた。ジャック・クロフォード、当時ほとんど七〇歳に近く、ロード・アイランド州ウェークフィールドの教区牧師を引退していた。

この訪問はつまらない表敬訪問という予想を見事に裏切る。ジャック・クロフォードは若いとき、ダブリンの今はロイヤル・カレッジ・オブ・サイエンスと呼ばれる大学で学んでいたので、アランは好意をもった。

ジャックおじさんの家で楽しい時間を過ごしました。彼は活動的な老人です。天文台をもっていて、自作の望遠鏡がおいてあります。鏡の研磨についてありとあらゆることを話してくれました。……付き合いのよさではシビルおばさんといい勝負になると思います。メリーおばさんはお母さんがちょっと興奮するような魅力的な人です。とても親切で、少し臆病です。そして、ジャックおじさんを崇拝しています。

彼らはふつうの人たちだった。プリンストンの大物よりもアランをくつろがせてくれた。そして、古風な田舎の慣習で、アランとモーリスはダブルベッドを割り当てられた。

これまでの生活の境界線が壊された。モーリスは驚いた。アランに対して万が一の疑いも抱いていなかったからだ。アランは謝ってすぐに身を引く。そして、猛烈に怒る。恥かしさのためではない。怒りを覚えたからだ。両親が子どもを置いてこれほど長くインドに行っていたいきさつや、寮で過ごした数年間の出来事に腹が立った。すべては以前に『若さの織機』で語られていたことだ。

そこでジェフリーはひどく怒る。彼がこれほど優れた競技者になれたのは怒りのおかげだ。感情の爆発だった。「不公平？　そのとおり。これは不公平だ。ファーンハースト校以外の誰が今の私を作り上げたのか？　……そして、今度は、今の私を作り上げたファーンハースト校が背を向けて言う。『君はこの偉大な学校の生徒にふさわしくない！』。そして、私は去らなければならない……」。

ひどくばつの悪い思いをして、ほかではけっして見せなかった自己憐憫の感情が露わになる。皮相的だとわかっていたにちがいない心理分析も。それでは不十分だ。今は前を見ろ、振り返るな。しかし、何を目指すのか。どう続けていくのか。モーリスは説明を聞き入れ、二度とこの話を持ち出さなかった。アランは二五歳の誕生日にクイーン・メリー号に乗船して、六月二八日にサウサンプトンで下船する。七月四日にプリンストン大学院で行なわれたブリティッシュ・エンパイア対リボルティング・コロニーズのソフトボール試合には参加しなかった。

帰国後の一九三七年、ケンブリッジで過ごす穏やかな夏の三か月間に、手を付けなければならない三つの大きな計画があった。まず、『計算可能数』についてけりをつける。チューリッヒのベルナイスが、おそらくなんとも煩わしいことに、ヒルベルトの決定問題は厳密な形では解決不可能であるというアランの証明のなかに、いくつかの間違い[3・13]をみつけていた。この間違いは、『紀要』に訂正ノートを出して決着をつけなければならなかった。また、チャーチの「実効的計算可能性」概念がアランの「計算可能性」概念と一致することの形式的な証明も完成させた[3・14]。このときまでにさらに、同種の着想を得て第三の定義が現われていた。それは「再帰関数」というもので、数学の関数をさらに基本的なほかの関数を使って完全に厳密な定義にする一つの方法であり、ゲーデルが提案して、クリーネによって論じられた。発想自体は、ゲーデルの不完全性定理の証明に含まれていた。すなわち、チェスのような規則による証明という概念は、最大公約数をみつけることが算術的であると同じ程度に「算術的」な概念であるということを示す際に、ゲーデルは、その証明が「確定的な方法」によって実行されるということを述べている。この考え方を形式化して若干拡張することで、「再帰関数」の概念に到達したのである。さらにまた、一般的再帰関数は計算可能な関数と等価であることが明らかになっていた。したがって、チャーチのラムダ計算だけでなく、さらにゲーデルによる算術的関数の定義方法の両方が、チューリング機械と等価だとわかったことになる。ゲーデル自身は、チューリング機械の定義が、「機械的な手続き」の最も満足がいく定義であることを後に認めている[3・15]。当時の段階では、確定的な方法で何かを実行するという考え方に対するこれら三つの相互に独立した研究方法が等価な概念に収斂するということが印象的であり、かつ、驚きであった。

　第二の計画は、博士論文にする「論理学における新しい着想」に関わるものだった。基本的な考え方は、算術にはつねに真であるが証明不可能な言明が存在するというゲーデルの結果の影響を免れる方法があるかどうかを調べることだ。この問題の立て方はもはや新しくはなかった。今はコーネル大学に移っているロッサーがこの問題を取り上げた論文[3・16]を一九三七年三月に書き上げていたからだ。しかし、アランは、この問題をより一般的な形にしようと考えていた。

　第三の計画は、非常に野心的で、アランは、数論の中心的問題で自分の力量を試してみようと決めていた。その問題に関するインガムの本を一九三三年から持っていて、新しい関心ではなかったが、そのインガム自身がアランの意向を知り、近著論文数編を送ってきていた[3・17]。野心的というのは、アランが選んだその問題は長い間超一流の純粋数学者の関心を惹き、かつ、その挑戦を退けてきたからだ。

素数はきわめてふつうの存在なのに、素数に関して大問題があることを二言三言で述べることは容易だ。素数の次のような疑問は、大昔に解決されている。ユークリッドは、素数が無限に存在することを証明できた。一九三七年時点で知られていた最大の素数は $2^{127}-1=170141183460469231731687303715884105727$ だったが、その後も無限に続くとわかっていた。しかし、容易に推測できるにもかかわらず証明がとてつもなく困難な性質もあった。素数はだんだんまばらになり続けるという、分布の問題だ。つまり、最初のうちはたいていの数が素数だが、一〇〇の周辺では四つに一つになり、一〇〇億周辺では二三個に一つしか素数にならない。これには理由がなければならなかった[3・18]。

一七九三年頃、当時一五歳だったガウスは、素数の分布に規則的なパタンがあることに気づいた。数 n の周辺における素数間の間隔は、数 n の桁数に比例するという関係である。より正確にいえば、n の自然対数に比例する。素数好きだったガウスは、生涯、余暇の時間を費やして三〇〇万までのすべての素数を特定し、可能なかぎり自分の観察を検証しようとした。

一八九五年まではほとんどなんの進展もなかったが、その年、リーマンがこの問題の理論的枠組みを切り拓いた。彼の発見は、複素解析*4を使って、一方では、固定し離散的に確定した素数と、他方では、均質な対数関数のように連続で滑らかな関数との橋渡しができるというものだった。その発見からリーマンは、素数の密度に関する一定の定式化に成功した。ガウスが気づいた対数法則を洗練させたものだ。しかし、彼の定式化はまだ厳密ではなく、証明もできなかった。

リーマンの定式化は、彼が推定できなかったいくつかの項を無視していた。一八九六年になってようやく、これらの誤差項の存在が主要な結果に抵触しない小さなものだと証明された。その頃には素数定理と呼ばれるようになっており、素数は、自然対数の形でまばらになっていくことが観察されただけでなく、どこまでもそうなっていると厳密に証明されていた。しかし、話はそこでは終わらない。表に関しては、素数が対数法則を実に驚くほど近似してたどっていることが確認できる。誤差項は全体的な対数のパタンと比較して十分に小さいだけでなく、非常に小さかった。しかし、これは、数の無限の範囲について正しいのか、つまり、計算できる範囲を越えて正しいといえるのか。もしそうならば、それはなぜなのか。

　リーマンの研究は、この問題をひどく異なる形式で言い直した。彼は「ゼータ関数」という複素関数を定義した。それによれば、誤差項が一貫して非常に小さいという主張は、リーマンのゼータ関数が値ゼロを通るのは、平面上の一つの直線にすべての誤差項が乗ったときのみであるという主張と本質的に同値であることになる。この主張は、リーマン予想として知られていた。リーマン自身は、真である公算は「きわめて大きい」と考え、また、ほかの多くの人も同意見だったが、証明はみつかっていなかった。一九〇〇年に、ヒルベルトはこの問題を二〇世紀数学の第四問題とするだけでなく、別の機会には、「数学において最も重要な、絶対的に最も重要な問題」であると述べていた。ハーディは、三〇年間ずっとこの問題にくらいついていたが、成功しなかった。

　リーマン予想は数論の中心的問題であるが、周辺にはさまざまな問題が綺羅星のごとく存在した。そのうちの一つをアランは自分の研究対象とした。素数が対数関数的にまばらになるという単純な前提は、リーマンのような修正を加えないと、素数の数を実際より多く見積もっているように思われた。何百万もの例にもとづく常識、あるいは「科学的帰納」によれば、この傾向は数が大きくなればなるほど一貫して続くはずだ。しかし、一九一四年にハーディの研究協力者J・E・リトルウッドは、この傾向が存在しないことを示した。根拠は、単純な前提によると素数の累積の数が過少評価される点が存在していたことだ。

その後、一九三三年に、ケンブリッジの数学者S・スキューズは、リーマン予想が真なら、その逆転する点は、一〇の一〇乗の一〇乗の三四乗よりも小さいということを証明した[3・19]。この数を、ハーディは、数学について特定の役割をもった最大の数であるとして言及したことがある*5。そこで、アランは、この巨大な上限をなんとかして小さくできないか、あるいは、リーマン予想が真であることに依存しないでこの上限の数をみつけられないかという問題に置き換えて、取り組んだ。

ケンブリッジでの新しい展開は、哲学者のルートヴィヒ・ウィトゲンシュタインと知り合いになったことだ。以前、アランはモラル・サイエンス・クラブでウィトゲンシュタインに会ったことがあり、ウィトゲンシュタインも（バートランド・ラッセルのように）『計算可能数』の抜刷を受け取っていた。しかし、キングズカレッジのフェロー、アリスター・ワトソンが彼らを紹介したのは一九三七年の夏だ[3・20]。彼らは植物園でときどき会った。ワトソンはモラル・サイエンス・クラブのために数学基礎論に関する論文を書き、そのなかでチューリング機械を使った。ウィトゲンシュタインの最初の研究はエンジニアだったときのものだが、つねに実践的で地道な論文構成を好み、曖昧な着想をかなり明確にしたアランの研究方法を認めた。不思議なことに、ヒルベルト・プログラムの失敗は、適切に設定されたすべての問題は解決可能だというウィトゲンシュタインが初期に『論理哲学論考』で展開させた立場の終焉も意味した。

アランは船でノースフォークブローズかチチェスターハーバーのボシャムへ出かけて、休日を過ごしたかもしれない。ロンドンのビュッテル家にしばらく滞在することもあった。ビュッテル氏はフェミニズムと利益分配という進歩的な理念を原則として信奉しているが、会社の運営方針は完全に独裁的で、彼の家もしかりだった。ビクターの弟ジェラルドはインペリアルカレッジで物理学を学んでいたのに、父親は息子が気流を調べるために模型飛行機を飛ばすのは時間の無駄だと心配して、勉強をやめさせた。これを聞いたアランは激怒して、ジェラルドは有意義な研究をしていると言い[3・21]、そんな父親を彼が尊敬していることにさらに腹を立てた。また、ジェラルドが家業のある小さな決まり事を破ったことを父親に告げて「分別ある規則」に従うだけだと言うのを聞いたときは大声で賛成した。

アランが週末を過ごすためにジェームズと再会したのもロンドンだった。彼らはラッセルスクエアの近くにあるかなり場末のB&Bに泊まり、映画一、二本とドイツ国会議事堂放火事件の裁判をあつかったエルマー・ライスの舞台『審判の日』を見に出かけた。アランは、性的に言い寄っても拒まない誰かといることに安らいだにちがいない。ただし、いつものように、アランがジェームズに深い思いや特別な身体的魅力を感じなかったのも明白だった。二人の関係がさらに発展する見込みはない。この週末以後、約一二年間ジェームズがこれ以上の経験をすることはほとんどなかった。アランは探究心旺盛だったが、それもまた彼が選んだ人生だ。月日が過ぎ、事情の変化が訪れるまで何も変わらないだろう。

九月二二日、アランはサウサンプトンでアメリカから来た大学院の友人、ウィル・ジョーンズと会う。二人は一緒にアメリカに戻る計画をして、ドイツの定期船ヨーロッパ号に乗船した。ウィルはオックスフォードで夏を過ごし、たんに早いからという理由でドイツ船にした。アランよりも律儀な反ファシストだったらドイツ船を使わず、アランよりも古いタイプの人間だったら航海中にロシア語を勉強したり、鎌と鎚が描かれているロシアの教科書を使ってどきっとするようなドイツ語の表現を楽しんだりはしないだろう。

到着した日に船上でアランが書く。

僕は航海中ウィル・ジョーンズが一緒でうれしかったです。船にはそれほどおもしろそうな人はいないようでした。ウィルと僕は哲学の議論をして時間をつぶし、午後の半分を使って船の速度を測ろうとしました。

プリンストンに戻ると、アランとウィルは長い時間、語り合った。ウィルはミシシッピー州の最奥部にある古い白人支配の南部地域出身で、オックスフォードで哲学を学んだ。したがって、大ざっぱなアメリカ人と優雅な旧世界のジェントルマンの遭遇などというありふれた言葉ではすまされないものがある。ウィルはアメリカ人でもまったく別のアメリカ人だった。それは、アランが率直で実用主義的でリベラルなイギリスを代表しているのと同じだ。ウィルは哲学者として科学を真剣に考えるあまり、人文学と科学の通常の境界を越えていた。その頃、彼はカントの主張に関する博士論文を書いていた。それは、人間の行動が惑星の動きと同じように決定されているとしても、道徳的価値にもとづいて分類することができるというものだった。また、量子力学が議論に影響を与えるかどうか、アランの意見を求めてきた。五年くらい前にアランが取り組んでいた大問題だ。しかし、アランはだいぶ前から、あるレベルでは世界は機械的に進化しているはずだというラッセル的な考え方ですっかり満足しているように見えた。自由意志の問題を、科学的ではなく哲学的に議論する気はすでになかった。おそらく、以前の彼にあった葛藤の痕跡は、唯物論的傾倒に表われているのかもしれない。「人間はピンク色をした感覚与件の集まりであると私は考える」と冗談で言ったことがあった。そんなに簡単だといいのだが。そんなアランを象徴するかのように、一九三二年にモーコム夫人からもらったリサーチ社の万年筆を航海中に紛失した。

さらに、数論についてもアランはウィルに説明する。あらゆる性質が一番簡単な公理から正確に導きだされるというアランの説明は、学校で習う数学の丸暗記とは正反対の考え方で、ウィルは気に入った。アランは自分が感情的に抱えている問題については一言も話さなかったが、かなり大ざっぱには道徳的理解を得たようだ。というのも、ウィルはアランのなかに、G・E・ムーアとケインズの道徳哲学が具体的に実現されているのを認めたからだ。

アランとウィルは同じグループに所属するそれぞれの友達を通じて、前の年に知り合っていた。そのグループにはプリンストンに戻っていたカナダ人物理学者のマルコム・マクファイルもいた。アランが副業で引き受けた仕事に巻き込むことになる人物だ。[3・22]

おそらく、チューリングが最初にドイツとの戦争が始まる不安を抱くようになったのは一九三七年の秋です。当時、彼はあの有名な論文に一生懸命取り組んでいたと思われますが、それでも、彼は暗号解読というテーマに独特の情熱をもって取り組む時間をみつけました。そして、……この話題について私たちはずいぶん議論しました。彼は、単語を公式のコードブックから取り出した数字に置き換え、通信内容を二進法の数字として送信することにしました。しかし、敵がそのコードブックをもっていても、傍受した通信内容を解読できないようにするために、彼は、ある特定の通信内容に対応する数字にすさまじく長い秘密の数をかけて、その積を送信することにしました。その秘密の数の長さは、通常の探索方法だと一〇〇人のドイツ人が一日八時間卓上計算器を使って一〇〇年間計算しなければ秘密の因数がみつからないという条件によって決定されました。

わざわざチューリングは電気乗算器まで設計して、ちゃんと機能するかどうか見るために最初の三、四段階を作りました。この機械にはリレースイッチが必要でしたが、当時は売っていなかったので、アランはそれも自分で作りました。プリンストンの物理学科には大学院生用の小さいけれど設備は十分な機械工作室がありました。アランの計画に対する私のささやかな貢献は、たぶん規則に違反して彼に工作室の鍵を貸し、指を切り落とさないように旋盤、ドリル、圧縮機の使い方を教えたことです。そうこうして彼は機械を操作してリレーのコイルを巻きました。その計算器は動き、二人は驚き、喜びました。

数学的には、この計画は先端的なものではない。乗算しか使わないからだ。ただし、最先端の理論を使わないにもかかわらず、「退屈で初歩的な」数学を一九三七年には一般的だったとはいえない形で応用する必要があった。

まず、第一に二進法で表現するということは、当時の実際の計算作業に従事する人には新奇に思われた。アラン自身は、『計算可能数』論文ですでに二進数を利用していた。論文では、これについて原則的な主張をしていないが、すべての計算可能数を0と1だけからなる無限の列として表現した。しかし、実用的な乗算器を作るときのほうが、二進法で表現する利点は具体的になった。つまり、乗算表は

×	0	1
0	0	0
1	0	1

という自明なものとなるので、乗算作業の担当者は、繰り上げ操作と加算操作だけすればよい。

この研究のもう一つの側面は、初等的な論理学との関係だった。0と1に関する演算は、命題論理としてあつかえる。たとえば、上記の自明な乗算表は、論理学の「かつ」という言葉と同じはたらきをしている。すなわち、命題pと命題qの「真理表」は、どのような場合に「pかつq」が真になるかを示している。

p / q

かつ	偽	真
偽	偽	偽
真	偽	真

つまり、解釈は異なるが、やっていることは同じだ。命題の計算は、どんな論理学の教科書でも最初の頁に載っているので、アランにとってはまったく当然のことだっただろう。この計算は「思考の法則」という安易で楽観的な名前をつけて一八五四年にこの形式化を行なったジョージ・ブールの名前をとって、「ブール代数」とも呼ばれた。二進法の計算は、「かつ」「または」「でない」という論理学用語にすれば、ブール代数として表現できた。アランが乗算器を設計するにあたって、ブール代数を使って必要とされる基本的演算の回数を最小化するのが課題だった。

　この課題は、机上の練習問題としては、同じ問題を解く「チューリング機械」を設計するさいの課題とよく似ているだろう。しかし、きちんと動く機械にするには、異なる物理的な「配置」を実現する手段が必要だった。これは、スイッチを組み込むことで実現した。スイッチとは、「オン」か「オフ」、「0」か「1」、「真」か「偽」という二つの状態のどちらかにあるということだ。彼が利用したスイッチはリレーによって作動した。こうして、論理的な概念と物理的に実現する何かを結びつけたいというアランのなかで、はじめて電気が直接的な役割を果たすことになった。電磁リレーそのものは、一〇〇年前にアメリカの物理学者ヘンリーが発明していて、新しいことは何もない。原理は、電気モーターと同じで、電流がコイルを流れて磁気接点を動かす。ただし、リレーの場合、その接点が動くと電流の流れる回路がつながったり、切れたりする。「リレー」という名前は、初期の電信システムにおける使い方に由来する。減衰した電気信号を再び新しく、明瞭な信号にすることができるという意味だった。当時の米英で急増していた自動電話交換機で何百万個という規模の需要を引き起こしたのは、リレーがもつオール・オア・ナッシングという「論理的」な機能だった。

一九三七年にはまだ、スイッチの組み合わせの論理的性質がブール代数、すなわち、二進算術で表せるということはよくわかっていなかった。しかし、論理学者には難しいことではない。アランにとっての課題は、チューリング機械の論理的設計をリレーを使うスイッチのネットワークで実現することだった。つまり考え方としては、入力端末電流を調節して、なんらかの数を機械に与えると、リレーが開いたり閉じたりして電流が通過し、出力端末に到達して、暗号化された数を「書き出す」というものだ。実際には「テープ」は使わないが、論理的には同じことなので、チューリング機械は実現間近だったといえる。彼のリレー乗算器の最初の数段階が実際に動作したからだ。アランが人目をしのんで物理の機械工作室を訪れたことは、彼が直面していた問題を象徴している。つまり、数学と工学、論理的なものと物理的なものとの間にある境界を越えることが必要だった。

暗号として、この考え方は驚くほど説得力に乏しく、一年前のアランの主張と照らせばなおさらだった。ドイツ人が、鍵となる「秘密の数」をみつけるために二つ以上の数の最大公約数をみつけられないとでも思ったのだろうか。なんらかの工夫でこの抜け穴が塞がれたとしても、いぜんとして、数字一つでも間違って送信されれば、暗号文全部が解読不可能になるという致命的な欠陥に悩まされただろう。

それほど真面目に考えるつもりはなかったのかもしれないし、二進法の乗算器の設計という課題に対応するとき、脇道にそれたのかもしれない。しかし、イギリスから送られてきた『ニューステイツマン』[*6]誌の一読者だったアランにはドイツを軽視できる理由はなかった。毎週、ドイツ第三帝国の内外における政策についておそろしい記事が載っていた。「戦争のための仕事」が、「退屈で初歩的な」(しかし魅力的な)副業を引き受ける格好の口実になり、ナチスドイツのおかげで「道徳」上の良心の呵責から解放されたのはアランだけではなかっただろう。

アランはさらにもう一つ別の機械を考えていたが、そちらのほうは、ドイツ人のリーマンの研究に由来するという以外、ドイツとはなんの関係もない。その機械の目的は、リーマンのゼータ関数を計算することだった。これまでの多大な努力にもかかわらず証明できていないという理由だけからも、アランは、リーマン予想はおそらく間違っていると判断していた。リーマン予想が間違っているとすると、ゼータ関数が特別の直線から離れたところで零点をとることになり、そのような場所を、しらみつぶしに、すなわちゼータ関数の十分に多い値を計算することによって、いわば腕力まかせでそのような零点を特定することができる。

このような腕力まかせの試みはすでに行なわれていた。リーマン自身が最初のいくつかの零点を特定し、それらすべてが特別の直線上に位置していることをたしかめた。一九三五年から一九三六年にかけてオックスフォード大学の数学者E・C・ティッチマーシュは、天文学の予測計算に使用されていたパンチカード装置を使って(一定の厳密に定義された意味で)ゼータ関数の最初の一〇四個の零点はすべて直線上に位置することを確認していた。アランの発想の核心は、この直線上にない零点がみつかることを期待して、次の数千ほどの零点を調べることだった。

この問題には二つの側面があった。リーマンのゼータ関数は無限個の項の和として定義され、この和を表現するのに多くの異なる方法が可能であるにもかかわらず、その値を評価するにはいずれにせよ近似の操作が必要だった。いい近似方法をみつけ、それがたしかにいい近似であること、つまり、含まれる誤差が小さいことを証明するのは数学者の仕事だ。この作業に数の計算は不要だったが、複素解析に関する非常に専門的な作業は必要だった。ティッチマーシュは、なんとも麗しいことに、七〇年間ゲッティンゲンに埋もれていたリーマンの論文から掘り起こされたある近似法を使った。しかし、計算を拡大し、数千の新しい零点に到達するには、新しい近似方法がなければならない。アランはそれをみつけて正当化しようと試みた。

二つめの側面は、一つめとはまったくちがうものだ。実際に計算を実行し、近似公式に数値を代入して何千もの異なる入力に対して値を求め続けるという「退屈で初歩的な」課題だった。その公式は、異なる周期のさまざまな三角関数の和の形をとっているので、惑星の位置を予測する公式とかなり似ている。それゆえにティッチマーシュは、加算、乗算、そして、余弦表の値を参照するという退屈な反復作業を、惑星天文学と同じパンチカードにやらせることにした。しかし、アランは、やはり大規模に実用されている別の計算の課題に似ていることに思いいたる。それは、潮汐予測の計算だ。潮の満ち引きもまた、異なる周期のさまざまな波の和だと考えられる。すなわち、日ごと、月ごと、年ごとの干満の周期である。リバプールには、その加算を自動的に実行する機械[3・23]があった。適当な周期をもつ円運動を生成して足し合わせるという、単純な「アナログ」機械だ。その機械は、計算されるべき数学的関数の物理的な対応物、つまりアナログを生み出した。この考え方は、有限個の離散的記号の集合を使って計算するチューリング機械の発想とはまったく異なる。潮汐予測機械は計算尺と同じで、記号の操作ではなく、長さの測定を基礎としていた。そのような機械なら、ゼータ関数の計算に活用して加算、乗算、余弦値の参照という退屈な作業を切り詰められることにアランは気づいた。

アランは自分の考えをティッチマーシュに手紙[3・24]で説明したにちがいない。一九三七年一二月一日のティッチマーシュからの手紙には、計算を拡大する方針に同意する旨と、「私もリバプールで潮の干満を予測する機械を見たことがあります。でも、それをこのように使うことは思いつきませんでした」と書かれていた。

ときどきは気晴らしもした。ホッケーはまだ続いていたが、フランシス・プライスとショーン・ワイリーがいないチームは勢いに欠けた。アランは調整役を買って出る。彼はテニスもよくやった。感謝祭の日、北へドライブしてジャック&メアリー・クロフォード夫妻を再び訪ねた（「僕はどんどん運転がうまくなっています」）。クリスマスの前、自分の家で一緒にクリスマスを過ごそうという友人ヴェナブル・マーティンの誘いを受け入れる。マーティンの家はサウスカロライナ州の小さな町にあった。

僕たちは二日間南にドライブしてたどり着き、そこで二、三泊して、それからバージニア州へ戻ってウェルバーン夫人宅へ泊まりました。こんなに南下したことはありません。北緯三四度ぐらいだろうか。南北戦争が終わってずいぶん経つのに、人びとは今も非常に貧しそうです。

ウェルバーン夫人は「バージニア州の謎につつまれた婦人」で、クリスマスにイギリス人大学院生を招待する習慣があった。アランは、「彼女の家族の誰ともうまく話せるようになりませんでした」と告白している。アランとウィル・ジョーンズはこの年もまた宝物探しゲームを企画するが、前年のようには盛り上がらなかった。ヒントを一つ、ショーの全集からとった。そして、四月、アランとウィルはセント・ジョーンズカレッジ、アナポリス、ワシントンを旅する。「僕たちは上院に行って傍聴しました。実に気楽な感じでした。議員はたった六人か八人で、実際にはほとんど誰も議論に参加していないようでした」。傍聴席から見おろすとルーズベルトの党の実力者ジム・ファーリーがいた。そこは別世界だった。

その年の最大の関心事は、ゲーデルの定理の影響から逃れる方法がないかを研究して、博士論文を完成させることだった。[3・25] 基本的な着想は、その体系に新しい公理を追加して、「真であるが証明不可能」な言明が証明可能であるようにできないかということだ。しかし、算術は、このような観点から考えると、とにかく掴まえにくい性格をしていた。ゲーデルの特定の言明の一つを証明可能にする新しい公理を一つ加えることはいたって簡単だが、そうすると、ゲーデルの定理はその拡張された新しい体系についても適用可能となり、「真であるが証明不可能」な言明をまた別に生み出すことになる。つまり、有限個の公理を追加しても十分ではありえず、無限個の公理を追加する可能性について議論することが必要だった。

　これは、ことの発端にすぎない。というのは、数学者にはよく知られていたように、「無限に多くの」ことを順番に実行する方法はいろいろあるからだ。カントールは整数を順番に並べようとして、このことに気づいた。たとえば、最初に偶数をすべて小さい順に並べ、次に奇数をすべて並べてみよう。こうやって並べると、ふつうに一から一列に整数を並べるときよりも、厳密には数の並びが「二倍に長く」なる。同様に、最初に偶数を、次に残りの数のなかの三の倍数を、さらに残りの数のなかの五の倍数を、そして残りの数のなかの七の倍数をという具合に並べることにすれば、実際上は、無限倍にもなる。

　つまり、そのような数の並びの「長さ」には限界がない。同様に、算術の公理の拡張は、公理の無限に長い一つの並びを追加しても、公理の無限に長い二つの並びを追加しても、公理の無限に長い無限個の並びを追加しても可能であり、その上限はない。問題は、これでゲーデルの定理の影響を免れるかどうかということだ。

　カントールは、整数の順序づけを「序数」によって記述したが、それに対して、アランは、算術の公理の拡張を「序数論理」として記述した。ある意味では、「序数論理」がヒルベルトの専門的な意味で「完全」でありえないことは明らかだった。無限個の公理があっても、それを書き尽くすのは不可能だからである。少なくとも、その無限個の公理を生成する有限個の規則が存在しなければならない。しかしそれでは、体系の全体がいぜんとして有限個の規則によって基礎づけられ、そこで、ゲーデルの定理がそのまま妥当することになり、証明不可能な言明が結局存在すると示せる。

しかし、さらに微妙な問題があった。アランの「序数論理」では、公理を生成する規則は、ある特定の表現に「序数式」を代入する。代入自体は、「機械的な手続き」である。しかし、与えられた式が序数式であるかどうかの判定は、「機械的な手続き」ではない。彼が問題にしたのは、算術の不完全性全体を、何か特定の問題、すなわち、どの式が「序数式」であるかを判定するという解決不可能な問題に置き換えていいのかだった。もし置き換えていいなら、算術が完全であることに一理あるだろう。なぜならば、公理が何かを述べる機械的な方法はないにせよ、すべての定理が公理から証明できることになるからである。

彼は、式が序数式であるかどうかを判定する課題を「直観」と対比して考えている。「完全な序数論理」においては、算術のいかなる定理も、機械的推論と数段階の「直観」によって証明できると考えられる。この方法でゲーデルの不完全性定理をある程度制御できるようになるとアランは期待したが、うまくいかないだろうとも感じていた。「完全な序数論理」はたしかに存在するが、どんな定理についても、証明に必要な「直観的」な段階の数を数えられないという欠陥を抱えていた。つまり、定理が、彼の意味でどれほど「深い」のかを測定する方法が存在せず、そもそも何が起きているかを厳密に確認する手段がないということだ。

一筋の光明は、「神託」チューリング機械の着想だった。この機械は、特定の解決不可能な問題を解ける機械だ。この着想をもとに、相対的な計算可能性また解決不可能性という考え方が導入された。そして、数理論理学の研究における新たな分野が生まれた。アランは、『メトセラへ還れ』に登場する「神託」のことを考えていたのかもしれない。その神託の言葉を借りて、バーナード・ショーは、政治家の解決不可能な問題に「家へ戻れ、かわいそうな愚か者」と答えていた。

論文の記述ではあまりはっきりしないことがある。アランがその「直観」、すなわち、真ではあるが証明不可能な言明をそのとおりだと認める能力が、人間の心のなかの何かに対応するとどの程度考えていたかということだ。彼は書いている。

数学的な思考は二種類の能力を組み合わせて活用することであると、図式的に理解されるかもしれない。つまり、直観と工夫だ（ここでは、意味あるものをそのほかのものから区別するという最も重要な能力を考慮から外している。実際、数学者の役割とは、たんに命題の真偽を決定するだけであると考えている）。直観の働きの本質は、意識的な推論の結果ではない自発的な判断だということだ。

そしてまた、「序数論理」という発想が、この区別を形式化する一つの方法を表現していると主張した。しかし、「直観」が、有限に定義された形式的体系の不完全性という性質と少しでも関係があるとは確認されなかった。この不完全性という性質は一九三一年まで知られていなかったが、直観のほうはかなり古い。ここには、『計算可能数』で心を機械と考えつつ、たんなる機械を越えた何かを指摘したのと同じ両義性が存在している。この両義性は、人間の心にとって意味があるのだろうか。アランの考えは、はっきりしていない。

いずれ、アランはキングズカレッジに戻るつもりだった。ただし、三年間というフェローシップの任期が切れる一九三八年三月に期待どおりに契約が更新されたらだが。一方、父親（あまり愛国主義的でないかもしれない）からの手紙には、アメリカで職をみつけるようにと書いてあった。三月一〇日のフィリップ・ホールへ宛てたアランの手紙。

今、博士論文を執筆中で、少し難航しています。あちこち書き直してばかりです。……私のフェローシップの再選についてなんの知らせもないので少し心配しています。たんに再選されなかったからだというのが一番もっともらしい説明ですが、ほかにも理由がないでしょうか。それとなく調べて葉書でお知らせいただけましたら、大変うれしく思います。

私が帰国する前にヒトラーがイギリスを侵略しないことを祈っています。

三月一三日にオーストリアが併合されると、さすがに誰もがドイツのことを真剣に考えはじめていた。アランはといえば、こまめにアイゼンハートを訪ね、「アメリカでみつかりそうな職について」聞いている。「七月までにほんとうに戦争が始まらないかぎり職はみつかりそうもないが、ただ父親に何か報告したかった。アイゼンハートは目下のところ心当たりがないが、気にはとめておくと言った」。ところがまさにそのとき、フォン・ノイマンが高等研究所の研究助手職を打診してきた。

これは当時、量子力学関連の数学の分野とそのほかの理論物理学の分野のなかでは、とくにフォン・ノイマンの研究分野にある種の特権が与えられていたらしいということだ。ただし、論理学と数論は別だった。アメリカでフォン・ノイマンと仕事をすることは、アカデミックな経歴のまさに理想的なスタートを切ることだった。アランの父親は賢かったのかもしれない。競争は激しく、すでに不況だった労働市場はヨーロッパ人亡命者で溢れていた。フォン・ノイマンの推薦はかなりの影響力をもつ。

研究者として、大きな決断をせまられた。アランはこの好機について、四月二六日にフィリップ・ホールに宛てて「とうとう、ここで職がみつかりそうです」と書くが、五月一七日、今度は母親に「フォン・ノイマンから年俸一五〇〇ドルの助手職を打診されましたが、断ることにしました」と書いた。すでにキングズカレッジに電報を打って、フェローシップに再選されたことを確認していたからだった。

彼の意に反して、エメラルドの都で彼はすでに有名だった。話を聞いてもらうのに評判はまるで必要なかった。一年前ならいざ知らず、この頃にはフォン・ノイマンも『計算可能数』を知っていた。というのも、この一九三八年の夏にフォン・ノイマンはウラムとのヨーロッパ旅行で、「できるだけ大きな数字を紙に書き、それをチューリングの枠組みに関係する方法によって定義する」[*7]数字のゲームをしようともちかけていたからだ。[3・26]しかし、どんなに魅力的な仕事であろうとも、どんな褒め言葉をもらおうとも、どんなに報酬が多くても、ほんとうの理由はごく簡単だった。とにかくアランはキングズカレッジに帰りたかった。

一〇月の段階でクリスマスまでに終わるはずだった博士論文は遅れていた。「チャーチは多くの助言をくれ、それを反映させた結果、おそるべき長さになった」。タイプが下手だったので専門のタイピストに頼むが、かえってやっかいなことになり、結局、提出は五月一七日で、チャーチ、レフシェッツ、H・F・ボーネンブルストによる面接試験は五月三一日だった。「志願者は数理論理学の特別な分野だけでなくほかの分野においても優秀な成績で試験に合格した」。科学仏語と科学独語の簡単な試験もあったが、ケンブリッジ大学院生の博士論文を審査する側にいながら、同時にプリンストンで語学の試験を受けるのは、なんともいえず馬鹿馬鹿しい。ちなみに、彼はその博士論文を却下せざるをえなかった（四月二六日フィリップ・ホールに書く。ケンブリッジの大学院生が「論文に対する僕のコメントがもとで、論文を書き直そうとしないことを望みます。彼らの困ったところは、実にうまく愚かな行為に走ることです。しかし、本気になって書き直そうとする人には、時間をかけて考えなければならないことを言ったつもりです」）。六月二一日、博士号の授与。アランはこの資格をほとんど使っていない。ドクターという称号はケンブリッジではまったく役にたたず、ほかでは病気の相談をされてしまうからだ。

アランはオズの国に別れを告げたが、『オズの魔法使い』とは内容が少しちがった。魔法使いはペテン師ではなく彼に留まるように頼み、ドロシーは意地悪な西の魔女を負かしたが、彼は逆だった。プリンストンは、正統的なもの、すなわち、アメリカのゲルマン的部分からかなり隔離されていたが、体制への従順という側面もあり、それが彼を不安な気持ちにさせた。アランの問題は解決されないままだ。内心では自分に自信をもっていたが、T・S・エリオットの三月公演『寺院の殺人』（「非常に感動した」と述べている）と同じように、生きてはいたが、部分的にしか生きていなかった。

　しかし、ある意味、彼はドロシーに似ていた。いつも彼にできる何かがあり、それは表に出る機会をただ待っているのだ。七月一八日、アランは、サウサンプトンでノルマンディー号から下船する。実験用回路板に取り付けた電気乗算器はハトロン紙にしっかり包まれていた。フィリップ・ホールに「七月半ばにお目にかかれるでしょう。また、八フィートの溝で十字模様がついた裏庭の芝生を見るのを楽しみにしています」と書いている。これは実現されなかったが、もっと用意周到に準備されていたことがあった。そして、アランはそれに参加することができた。

　イギリス政府がコードと暗号に関心を示しているとアランが考えたのは正しい。*8 政府はそれを専門的に研究する組織を維持していた。それは、第一次世界大戦の遺産であり、海軍本部が設置した暗号解読機関ルーム四〇として一九三八年まで密かに存続していた。

　一九一四年にロシアが海軍本部に引き渡した一人のドイツ人捕虜の暗号ノートが最初に解読されて以来、あらゆる無線信号やケーブル信号が解読されてきた。解読したのは、大学や学校から募集した解読要員で、大半は民間人だった。ルーム四〇では、司令官のホール提督が外交通信（たとえば、有名なツィンメルマン電報）を自分の統制下においていた。しかもホールは権力の使い方に長けていた[3・27]。ケースメント〔訳注：

ロジャー・ケースメント。アイルランドの人権活動家、反逆罪でロンドンで絞首刑）の日記を新聞社に見せたのはホールだ。もっと重大な局面にも関与し、「海軍に関係ない政策上の問題も独自にほかの部門の情報にもとづいて行動した」[3・28]。この組織は休戦中も生き延びたが、一九二二年、外務省は海軍本部からの切り離しに成功する。すでに「政府暗号学校」という名称に変えられ、「外国勢力が使用した暗号通信の方法」を学び[3・29]、イギリスのコードと暗号の防衛について助言を与えることになっていた。こうして、この専門組織は厳密には外務大臣に対して責任を負う秘密機関[*9]の長の管轄下におかれた。

政府暗号学校校長のアラステア・デニストン中佐は、国家財政委員会から三〇名の民間人アシスタント[3・30]を雇う許可をもらった。高い能力をもつスタッフが集められた。そして、約五〇名の事務員とタイピスト、専門行政職員として一五名のシニア・アシスタントと一五名のジュニア・アシスタントがいた。シニア・アシスタントは全員ルーム四〇で仕事をするが、ロシアからの亡命者フェターラインはおそらく例外だっただろう。彼は後にロシア部門の責任者になった。ほかには、リットン・ストレイチーの兄弟であり有名なフェミニストのレイ・ストレイチーの夫であるオリバー・ストレイチーと、古典学者で第一次世界大戦までキングズカレッジのフェローだったディルウィン・ノックスがいた。ストレイチーとノックスはともにエドワード七世の絶頂期にケインズ研究会に属していた。一九二〇年代に若干の組織拡大があり、それにともなってジュニア・アシスタントが募集された。最後に採用されたのが一九三二年のA・M・ケンドリックだった。

政府暗号学校の暗号解読は一九二〇年代の政治に重要な役割を果たした。ロシアによる通信文の傍受が新聞社に漏れた結果、一九二四年に労働党内閣が崩壊する。しかし、政府暗号学校は復興したドイツからイギリス帝国を守ることにそれほど積極的ではなかった[3・31]。たしかにイタリアと日本の交信解読で大きな成功を収めたが、公式的な歴史記録には、「不運にも」、「一九三六年以後、軍事研究に応用される政府暗号学校の活動が増えたにもかかわらず、ドイツ問題にはほとんど関心が払われなかった」と記述されている。根底にある一つの理由は経済的なものだ。デニストンは地中海の軍事行動に見合うようスタッフの増員を懇願しなければならなかった。一九三五年の秋、大蔵省は一三名の増員を認めたが、一回の増員につき半年の臨時雇いという条件付きだった。一九三七年一月、状況を訴えるためにデニストンが大蔵省へ送った通信[3・32]がある。

スペインは……非常に不安定な状態が続いており、エチオピアの危機が頂点に達したとき以来、あつかうべき交信の往来は確実に増えている。一九三四年の最後の三か月と一九三五年、一九三六年にあつかった海底電信（ケーブル）の数字は次のとおりだ。

一九三四　一万六六三八
一九三五　一万二六九六
一九三六　一万三九九〇

過去一か月間、現スタッフは超過勤務をして増加する交信を処理するのがやっとだった。

一九三七年中に、大蔵省は常勤スタッフを増員することに同意した。しかし、これだけでは追いつかない。[3・33]

ドイツの無線送信量は……増えている。イギリスの放送局が傍受する困難さは確実に減っているが、一九三九年においてすら受信機とオペレーターの不足により、ドイツ軍通信のすべては傍受していない。まして、傍受した交信のすべてが調査されたわけでもない。一九三七年から一九三八年まで政府暗号学校で軍の職員が増員されたのに対して、民間人スタッフの増員は一切ない。そして、ドイツの交信傍受がつねに間に合わないため、当時集められた八名の大学卒業生の大部分はドイツと同程度に負担が増えている日本とイタリア関連の仕事に時間をとられ、その結果軍事部門が拡大された。これはたんに人数と予算の問題ではない。この古くからある部門は一九三〇年代の終わりに機械化の波に乗ることができなかった。第一次世界大戦後の数年間は「現代外交における暗号解読の黄金の時代」[3・34]だが、ドイツの交信は政府暗号学校の手に負えない問題を課した。エニグマ機械だ。[3・35]

ドイツでは一九三七年までには、同盟国の日本、イタリアとちがって陸軍、海軍、おそらく空軍までもが鉄道やナチス親衛隊のようなほかの国家機関と協力して、戦略的交信以外のあらゆる通信のために、同種の暗号システムをさまざまな形に変えて使う体制が確立していた。ドイツ人は一九二〇年代に市場に出たエニグマ機械を改良して解読できないようにした。一九三七年、政府暗号学校はドイツ、イタリア、そしてスペインの愛国軍が使用していた改良前の安全度の低い型のエニグマ機械に侵入するが、それでも、解読に失敗して、それはその後も続いたようだ。

エニグマ機械は一九三八年のイギリス情報部が直面した重要な問題だった。しかも、彼らは解読不可能だと信じ込んでいた。当時の体制では無理もない。とくにブロードウェイ・ビルディングスを下ったキングズカレッジにある秘密の部署は古典学者の集まりで、数学者は一人もいなかった。

一九三八年、極端な常任スタッフ不足を埋めるための増員は一切なされていない。しかし、[3・36]「戦時の場合には約六〇名以上の暗号解読者を雇う計画があった」。ここでアラン・チューリングの登場だ。彼は新しいメンバーの一人だった。一九三六年以来アランは政府と関係があったかもしれないし、あるいは、自分の乗算器を実証するつもりでノルマンディー号から降りたのかもしれない。しかし、第一次世界大戦時にルーム四〇で仕事をした年上の同僚の誰かを通してアランのことがデニストンに伝わった可能性が高い。候補の一人がアドコック教授で、彼は一九一一年以来キングズカレッジのフェローだった。もし、アランがそれまでにキングズカレッジのハイテーブルで暗号について話していれば、彼の熱意はただちに政府暗号学校に伝わっただろう。どのみち、アランが採用されるのは当然だった。一九三八年の夏、アランはイギリスに戻り、政府暗号学校司令部に雇われた。

一九三三年に抱いた願いもむなしく、アランと友人たちは戦争の気配を感じとり、理不尽に兵士を指揮するよりも、頭脳労働をしているほうがいいと考えた。負傷したくないという気持ちがないとはいえないが、政府の知的才能を確保する方針は罪の意識をある意味で軽くした。このようにしてアラン・チューリングは重大な決断をして、イギリス政府との長期にわたる関係を選んだ。「イギリス政府」を疑っていた分、その裏を見るのを許されて興奮したにちがいない。しかし、アランはこのとき政府の機密保持と引き換えに、はじめて自分の心の一部を引き渡した。

アランが関わった当時のイギリス政府は強面で自己中心的、まるでアリスを鏡の国の旅に連れ出した白の女王のようだったが、やはり女王同様錯綜して、ブローチのピンや糸と格闘していた。真剣にエニグマ対策をしなかったことは、一九三八年九月、世界中に知られた一貫性を欠く戦略の一面でしかない。その九月までは、イギリス国民はいぜんとして、これまでやってきたことのなかにドイツの「抗議」に対する論理的な「解決策」があると確信していた。しかし、ついに九月以降、公平と自決をめぐる道徳的な議論は、とうとう権力がもつほんとうのおそろしさを隠せなくなった。ケンブリッジ大学の人びとは、キングズカレッジのフェロー、フランク・ルーカスが「恐怖に支配される」と形容する年を前に、再度集会を開いた。時間を逆行する白の女王は、ブローチの針がほんとうに突き刺さる前に悲鳴をあげる。すでにロンドンにいる子どもたちはニューナムカレッジに疎開させられ、男子学生は今にも徴兵されそうだった。何もはっきりしないまま、おそろしいことが今にも起こりそうだ。近代兵器による空襲の破壊力を強調する極端な扇動活動もあったが、政府は、反撃用の爆撃機を作ること以外に何も考えていないように見えた。

旧世界は終末に近づいているのかもしれない、しかし、新世界が提供するファンタジーに逃げ込むこともできた。一〇月になるとディズニー映画『白雪姫と七人の小人』がケンブリッジ大学にやってきた。アランはデイヴィッド・チャンパーノウンと見にいき、大学がキングズカレッジの教師に期待した役割を見事に演じる。アランは、魔女がリンゴを糸にぶらさげ、煮えたぎる毒汁に浸している場面に深く心を奪われる。

リンゴを毒の汁にひたすのだ
死の眠りが浸み込むように

アランは楽しそうに、この将来を予告する文句を何度も繰り返し口ずさんだ。

アランはまた、キングズカレッジの祝宴に、オックスフォードにいたショーン・ワイリーをゲストとして招待した。ショーン・ワイリーとデイヴィッド・チャンパーノウンはウィンチェスターカレッジの同窓だった。アランは以前からチャンパーノウンには乗算による暗号化の着想を話していたが、ショーンには夏期コースの話をし、採用者の候補としてショーンの名前を当局に伝えたと告げた。したがって、プリンストン大学での人材探しは真面目に成果をあげた。アランはこうも言っている。「かつて確率論の研究をしていた頃、コインを投げる実験中に誰かが入ってきたら自分は馬鹿だと思われてしまうが、キングズカレッジだったら、変わり者だと思われるだけでほとんど気にする必要はない」。彼らは戦争ゲームもやった。チャンパーノウンは「侵略――デニス・ウィートリーの興奮を呼ぶ新しい戦争ボードゲーム」を持っていて、そのゲームをさらにおもしろくする新しいルールも作った。当時、モーリス・プライスは大学講師になって二年めで、ウラニウム核分裂という新しい着想についてアランと話をしている。さらにモーリスは、連鎖反応が始まるのに必要な条件を計算する方程式を発見した。*10

アランは再び講師の職に応募したかもしれないが、そうだとしても、再度失望することになる。しかし、春学期の数学の基礎コースを受け持つことを大学に申し出た（この年、ニューマンは受け持っていない）。大学側はアランの申し出を受理し[3・37]、名ばかりの謝礼として一〇ポンドを支払う。これは、それなりの名声のある数学者にとっては慣例のことで、パート三の講義を正式に依頼されたわけではない。アランはまた、ベルリンからイギリスへ亡命したが問題があってウィトゲンシュタインのグループから離れていたウィーン学派の哲学者フリードリッヒ・ワイズマンの資格審査を頼まれる。ワイズマンは算術の基礎の講義を担当したがっていた。そこで、アランは彼にふさわしい場所をみつける。

一九三八年一一月一三日、ネビル・チェンバレン首相は大学の教会で行なわれた休戦記念日式典に出席した。主教は感謝を込めて、「六週間前にヒトラー閣下と会見してヨーロッパの平和を救った首相の勇気と洞察と忍耐」にふれた。しかし、ケンブリッジ大学の一部の意見はもっと現実的だ。キングズカレッジでは、クラファム教授が、ドイツの一一月の暴力の波の後、イギリス政府によって入国を許された亡命ユダヤ人の歓迎委員会の議長を務めていた。これらの出来事は、アランの友人フレッド・クレイトンにとって特別の意味があった。一九三五年から一九三七年にかけてフレッドが学んだ場所は、はじめはウィーンで次にドレスデンだった。そこで彼はプリンストン大学の楽しいホッケークラブとはかなりちがう経験をしてきた。

とても辛く心が痛むことがあった。フレッドがナチ体制の目論見に十分気がついていたことだ。そして、ウィーンで同じ家に住んでいたユダヤ人未亡人の下の息子と、ドレスデンの学校で教えていた一人の生徒のことだ。一九三八年一一月のユダヤ人襲撃はウィーンにいるその家族をひどい危険にさらし、フレッドはS夫人から助けを求められた。少年たちがイギリスに来られるように彼女を助け、クエーカー教徒の解放運動のおかげでクリスマス直前に出国できた。少年たちはハリッジの海岸にある亡命キャンプに身を寄せて、フレッドに手紙を書いた。フレッドはすぐに面会に行く。凍えるほど寒く暗い奴隷市場のような雰囲気のなかで、ドイツ語と英語の歌を歌い、オランダからの亡命者を受け入れたエリザベス女王を詠んだシーラーの『ドン・カルロス』の詩を読み上げる若い亡命者たちがいた。フレッドは以前から少年カールのことが大好きで、父親のいないカールもその思いに応えた。フレッドはカールの養子先を探す手伝いをした。

アランはこの話を万感の思いで聞いた。一九三九年二月の雨が降る日曜日、彼はフレッドと一緒に自転車でハリッジに行く。以前から学校や大学に行きたがっている少年を支援したいと思っていた。ほとんどの子どもはたいてい学校から永久に解放されるのを喜ぶが、ごく稀な例外がロバート・アウゲンフェルトだった。彼はイギリスについた瞬間から「ボブ」と呼ばれ、一〇歳で化学者になると決めていた。ボブはウィーンのかなり名誉ある家柄の出で、父親は第一次世界大戦で副官を務め、息子に勉強を続けたいと主張するよう言っていた。ボブはイギリスで援助を一切受けておらず、アランは彼の後援者になることを承知する。しかし、現実的には難しい。学生監の給料を貯めていたとしても、フェローとして支給される金額はこの種の寄付をするにはないに等しかったからだ。アランの父親は「それは賢明なことか。人に誤解されないか」と手紙に書いてアランを困らせ、デイヴィッド・チャンパーノウンはアランの父親の言うことはもっともだと思った。

しかし、さしせまった問題はすぐに解決された。ランカシャー海岸にあるパブリックスクールのロサール校が、無料で多数の亡命少年を引き受けてくれることになった。フレッドが保護したカールはそこへ行くことになり、ボブも同じようになった。ボブは面接を受けに北へ旅行する。ロサールは、まず小学校で英語を上達させることを条件にボブを受け入れた。途中、彼はマンチェスターでクエーカー教徒たちの世話になり、彼らの計らいで裕福なメソジスト一家の養子になった（カールも同じ経緯で養子になる）。これでボブの将来は決まった。最終的にはアランがボブに対して責任をもち、またボブもアランに対してつねに厚く恩義を感じていた。アランには、プレゼントをしたり学校生活に必要な学用品をそろえたりする以外、金銭的負担はない。アランの無謀な試みは無駄ではなかった。それどころかボブはアランと同じように強靭な精神を身につけ、すべてを失っても生き延び、自分自身の将来の教育ために闘うように定められたのだ。

一方、アランは政府暗号学校が抱える問題にますます密接に関わるようになる。クリスマスの日、ブロードウェイの本部でまた講習会があった。アランは大学を出て、セントジェームズスクエアにあるホテルにパトリック・ウィルキンソンと宿泊する。パトリックはアランより少し年長のキングズカレッジの古典学者で、彼もまた引きずり込まれたのだ。それ以後アランは、二、三週間ごとに彼を訪ねて仕事を手伝った。アランは、自分が、シニア・アシスタントのディルウィン・ノックスと自分より若いピーター・ツインに思いを抱いていることに気がつく。ピーターはオックスフォード大学出の物理学者で、二月の求人募集で新しく常勤のジュニア・アシスタントとして入った。アランは、エニグマに関する彼との共同研究の一部をキングズカレッジに持ち帰る許可をもらう。アランは、エニグマを研究するときには、「外扉を閉める」と言っていた。デニストンが戦前にエニグマの研究を開始させていたのは賢かった。しかし、なかなか成果が出ない。攻撃の根拠とするにはエニグマ機械についての一般的な知識が不足していた。

自分の下の息子が国家機密に関わっていると知ったら、チューリング夫人はさぞ驚いただろう。アラン

きちんとした身なりのアラン。両親と家族の友人（右）とともに。1938年にエニスモアアヴェニュー8番地の戸外にて。（ジョン・チューリング提供）

は自分の家族、とくに母親のあつかい方を十分心得ていた。家族はみな、アランが常識に欠けていると思い、アランはアランでぼんやりした学者の役割を果たす。母親にとってアランは「賢いが頼りない」息子で、毎年スーツを新調し（アランは着なかった）、彼にかわってクリスマスプレゼントや叔母への誕生日プレゼントを買い、床屋に行かせ、息子の外見と生活習慣上大事な事柄すべてをこなさせることに責任を感じていた。チューリング夫人は下層中産階級的なものならなんでもとくにすばやく気がつき、意見した。アランは天才少年の仮面を上手に使って、家では忍耐強く対立を避けた。たとえば宗教的な慣例についてなら、復活祭期間はクリスマスの聖歌を、クリスマス期間には復活祭の聖歌を歌いながら仕事をし、会話の最中にまったく無表情で「我らが主よ」と言ったりした。厳密にいうとアランは嘘をついてはいない、むしろ相手を傷つけることをうまく避けるためにごまかしたのだ。こんなことは家族に対してだけで、多くの人びとと同様、家族は彼にとって偽りの最後のとりでだった。

しかし、母親との関係にはちがう側面もあった。チューリング夫人はまさに、アランが理解を超える重要なことを成し遂げたのを知り、彼の研究が海外の関心を引いたことに一番感銘を受けた。一通だが日本からの手紙もある。ある理由から、彼女は、ショルツが一九三九年版のドイツの『数理科学百科事典』でアランの研究に言及しようとしているという事実にとくに心を打たれた。[3・38] 何かが起こったと彼女が感じるためには、このような目に見える反響が必要だった。アランは、母親が秘書のかわりをしてくれるのを恥ずかしいと思わなかった。彼女はアメリカにいるアランに『計算可能数』の抜粋を発送した。アランも努めて母親に数理論理学や複素数を説明するが、それは無駄に終わった。

アランのケンブリッジ大学での一回めの講義は、一九三九年の春だ。彼の講義はパート三の学生一四名で始まった。しかし、「学期が進むにつれて間違いなく出席者は減るでしょう」と家に手紙を書く。しかし、六月の試験に向けて問題を作らなければならないので、最低一名の学生は確保しなければならない。問題の一つは『計算可能数』の結果を証明すること。ほんの四年前にニューマンが答えられないとした問題を、一九三九年には試験問題としてだせることをとても喜んだにちがいない。

アランは講義を受け持つと同時に、ウィトゲンシュタインの数学の基礎に関する授業にも出た。アランの講義と同じタイトルだが、中身はまったくちがう。チューリングの講義は数理論理学という名前のチェスに関する内容だった。つまり、最も簡潔かつ精選された出発点となる複数の公理を抽出し、厳格な規則の体系に従って、そこから数学の構造にまで発展させ、さらに、そのような手続きの技術的な限界を発見させようとした。しかし、ウィトゲンシュタインの講義は数学の哲学、すなわち数学とはほんとうは何かに関するものだった。

ウィトゲンシュタインのクラスはほかのどのクラスともちがう。一つの例をあげると、受講者はすべての講義に出席すると誓わなければならない。アランはその規則を破り、その結果、言葉の拳骨をくらう。彼が七回めの講義を欠席したのは、クロックハウスを訪問したからだろう。二月一三日、クロックハウスでは、教区教会の礼拝堂全体を使ってクリストファーの没後九年の追悼式が行なわれた。ウィトゲンシュタインの特別コースは延長されて三一時間以上にも及び、一週間に二回の講義が二学期間にわたって続いた。受講生は約一五名、そのなかにアラステア・ワトソンがいた。受講生はまず、トリニティカレッジのなかにあるウィトゲンシュタインの質素な居室に行って個人面談を受けなければならない。この面談は印象に残るほど長い沈黙で有名だ。ウィトゲンシュタインは礼儀正しい会話をアランよりもはるかに徹底して軽蔑していた。プリンストン大学で、アランはヴェナブル・マーティンにウィトゲンシュタインがいかに「おそろしく変わった人間」であるかについて話した。ウィトゲンシュタインはアランとある論理について話した後、アランが言ったことを考えるために隣の部屋に行かなければならないと言ったということだった。

二人はともに無愛想で、ネクタイをせず、質素なアウトドア用の服を着ていて（ただし、アランはあくまでスポーツジャケットにこだわり、一方、この哲学者のほうは皮のジャケットを着ていた）、個性が強くて真面目なところがよく似ていた。社会的な立場は真の姿を語らない（当時ウィトゲンシュタインは五五歳、G・E・ムーアの後継者として哲学の教授に任命されたばかりだった）。彼らはそれぞれ唯一無二の存在であり、自分自身の心の世界を作りあげる。進む方向はちがっていても、関心を示すのは根本的な問題にかぎった。しかし、ウィトゲンシュタインのほうがより印象的で目立つ。カーネギー一族に匹敵するオーストリアの家系に生まれ、家族の財産をすべて相続し、数年間村の学校で教え、一年間ノルウェーの小屋で一人暮らしをした。たとえアランが大英帝国の落とし子であっても、チューリングの家とウィトゲンシュタインの豪邸に共通するものはほとんどない。

ウィトゲンシュタイン[3・39]は数学と「普通の日常言語の言葉」との関係を問題にしたがった。たとえば、チェスにも似た純粋数学の「証明」と「レヴィがピストルを持ってその犯罪現場にいたことが彼の有罪を証明する」という文にある「証明」とはどういう関係にあるか。ウィトゲンシュタインはこう言い続けただけで、この関係はけっして明確ではない。『プリンキピア・マテマティカ』は問題を別の場所に押しやっただけだ。つまり、「証明」できるとはどういうことか、そして、記号を数え、認識することが何を意味するかについて、いぜんとして人びとの合意が必要なのだ。ハーディが、三一七が素数なのは事実そうだからだと言うとき、この主張は何を意味するのか。正しく足し算するならばいつでも同じ結果になるだけという意味なのか。何が「正しい」規則なのかをどのようにして知るのか。ウィトゲンシュタインの論法は、現実生活に関する文章のなかに証明、無限、数、規則などの単語を持ち込み、その文章の意味を問題にして、結局それが意味をなさないことを示す。アランはその授業に出席したただ一人の現役数学者だったので、それまでの数学者が言ったこと、したことのすべてに責任があるとされた。彼はウィトゲンシュタインの攻撃から純粋数学の抽象的な構成を擁護するため、気高くも全力を尽くした。

とくに、二人の間で交わされた数理論理学の全体構造に関する議論は長時間に及んだ。ウィトゲンシュタインが主張したかったことは、完璧で自動的な論理学体系を作るという仕事は、真理という言葉が通常意味することとまったく関係がないということだった。彼は完全に論理的な体系の特徴、すなわち、ただ一つの矛盾、とりわけ自己矛盾はいかなる命題の証明も可能にするという特徴にこだわった。

W(ウィトゲンシュタイン):……嘘つきのパラドクスの例を考えてみなさい。そもそも誰かを悩ませたという意味で非常に奇妙です。あなたが考える以上にはるかに異常なことなのです。……なぜなら、次のような具合だからです。「私は今嘘をついている」とある人が言うなら、そのことからその人が嘘をついていないことになると、私たちは言うことになります。そこからさらに、その人が嘘をついていることになり、そうやってずっと続いていくことになります。だからどうだというのですか。こういう具合に血相が変わるまでそのまま続ければよいのです。そうすればいいのです。別に何の問題もありません。……それはたんに無用な言語ゲームにすぎないのです。こんなことに誰が興奮するでしょう。

T（チューリング）：悩ましいのは、人は通常、間違ってしまった判定基準として矛盾という言葉を使うことです。しかし、その場合にはどんな間違いもみつけることはできません。

W：そのとおりです。いや、それ以上です。どんな間違いもなされていません。不都合は一体どこからくるのでしょう。

T：真の不都合は応用をしないかぎり現われてきません。応用すれば、橋が落ちるとか、そういうことが起きるのです。

W：……問題は、人がなぜ矛盾をおそれるかです。命令とか記述とか、数学の外側のことで矛盾をおそれる理由を理解するのは簡単です。つまり問題は、数学の内側の矛盾を人がなぜおそれるのかです。チューリング君は、「応用に何か間違いが起こるかもしれないから」と言います。しかし、何も間違いが起こる必要はありません。そして、たとえ何か間違いが起きても、つまりたとえば橋が崩れ落ちても、その失敗は間違った自然法則を利用したという種類の間違いなのです。……

T：自分の計算に矛盾は隠されていないことを確認するまで、その計算の応用に自信がもてませんよね。

W：その考えには途方もない間違いがあるように私には思えます。……たとえば、リーズ君に嘘つきのパラドクスを納得させるなら、「私は嘘をつく、だから私は嘘をついていない。だから私は嘘をついて嘘をつかない、だから、矛盾が存在する。だから二×二＝三六九である」と言うとしましょう。さて、これを「かけ算」と呼ぶべきではありません。それだけのことです。……

T：矛盾が存在しないのに橋が落ちるということを知らないにもかかわらず、しかし、矛盾が存在するなら何か悪いことがどこかで起きることはほぼ確実なことです。

W：しかし、今までそのようにして悪いことが起きたことは一度もありません。……

しかし、アランは説得されまいとする。すべての純粋数学者にとって、その意味を論じようとすれば、体系が安定的、自立的かつ自己完結的であることは、数学という学問の美しさであり続ける。数学に対するなんと高貴な愛情であろうか。悪いことが何も起こらない安全で安心できる世界、悩みもなく、橋は壊れない。一九三九年の世界とあまりにちがう。

アランはスキューズの問題の研究を完成させていない。ところどころに間違いがある原稿は放置され[3・40]、再び取り上げられることはなかった。しかし、アランはより核心的な問題、つまり、リーマンのゼータ関数の零点問題の研究を続けた。三月の初めはその理論部分、つまり、リーマンのゼータ関数の新しい計算方法を発見し、証明したうえで完成させ、論文を出版社に送る[3・41]。実際には計算の部分が残ったが、それについては展開があり、マルコム・マクファイルから電気乗算器について次の手紙[3・42]を受け取る。

> 大学は、君の機械のために使える蓄電池や旋盤などを、どのように設置しているのか。君がその機械を改造しなければならないのは非常に残念だ。多くの人がその機械に群がりすぎて君の研究に支障をきたさないことを願う。ところで、この秋、その機械で研究する時間ができて手伝いが必要なら、遠慮なく僕の弟に頼めばいい。その機械と機能についてはすでに話してある。弟は、僕を驚かせた君の配線図の書き方にすっかり夢中だ。技術屋がいかに保守的で時代遅れになりがちか君も知っているだろう。

偶然にも、マルコムの弟ドナルド・マクファイルがキングズカレッジの研究生で、機械工学を研究していた。乗算器にはなんの進展もなかったが、ドナルド・マクファイルはゼータ関数機械プロジェクトの一員となった。

一九三九年の時点で機械的な計算を構想していたのはアランだけではない。当時、新しい電気産業の成長を反映して、多くの提案や構想があった。アメリカではいくつかのプロジェクトが進行していた。その一つは、一九三〇年にアメリカ人工学者ヴァネヴァー・ブッシュがマサチューセッツ工科大学で設計した「微分解析機」である。この機械は、ある種の微分方程式、すなわち、物理学や工学において最も関心を寄せられている種類の問題を表現する物理的対応物を実現するものだった。似たような機械がマンチェスター大学でメッカーノ社のおもちゃの部品を使ってイギリス人物理学者D・R・ハートリーによっても作られた。続いて、ケンブリッジ大学では、さらに別の微分解析機を委託開発することになり、一九三七年、「数学研究所」が新たに設置を認可された。そこでは、アランとともに一九三四年「Bスターのラングラー」になった応用数学者M・V・ウィルクスが常勤の若手研究者に任命されている。

しかし、こんな機械では、ゼータ関数の役に立つはずがない。微分解析機は数学のなかでも特別な方程式のシミュレーションのみが可能であり、しかも、一定の限界にとどまり、かつ、近似の程度が不十分なシミュレーションしかできなかった。同様にチューリングのゼータ関数機械もなおのこと、目下問題となっているさらに特別な問題に完全に限定されていて、普遍的チューリング機械とはなんの関係もない。普遍性に欠けるとすらいえないほどだ。三月二四日、アランは、王立協会にその機械の製作費用の補助金を申請し、[3・43] 質問書に次のように記入した。

この装置に永久的価値はほとんどないが、より広範囲の t[*11] に対して類似の計算をするために増強可能である。またこれはゼータ関数と関係があるほかのいくつかの研究にも役に立つ。ゼータ関数との関係を抜きにしてはどんな応用も一切考えられない。

ハーディとティッチマーシュが審査をして、申請した四〇ポンドの支給が認められた。その研究計画では、機械は必要な計算を正確に遂行できなくとも、ゼータ関数がゼロに近い値をどこでとるか、その場所を決めることができ、それをもとに、もっと厳密な計算に取り組むことができる。アランはこれで仕事の量が五〇分の一に減ると考えた。そして、おそらく重要なこととして、これまでよりもずいぶん楽しい仕事になるだろう。

リバプールの潮汐予測機械とは、糸と滑車のシステムを使って、一連の波を足し合わせるという数学的問題に対応する機械仕掛けだ。糸が滑車の周りに巻き付くので、その糸の長さを測ると必要な総計が出るようになっている。チューリングとマクファイルは、最初はゼータ関数での加算の操作にも同じ考え方を使おうとしたが、後に変更した。変更後は、相互に噛み合った歯車が回転することによって、必要な三角関数をシミュレーションすることになった。加算自体は、長さではなく、重さの測定によることにした。実際には、波動を表すような項三〇個を、それぞれ一つの歯車の回転でシミュレーションすることになる。三〇個の錘が対応する歯車の中心から一定の距離のところに取り付けられ、その結果、錘のモーメントが歯車の回転に応じて波のように変化し、これらの錘の動きを合計した結果を一つの別の錘と均衡させることによって、加算が実行される。

必要とされる三〇個の項の波動の周期は、三〇までの整数の対数となるが、これらは無理数であるので、歯車を使って表現するためには、分数によって近似しなければならない。たとえば、三の対数によって決定される周期は、この機械では、34×31／57×35という比の歯車になる[*12]。つまり、それぞれ三四、三一、

五七、三五の歯がついている四つの歯車が、互いに噛み合って動かし合い、うち一つが「波」を生成する機能をもつようにしなければならなかった。いくつかの歯車を二回、あるいは三回以上使うことができたので、四の三〇倍の一二〇個までは不要であり、約八〇個の歯車で足りた。互いに噛み合う歯車をまとめるように巧妙に配置し、一つの中心の軸の上に取り付け、大きなハンドルを回転すると、すべての歯車が同時に動くようになっていた。この機械の製作には、以上のことを実現させる高度で正確な歯車製作の技術が要求された。

ドナルド・マクファイルは、一九三九年七月一七日、ゼータ関数を計算する機械の設計図[3・44]を描きあげた。しかし、アランは製作の仕事を彼にまかせなかった。一九三九年夏のアランの部屋は、歯車がジグソーパズルのように床いっぱいに並べられていた。部屋で飲もうと誘われた当時フェローになっていたケネス・ハリソンが、この状態を目撃している。アランは理由を説明するが、残念ながら失敗した。非常に大きい数の周辺から無限を目指して素数の分布が次第に希薄になるという規則性についての何かが、歯車の動きからわかるなどというのは理解を越える。アランは実際に歯車の歯を刻む作業から始め、作りかけの歯車はリュックサックにいれて工作室まで背負って運び、研究室の学生の手伝いも断った。チャンパーノウンは歯車の製作作業をいくつか手伝い、その歯車はアランの部屋の旅行鞄に保管された。八月、夏休みでマンチェスターのヘイルにある学校から帰ってきたボブはこれを見てとても感動した。

ケネス・ハリソンは目を疑った。というのは、彼はアランとの会話から、純粋数学者は記号の世界で仕事をして、物と関わらないことをよく知っていたからだ。機械は数学と矛盾するように見えた。フランス、ドイツ、そして（ヴァネヴァー・ブッシュにおけるように）アメリカにあるような、社会的に認められた学問としての工学の伝統がまったくなかったイギリスにおいてはことさらだった。アランの実践世界への侵略は、学問世界では皮肉を込めた恩着せがましい言葉で迎えられて当然だった。アラン・チューリング個人にとって、機械とは、数学だけでは答を得られない何かをみつける手がかりだった。アランは古典的な数論の中心的問題の内側で研究し、貢献してきたが、それでは十分ではなかった。チューリング機械、そして心の作用に形式を与える序数論理、たとえばウィトゲンシュタインの問いかけ、電気乗算器、そして今回作ったこの歯車、これらすべてが抽象的なものと物理学的なものとの間の結びつきを物語っている。これは科学でも「応用数学」でもない。一種の応用論理学といった、まだ名前のないものだった。

このころアランはケンブリッジ大学のなかで地位が少し高くなっていた。六月、大学側は再びアランに一九四〇年春の数学基礎論の講義を依頼する。今回は全額支払いとなり、五〇ポンドだった。このままふつうにいくと、アランはすぐにでも講師に任命され、論理学、数論、そしてそのほか純粋数学分野の創造的な研究者として一生ケンブリッジ大学に残れる可能性が高かった。しかし、それは、アランの精神が向かう方向ではない。

歴史もアランが望まない方向へ進んだ。自然の成り行きではありえない方向へと。三月、チェコスロバキアの残りの領土もドイツの手に落ちる。三月三一日、イギリス政府はポーランドの安全を保障し、当時すでに世界第二位の産業力をもっていたソビエト連邦を遠ざけて、東ヨーロッパ諸国の国境を防衛することを約束した。これはドイツに対する警告策でポーランドを助けるためではない。イギリスが新しい同盟国を支援する手だてはなかった。

同様に、ポーランドがイギリスを支援する方法もまったくなさそうだった。しかし、実は、イギリスを助ける道はあった。一九三八年、ポーランドの秘密警察がエニグマに関する情報をもっていることをほのめかした。アランの上司のディルウィン・ノックスはその情報を求めてポーランドに行くがなんの成果もなく帰国、ポーランド人は愚かで何も知らないと不満をこぼしていた。しかし、ポーランドは、一九三九年になって英仏と軍事同盟を結び、その結果、イギリスに対して状況を提供する立場へと変化していた。

男の子たち（前からアラン、ボブ、カール、フレッド・クレイトン）とブイ。1939年夏、ボッシャムにて。（ジョン・チューリング提供）

七月二四日、英仏両方の代表がワルシャワ会談に出席して、やっと望んだものを手に入れて帰国することができた。

一か月後、再びすべてが変わる。イギリスとポーランドの同盟は以前より現実的でなくなっていた。情報部に関するかぎり、その年イギリスはほとんど何も収穫がなかった。もちろん、セントオールバンズに無線傍受の新しい拠点ができて、首都警察がグローブパークで仕事をする古い体制に取ってかわった。しかし、それでもまだ[3・45]一九三二年以来の政府暗号学校の要請にもかかわらず、「無線傍受要員が絶望的なまでに不足」していた。大きな例外はポーランド人が銀の皿にのせて渡してくれたこの僥倖だった。

新聞売り場にリッベントロップ・モロトフ協定、つまり米ソ不可侵条約を伝える新聞が並んだ日、アランは、フレッド・クレイトンと亡命してきた少年たちとともに一週間のセーリングに出るためケンブリッジ大学を出発した。一行はアランがいつも休暇に出かけるボッシャムに行き、船を借りた。表面は静かだったが、水面下にはいくつもの不安が隠れていた。セーリングの経験がまったくない少年たちは、アランとフレッドには船を任せられないと考え、時を見計らって戻ろうと交代で見張りに立った。「盲目の人を導く子羊」とは、まさにボブが考えたこの状況だ。フレッドはこの休暇の底に潜む感情的な要素のほうが心配だった。アランはフレッドを強烈にからかい、ロサール校に入って二、三学期過ごしたのに性的経験がない少年がいるという考えをおもしろがった。[*13]

ある日、彼らはヘイリング島へ航海し、浜に出て空港に整列している英国空軍機を見た。その光景にも少年たちは冷静だった。太陽は沈み、潮が引き、船は泥で動かない。彼らは船を乗り捨て、バスで戻るためにぬかるみを歩いて島へ渡らなければならない。どろどろした黒い泥が彼らの足にへばりつく。カールは、自分たちは黒い長靴をはいた兵士のようだと言う。

ボッシャムでクヌート王は浜辺に座って波にさらわれようとした。王の力をもってしても潮の流れを変えられないことを周りのものたちに示すためだった。爆弾兵を連れて帰る飛行機のまばらな列は、八月の夕暮のなかでひどく心細くみえた。そして、裸足で泥のなかをグチャグチャと音をたてながら進み、困っているオーストリア人の少年たちを見てきまり悪そうに笑っているよろよろした粗野なヨットマンが、大英帝国の海洋支配を助けようとは、いったい誰が予測できただろう。

とりあえず、アランは一九四〇年度の講義を受け持たないことにした。実のところ、彼はもう二度と純粋数学という安全な世界には戻れないのだろう。ドナルド・マクファイルの計画はけっして実現されず、真鍮の歯車は元の箱のなかにしまわれた。もっと強力なほかの歯車がまわっていた。エニグマという歯車だけでなく戦車という歯車も。はったりはおしまいだ。戦争を止める作戦は失敗した。しかし、ヒトラーは計算違いをしている。今、国家としての義務を果たすのはイギリスだ。議会は政府に約束を守らせ、その結果、名誉ある戦争が始まった。

まさに一九二〇年に『メトセラに還れ』が予告したとおりだ。

そして、今、私たちは待っている。すべての市や港に向けられた怪物のような大砲と、飛び立って爆弾を落とすばかりになっている巨大な飛行機とともに。あなた方紳士の一人が無力な状態で立ち上がって自分と同じように無力な者にまた戦闘状態に入ったと告げるまで、一つひとつの爆弾がすべての道をぶちこわすだろう。

しかし、彼らは見かけほど無力ではなかった。九月三日一一時、アランはケンブリッジ大学に戻り、自分の部屋でボブと一緒にいたそのとき、チェンバレンの声がラジオから聞こえてきた。友達のモーリス・プライスはすぐに実践的な連鎖反応の物理学を真剣に考えることになるだろう。しかし、アランはすでに、別の論理学的な秘密に献身的に関わっていた。その秘密はポーランドの役にはまったく立たないが、しかし、夢にも思わないほど深く、アランを世界に結びつけることになる。

＊1　フランス科学アカデミーの雑誌『コント・ランデュ』(*Comptes Rendus*) に出すフランス語の要約。チューリング夫人がフランス語とタイプを手伝った。

＊2　ラムダ計算は、抽象と一般化という二つの数学的操作を表現する優雅で強力な記号的表現である。

＊3　彼は一九三七年にバースとウェルズ両都市の司教になった。

＊4　「複素」解析とは抽象数学の発展例である。もともと複素数は「虚数」となる負の実数の平方根を「実数」と組み合わせるために導入されたもので、数学者たちはそんなものがほんとうに「存在するのか」という疑問に苦しんでいた。しかし、現代数学的観点からは、複素数はたんなる数のペアとして抽象的に定義され、平面上の点として図示される。このようなペア二つの「積」を定義する簡単な規則があると、巨大な理論を生成するのに十分である。リーマンは一九世紀に複素解析の「純粋」な発展に大きく貢献した。しかし、物理学の発展にともなって、複素解析にはすばらしい有用性も見出された。波動の理論をあつかうフーリエ解析はその一例である。一九二〇年代以降に展開した量子論によってさらに、複素数は基本的な物理的概念になった。「純粋」と「応用」との間の関係は、アラン・チューリングのその後の業績にとって重要であるが、これらの数学的概念は本書のほかの記述にとっては必ずしも本質的なことではない。

＊5　一〇の三四乗は、10,000,000,000,000,000,000,000,000,000,000,000であり、大きなビルのなかの素粒子の数

に匹敵する。しかし、一〇の一〇乗の一〇乗の三四乗はそれよりもはるかに大きい。一〇の三四乗個のゼロが一の後に続く数を十進法で表し印刷すると、木星の質量をもつ本が必要となる。そんな本は、人間が作りうる事物の数と考えることもできる。スキューズが示した数はそれよりもはるかに大きい。一〇の一〇乗をさらに一〇の三四乗したものだからだ。数学がこれよりも大きい数についても考えてきたことはたしかで、ここではその増大の過程を三重の累乗という形で追ってきているが、その過程が一〇回繰り返されるとか、一〇の一〇乗、一〇の一〇乗の一〇乗ということを表現するために新しい記法を考案することはそれほど困難ではない。あるいはまた、これらの数すらも、超巨大化の過程の端緒にすぎないとみなし、そこから超超巨大化……と、定義していくことも困難ではない。実際、そのような定義は、すでに「再帰関数」の理論、すなわち「確定的な方法」という考え方に対するチューリング機械による定義と同値であることがわかっている別の方式の一つにおいては、一定の役割を果たしている。しかしスキューズ数が、これほどまでに初等的な用語で表現できる数としてはきわだって大きいことは確実である。

*6 アランにとって、『ニューステイツマン』誌には非常に水準が高いパズル欄があったことは確実に魅力だっただろう。一九三七年一月に友人のデイヴィッド・チャンパーノウンがM・H・A・ニューマンやJ・D・バーナルのような相手を打ち破り、ルイス・キャロル風の言葉を使って、エディントンが出した「鏡の国の動物園」という問題に気の利いた解答を提出したとき、アランは喜んだ（その問題は、ディラックが電子の理論で使った行列の知識を必要とした）。しかし、王の退位問題に関するアランのコメントは、理想主義による甘い考えであったにせよ、事情に疎くなかったからで、パズル以外にも関心をひくものがあったことを示している。

*7 ウラムはさらに続けて、「一九三九年の初めには……フォン・ノイマンはたいそう感心していて、彼の名前と『すばらしい着想』を私に伝えていた。いずれにしろ、一九三九年には、それも初頭だと思うが、フォン・ノイマンは形式的数学体系を展開する機械的方法について、チューリングの名前を何回も会話に出した」と書いている。

*8 以下では、コードは、機密事項であるかどうかに関わらない通信文の任意的定式を指す。一方、暗号（Cipher）は第三者が理解できないように工夫された通信を指すために使う。暗号文（Cryptography）は暗号を使って書かれたものである。暗号解読（cryptanalysis）は暗号のなかに隠されていることを解読することである。暗号法（cryptology）は暗号の作成と解読の両者を意味する。当時はこれらの区別がなされず、アラン・チューリング自身は暗号解読という言葉を「暗号法」という意味で使った。

*9 英国のスパイ組織はSIS、MI6等さまざまな名前をもっていた。行政的には最高上層部が重複していても、

この組織は暗号解読部門と本質的に異なり、またその違いを維持した。

＊10 デイヴィッド・チャンパーノウンもまた、『デーリーワーカー』誌に載ったJ・B・S・ホールデンの連鎖反応の原則に関する記事を読んだ後、アランとこのことについて議論している。

＊11 すなわち、ゼータ関数のさらに多くの零点を考察するためにということである。

＊12 彼は、8を底とする対数を使っていたので、この計算は$\log_8 3$を近似することになる（$\log_8 3$は、8を底とする3の対数）。

＊13 アランは間違っていた。

4 リレー競争

The Relay Race
to 10 November 1942

万物のうえを渡り、万物のなかをくぐりつつ、
「自然」、「時間」、「空間」のなかを、
水面《みのも》を行く船のように、
魂の航海に乗り出しつつ——生だけでなく、
死を、あまたの死を、わたしは歌う。

翌日の九月四日、アランは政府暗号学校に出頭した。同校は八月にビクトリア州のブレッチリーパークという庭園付きの邸宅に疎開していた。ブレッチリーそのものは、バッキンガムシャーにある、ふだんは活気もない小さな煉瓦造りの町だった。しかし、いわば英国の知的世界の幾何学的中心点だった。すなわち、ロンドンから北にのびる鉄道はオックスフォードとケンブリッジを結ぶ支線の真ん中で交わり、ブレッチリーパークにある同校はその交点のちょうど北西、古い教会のある小さな丘の上に建ち、谷間の泥の窪みを見おろしていた。

列車は一万七〇〇〇人のロンドンの子どもたちをバッキンガムシャーに疎開させるのに忙しく往来し、ブレッチリーの人口は二五パーセント増加した。地元議員は、「ほとんどが帰らない」「いったい誰が宿を提供するのだ。結局、もとのみすぼらしい自分の家に戻るのが一番賢いのに」と嘆いた。そんな状況では、政府暗号学校に向かう立派な紳士が何人か到着してもなんの騒ぎにもならない。ただ、アドコック教授が最初に駅に降り立ったときだけ、小さな男の子が、「おじさん、僕はおじさんの秘密文書を読んじゃうよ!」と叫び、まわりを狼狽させたようだ。後になって、地元住民からブレッチリーパークで怠けている人たちについて苦情が出ても、下院議会ではこの件について質問させないようにしたと言われている。州の中心にほんの数軒の宿屋しかなかったが、彼らは宿も選べた。アランはブレッチリーパークから北へ三マイルのところにある小さな寒村、シェンリーブルックエンドのクラウン・インに住み、毎日そこから自転車で通った。宿の女主人、ラムショー夫人も強壮な若者が本分を尽くしていないと嘆いた一人だ。ときどきアランは宿のバーを手伝った。

ブレッチリーでの最初の数日は、シニアコモンルームが内輪の事情でどこか知らない土地に移転してしまい、よそのカレッジの人たちとディナーをとるはめになっても、上品に不満を漏らさないよう最善の努力をしているかのように過ぎた。とくにキングズカレッジ色が強く、古手にはノックス、アドコック、バーチが控え、若手にはフランク・ルーカス、パトリック・ウィルキンソン、そしてアランがいた。全員がケインズ的ケンブリッジ出身だったことは、アランに幸いしたようだ。とくに、ディルウィン・ノックスと知り合うきっかけになった。ノックスは、アランの同年代から愛想がいいとも近づきやすいとも思われない人物だ。九月三日、デニストンは大蔵省に手紙を書いている[4・1]。

親愛なるウィルソン、

ここ数日、私たちは、緊急召集名簿から、大蔵省が年に六〇〇ポンド支払うことを認めた「教授」級の人材を選ぶ必要がありました。すでに召集をかけた人物のリストを入隊日と一緒に本状に同封します。

アランは一人めの入隊者ではない。デニストンの名簿によると、アランがほかの七人とともに到着する前日、すでに「男性研究者」から選ばれた九人がブレッチリーに着いていた。翌年にかけて、外部から約六〇人以上が連れてこられた。

「緊急採用により、陸海空の暗号解読要員は四倍になり、暗号解読者全体は倍になった」。しかし、理系出身は第一次募集者のうちたった三名で、アランのほかに、W・G・ウェルチマンとジョン・ジェフリーズ*1がいた。ゴードン・ウェルチマンはアランより六歳年上の先輩で、一九二九年以来ケンブリッジ大学で数学の講師をしていた。彼の専門は代数幾何学だった。当時のケンブリッジ大学を代表する数学の一分野だが、アランは代数幾何に関心がなく、それまでの二人に接点はない。

ウェルチマンは、アラン同様、開戦以前は政府暗号学校に関わっていない。新米として、ノックスからドイツのコールサインのパタンや周波数などの分析を任された。戦争が始まると、実はきわめて重大な仕事で、ウェルチマンは「交信分析」を短時間のうちにまったく新しい水準に引き上げた。これにより、さまざまなエニグマの鍵システムを特定できることになる。その重要性は理解され、その後の可能性について政府暗号学校の視野を広めるのに役立った。しかし、通信文それ自体を解読できる者は誰もいない。「文官の指導のもと陸海空軍の三部門の仕事をしている小人数集団がエニグマと格闘していた」だけだった。最初はノックス、ジェフリーズ、ピーター・ツイン、そしてアランだった。彼らは、大邸宅の、後に「コテージ」と名づけられた馬小屋に落ち着き、ポーランド人解読者が土壇場で授けてくれたさまざまな着想を発展させた。

暗号にはなんの魅力もなかった。一九三九年の段階では、暗号作成者の仕事は技術を必要としないわけではないが、退屈で単調だった。しかし、暗号化は、無線交信[*2]の必然的な帰結だ。無線は陸海空のどの戦いでも当然のように使われるが、誰か宛ての無線通信はすべての人に届く。したがって、通信文は正体を偽る必要があり、しかもスパイや密輸入者が使う「秘密の通信文」のようなものではなく、通信システム全体を隠さなければならなかった。そのためには、失敗、制約、そして一つの通信ごとに何時間もかかるやっかいな仕事がつきものだが、選択の余地はなかった。

一九三〇年代の暗号は数学を駆使した複雑なものではなく、加算と置換という単純な発想にもとづいていた。加算という発想は新しいとはいえない。たとえば、ジュリアス・シーザーは、どのアルファベットにも三を足す方法でゴール人から交信を隠した。これだと、AはD、BはEになる。より正確にいえば、この種の足し算は数学者が「モジュラー」加算、あるいは繰り上がりなしの足し算と呼ぶものだ。つまり、アルファベットが一つの円の周りに配置されているかのように、YがB、ZがCになるからだ。

二〇〇〇年後、繰り上がりなしの固定数の足し算という考え方はほとんど通用しなくなったが、一般的な考え方自体は時代遅れではなかった。一つの重要な種類の暗号は、「繰り上がりなしの足し算」を使うが、通信文内の数字に加算される数は、固定数ではなく、異なる数字の列であり、それが解読鍵になる。実際には、通信文の言葉はまず、標準的なコードブックに従って数字で暗号化される。そこで、暗号作成者の作業とは、この「平文」、たとえば、

6728 5630 8923　という「平文」を受け取って、たとえば、
9620 6745 2397　という「鍵」を使って、繰り上がりなしの足し算をして
5348 1375 0210　という「暗号文」を作ることだ。

ただし、これを使うためには、正当な受け手は鍵を知っていなければならない。そこで、鍵の数が引かれて平文に戻される。前もって送り手と受け手との間で「鍵」について合意が成立するなんらかのシステムがなければならない。

そのための一つの方法は、一回かぎり原則に従うことだった。最も簡単で、一九三〇年代の数少ない安全な暗号方式の一つだ。それによると、鍵は明示的に二回書き出され、一つは送信者に、もう一つは受信者に渡されなければならない。このシステムの安全性の根拠は、トランプのシャッフルやサイコロ投げのようにほんとうに完全にランダムなプロセスを経て鍵が作成されるなら、敵は暗号を解読する手がかりをまったく得られないということだ。かりに暗号文「５６７３」があるとして、解読者は、実際の平文は「６７４３」であり、ゆえに鍵は「９９３０」であるとか、あるいは、平文は「８４４２」なので鍵は「７２３１」であると推測するかもしれない。しかし、このような推測を検証する手だてもなければ、一つの推測を選ぶ理由もない。この論拠の妥当性は、鍵にまったくパタンがなく、考えられる数字について鍵はまんべんなく分布しているということに依存している。そうでなければ、解読者にどれか一つの推測

を選ぶ理由を与えてしまう。実際、一見パタンがないところになんらかのパタンを識別すること、それが本質的には暗号解読者の仕事であり、科学者と同種のものだった。

英国方式の暗号では、一回かぎりのメモ帳が作られ、一回ごとに一ページずつ使い切るようになっていた。鍵はランダム、どのページも一度しか使われず、メモ帳がけっして漏れないならば、システムは絶対安全だ。しかし、そのためには膨大な数の鍵が必要で、それも特定の通信回線に必要な最多数に等しかった。この報われない仕事はおそらく、政府暗号学校の暗号作成部署の女性たちが引き受け、戦争が勃発すると、ブレッチリーではなくオックスフォード大学のマンスフィールドカレッジに移された。使用されたシステムは誰からも歓迎されず、情報部にいたマルコム・マッグリッジは、「骨の折れる仕事、そして、自分がずっと不得意としてきた類いのシステム」だと考えた。[4・2]

第一に、まず、電報に出てくるたくさんの数字群について、いわゆる一回かぎりのメモ帳のなかからこれに対応する数字群を減じた後、得られた数字群が何を意味するか、コードブックを使って調べなければならなかった。減算を間違えたり、もっと悪いことに元の数字が間違っていたりすると全部が駄目になる。そうなるとまたこつこつと仕事をして、ひどく混乱しているなかで、最初からやり直さなければならない……

「加算」ではなく「置換」にもとづく暗号化も可能だ。一番単純な形態はパズルの暗号文に使用されるもので、プリンストンで宝探しゲームをしたときの謎解きに似ている。つまり、一つの文字を、たとえば次のような一定のルールに従って並んでいる別の文字に置き換える。

A	B	C	D	E	F	G	H	I	J	K	L	M	N	O	P	Q	R	S	T	U	V	W	X	Y	Z
K	S	G	J	T	D	A	Y	O	B	X	H	E	P	W	M	I	Q	C	V	N	R	F	Z	U	L

これによれば、TURINGはVNQOPAとなる。このような単純な暗号化、すなわち、「単表」換字は、文字の出現頻度、共通する単語などを見れば簡単に解読できる。そして、パズルの問題作成に唯一重要なことは、問題を難しくするためにXERXESのような特定の単語を入れることだ。このような暗号システムは単純すぎて軍事には応用できないだろうが、一九三九年は、せいぜいこの程度のシステムが使われていた。これを複雑にする一つの方法は、アルファベットを順番に、あるいは、何かほかの規則に従って何度も置き換えさせることだ。当時のきわめて少ない暗号学のマニュアルや教科書は[4・3]、主としてこのような「多表」換字をあつかっていた。

もう少し複雑な方法は、一つのアルファベット文字ではなく、六七六通りあるアルファベットの対を置換するシステムを使う。この時代、イギリスの暗号システムの一つはこの種のものであり、コードブックも利用していた。これは英国商船艦隊が使用した[4・4]。

暗号作成者は、まず与えられた通信文を商船艦隊コードに変換する。すなわち、

平文	商船艦隊コード
Expect to arrive at（到着予定）	V Q U W
14	C F U D
40	U Q G L

次の段階では偶数個の列が必要なので、暗号作成者は無意味な単語を追加しなければならない。つまり、

Balloon（気球）　ZJVY

次に、暗号化が実行される。暗号作成者は、最初の縦のアルファベットの組み合わせ、つまり、ここでは、VCを見て、それを文字対表のなかで探す。文字対表は、たとえばXXのようにほかの組み合わせを特定する。暗号担当者は、このようにして通信文を最後までアルファベットのそれぞれの文字対に置き換えていく。

この方法にこれ以上のことはほとんどない。ただし、「加算式」の暗号化と同様に、正当な受信者が使用している置換表を知らないかぎり、この方式は使い物にならない。通信文に「第八表」という前置きを添えると、敵側の解読者は、送信されたものから同じ番号の表を使った暗号文を集めて突き合わせ、攻撃することができる。ヒントを隠す何か複雑なものが必要だ。そこで、表と一緒に「BMTVKZMD」というような八文字の列のリストをつける。暗号作成者は、その文字列の一つを選び、通信文本体の頭に追加する。それにより、同じリストを所持する受信者は使用された表を知る。

この簡単な規則は一般的な考え方を非常にわかりやすく説明している。交信しないパズルと異なり、暗号が実際に使われる場面では通常、送信文のなかに通信文そのものと関係がない、解読方法を指示する部分が埋め込まれる。送信文のなかのそのような要素は、本文中にそれと知られないように埋め込まれており、インジケーターと呼ばれる。一回かぎりのメモ帳方式ですら、このインジケーターを使用しており、メモ帳のどのページが使用されているかを確認することができる。実際、すべてのことが事前に完全かつ厳密に細部まで、どんな曖昧さも間違いもなく決め尽くされていないかぎり、なんらかの形のインジケーターがなければならない。

通信文に指示とデータを混在させるこの方法は、「記述数」を解読して指示として理解し、その指示をテープの内容に適用させるというアランの「普遍的機械」を想起させることに、アランは間違いなく驚いたにちがいない。少なくとも一九三六年以来「可能なかぎり最も一般的な種類のコードまたは暗号」について考えていたからだ。実際、いかなる暗号システムも、複雑な「機械的過程」すなわちチューリング機械とみなすことが可能であり、そこには、加算や置換の規則だけでなく、暗号化の方法そのものを発見し、いかに応用し、交信するかについての規則も含まれている。優れた暗号法で重要なことは、特定の通信文を作成することではなく、規則の全体系を構築することだ。そして、本物の暗号解読とは、そのような全体系を復元する作業であり、それは、すべての信号を分析したうえで、暗号作成者が実行した機械的過程の全体を再構築することである。

商船艦隊の暗号システムがどうしようもないほど決定的に複雑というわけではなかったが、ふつうの船上での手動による操作方法としてはほぼ限界だった。誰もがより安全な暗号システムを夢見るが、暗号操作があまりに長く複雑になりすぎれば、暗号が遅れて間違いが増えるだけだ。しかし、暗号機械が暗号作成者のかわりに「機械的過程」の仕事を引き受ければ、事情はまったくちがってくる。

この点に関して、イギリスとドイツはよく似た機械を使っていたので、対称的ともいえる戦いをしていた。事実、ドイツの公式無線通信はすべて、エニグマ機械で暗号化されていた。一方、イギリスは、タイペックスという暗号機械に、全部とはいえないまでも頼っていた。陸軍全体と空軍の大部分がタイペックスだったが、外務省と海軍省はコードブックを使う手動式暗号システムにしがみついていた。エニグマ、タイペックスどちらも置換と加算という基本的な操作を機械化しており、より複雑なシステムの実用化も視野に入っていた。これらの機械はコードブックを参照してもできないことは一切しないが、より速く正確に仕事をこなすことができた。

このような暗号機械の存在について秘密は一切なく、誰もが知っていた。少なくともルース・ボールが書いた『数学の楽しみ』の一九三八年版を学校から賞品としてもらった者なら全員知っていた。アメリカ陸軍の暗号解読者アブラハム・シンコブが改訂した章には、旧式の格子暗号やプレイフェア暗号がすべて公表されており、次のような意見もつけられている。

ごく最近、通信文の自動暗号化と解読をする暗号機械の発明を目指した研究がかなり行なわれている。これらの機械のほとんどは、複数の周期的な多表換字法を使用している。

「周期的」多表換字法の暗号はアルファベット文字の置換を行ない、それを繰り返す。

最新の機械は電動で、多くの場合、その周期は途方もなく大きい。……これらの機械システムは手動よりもはるかに速く、正確だ。さらに印刷と送信の装置につなぐこともでき、その結果、暗号化されたあと暗号文の記録は保存され、そして送信される。解読の場合、暗号文は完全に自動受信されて翻訳される。今の暗号解読方法では、これらの機械から引き出された暗号システムはほとんど解読不可能に近い。

基本的なエニグマ機械についても、秘密は一切なかった。発明後すぐに一九二三年の万国郵便連合大会で展示、販売され、銀行が使用した。一九三五年にはイギリスがいくつかの付属品をつけてタイペックスを作っている。その数年前にドイツの暗号当局は、イギリスと異なる方法でタイペックスを改良してエニグマというオリジナル商品と同じ名前を変えなかったが、商用のエニグマよりもはるかに効率がよかった。

だからといって、アラン・チューリングが当時相手にしなければならなかったドイツのエニグマが、時代の先を行く機械だったということではない。ましてや、一九三〇年代終末の技術の粋を尽くした最高の機械でもなかった。エニグマを二〇世紀、あるいは少なくとも一九世紀後半を代表するものにした唯一の特徴は、実にそれが「電動式」だったからだ。第一の図〔次頁①〕からわかるように、一連のアルファベットは電気配線を使って自動的に置換される。しかし、エニグマは一つの文字を暗号化するという目的のためだけに固定された状態で使用され、次に、一番遠くにあるローター（回転板）が一か所で回転し、第二の図〔次頁②〕で示されているように、入力と出力の新しい接続を生み出す。

二六文字アルファベットのエニグマには、二六×二六×二六＝一万七五七六通りのローターの組み合わせが可能だ。本質的には[*3]、あらゆる加算器やコンプトメーターと同様に、最初のローターが完全に一回転すると中央のローターは一刻み進み、中間のローターが完全に一回転すると一番内側のローターが一刻み進むように設計されている。しかし、「リフレクター」は動かず、これは、一番内側のローターの出力に接続している固定された電線の束である。

したがってエニグマは多表換字方式であり、周期は一万七五七六である。これは「途方もなく大きな数」ではない。実際、全部のアルファベットを書き出しても、ふつうの数表と同じ分量だった。この仕組みは本質的には新たな工夫がなされたものではない。また、ラウズ・ボールは、アランが学校で学んだ一九二二年版の著書で、次のような警告もしている。

つねに自動的に変化し、変化できる暗号文を作る道具の使用が、多くの場合奨励されてきた。……しかし、なんらかの道具が……その使用を許可されていない者の手に渡ったときのリスクを考慮しなければならない。機械装置を使用しないで優れた暗号文を作ることは可能なので、機械の使用を奨励で

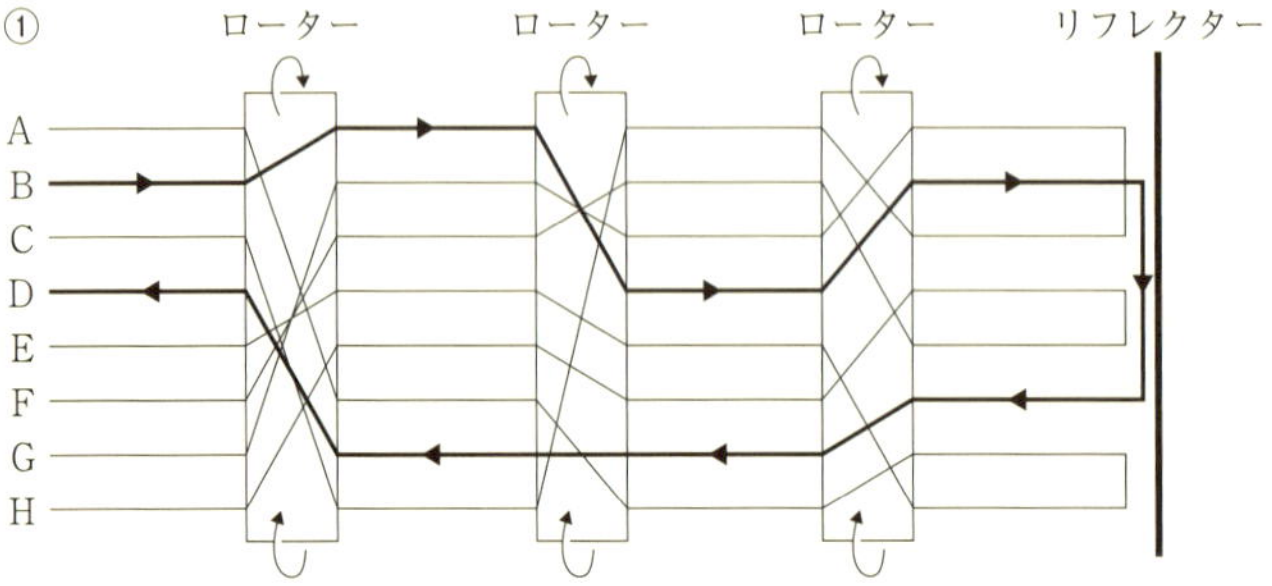

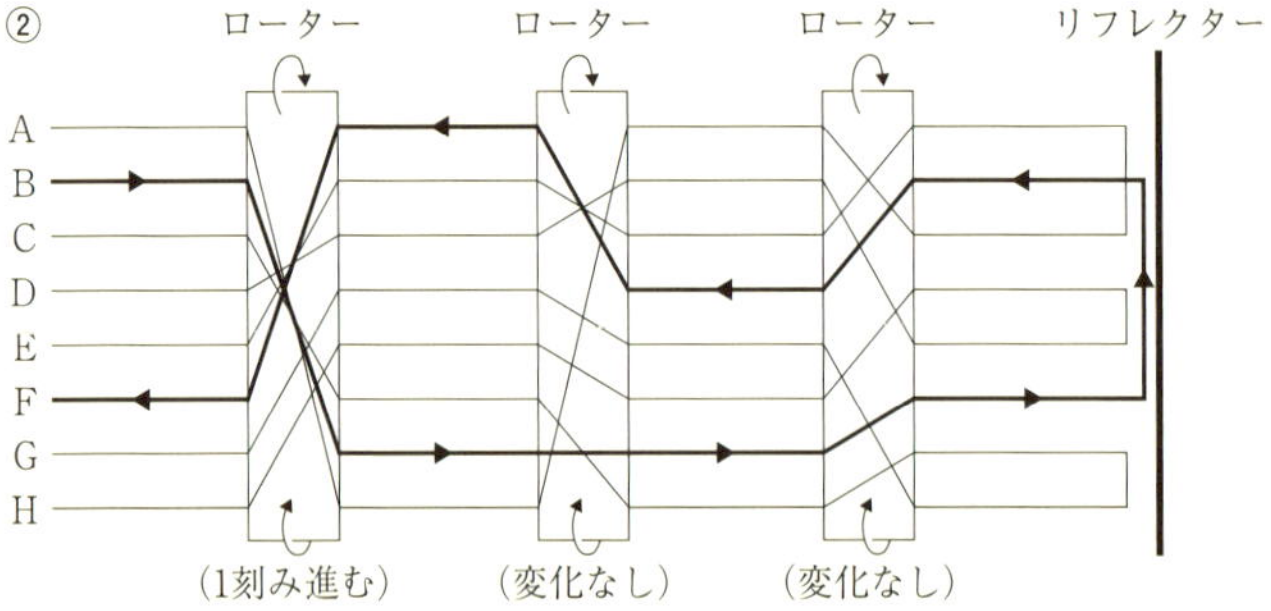

エニグマ機械の基本構造

話を簡単にするために、アルファベット8文字の場合を図にした。ただし、実際のエニグマは、普通の26文字のアルファベットを使って機能した。図①は、稼働中の特定の瞬間における機械の状態を示している。矢印のある線は、通電状態の電線に対応し、入力における単純なスイッチのシステムは、一つの鍵（たとえばB）が押されると、電流が（図の太線のように）流れ、出力表示板上の電球が点灯する（図①ではDにあたる）。この8文字アルファベットを使った仮想機械の場合、次の状態は図②のようになる。

282頁図①の状態にある仮想的な8文字エニグマ機械では、置換した文字列は以下のようになる。

平文	A	B	C	D	E	F	G	H
暗号文	E	D	G	B	A	H	C	F

同じく282頁図②の状態にあるエニグマ機械であれば、以下のようになる。

平文	A	B	C	D	E	F	G	H
暗号文	E	F	G	H	A	B	C	D

この二つは交換可能な対として表現できる。つまり、上の場合には（AE）（BD）（CG）（FH）、下の場合には（AE）（BF）（CG）（DH）となる。

きない。

なぜなら、機械によって作られたものは、機械によって元に戻されるのもその分だけ容易かもしれないからだ。エニグマの内部が複雑だといっても、それがいかに賢く見えようとも、機械の複製を持っている敵でさえ破れない暗号システムを作らなければ無意味であり、安全だという誤った印象を与えるだけかもしれない。

さらに、エニグマを製造する技術も、その時代について米国の暗号学者シンコブが言うほどには発達していなかった。利用者である暗号作成者は、どの文字が光るかをみつけ、それを書き留めるのに手間と時間をかけた。自動印刷や自動送信はなく、モールス信号を使って四苦八苦するしかなかった。この単調な時間のかかる装置は、現代的な電撃戦兵器などとはとうてい言えるものでなく、電球以上に進歩した技術は何も活用していなかった。

しかし、暗号解読者の側からすれば、暗号作成者の肉体的労働と機械の物理的な仕組みはどうでもよかった。重要なのは、チューリング機械のような論理的な仕組みのほうだ。エニグマにとって大事なことは、すべてその「表」、すなわちエニグマの状態とそれぞれの状態で何をするかが書かれた一覧表のなかに含まれていた。そして、論理的な観点から見ると、エニグマの動作は、上のように任意の決定された状態においてもきわめて特別な性質をもっていた。それは、機械の「反射的」な性質に内在する、対称性という性質である。いかなる状態のいかなるエニグマ機械についても、AがEに暗号化されるならば、同じ状態ではEがAとして暗号化されるということが真であるということである。エニグマ機械の一つの状態が決定する置換文字は、つねに交換可能な対になっている。

　このエニグマの性質には実用的な利点があった。解読と暗号化の操作が一致するということだ（群論の用語を使えばこの暗号化は自己同型である）。通信文の受け手は、送り手とまったく同じ方法で機械を設定して、平文に戻すために暗号文を入力しさえすればいい。「暗号化」と「復号化」という二つのモードをエニグマ機械に組み込む必要はなく、これにより、操作上の間違いと混乱はずっと少なくなりそうだった。しかし、これは一つの重大な弱点と結びつく。すなわち、遂行されるのはいつもこの特別な置換ばかりで、どの文字もけっして自分自身には暗号化されないという特徴をもっている。

　これがエニグマの基本的な構造だ。しかし、実際の軍事用機械にとって、これ以上はるかに重要なことがあった。一つには、三枚のローターは固定されておらず、ローターを外せば、どんな順序にも再配置できた。一九三八年の後半までには、三枚のローターを備えるようになっていたので、全部で六通りの配列が可能になっていた。このようにしてエニグマ機械は、六×一七五七六＝一〇万五四五六通りの異なる文字置換を提供した。

　もちろん、ローターは位置の変化が確認できるように、外側に印をつけなければならなかった。しかし、そうすると余計な要素が入り込む。各ローターは二六文字が刻まれたリングで囲まれ、その結果、リングが固定されると文字がローター位置を示す[*4]（文字は機械の一番上にある窓から見える）。しかし、配線に合わせてリングの位置は日々変更される。配線は一から二六までの数字で表されると考えられ、リングの位置は窓から見えるAからZまでの文字でわかる。したがって、リングの設定によって、リングがローターのどこに位置するかが決まり、たとえば、第一位置ではGの文字が、第二位置ではHの文字という具合に続くことになる。

暗号作成者はリングの設定も行ない、その後で、リング上の文字を使ってローターの設定を確定する。すなわち、解読者からすると、使用されているのがローター設定「K」であると公表されても、ブレッチリーでコアポジションと呼ばれた実際の物理的な配線位置がわかるわけではないことになる。リング設定までわかれば推論できるだけだ。しかし、解読者は相対的なコアポジションを知るかもしれない。たとえば、KとMに対する設定は必然的に二か所分離れたコアポジションに対応する。つまり、かりにKが第九位置にあるなら、そのときMは第一一位置にあることになる。

しかしもっと重要で複雑な特徴は、プラグボードが取り付けられていることだ。これこそが、軍事用エニグマを商業用エニグマから区別するものであり、英国暗号解読者の自信を失わせた原因だった。ローターに数字が入る前と、ローターから数字が現われた後のどちらでも、自動的に文字が余計に入れ替わる効果があった。これは、技術的には、二六個の穴があいているプラグボードに、両端にプラグがついているケーブルを差し込むことで実現した。電話の交換台の上で接続するのと同じだ。十分な効果をあげるには巧妙に電気を接続し、ケーブルは二重でなければならなかった。一九三八年末までのドイツでは、わずか六組か七組の文字をこのように接続して機械を使用するのがふつうだった。

したがって、

A B C D E F G H I J K L M N O P Q R S T U V W X Y Z
C O A I G Z E V D S W X U P B N Y T J R M H K L Q F

という置換を行なう状態の基本的なエニグマ機械のローターとリフレクターと

(AP)(KO)(MZ)(IJ)(CG)(WY)(NQ)

という組み合わせに接続するためのプラグボードを使ってキーボードのAを押すと、プラグボードのケーブルを通ってPに電流を送り、次にローターを通って再び外に出てNにいき、次にプラグボードのケーブルを通ってQにいく。

電流がローターを通る前と後の両方でプラグボードを対称的に利用するので、基本的なエニグマの自己逆転的な性格、すなわち、いかなる文字も自分自身に暗号化されないという特徴は保持される。AがQに暗号化されるなら、機械が同じ状態にあるとき、QはAに暗号化される。

このように、プラグボードは基本的なエニグマの危険とはいえ便利な特徴を変えないが、この機械の状態の数そのものは極度に増大した。六×一万七五七六通りあるローターの状態それぞれについて、プラグボード上の七組の文字を接続する方法は一兆三〇五〇億九三二八万九五〇〇通りある。*5

おそらく、ドイツ当局は、市販のエニグマにこのような変更を加えることによって「実用的には解読不可能に非常に近い」ところまでいったと信じたのかもしれない。しかし、アランがブレッチリーに到着した九月四日には、ポーランドの暗号解読者から提供された内容をもとにエニグマ機械が動いていた。[4・5] すべてはまだ始まったばかりだった。その技術資料がロンドンにようやく到着したのは八月一六日だったからだ。そして、この資料により、これまでの七年間ポーランド人が行なってきたエニグマ通信文の解読方法が明らかになった。

第一に重要なこと、すなわち、不可欠の要件は、ポーランド人解読者が三枚のローターの配線を発見できたことだった。エニグマ機械が使用されていることを知っても、配線についてはまったくわからない。絶対に必要なのは配線の詳細だった。一九三二年の平和な時代にこの発見をしたこと自体、印象に残る功績だ。フランス情報部のおかげだった。彼らは一九三二年の九月と一〇月にスパイ活動を通じて暗号機械の使用説明書のコピーを手に入れ、ポーランドに渡し、また、イギリスにも渡していた。二つの国の違いは、ポーランドの担当部局が三人の熱心な数学者を雇い、文書から演繹的に配線を探り当てた点にある。

鋭い観察、優れた推測、そして初等群論によって、ローター配線とリフレクターの構造は解明できた。実際には、キーボード上の文字と暗号化する部分の接続方法を確認するためには推測が必要だった。この暗号機械をさらに複雑にしようとして、ドイツ軍がなんらかの攪乱方法を介して接続しているかもしれなかったが、ポーランド人解読者は、エニグマは自由が利くようには設計されていないと推測し、それを検証した。文字がアルファベット順にローターに連結された。その結果、機械が再現されなくとも、考え方という意味ではその機械のコピーを手に入れ、それを利用して先に進むことができた。

ポーランド人解読者がなんとかここまで考えられたのは、エニグマ機械がきわめて特別な使い方をされていたからだ。エニグマのデータ解読の定常化に向けて前進できたのは、その特別な方法を利用したからにすぎなかった。機械を解明したのではなく、そのシステムを打ち破ったのだ。

エニグマ機械使用の基本的原則は、機械のローター、リング、プラグボードがなんらかの方法で設定され、次に通信文が暗号化されると、最初のローターが一周して、次のローターが一目盛分自動的に回転することだ。しかし、そもそも実用的な通信システムの役に立つためには、通信文を受け取る側も機械の初期設定を知っていなければならない。それはすべての暗号システムの基本的な問題だ。機械だけでは十分でない。使用するには、合意と決定がなされた「確定的な方法」がなければならない。ドイツが実際に使った方法では、機械の初期設定の一部は暗号作成者が使用時に決める。ゆえに、インジケーターの使用は避けられず、ポーランドが解読に成功したのは、このインジケーターを使うシステムのおかげだった。

詳細に説明すると次のようになる。三枚のローターの順番は文書で指示されており、プラグボードとリング設定についても同様だ。暗号作成者の仕事は、残りの部分、すなわち三枚のローターの初期設定を選ぶことだ。この作業は、たとえば「ＷＨＪ」といった三文字を選ぶことに尽きる。一番素朴なインジケーターシステムは単純に「ＷＨＪ」を送信し、その後に暗号化された通信文を送ることになっていたのだろう。しかし、それよりは複雑になっていた。「ＷＨＪ」自体がその機械で暗号化されるのだ。そのためには、いわゆる基礎設定もその日ごとに指示されている。この設定は、ローターの順番、プラグボードとリングの設定と同様に、この暗号を利用するネットワークのすべての暗号送受信者に共通している。基礎設定が「ＲＴＹ」だとしよう。暗号作成者は、自分が使うエニグマを特定のローターの順序、プラグボード、リング設定で始動させる。彼はローターを回して「ＲＴＹ」と読めるようにしたら、次は自分で選んだローター設定を二回繰り返して暗号化する。その「ＷＨＪＷＨＪ」を暗号化して、たとえば「ＥＲＩＯＮＭ」を作る。その「ＥＲＩＯＮＭ」を送信し、次にローターを「ＷＨＪ」に回し、通信文を暗号化して送る。最初の六文字の後は、どの通信文もちがう設定で暗号化されるのが強みだ。弱点は、ネットワーク上のすべての暗号関係者が、通信文の最初の六文字のためにまったく同じ状態の機械を丸一日使い続けるということだ。さらに悪いことに、これらの六文字は、つねに繰り返された三文字を組み合わせて暗号化されていることを意味した。ポーランドの暗号解読者が利用できたのは、この反復という特徴だった。

彼らの解読方法は、毎日無線を傍受して最初の連続する六文字の一覧表を集めることだった。一覧表のなかにはパタンがあることを知っていた。もし、一つの通信文の最初の文字がＡなら四番めの文字はＲということで、ほかのどんな通信文でも最初の文字がAなら、四番めの文字はやはりRになる。十分な数の通信文を手に入れて、彼らは完全な表を作ることができた。

第一文字：A B C D E F G H I J K L M N O P Q R S T U V W X Y Z
第四文字：R G Z L Y Q M J D X A O W V H N F B P C K I T S E U

さらに、二番めの文字と五番めの文字を、また三番めと六番めの文字をつなぐもう二つの表がある。これらの情報をさまざまに使って、連続するすべての六文字を作るエニグマ機械の設定を導き出した。しかし、とりわけ重要だったのは、暗号作成者の機械的な仕事に対して機械化された解読方法で対応することだった。

彼らはこれらの文字の接続関係を円環形式で表わした。円環記述方式は初等群論ではすでに共通言語となっていた。上記の特定の文字の関係を「円環」形式で表現するためには、Aという文字で出発して、AはRに接続されると記すことになる。それから、RはBに接続され、BはGに、GはMに、MはWに、WはTに、TはCに、CはZに、ZはUに、UはKに、そして、KはAに接続されて、(ARBGMWTCZUK)という完全な「円環」を作る。完全な接続は四つの巡回の積として次のように書き表される。

(ARBGMWTCZUK)(DLOHJXSPNVI)(EY)(FQ)

このようにした理由は、暗号解読者がこれらの巡回する長さ(この例では11、11、2、2)がプラグボードと無関係だと気づいたからだ。長さはもっぱらローター位置によって決まり、プラグボードはこの巡回にどの文字が出現するかということには影響を与えるが、出てくる文字の数には影響を与えない。このように観察した結果、交信が一つのまとまりとみなされると、ローター位置はかなり見事に暗号文に手がかりを残すことがわかった。事実、ローター位置によって、ちょうど三つの手がかり、つまり三つの文字の接続関係のそれぞれの円環の長さが残ることになる。

したがって、ローター位置ごとに三つの循環の長さという手がかりの完全なファイルがあれば、そのファイルを調べ上げるだけで、最初の六文字にどのローター位置が使われているかを決めることができる。問題は、可能性のある六×一万七五七六通りのローター位置の組み合わせを一覧表にしないといけないことだった。しかし、彼らはやり遂げた。その作業の補助のために、ポーランドの数学者はエニグマのローターを組み込んだ小型の電動機械を考案し、それによって自動的に必要な数字の組み合わせを作った。その完成に一年を要し、結果はファイルカードに入力された。しかし、その段階で、探索作業は効果的に機械化され、ほんの二〇分あればファイルに目を通して、その日の暗号交信に合致する円環の組み合わせを確定することができた。これにより、六つの表示文字が暗号化されている間のローターの位置が明らかになり、その情報から残りも算出され、その日の交信が解読された。

これは明解な解読方法だったが、特定のインジケーターのシステムに全面的に依存する[4・6]という欠点があり、そう長くは続かなかった。まず、最初に海軍のエニグマの解読ができなくなった。そして、

……ドイツ人が海軍のインジケーターを変えた一九三七年四月末以降、海軍の交信を解読できたのは同年四月三〇日から五月八日までだけであり、しかも、事後的に解読できただけだった。そして、この小さい成功は、新しいインジケーター方式がエニグマ機械の安全性が非常に高くなったことを彼らに確信させた……

さらに、一九三八年九月一五日、チェンバレン首相がミュンヘンに飛行機で行ったその日、さらに大きな不幸が襲った。ドイツの全システムが変更されたのだ。ほんの一か所の些細な修正だったが、一夜にして、これまでに分類されたすべての円環の長さが完全に役に立たなくなった。

新しいシステムでは、事前には基礎設定を決めなくなっていた。かわりに暗号作成者がそれを選ぶことになり、したがって、作成者自身が受信者に伝えなければならなかった。この伝達は、可能なかぎり最も簡単な方法、すなわち、そのまま送るという方法で行なわれた。つまり、暗号作成者がAGHを選び、ローターがAGHと読めるようにセットする。それから、もう一つの設定、たとえばTUIを選ぶ。そして、たとえばRYNFYPを伝えるためにTUITUIを暗号化する。次にAGHRYNFYPをインジケーターとして送信し、この後に続いて、設定TUIではじまるローターで暗号化された実際の通信文が送信される。

この方法の安全性は、リング設定は日々変わるという事実にかかっており、そうでなければ最初の三文字(例ではAGH)がすべてを暴露してしまうことになる。解読者の仕事は、これに対応して、そのネットワークのあらゆる交信に共通するこのリング設定を決定することだ。そして、驚くことに、ポーランドの暗号解読者は新しい種類の手がかりを使ってこのリング設定、あるいは同じことであるが、例にあげたAGHのような公開して伝えられたローター設定に対応するコアポジションをみつけることができた。

以前の方法と同様、その痕跡を得るには、交信全体を見ること、そして、インジケーターの九文字の最後の六文字にある繰り返し要素を利用することが重要だった。共通の基礎設定はなかったので、第一と第四との間、第二と第五との間、第三と第六との間には、分析すべき固定した対応関係は存在しなかった。しかし、この考え方の痕跡が、まるでチェシャ猫のにたにた笑いのように残っていた。ときどきではあるが、第一の文字と第四の文字が同じになることがある。あるいは、それが第二と第五、第三と第六について起きることもある。この現象は、理由は定かでないが「雌」と呼ばれた。たとえば、TUITUIがRYNFYPと暗号化されたとするならば、繰り返されるYが「雌」になる。この事実のおかげで、TUITUIが暗号化されているときのローター群の状態が少しわかるだろう。この方法を成功させるには、この状態を作る以上の手がかりを十分に集めなければならなかった。

さらに厳密にいえば、コアポジションに「雌」文字があるといえるのは、暗号化された文字が三段階あとで、また同じになるということである。しかもこれは稀に起きるのではなく、平均で二五回に一回の割合で起きていた。つまり、いくつか（約四〇パーセント）のコアポジションに、少なくとも一つの「雌」文字があり、それ以外のコアポジションにはそういう性質がない。雌文字がある、あるいはないという性質は、プラグボードの設定に影響されないが、雌文字がどの文字であるかは、プラグボードにかかっている。

暗号解読者はその日の交信で観察したすべての雌の位置を容易に突き止めた。彼らは雌を生じさせるコアポジションを知らなくとも、例にあげたAGHのような、公開して伝えられたローターの設定から、相対的なコアポジションを突きとめる。この情報から雌のパタンが得られる。コアポジションの約四〇パーセントにだけ雌があるので、解読者が把握している分布にこのパタンが一致するのは一つだけということもありうる。ゆえに、これこそが新しい手がかりとなる「雌」のパタンだった。

しかし、循環の長さを使って解読できても、雌の出現可能なすべてのパタンをあらかじめ分類することは不可能だった。一致をみつけるには、ほかに何かもっと洗練された方法があるはずだ。その方法は、穴のあいた紙を利用することだった。穴がある紙はすべて、端的にコアポジションの表であり、それには「雌あり」あるいは「雌なし」と印刷するかわりに、穴の有無で区別した。原理的には、最初に巨大な一つの表を作っておけば、毎日、その日の交信で発見した雌パタンを使ってテンプレートを作ることができる。つまり、テンプレートを表の上で動かして、最終的には穴に合う箇所をみつけられるはずだった。しかし、それではあまりに効率が悪い。そのかわりに、コアポジションの表を重ね合わせ、発見した雌の相対的な位置に合わせるようにずらしていく方法をとった。パタンと一致すれば、すべてのシートを光が通り抜ける位置がわかる。このずらして探索する方法の利点は、六七六通りの可能性が同時に調べられることだ。しかし、まだ時間がかかりすぎる。完全に調べるには六×二六通りの操作が必要だった。また、六×一万七五七六通りのコアポジションをリストにした穴あきシートを作成しなければならない。それでも、彼らはこれを二、三か月でやり遂げた。

ところで、彼らの考案した方法はこれだけではない。穴あきシート方式は交信に現われる約一〇個の雌が必要だったが、第二の方式はほんの三つですんだ。しかし、この方法は雌がただあればいいわけではなく、暗号文に雌として現われる特定の文字が必要だった。原理上、プラグボードに影響されずに残った文字のなかにこれらの特定の文字が入っていなければならないということが、この方法にとって必要不可欠だった。一九三八年以来、たった六組か七組のプラグボードを接続して使用しているので、これは厳しすぎる要求ではなかった。

この方法の原則は、コアポジションの特性を前提として、発見された特定の三つの雌文字のパタンと一致させることだった。しかし、穴あきシートをずらす方法でも、あらかじめ六×一万七五七六通りの位置にあるすべての雌文字を分類し、検索することは不可能だ。可能な候補数があまりに多過ぎる。かわりに、まったく新しい方法を使った。あらかじめ分類せず、毎回新しくローター位置の特性を調べることにした。ただし、人間による検索ではない。機械がやるのだ。一九三八年の九月までに、彼らはこのような機械を作った。実際には六台で、ローターの順序ごとに一つの機械だった。これらの機械はカチカチという大きな音がするので、ボンブ（爆弾）と呼ばれた。

ボンブはエニグマ機械の電気回路を利用し、電気を使った方法で一致する瞬間を認識する。エニグマは機械だったというまさにその事実によって、機械による暗号解読が可能になった。三つの特定の「雌」が生じたときは回路を閉じるように、六台の複製エニグマ機械を接続するというのが、必要不可欠な発想だった。これらエニグマ六台の相対的なコアポジションは、ちょうど「シートをずらす」場合のように、発見した「雌」の相対的な設定によって固定される。これらの相対的な位置を一定に保ったまま、エニグマ六台を考えられるかぎりあらゆる位置で運転する。完全検索には二時間かかった。つまり、毎秒数か所の位置が試された。あらゆる可能性がただ次々と試される、腕力頼みの方法だ。代数的な精妙さは一切ない。しかし、そのおかげで暗号解読は二〇世紀のものとなった。

ポーランド人解読者にとって不幸なことに、ドイツのほうが二〇世紀をやや先行していたので、この電気機械的発明がエニグマに影響するやいなや、新たに導入された複雑さがボンブを再び無力にした。一九三八年一二月にドイツの全暗号システムは保有している三枚のローターを付加して、レパートリーを五つにした。それまでのローター配列は六通りだったが、今度は六〇通りになってしまった。ポーランド人解読者も進取の精神では負けていないので、新しい配線を作るのに成功したが、それはドイツ安全保障局が犯した暗号上の間違いのおかげだった。しかし、計算自体は簡単なものだ。新しい方法は六台ではなく、六〇台のボンブを必要とした。六組の穴のあいたシートではなく、六〇組のシート。これでは途方に暮れるばかりだ。そしてまさにこれが、イギリスとフランスの代表団が一九三九年七月にワルシャワに出かけたときの状況だった。ポーランドにはこれ以上の開発を続ける技術的資源がなかった。

以上が、アランが聞いた話だった。解読研究が停止するにいたった経緯だ。とはいえ、ポーランドはイギリスより何年も先を行っていた。イギリスはまだ、ポーランドの一九三二年時点にいた。イギリスは配線の解明どころか、キーボードが簡単な手順で一枚めのローターに接続されているという事実すらつかんでいなかった。ポーランド人解読者と同様に、イギリス人たちも、この最初の接続段階で別の乱雑な操作を含んだ設計だと想定していたので、そうでなかったことを知り驚いた。政府暗号学校も、「一九三九年七月の会合以前に、エニグマを破る高速機械のテストの可能性」について今まで一度も考えたことはなかった。ある段階で、彼らは気持ちが萎えていた。ほんとうは考えたくなかったし、知りたくもなかったのだ。しかし、この特定の困難が超えられたからには、あとは、ポーランド人解読者が解決不可能だと考えた問題に取り組むだけだった。[4・7]

ポーランド人からさまざまな書類、とくにローターの配線に関するものが政府暗号学校に届いたとき、ポーランド人が鍵をみつけていた古い通信文の解読はすぐにできたが、その後の新しい通信文はいぜんとして解読不可能だった。

新しい通信文は、ポーランド人が解読不可能だと考えた同じ理由で解読不可能だった。十分な数のボンブも、ローター五枚用のエニグマ用穴あきシートもなかった。ほかにも障害があった。それは、一九三九年一月一日以来、ドイツの暗号システムはプラグボード上で一〇対の組み合わせを使うようになっており、それらがポーランドのボンブを使えなくしていた。実はこの裏には、より深い問題があった。それはポーランドのおもな解読方法は、使われているインジケーターのシステムに全面的に依存しているということだ。まったく新しい解読法が求められていた。そして、アランが最初の重要な役割を果たしたのは、まさにこのような状況においてだった。

イギリスの解読者たちはただちに、最初の「雌」文字利用法で必要な穴あきシート六〇組の作成に着手した。実際には、この作業は、一〇〇万種類のローターの設定を調べるという膨大な仕事に膨れ上がっていた。しかし、九文字のインジケーターシステムがたとえわずかでも変更されたならば、これらのシートが無駄になってしまうことはすでにわかっていた。つまり、もっと一般的なもの、特定のインジケーターシステムに依存しない方法をみつけなければならなかった。

プラグボードなしで使用されるエニグマ機械なら、方法はあった。たとえば、イタリアのエニグマ、また、スペイン内戦でフランコ軍が使ったもので、後者については、政府暗号学校が一九三七年四月に解読していた。そのなかに、シンコブが「直観」法あるいは「最尤単語《さいゆうたんご》」法と呼んだ独特の攻撃方法があった。この方法を使うためには、解読者が通信文中に現われる単語を推測、しかも、その厳密な位置を含めて推測しなければならなかった。軍事目的の通信が定型的であることを考えれば、不可能なことではない。また、暗号化した文字がもとの文字と同じになることがないというエニグマの特徴にも助けられた。エニグマのローター配線が知られていると想定すると、単語の推測が正しければ、解読者はきわめて容易に最初のローターと最初の位置を同定することができる。

このような解読は、手作業で行なわれることになる。しかし原理上は、次頁に例示するようにはるかに機械化された方法をとることが可能であり、その場合には、一〇〇万種類のローター位置の割り出しとはいえ「とてつもなく大きな数」にはならないという事実が幸いしていた。ポーランドのボンブと同様に、機械は、暗号文を既知の平文に変換するローター位置がみつかるまで可能な位置を一つひとつ丹念に調べることができる。

初期においてすら、とくに無理な発想ではなかった。アランと同世代のオックスフォード出身の物理学者R・V・ジョーンズは、情報部の科学顧問をしていたが、一九三九年暮れになってブレッチリーに招集本頁の図では、基本的なエニグマ機械を、その内部構造の詳細は忘れることにして、入力文字を出力文字に変換するブラックボックスとみなす。機械の内部状態は、ローター位置を知らせる三つの数によって表現される（さらにまた、中間ローター、内部ローターが動くこともあるという問題は脇におき、その２枚は静止していると想定する。これは、この方法を実際に運用する際には考慮すべき重要な点になるが、原理に影響はない）。

さて、GENERAL をプラグボードなしのエニグマで暗号化すると UILKNTN になることが確実にわかっていると仮定する。このことは、あるローター位置設定において U が G に、次の位置では I が E に、その次の位置では L が N に変換されるようになる最初のローター位置が存在することを意味する。原理的には、この位置がみつかるまですべてのローター位置を試すのに何の問題もない。最も効率的な方法は、七つの文字すべてを同時に対象とすることだろう。この同時的探索は、７台のエニグマ機械を一列に並べ、ローターの位置を一つずつずらしておけば実現できる。たとえば、各機械に UILKNTN の７文字をそれぞれ入力し、GENERAL という７文字が現われるかを調べればよい。もしそこでその７文字が現われなかったら、どのエニグマ機械のローター位置も一つずらし、同じことを繰り返す。最終のローター位置がみつかり、たとえば、以下の図のような機械の状態が出現する。

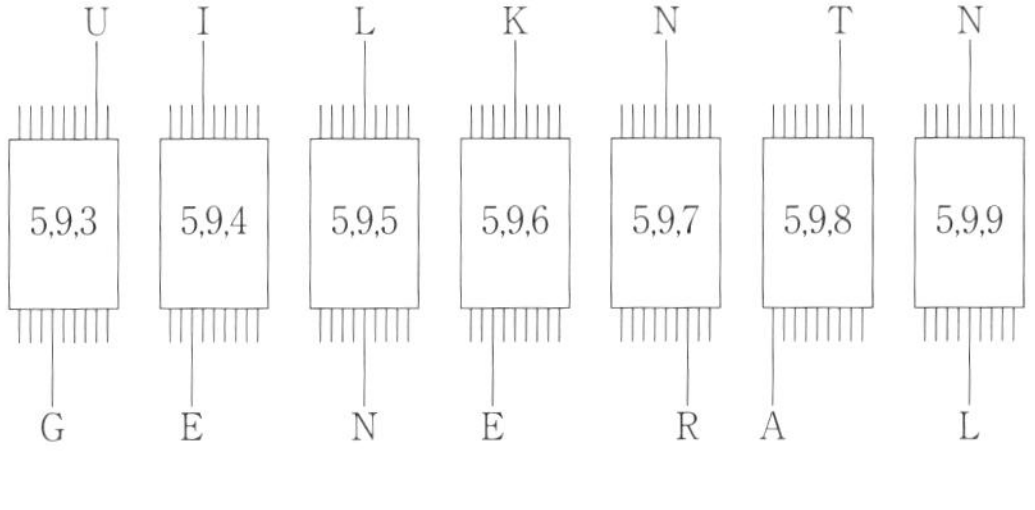

以上の過程のどの段階も、ポーランドのボンブの技術を越えない。さらにまた、７文字のすべてが GENERAL のそれぞれに一致したとき、そして、そのときだけ電流が流れ、機械が止まるように配線するのは容易だ。

された。彼はデニストンの副官だったエドワード・トラヴィスと当時の暗号解読の問題について会話している。トラヴィスは、固定されたテキストではなく、ドイツ語通信全般を自動的に理解するというかなり野心的な問題を提起した。ジョーンズは、その才能を駆使していくつかの解決案を提起した。そのうちの一つは[4・8]、

> 機械から出てくる文字に対応させて、紙かフィルムの上の二六か所の位置のどこかに印をつけるか穴をあけるかして、できたものを一連の光反応素子に通すと、それぞれがその機械が探していた文字の出現回数を数えることになる。一定の数に到達したところで、その文字の出現頻度の分布をその言語の文字の出現頻度分布と比べればよい。後者は適当な種類のテンプレートに設置しておくことができるだろう。

トラヴィスがジョーンズをアランに紹介したところ、アランは、「この考え方が気に入った」。しかし、少なくともエニグマ解読の主流の方法論は、まったくちがう方向に向かったままだった。すなわち、すでに知られている平文を活用する考え方である。もちろん、軍事用エニグマはプラグボードを使っていたので、そんな素朴な探索方法では解読できないという難点はある。一〇組の文字対を接続するのに一五〇兆七三八二億七四九三万七二五〇通りの可能性[*6]があった。一台の機械ですべて調べきることは不可能だ。

しかし、本気になった解読者はこの程度の数には驚かない。数が大きいだけでは、解読の追及を免れる保証にはならない。新聞のパズル欄の暗号を解いた経験があれば、四〇三杼《じょ》二九一四垓《がい》六一一二京六六〇五兆六三五五億八四〇〇万通りのアルファベットの置換[*7]から、一つ以外の可能性を切り捨てたことがあるはずだ。それが可能なのは、Ｅはよく出現するが、ＡＯはまれといった事実の積み重ねが、一気に可能性

を絞り込むのに役立つからだ。

決定的な発見は、実際の軍事用エニグマでは、プラグボードでの置換が基本的エニグマのローターへ入力する前と後の両方で行なわれているにもかかわらず、次頁で図示しているように考えることが可能だということだった。しかし、この発見は簡単になされたものでも、一人で考えて得られた結果でもなかった。その発見までには数か月を要し、二人の人物が中心となっていた。すなわち、ジェフリーズが新しい穴あきシート作りを監督している間、残りの二人の新入り数学者、つまり、アランとゴードン・ウェルチマンが「英国式ボンブ」となる機械の考案を担っていた[4・9]。

最初に挑戦したのはアランだった。彼こそが、ウェルチマンが交信分析を担当した後、「最尤単語」にもとづく論理的整合性の探索を機械化する原理を最初に定式化したのだ。ポーランド人解読者たちは、使われている特別のインジケーターシステムに限定して、この検出を単純な形で機械化した。それに対して、アランが構想した機械は相当に野心的で、一つのプラグボードの想定から導かれる「可能性」をシミュレーションする回路と、単純な一致ではなく矛盾の発生を検出する手段を必要とした。

この方法〔三〇二頁〕は、とうてい理想的とはいえない。「クリブ」[*8]にある閉じたループをみつけることに全面的に依存しているからで、すべてのクリブがこういう現象を示すわけではない。しかし、実用的に機能する方法だった。というのは、閉じたループを完成させるという考え方は、自然に電気的な形態に変換できるという考え方だからだ。プラグボードの数そのものは克服できない障壁ではなかった。

それが最初の着手であり、アランにとって最初の成功だった。戦時における大半の科学的営為と同様に、時代の最先端の知識は必要でなく、むしろ、先端的研究で必要な技能と同じものをより初等的な問題に適用したのだ。計算過程を自動化する発想は、二〇世紀には慣れ親しまれ、「計算可能数」の著者を必要としなかった。しかし、数学的な機械に対するアランの真剣な関心、そして、機械のように作動するという

たんなるプラグボードの数自体の問題でないことは、プラグボードにおける置き換えが基本的なエニグマ機械による暗号化以前にだけ適用されるまったく仮想的な機械を考えれば、理解できる。たとえば、そういう機械に対しては、FHOPQBZ という暗号文が GENERAL を暗号化したものであることが知られているからである。

さらにまた、FHOPQBZ という文字列を、7 台のつながったエニグマに入力して、その出力を調べることは可能だろう。しかしこの場合、GENERAL という文字列の出力は期待できない。なぜなら、これらの文字に適用された置き換えについては知られていないからだ。しかし、何も手がでないわけではない。たとえば、ローター位置をすべて試している途中のある時点で、その設定が次のような状態になったとしよう。

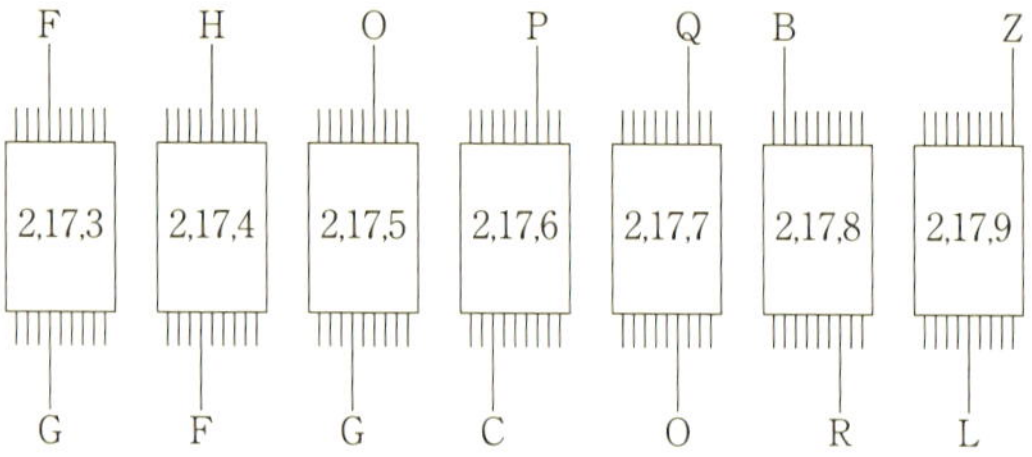

ここで、GFGCORL という文字列が GENERAL からプラグボードでの置換によって得られるかと質問できる。この例では「否」である。なぜなら、最初の文字である G をそのまま G にして、2 番めの G を N にするような置換はありえないからだ。また、GENERAL の最初の E を F にして、2 番めの E を C にするような置換もありえない。さらに、GENERAL の R を O にして、A を R にするような置換もありえない。このように考えれば、ここに例示した特定のローター位置の可能性は十分排除できる。

一つの方法として整合性の観点から考えることができる。複数台つながったエニグマに暗号文を入力した後、その出力は、それが置換によってのみ異なるというかぎりで、既知の平文と整合するだろうか。こうしてみると、(OR) と (RA)、または (EF) と (EC) という対応は矛盾している。そんな矛盾が一つでもあれば、この仮想機械におけるプラグボードの何十億もの可能性を排除できる。したがって、可能性の数がはなはだしく大きいことは、暗号システムの論理的性質と比べればそれほど重要ではないかもしれない。

考え方の魅力は、ここではとりわけ重要だ。[*9] ここでもまた、プラグボードの「矛盾」と「整合性」という状態は決定的に有限な問題にのみ関わっており、数論の無限の多様性に関わるゲーデルの定理のようなものとは一切関係なかった。しかし、アランが、論理的な結論は機械的に帰結すると考える数学についての形式主義的な理解と類比させたことはいぜんとして驚くべきことだ。

アランは、一九四〇年初頭、新しい形のボンブを設計する際にこの考えを確認することができた。そして、実用的な機械の製作が始まり、平時には考えられない速さで作業が続けられた。指揮したのは、レッチワースのブリティッシュ・タビュレーティング・マシーナリ社にいたハロルド・「ドック」・キーン。同社は、リレーを使って加算や認識のような単純な論理的機能を実現する事務用計算機や自動分類機の製作が得意だった。目標は、リレーを使って、整合的な位置が出現したときにそれを「認識」して、機械を止めさせることだ。ここでもまたアランは、何が必要かを理解するのにぴったりな人物だ。というのも、リレー式乗算器に異常なまでに通じていたために、この種の機械の仕組みで論理的操作を実現するという問題について深く考えていたからである。おそらく、一九四〇年の段階で、そのような作業の管理にふさわしい人物は、アランをおいてほかには誰もいなかっただろう。

しかし、アランは、自分の設計に劇的ともいえる改良の余地があることに気づいていなかった。ここではゴードン・ウェルチマンが重要な役割を果たす。ゴードンは特筆すべき評価を得て、エニグマ解析グループに異動してきた。彼は、ポーランド人解読者が穴あきシートを考え出し、ジェフリーズがすでにその製作に取りかかっていたという事実をまったく知らずに、その方式を一人で再発明していた。そのとき、チューリングのボンブの設計も検討して、三〇三頁に図示するようなエニグマの弱点を完全には活用していないことに気づいた。

ウェルチマンは改良の可能性に気づいただけでなく、これまで以上の結果を機械的な過程にどう組み込

チューリング式ボンブ

さて、文字列LAKNQKRが、プラグボード付きの本格的エニグマにおけるGENERALの暗号化であることがわかっているとしよう。この場合、LAKNQKRを基本的エニグマ上で試して、何が出力されるか調べる必要はない。なぜならLAKNQKRがエニグマのローターに入力される前に、これに対するプラグボードの置換がなされているはずだからだ。しかし、この方法に見込みがないわけではない。たとえば、この文字列のAを考えてみよう。このプラグボードでAが変わる可能性はほんの26通りで、それを試すことができる。まず、(AA) という仮説、つまり、このプラグボードが文字Aをそのまま変化させない場合から始めてみよう。

明らかになったことは、プラグボードは一つだけであり、それはローターの出力文字に対する置換操作と同じことを、入力文字に対しても行なっているという事実が利用されているということだ(エニグマに2台のプラグボードが付けられ、一方は入力文字を置換し、他方は出力文字を置換するようになっていたとすれば、話はかなりちがってくる)。また、本文で述べた「クリブ」が閉じたループという特別な性質をもっている事実も利用している。これは、(AA) の演繹的結果を調べると最も簡単に理解できる。

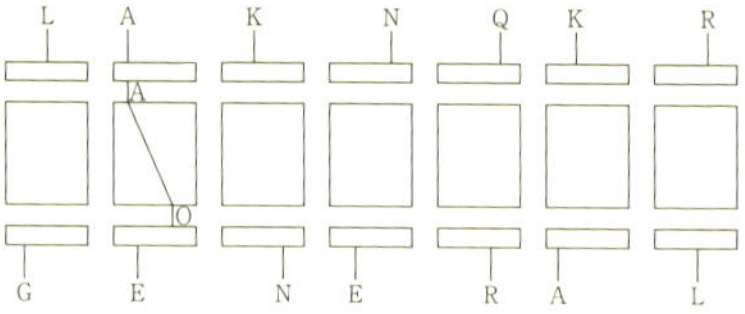

この文字列の第二の文字に着目して、Aをエニグマのローターに入力して、たとえばOと出力されたとしてみよう。これは、プラグボードは (EO) という置換を含んでいなければならないことを意味する。

ここで、第四の文字に着目すると、(EO) からのNに対する結果は、たとえば (NQ) となるだろう。そこで、第三の文字は、Kに対して、たとえば (KG) という結果を生むことになる。

最後に、第六の文字を考えてみよう。ここでは、ループが閉じて、(KG) だという主張ともともとの (AA) という仮定との間が整合的か、矛盾するかのいずれかになるだろう。それが矛盾であれば、仮説が間違っていて、可能性から排除することができる。

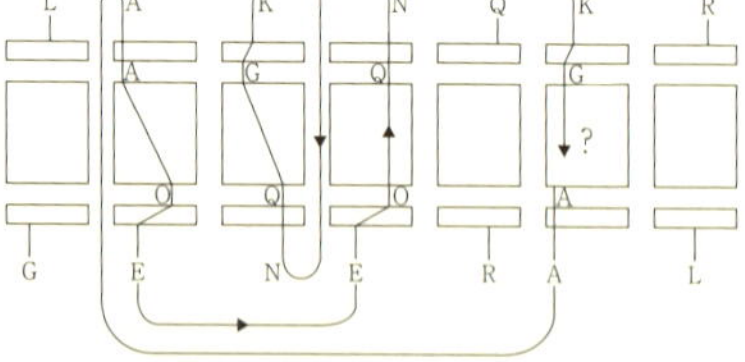

チューリング式ボンブ（続き）

チューリング式ボンブの説明に戻ると、以下の図の太線で示した線に、今まできちんと検討を加えなかった別の結果が存在することがわかる。

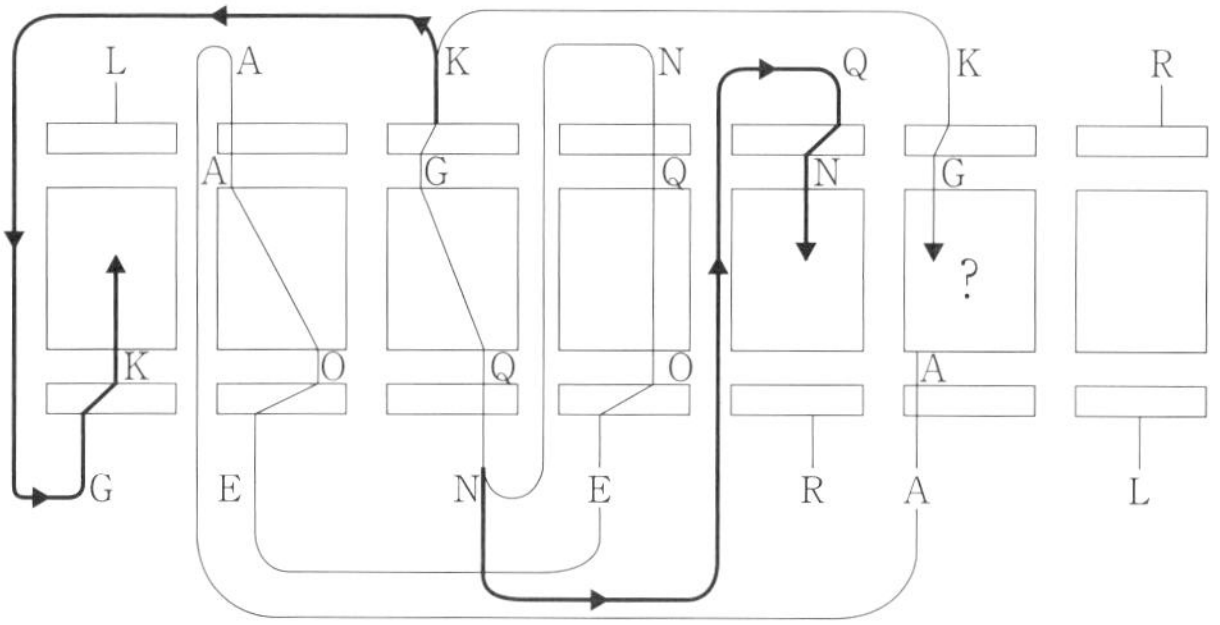

これまでと異なり、事前には予測できない結果だ。こういう出現は、(KG) が（GK）をも意味するので、位置 1 における L に対する結果だからだ。同様に、(NQ) は（QN）をも意味するので、位置 5 における R による結果である。これはさらに、別の L に対する別の結果を位置 7 で出す。さらなる複数の結果同士から矛盾が生じる可能性があることははっきりしている。それは位置 6 で閉じるループに関する疑問とはまったく別に生じる。実際、矛盾がこのように一般的な形で出現するには、もはや文字列がループを示す必要はなくなる。しかし、この演繹のより大きな力は、どこでいつ必要になるかがわからなくても、(KG) から（GK）にいき、同様にそのほかのこれまで得られた結果について自動的な手段が存在していることにかかっている。

むかという問題を速やかに解決した。とても単純な電気回路が一つあればいいだけで、その回路は「対角ボード」とすぐに呼ばれることになった。縦二六個横二六個、計六七六個の電気端子の並び方にちなんだ名称だ。それぞれの端子は、たとえば（KG）というような主張に対応し、（KG）が（GK）と恒常的に接続されるという意味で対角的に配線されていた。この対角ボードは、必要な結果を正確に得られるようにボンブに接続できた。スイッチの切り替え操作は不要で、後続する結果はいぜんとして、接続された回路に電気がほとんど同時に流れ込むことによって実現された。

ウェルチマンは、自分でもこ

の問題を解決できたのが信じられなかったが、配線のラフスケッチを描いてみて、それが機能することを確信した。コテージに急ぐ途中で配線図をアランに見せると、アランも最初は信じられないようだったが、すぐ、新たに生じた可能性に等しく興奮した。目覚しい改良だった。もはやループを探す必要はなく、これまでより少なくかつ短いクリブですますことができた。

対角ボードの追加によって、ボンブは不思議なほど洗練され、その性能を発揮するようになった。たとえば（BL）という主張に到達すると、この主張は平文または暗号文に現われるすべてのBとすべてのLに影響する。このようにして得られる結果がどの段階においても四重に増えたので、三個ないし四個の「クリブ」についてボンブを使えるようになった。暗号解読者は、「クリブ」の列から一〇個程度の文字の「メニュー」を選べばよく、それは必ずしも「ループ」を含まないが、いぜんとしてほかの文字に影響を与える文字の種類はあまりにも豊富だった。そして、これは非常に厳しい整合性条件を提供し、まさに光速で何十億もの誤った仮説を一掃することができた。

その原理は驚くほど数理論理学の原理に似ていた。数理論理学では、興味深い公理群から可能なかぎり多くの結論を導こうとする。また、演繹過程には、とくに論理的にうまくやらないといけないところが存在していた。以上述べたかぎりでは、一度に一つのプラグボードに関する仮説を試す操作が必要だ。（AA）という仮説が自己矛盾を起こして廃棄されるなら、（AB）を試し、次々と二六の可能性が尽きるまで繰り返すことになる。そのときにはじめてローターは一目盛分回転し、次の位置で同様に調べはじめる。しかし、アランはそれが不要だとわかっていた。

（AA）が不整合ならば、大体は、すべての結果をたどる過程で（AB）（AC）等を試すことになる。このことは、これらすべても自己矛盾していることを意味し、それらをわざわざ試す必要はない。例外は、ローター位置が実際に正しい場合にだけ発生する。この場合、プラグボードの仮説は正しいことになり、その結果矛盾は生じない。あるいは、その仮説は正しくないが正しいものを除くすべての仮説に到達することになる。つまり、二六個の端子の一つだけに電流が流れるか、あるいはちょうど二五個に流れるかのいずれかの場合に、このボンブは停止する。このかなり複雑な条件をつけて、リレースイッチは試されなければならなかった。理解するのは簡単ではないが、それがわかるとこの過程は、二六倍早く進めることができる。アランならば、数理論理学との類似性について思うところがあるだろう。そこでは、一つの矛盾は任意の命題を帰結する。ウィトゲンシュタインはこの点について論じ、「矛盾はけっして誰も困らせない」と言っている。しかし、これらの矛盾の存在は、ドイツにとって非常に具合が悪く、破綻の原因になった。

このように、ボンブの論理的な原理は、結果を大量に数えあげて問題を発生させるという驚くほど単純なものだった。しかし、そういう機械を製作するのは簡単ではない。ボンブを実際に役立たせるには、数日ではなく数時間という短時間で、平均して五〇万種類のローター位置を調べなければならない。すなわち、この論理的過程を少なくとも毎秒二〇種類のローター位置に対して適用しなければならないということだ。これは、一秒間に一〇〇〇回切り替えられる自動電話交換機の能力以上である。しかも、電話交換のリレーとは異なり、ボンブのリレーは、何時間も連続して相互に協調しあい、ローターも完全に同期して動作しなければならなかった。平時であればせいぜい大まかな設計図を描くのが精一杯の短時間にこの工学的問題を解決できなければ、以上のような論理的な発想もたわいもない夢物語になってしまうだろう。

ボンブの設計が終わり、生産の目途がたった段階ですら、エニグマの問題はとうてい解決されたとはいえなかった。ボンブは、最尤単語法ですべての作業を完了させられるわけではない。重要なのは、整合性条件が満たされて、ボンブが止まったとしても、だからといって正しいローター位置に到達したとはいえないということだ。そのような止まった状態は、後に「停止」と呼ばれるが、偶然に発生する可能性があった（そのような偶然の「停止」がどのくらいの発生頻度か予測する計算は確率論の楽しい応用問題だ）。「停止」するたび、暗号文の残りがドイツ語になるかどうかをエニグマ機械で点検して確認しなければならず、その作業は正しいローター位置が発見されるまで続く。

さらにまた、出てきそうな単語を推測するのも、その単語を暗号文と一致させるのも容易なことではなかった。優秀な暗号作成者であれば、そのような操作を不可能にすることもできた。エニグマの正しい使い方は、すべての暗号化機械の場合と同様に、単語の推測による攻撃に対抗する手段を講じておくことだ。そのためには、ごく明白な方法がいろいろあり、たとえば、無意味で、長さが変わる文字列を通信文の前に置くとか、長い単語にXをいくつか挿入するとか、通信中によく見られたり繰り返されたりする部分に「埋没手続き」を適用するとか、一般的には、しかるべき受信者が理解できなくならない範囲でシステムを可能なかぎり予測不可能、非機械的にしてあった。これらが徹底的に実施されたら、ボンブに必要な正確な「クリブ」はみつけられないだろう。しかし、エニグマの利用者は、この賢い機械なら大丈夫だと安易に考えそうであり、そこに、イギリス人解読者が利用できる規則性が頻繁にみつけられた。

こうした困難を克服し、申し分なく正確に単語を推測する方法に習熟したとしても、話はまだまだ終わらない。一つの通信文を解読しても、戦争の助けにはならない。課題は、すべての通信文を解読することで、そのような通信文は、陸海空軍のネットワークごとに毎日何千個も行き交っている。この課題の解決は、全体としての暗号法に依存している。インジケーターの三個組を繰り返すような戦前の方法なら、一つの通信文が解読されれば、暗号化の過程全体が解明され、「基礎設定」がみつかり、交信の全容が判明する。しかし、敵はそれほどお人好しではない。それに、ある種のダブル・バインド状況が生まれていた。なぜなら、ほぼ絶対の確実性で単語を推測する作業は、交信の全体を熟知することによってのみ可能だからだ。ボンブは、最初にそのような交信そのものに入り込む別の方法がないかぎり、ほとんど役に立たないだろう。

ドイツ空軍の信号に関して、イギリスは別の方法を使っていた。すなわち、九文字インジケーターシステムで役立った穴あきシート方法である。一九三九年の秋のうちに、シート六〇組の製作が完了し、ヴィニョールにいたフランスの暗号解読者たちのところに、期待を込めてその複製が届けられた。一九三八年一二月以降、エニグマの通信文は一つも解読されず、シートが完成するまで、それが何かの役に立つという確信をもてなかったからだ。そして、期待したのは正しかった。すなわち、[4・10]

政府暗号学校の記録によると、「この年の終わり、私たちが派遣した者が、持っていったシートにあった一つの鍵を破った（一〇月二八日、グリーン）[*10] というすばらしい情報を持ち帰った。ただちに、ある鍵について調べはじめた（一〇月二五日、グリーン）。これ、すなわち、わが国において判明した最初の戦時用エニグマの鍵を破ったのは、一九四〇年一月の初めだった」。政府暗号学校の記録はさらに続く。「新年になって、ドイツ人たちは機械に変更を加えただろうか。私たちがその答を待っている間に、一九三九年用鍵の残りが解読された。ついに、うれしい時がやってきた。……シートが設定された……そして一月六日のレッドが現われた。すぐに、そのほかの鍵も続いた……」

彼らにとっての幸運は続き、穴あきシートがドイツ軍暗号攻略の最初の入口を作った。プリンストンで遊んだ宝探しのようだった。どこかで解読がうまくいくたびに、次の目標、すなわち、はるかに高速かつ包括的な暗号解読法への手がかりが与えられた。穴あきシートを使用するという特殊な方法、そしてさらに、代数的、言語的、心理的な仕掛けがさまざまにあり、何かよいほうへ向かう道が開かれた。しかし、単純に進んだことは一度もない。規則はつねに変わり続けていて、その変化に追いつくには、能力のかぎり走り続けなければならなかった。彼らはかろうじて間に合っていたが、数か月でも遅れてしまうと、二度と追いつくことはできなくなるだろう。一九四〇年の春、才能と直観との混合、あるいは、軍隊式にいえば「たんなる当てずっぽう」でなんとか対応しただけだったために、事態はとりわけ不安定になっていた。

「推測と期待」が、当時の英国式作戦の包括的特徴だ。政府は、戦争に勝つ術はもちろんのこと、今何が進行しているかについても一般国民以上にはわかってはいなかった。結局、イギリスとドイツの軍隊は再び戦火を交えることで一致したようにに見えたにもかかわらず、『鏡の国のアリス』でいえばトゥイードルディー役のイギリスは、戦闘の口火を切ることに躊躇を重ね、トゥイードルダム役のドイツは夕方六時までにすべてが終わることを期待していた。トゥイードルディーの兵器はまだチェンバレンの傘の後ろに隠されていた。赤の女王は東の広場でいびきをかいて寝ており、何の夢をみていたか（ブレッチリーにおいてすら）知る者は誰もいなかった。イギリスが「持ちこたえ」られさえすれば、経済封鎖が、すでに「延びきってしまった」ドイツの内側からひびを入れられると思われていた。英国首脳陣が半ば願い、半ば恐れたことは、そのとき、大西洋の向こう側で曖昧に羽ばたいている巨大な鳥が再び姿を現わすことだった。

いみじくも、一九四〇年三月にブレッチリーが非常に苦労し費用もかけて解読したナチスドイツ空軍の通信文は試験送信で、そのほとんどが子守歌だったことが判明した。少なくともブレッチリーはかなり刺激的な仕事で忙しかったものの、そこですらしばしば非現実的で拍子抜けの感があった。ケンブリッジも同じだった。アランはときどき、数学の研究や友人に会うために、休暇をとってケンブリッジに戻った。

キングズカレッジでは（ドイツ空軍に屈服するのを拒否したピグーを除く）全員が忠実に防空壕に群をなして向かっていたが、くるはずの爆撃は結局やってこなかった。ケンブリッジ大学に疎開させられていた子どもたちの四分の三は一九四〇年半ばまでには家に戻った。

しかし、戦争はクリスマスまでに終わらなかった。一九三九年一〇月二日、アランは、戦時中は大学のフェローの仕事をしないという選択をする。そのため数学基礎論講座は講義リストに掲載されたものの、実際には開講されなかった。そして、ソ連のフィンランド侵攻問題があった。この時期に一度、パトリック・ウィルキンソンの部屋でパーティーがあり、そこでアランは三年生のロビン・ガンディという一人の学生に出会った。彼は数学を学び、どちらかといえば良心の問題としてソビエト共産党の方針を弁護しようとしていた。「フィンランドから手を引け」は、アランが軽蔑するヒトラーの二枚舌だったが、ロビン・ガンディを好ましく思ったので、落胆して立ち去るかわりにソクラテス的問答をして、彼が自分で矛盾にたどり着くように仕向けた。

この戦闘のない戦争状態においてすら現実的だった一つのことは、海上での利害の衝突だった。第一次世界大戦のときとまったく同じように、イギリスとの戦争は世界の貿易経済を攻撃するに等しいことが、イギリスの強みでもあり弱みでもあった。世界の全商船の三分の一が英国船であり、石炭と煉瓦は別にしても、イギリスが自給できる資源はほとんどなかった。経済封鎖をされても、ドイツはヨーロッパの資源と労働力を力づくで利用して生き延びられる。しかし、イギリスの存続は海路にかかっていた。この違いは決定的に重要だった。

アランがとくに担当するようになるのは海上戦だった。一九四〇年代初め、いろいろあるエニグマのシステムは、それぞれ主要な暗号解読者が分担し、ブレッチリー邸宅の外にある仮兵舎が仕事場だった。ウェルチマンは第六兵舎で陸軍と空軍のエニグマを受け持ち、多くの新規招集者がいた。ディルウィン・ノックスは再び彼らと一緒に、イタリアのエニグマ[*11]とドイツの安全保障局が使っていたエニグマを引き受けた。プラグボードが使われないこれらのエニグマは、彼の心理学的な方法に適していた。そしてアランは、第八兵舎に配置され、海軍のエニグマ暗号研究を率いていた。そのほかの兵舎は、出力結果の翻訳や解釈を担当していた。たとえば、第三兵舎は第六兵舎から出される陸軍と空軍のデータをあつかい、一方海軍の暗号は、解読ができたらフランク・バーチが率いる第四兵舎で解釈されることになった。

　アランはおそらく、第四兵舎から流れてくる全体的に緊迫した空気を別にすれば、自分がどういう状況で仕事をしているかほとんど知らなかったかもしれないが、それでよかったのだろう。というのは、状況は仕事の励みになるようなものではなかったからだ。彼は海軍本部の仕事をしていたが、海軍本部は、嫌々ながら海軍の暗号解読の仕事を政府暗号学校に譲った。伝統的には英国海軍は自立を旨とする。海軍本部は、世界で一番大きい艦隊を持つものとして、独力で戦争に対応できると思われていたのかもしれない。しかし、海軍本部は、海軍は力だけでなく、情報に依存しているという教訓を学んでいなかった。しかるべき時にしかるべき所でなければ銃も魚雷も無力だ。ギリシャ神話の一つ目巨人サイクロプスのように、「闘うわれらが海軍」は否定しようもなく隻眼だった。海軍情報部の組織は、犯罪的に無能力とまではいわないにせよ、新しい世代から見れば愚かしいまでにビクトリア朝的だった。

　第一次世界大戦になってようやく、海軍情報部なる組織が設立され、そして、平時にはカフカ的幻想へと衰退していた。一九三七年に、海軍情報部は、[4・11]「……外国艦隊の構成、配置、動静について関心もなければ、その情報を集めて通知する体制もなかった。……状況は、一八九二年……よりほとんど改善していなかった。……最近になって知った、日本、イタリア、ドイツの軍艦の所在をふつうの字で記入するために、時代遅れの大きい台帳が使われた。……これらの報告はしばしば数か月遅れ、四半期に一度だけ外国海軍の想定上の配置が艦隊宛に発布された。海軍情報部の作戦行動は（一人のパートタイムの将校だけで）、

「ロイズ海事日報の購読さえしていなかった。これは、少なくとも、全世界の商船について、毎日、非常に正確な記録を提供してくれる。軍艦の動きに関する情報部からの報告は存在しないも同然だった。……海上にいる船の位置を突き止める可能性は……停泊中の軍艦に関する最新の情報を入手する可能性よりもずっと少なかった」。提督たちは実際には知りたくなかったのだ。

一九三九年九月までには、新しく入ったノーマン・デニングがこの状況をいくらか改善した。台帳のかわりにカード式検索目録、ロイズとの直通電話、そして商船の位置を示す図面が更新される航路追跡室ができた。政府暗号学校との連携はあまりうまくいかなかった。第一次世界大戦後、外務省に奪われた暗号解読の組織は、敵のようにあつかわれがちだったのだ。デニングは一九四一年二月まで海軍本部が奪い返す努力を続けた。

しかし、前向きなデニングは新しい原則を確立し、以前の移動班にかわって設置された海軍情報部の新しい下部組織の作戦情報センターが、あらゆる方面にわたる情報を受け取り、その調整にあたることになった。第一次世界大戦時にはありえなかった革新的な進歩である。開戦前夜、作戦情報センターは三六人のスタッフとともに待機していた。彼らには解決しなければならない問題が多くあったが、一九三九年の主たる問題は、実質的には調整すべき情報を彼らが何ももっていなかったということだ。トゥイードルディーのように、海軍本部は目に見えるものならなんでも勇敢に攻撃できたが、見えるものはほとんど皆無だった。

時折、沿岸警備隊の航空機がUボートを発見すると、英国空軍は海軍本部に知らせることになっており、ドイツ沿岸の写真撮影をする航空偵察には民間人パイロットを雇わなければならなかった。ヨーロッパにいる情報員からの情報は「乏しく、最上の情報は……ドイツの海軍郵便局とコネがある絹の靴下を扱う闇商人から得たものだった。その情報員はときどき、いくつかの船宛ての郵便物の住所を提供し、そこから船の所在位置に関する断片的な手がかりが得られた」。一九三九年一一月に武装商船ラワルピンディが沈没したとき、海軍本部は沈めた船の等級すら発見できなかった。そして、暗号に関しては、エニグマで暗号化された通信文を解読できなかったばかりでなく、ドイツ海軍は、[4・12]

ポーランド侵攻の直前に、戦時の無線手続きに切り換え、コールサインを方向測定の結果に関連させて、作戦行動を追跡できなくした。そして、それは、政府暗号学校と［作戦情報センター］におけるドイツ海軍暗号システムの研究が……交信解析にもとづいて試験的な推論ができるようにした数か月前のことだった。第一歩は、ドイツの海軍一般の交信とUボートを区別することであり、この初歩的な前進が一九三九年の末までなかったことは、通信管制の程度をなんらかの意味で示している。

戦争の勃発まで、政府暗号学校の「一九三八年五月に将校一人と職員一人で設置されたドイツ担当部署の下の海軍担当部署」には、いぜんとして暗号解読者は一人もいなかった。これは、ドイツからの挑戦に応じることとさえできなかった原因の一側面にすぎない。ポーランド人の助けと開発途中のボンブの使用で、見通しはよくなっていたが、全体としては悲惨だった。[4・13]

戦争が勃発して以来ずっと、政府暗号学校のドイツ空軍版エニグマの解読は海軍の交信の解読よりも勝っていた。ちょうどいい理由が二つあったからだ。第一にドイツ空軍の交信のほうが大量だった。それにもまして、ドイツ海軍エニグマ担当者の仕事は滞っていた。その原因は、まず、ドイツ海軍がドイツ空軍よりもエニグマを注意深く使用していたために、政府暗号学校は一九四〇年の初めまでに一九三八年のたった五日分の設定しか解読できていなかったという事実である。もう一つの原因は、戦争が勃発した頃は、それまでの解読で海軍はドイツ空軍以上に、大幅にエニグマを修正していたのを発見したことである。一九四〇年に奪取したわずかな海軍の暗号文書によって、いぜんとして両方とも一度に三つのローターを使用しているが、海軍のエニグマの歯車は五種類ではなく八種類……から選ばれていたことが確認された。

とにかく進展させるためには、アランは今まで以上の何かをやる必要があった。「一九三九年一二月から政府暗号学校はたしかに、この……緊急に必要とされていることを海軍本部に委ねたが、海軍本部はそれに応じる機会にほとんど出会わなかった」。しかし、（少なくとも海上は）戦争状態で、ドイツ当局はエニグマ機械自体が奪われることをも想定して戦い続けなければならなかった。実際そのとおりで、ポーランドは政府暗号学校より七か月早く解読したにすぎなかった。というのは、「一九四〇年二月、エニグマの三枚のローターをU33の乗務員から捕獲した」からだ。しかし、「それ以上先に進むのに十分な基礎を得られなかった」。海軍のエニグマ機械を入手しても、それは必要であるが、まだまだ十分ではないということだ。もし、ドイツ海軍がエニグマ機械を「より慎重に」使用したなら、鍵システムは、ポーランド人が利用した愚かな繰り返される三枚のローターほど解読しやすくはなかっただろう。そして、二、三日間交信がまばらだと、攻撃をしかける根拠が弱くなる。

それからの海上戦は、ドイツがイギリスの機先を制してノルウェーを攻撃し、陸にまで広がった。実に一九三八年以来、ドイツの暗号解読部門B局は英仏の通信を数多く解読して絶大な効果をあげ、英仏は応戦できなかった。作戦の最後に、英国海軍の司令長官は、「一番しゃくにさわるのは、敵がわれわれの船の位置を……いつも正確に知っているのに、われわれは概して、われわれの船が敵に沈められてやっと敵の主要艦隊の位置がわかるということだ」と不満を述べた。六月八日、ノルウェーのナルヴィクからの最後の撤退で、航空母艦グローリアスはドイツ海軍のシャルンホルストとグナイゼナウに撃沈されている。作戦情報センターは、ドイツの軍艦はおろか、グローリアスの位置も知らず、グローリアスの沈没を知ったのは敵の勝利を告げる放送を聞いたときだった。

ノルウェーがブレッチリーパークをこの戦争に引きずり込んだといってよい。この作戦の最中、彼らは「手作業」で重要なドイツ空軍鍵と部門間鍵を解読して、ドイツ軍の動きをかなりつかんだ。海軍についても、第四兵舎は、グローリアス攻撃の交信を解読して助けることができる能力をもっていた。しかし、得られた情報を使う調整がまったくなされていない。また、ノルウェー自体の戦況が、その情報で有利になるわけでもなかった。ただし、ブレッチリーにとっては都合のよい結果になった。作戦情報センターがついに、ブレッチリーに関心を向けざるをえなくなったことだ。まともな海軍情報が絶望的なまでに必要なのは今や明らかだ。「作戦開始時、海軍本部は完璧なまでに無知だった。海軍省が介入して、四月九日のナルヴィクの緒戦で引き金となる命令を下したのは、ドイツ船一隻が到着したという新聞記事にもとづいての判断だったが、ナルヴィク侵攻で港に入ったドイツ軍の部隊は駆逐艦一〇隻だった」。

アランの海軍エニグマ解読にどれほど役に立ったかわからない奇跡ともいえる好機は、まさにこのような状況のなかで失われた。[4・14]

四月二六日、海軍本部は、ドイツからナルヴィクに向かうパトロール船ＶＰ２６２３を捕獲し、若干の文書を入手した。……入念な捜索の前にＶＰ２６２３が荒らされていなかったら、より多くの成果をあげられただろう。そして、海軍本部はただちに、今後、このような多大な損失を招く不注意を避けるための指令を発した。しかし、ノルウェー戦でのドイツの主要部隊による被害程度に関する情報を得たことを除いて、暗号解読はなんら軍事行動の役に立たなかった。

暗号のハードウェアの奪取は当然予想されることなので、説明がついた。水に溶ける薄い複写紙、すなわち、現行の機械取扱説明書である記録文書[*12]を奪取するのはかなり難しい問題だった。

議会は大混乱に陥り、ウィンストン・チャーチルは個別のさまざまな混乱の責任をとることをやめ、そのかわりに、首相に就任して戦争努力というういっそう大きな混乱状態全般を引き受けることになった。「将来、このような多大な損失を招く不注意を避けるための指令」も同じくらい重要な変化を象徴している。この時期、軍人は、パブリックスクール伝統のラグビー戦のごとく、タッチラインから飛ぶ老人たちの熱心な応援を受けて行動し、控え室で使い走りをする下級生のように秘密の研究機関が忠実に仕事に励むだけという体制では不十分だった。パブリックスクールの教えはもはや過去のものであり、愛国心だけでは十分でない。彼らは、知能を行使しなければならない。あらゆるレベルでそうしないと、敗北する。これこそが、英国の戦争を支配する葛藤だった。

一方、ドイツ空軍エニグマ研究、すなわち、一九四〇年初頭のブレッチリーの成功は、軍事的実用に向けて最初の数歩を踏み出していた。歩み方がのろいのは、一九四〇年五月一日に、「ドイツ当局が、イエローを除くすべてのエニグマの鍵に新しいインジケーターを導入した」からだった。[*13]穴あきシートは、宝探しの開始時に間に合ったが、今やほとんど役に立たない。しかし、「五月一日の変更後まもなく、ドイツに間違い」があった。新旧両方のシステムを使って通信文を送信するという、非常にありがちな典型的間違いだ。これにより、五月二二日までには、第六兵舎は主たる空軍暗号用の新しいシステム（「レッド」）をみつけていた。また、その日以降ほとんど毎日そのシステムを解読することができた。しかし、ドイツ軍はフランスのソンムに到達して、ダンケルクに接近しつつあった。ブレッチリーの成功は、ドイツ軍の西側電撃攻撃第一段階の狙いを解明するには、時すでに遅かった。「敵の狙いを二週間もつかめなかったことの影響は大きく、内閣と参謀長の記録によると、戦いについての議論は引き続き『オランダとベルギー』に向けられていた」。気づくのがあまりに遅すぎ、打つ手は何もなくなっていた。

しかし、まさにこのとき、最初のボンブが動き始めた。その機械は、おそらく、チューリングが一九四〇年五月に作ったプロトタイプだ。その夏の八月以降は対角ボードの使用が増えた。当然ながら、機械の「速さと規則正しさは、大いに増大し、政府暗号学校が日ごとに変わるエニグマの鍵を破れるようになった」。ボンブはブレッチリーに設置されず、バッキングガムシャーの人里離れたゲイハーストマナーなどさまざまな駐屯地に置かれた。それらのボンブは、英国海軍婦人部隊（通称レンズ）の女性たちに任された。彼女たちはボンブが何をしているかを知らず、また、その理由も聞かずに、ローターを組み込み、解読者に電話をかけて機械がいつ止まったかを伝えていた。ボンブは印象的で、非常に美しい機械だった。リレースイッチがたくさんの設定の結果を出力しながらカチカチと音を出すので、まるで何本もの編み物針がからみあっているかのように聞こえた。

ブレッチリーに配属された軍の将校たちは、ボンブが動いているところを見て強烈な印象を受けた。情報部将校のF・W・ウィンターボサムは、ボンブは「ブレッチリーの神の使いになる運命の東洋の女神」と言った。[4・15] そして、作戦情報センターでも「神託」という言葉が使われた。アランだったら、この言い方をおもしろがっただろう。彼もまた、解決不可能問題に答を出す神託機能を想像していたからだ。しかし、関係者は徐々に、出力結果の意味を解釈することそれ自体が重要な課題だとわかりはじめた。暗号機械の出現によってエドワード朝時代が軍事通信手段をもつことができたのであれば、ボンブの使用によって、軍事諜報活動は刺激を与えられ、大量生産時代にいたることができた。

第一次世界大戦中、ルーム四〇は海軍本部のなかで密かに研究し、その成果は目撃や尋問の結果と突き合わされることはなかった。Uボートによる攻撃が最悪となった一九一七年の秋になってやっと、Uボート追跡担当の将校がルーム四〇の情報を利用する許可をもらう。まさに、左手は右手が何をしているか知らない状態だった。そして、海軍の暗号解読は、「ほかの諸国に比べ、またさらに英国陸軍省の仕事よりも抜群に優秀だった」[4・16]にもかかわらず、ルーム四〇の運営は「一切の記録文書も他所への情報照会もなく、当面の作戦上の関心を引かないものは紙屑箱行き」だった。

フランスが陥落し、戦況が一九一五年の再現ではなくなってはじめて、ルーム四〇はかつての雰囲気を取り戻し始めた。ポーランド人解読者たち、ウェルチマン、アラン・チューリングは、ボンブを英国管理下においた。そうすれば、再び同じことは繰り返されない[4・17]。「エニグマの暗号文は、機械で作られ、機械で解読された後、機械的に直接、平文に翻訳された。その結果、一度その日の設定が解読されると、機械は豊穣なる最終成果を生み出した」。エニグマ解読には、たんなる通信文ではなく、敵側の通信システム全体を捉える可能性が含まれており、それが必要不可欠だった。ほんとうに「豊穣」な資源を得るには、システムを解明する第二段階の暗号解読が必要だ[4・18]。

ただ大量に情報があったということを別にすれば、通信文は何もかもが不可解だった。部隊や装備の略語、地図と碁盤目の参考図、地名や個人のコードネーム、納品書、軍隊の特殊用語とほかの内部用語の参照情報で埋まっていた。たとえば、ドイツが五万分の一フランス地図にもとづいて頻繁に位置参照をしていたことからもわかる。英国陸軍はこの地図の使用をすでにやめていた。政府暗号学校はこの地図のコピーを入手できず、ドイツの参照方法から地図を再構成するはめになった。

暗号通信全体を意味のあるものにするためには、第三兵舎のファイリング方式全体をドイツのファイリング方式の丸写しにしなければならなかった。これができてはじめて、エニグマの解読文はほんとうの価値をもつ。おいしい内容の秘密通信ほどではないが、敵の考えの概要を教えてくれるからだ。このファイリング方式がなかったら、ヨーロッパはほぼ完全なまでに白紙状態で、何もできなかった。それらがあったので、何が可能かについて洞察が得られた。

「豊穣な資源」には先例は何もなかった。また、その利用手段もまったくなかった。一九四〇年の急を要する問題は、得られた情報を、出所の説明なしで、誰かに納得させることだった。はじめはスパイ活動による情報として無視された。その結果、情報を真剣に受け止められる司令官は誰もいなかった。情報部からの情報は「八〇パーセント不正確」だとみなされていたからだ。さまざまな事件により神託が役に立たなくなってようやく、フランスのドイツ空軍暗号の解読を利用する体制が考えられ始めた。

独仏休戦の知らせが届いた日の午後、ブレッチリーパークで非番の人たちは、イギリス人おきまりの冷静沈着さで、ラウンダーズ〔訳注：野球に似た球技〕をしていた。[14] 冷静沈着な会話と態度はほとんどなんの役にも立たなかった。その後数か月間、イギリス人の目と耳を釘付けにしたのはレーダーだ。ただし、その年の後半、貴重なエニグマ情報からドイツ空軍の航空支援信号に関する手がかりが得られた。レーダーは、技術開発の点でも、英国空軍に強いた通信網整備の点でも、ブレッチリーの三年先をいっていた。内部がばらばらなブレッチリーが活躍する時代はまだ先だ。

ブレッチリーに英雄気取りをする者は誰もいなかった。昔から戦争に携わる仕事のなかで情報活動が一番紳士的だったからだけではなく、また、本分を尽くしつつもできるだけ騒ぎ立てないという暗黙の了解があっただけでもなかった。より高いレベルになると、暗号解読の仕事は非常に楽しくなるからだ。報酬あるいはなんらかの代償は、めったに得られそうもなかった。専門的な数学から解放される一種の休日のようでもあった。要求された仕事は、基本を素直に応用すればよく、科学知識の未開拓な領域に押し入りはしない。その意味で、『ニューステイツマン』誌の難しいパズルを大量に解くようなものだったが、答があることを誰も知らないという違いがあった。

一九四〇年、アランはせまり来る災難に備えて自分の蓄えを守ろうとしたときも、勇敢な行動をしているとはまったく考えなかった。デイヴィッド・チャンパーノウンは、第一次世界大戦中に銀の実質価値が増大したと考えた。そこで彼ら二人は銀塊に投資する。しかし、「チャンプ」は用心深く銀を銀行に預け、一方アランは彼らしいことに、やるなら徹底的にやることにした。

銀塊を埋めておけば、侵攻軍を追い払った後に取り戻せる。あるいは、少なくとも戦後の資本課税を免れることができるとアランは考えた（一九二〇年、チャーチルも労働党もこのような政策をとろうとした）。彼の考えは変だ。たしかに、戦争の結果を悲観的に考えるのは論理的だが、侵攻されたら、暗号解読者は必ず大西洋を横断して避難するだろう（ちょうど、ポーランド人がフランスへ逃れたように）。そのときは運びやすい蓄えが手元にあったほうが裕福に暮らせる。なのにアランは二五〇ポンドの銀ののべ棒を二本購入し、古い手押し車にのせてシェンリーの森まで運んだ。一本は森の平らな地面の下に、もう一本はある小川にかかっている橋の下に埋めた。そして、埋めた宝を発見する手がかりを書き、暗号にした。しばらくして、手がかりは古いベンゼドリンの吸入器に突っ込まれ、別の橋の下に置かれた。アランは好んで、戦争にうまく対処するための巧妙な計画を話した。あるときは、ピーター・ツインに、剃刀の刃が一杯詰まったスーツケースを購入するプランも提案した。そこで、アランが、降伏したイギリスの街角でものを売っている姿を思い浮かべる。かなり奇妙だが、ありえなくもない。

一九四〇年八月か九月に、アランは一週間の休暇をもらい、ボブと一緒に過ごした。アランにしてはしゃれたホテルでもてなした。ウェールズのパンディの近くにある改装した城だ。ボブにとって、最初の学期はよくある地獄の期間だったが、かつてのアラン同様にその年を生き延びた。少なくともパブリックスクールで日常茶飯事の反ユダヤ主義には遭遇していなかった。アランは彼の過去や家族について少し訊ねたが、無駄だった。ボブは可能なかぎり自分の過去を捨てていたし、アランにボブの心の傷を癒す能力はなかったからだ。事実、ボブがH家と一緒に母親をウィーンから救出する嘆願をし、それがうまくいかなかったときのマンチェスターでの光景をアランはたぶん知らなかったのだろう。

彼らは釣りに行き、また、長い時間、丘の上を散歩した。一日か二日経って、アランは穏やかに性的な接近をした。しかしボブはそれを拒んだ。アランは二度と誘わなかった。ボブははじめからアランの心の奥にあるものを感じていたが、アランが自分をだましたとは思わなかった。関心がなかっただけだ。

チャーチルが英国民に気を引き締めて自分の務めに励むように呼びかけ、千年続くかもしれない大英帝国について語ったとき、ブレッチリーのことはまったく念頭になかった。しかし、務めや帝国は暗号を解読せず、チャーチルはアラン・チューリングのような人物がいるとは思ってもいなかった。

直接侵略される危険性は減ったが、船舶攻撃は英国民の生活維持を危機にさらした。戦争が始まった最初の年、Uボートによる撃沈はさして目立たなかった。新たに占領された国と中立諸国の商船隊の動向、イギリス海峡と地中海経由貿易の封鎖、さらには到着物を処理するイギリスの港と国内輸送能力の低下のほうが重要だった。

しかし、一九四〇年の後半から状況が明白になりはじめた。英国管理下の商船艦隊は、敵が支配する大陸からわずか二〇マイルの島に物資を運ばなければならず、そのためには、数千マイル離れた基地を出発して潜水艦が出没する海を渡らなければならなかった。英国本土もまた、膨大な数の人口が依存する経済を維持しなければならない。そして、ともかく戦いを続けるためには、ニュージーランドと同じくらい遠い中東でイタリア軍を攻撃しなければならなかった。一九一七年の教訓が活用され、戦争勃発から護送船団方式が導入された。しかし余裕のなかった海軍は大西洋の奥までは船団の警護をできない。そして、今回ドイツは、第一次世界大戦でマシンガンとマスタードガスを使って四年かけて阻止しようとしたことを、二、三週間でやり遂げてしまった。フランスの大西洋岸には複数のUボート基地があった。

たった一つの要素だけが、海軍戦でドイツが勝つ公算を減らした。一九一七年には大成功を収めたように見えたUボート戦力は、一九三九年の開戦に間に合うようには増強されていなかった。ダンチッヒ工廠がはったりをかけた結果、デーニッツ指揮下の潜水艦隊は六〇隻もないのに、ヒトラーはそうとは知らずに戦争に突入した。近視眼的な戦略で、Uボートの数はこのレベルで一九四一年の後半まで維持された。イギリスにとって、フランス陥落後Uボートの勝利が突然増えたことは憂慮すべきだったが、大惨事というほどではなかった。

イギリスが戦争続行政策を維持するのに必要な輸入物資は年三〇〇〇万トンであるのに対して、備蓄は一三〇〇万トンだった。一九四〇年六月以降の一年間は、Uボートによる撃沈で一か月平均二〇万トンずつ備蓄が減った。この輸送能力の損失はぎりぎりのところで代替可能だったが、Uボートがまさに三倍に増強されて相応の破壊力を行使すると、供給量と備蓄量の両方に重大な損害をこうむることは誰にでも理解できた。この期間中Uボート一隻で二〇隻以上の船を沈めていた。そして、Uボートが見えないかぎり、対抗する戦略はまったくない。Uボートの強さは、物理的な力ではなく論理的な力にあった。ドイツの失敗は、この途方もない力を唯一残された敵イギリスに向けて使い続けなかったことであり、その結果、敵側に情報と通信という新しい兵器を使って論理的な力に対抗する時間的猶予を与えてしまったことだ。すでに、無線方位測定とレーダーがソナー探知に加わり、海軍本部はネルソン時代の探索能力を急速に越えていた。しかし、第八兵舎の仕事はいぜんとしてはるか後方にいた。

アランはすでに海軍エニグマの通信文を一人で調査し始めていた。その後（しばらくの間）、ピーター・

ツインとケンドリックも加わった。定型的な仕事は「大部屋女子」と呼ばれる女性たちがこなす。そこへ、一九四〇年六月、新たに数学者が召集されてきた。ジョーン・クラークという「教授タイプの男性」の部類に入る女性だった。役所が平等な報酬と地位という原則をあくまで認めなかったので、彼女は戦前の体制が女性のために設けた「言語学者」という低い地位に甘んじなければならなかった。彼女をレンズの将校にして給料をあげるというトラヴィスからの話もあった。しかし、兵舎では、進歩的なケンブリッジ大学の雰囲気が支配的だった。彼女がケンブリッジのパート三の学生だったとき、パート二で射影幾何学の指導をしたゴードン・ウェルチマンからブレッチリーに呼ばれたのだ。彼女の兄はキングズカレッジのフェローだったので、ケンブリッジでアランと一度会ったことがあった。

こうして一九四〇年の夏、アラン・チューリングは、パブリックスクール以来、はじめて他人に指示を出す立場にいることを自覚した。ちょうどパブリックスクールのようだった。レンズと「大部屋女子」が「ファグ」に相当し、軍のメンバーと会ったり、会うのを避ける立場だったからだ。次第に規模が拡大している事務や行政的諸問題のアラン流対処法は、奨学金を獲得して監督生になれたパブリックスクールの内気な「頭のいい子」がかつて使った手法と似ていた。しかし、パブリックスクールと明白にちがうのは、アランははじめて女性と関わることになったことだ。[4・19]

一九四〇年にはこれ以降、海軍エニグマについての進展はほとんどなかった。四月のUボート拿捕は無駄になったが、やるべき仕事はあった。ジョーン・クラークが第八兵舎に派遣されたのはまさにこの理由による。

これにより、政府暗号学校は一九四〇年五月、前月六日間分の海軍エニグマ交信を解読でき、ドイツ海軍（無線）と暗号の仕組みについての知識がかなり増えた。そして、政府暗号学校は、ドイツは燈台船、海軍工廠、商船についてはかなり簡単な手信号や暗号に頼っていたが、海軍部隊は最小部隊にいたるまで、ひたすらエニグマ機械に依存していることを確認した。より重要なのは、使用されているエニグマの鍵は二つだけ、つまり国内用と国外用のみで、さらにUボートと水上船は鍵を共有し、遠洋での作戦行動においてのみ国外鍵に換えていたことだった。

しかし、一九四〇年五月以降は、同年四月と五月の五日間分の交信が解読できただけだった。そして、「暗号知識の進歩によって、ドイツ海軍交信の九五パーセントの暗号化で使われる国内鍵でさえも解読困難だという最悪の懸念が裏づけられてしまった」。アランが検討すると、さらに多くのUボートを捕獲しないと事態の進展は望めないことが明らかになった。しかし待っている間も、アランは怠けてはいない。拿捕したUボートを活用するのに必要な数学の理論を開発した。それは、ボンブを作るよりもはるかに意味のあることだった。

暗号の熟練者なら、暗号交信を見れば、これこれのものはそれ「らしく見える」と言えるかもしれない。しかし、数の消化が目標になると、曖昧で直観的な判断を明確で機械的な手順に変えなければならない。これに必要な概念の多くは一八世紀にすでに作られていたが、政府暗号学校にとっては未知の世界だった。一八世紀のイギリス人数学者トーマス・ベイズは「逆確率」という概念を形式化する方法を理解していた。逆確率は、ある結果の原因になることが尤《もっと》もらしいものを指す専門用語であり、ある原因の蓋然的な結果を指す用語ではない。

基本にある考えは、原因の「尤度《ゆうど》」を常識的に数えること以外の何ものでもない。人びとがつねに考えずにやるようなことだ。古典的な説明をしてみよう。二つのまったく同じ箱があるとする。片方の箱には白いボール二つと黒いボール一つが、もう片方の箱には白いボール一つと黒いボール二つが入っている。

次に、どの箱がどちらであるかを推測するために、どちらかの箱からボールを一つだけ取り出す（もちろん箱のなかは見ない）ことができる。取り出したボールが白ならば、常識的に判断すると、その箱は白いボール一つの箱ではなく、白いボール二つの箱であることの「尤もらしさが二倍高い」。ベイズの理論はこの考えを厳密に説明した。

　この理論の一つの特徴は、結果という出来事ではなく、心の状態の変化について述べている点にある。二つの箱の実験は、「尤度」に相対的な変化を与えられるだけであり、絶対値ではけっしてないことを記憶に止めておかなければならない。結論は、いつも、実験者がはじめに心に抱いていた事前の「尤度」に依存する。

　この理論を具体的に感じられるように、アランは、仮説に賭けざるをえない完全に合理的な人間を想定して考えた。彼は賭けという着想を好み、賭け率という形にして理論化した。箱の実験では、ボールを一つ取ると、どちらかの賭け率が二倍になる。さらに実験を重ねると、賭け率は最終的にはきわめて大きな数になるだろうが、原理上、確実性はけっして得られない。あるいはまた、この過程を、証拠を次第に蓄積する過程として理解することもできるだろう。こう考えると、実験のたびに賭け率がかけ合わされるのではなく、何かが加えられると考えるほうがはるかに自然だ。それには対数を使えばよい。アメリカの哲学者C・S・パースは一八七八年に似た考えを説明して、「証拠の重み」と名づけた。その原理は、科学的実験の役割は、一つの仮説の尤もらしさに対して、それを増減させる「証拠の重み」を与えることだというものである。箱の例では、最初に出てきた白いボールが入っていた箱は白いボール二つの箱であるという仮説に対して $\log_2$ の重みを加える。したがって、これは新しい考え方ではない、しかし、[4・20]

　チューリングは、証拠の重みの測定単位に名前をつける価値があると考えた最初の人物だ。対数の底がeだとその単位を自然バンと呼び、底が一〇のときはたんにバンと呼んだ。さらにデシベルとのアナロジーで、バンの一〇分の一を当然デシバンと名づけた。バンという名前は、何万枚もの紙がバンベリーの町で印刷され、「バンブリズムズ」と呼ばれる重要なプロセスを実行するため、その紙に証拠の重みがデシバンで記されていたからだ。

したがって、一バン分の証拠は一つの仮説を前よりも一〇倍尤もらしくする。デシベルのように、デシバンは「人間の直観が直接に知覚できる証拠の重みの最小変化」に関わる。アランは推測という過程を機械化したが、今やその推測は機械に載せられ、機械がデシバンを積み上げていって合理的決定に到達するところだった。

アランはこの理論をさまざまな方法で展開した。決定的に重大な応用は、新しい実験方法だ。これは後に「逐次分析」と呼ばれる。彼は、なんらかの目的のために必要な証拠の重みについて目標の値を決め、その目標値に到達するまで、観察を続けることを考えた。これは、事前に実験の施行回数を決めるよりも比較にならないほど有効な方法だ。

ほかにも、実験結果から平均して出される証拠の重みの総量で実験の価値を判断する原理を、アランは導入する。そしてさらに、出された証拠の重みの「分散」、すなわち、その実験がどの程度不安定であるかの尺度についても考えた。こうした考えをまとめる際には、暗号解読のときと同じく、推測の技術を一九四〇年代のものにした。いかにもアランらしくすべてを一人で成し遂げたが、理由は、先行する多様な理論の進歩を知らなかった（パースが定義した「価値の重み」の例もそうだ）か、一九三〇年代にR・A・フィッシャーが開拓した統計学的方法よりも自分自身の理論を好んでいたかのどちらかだ。

だからこそ、ほかの人がクリブは「たぶん」正しいとか、通信文が「たぶん」二度送信されていたとか、同じ設定が「たぶん」二度使われたとか、ある特定のローターが「たぶん」一番外側だろうと考えたとき、体系的かつ合理的な方法で、証拠の重みをわずかな手がかりからまとめ合わせ、そして、手元の情報を最大限に利用する方法を考えることができた。こうやって一時間節約すると、一隻のUボートが護送船団に六マイル近づく一時間をかせぐことになる。

一九四〇年が終わってすぐ、理論は実践へと変わりはじめた。一二月頃、アランは当時ウェリントンカレッジで教鞭をとっていたショーン・ワイリーに手紙を書き、一緒に働くよう誘った。ショーンは一九四一年の二月頃到着。その後、チェスのチャンピオンであるヒュー・アレグザンダーがブレッチリーのどこかほかの部署から第八兵舎に転属になった。アレグザンダーもまた、キングズカレッジ出身で、一九三一年に大学を卒業したが、チェスをしすぎて数学のフェローになり損なったと言っていた。そのかわりウィンチェスターで教鞭をとり、その後、有名百貨店チェーンのジョン・ルイス・パートナーシップの研究担当部長になった。戦争が始まり、一九三九年のチェス国際オリンピック大会では、ほかのイギリスのチェス名人と一緒にアルゼンチンで足止めされるが、ドイツ人チームが戻れず、イギリス人チームがどうにか戻れたことはある意味で納得できることだった。次に第八兵舎が増強されたのは、ケンブリッジ大学でハーディと共同研究をしていた若き数学者、I・J・グッドが一九四一年五月に派遣されてきたときだ。しかし、そのときまでには、すべてが変わることになる。[4・21]

ブレッチリーに到着したとき、駅に、英国チェス・チャンピオン、ヒュー・アレグザンダーが迎えにきていた。歩いてオフィスに向かう途中、ヒューはエニグマに関するたくさんの秘密を明かした。もちろん、ほんとうは、こんなことを仕事場以外で話題にしてはいけないことになっていた。私は、あのときの刺激的な会話をけっして忘れないだろう。

それというのも、グッドが到着したとき、アラン・チューリングの着想はすでに具体化され、実際に機能するシステムになっていたからだ。ボンブを中心に、パンチカード機械があり、そして「大部屋女子」が流れ作業で働き、そのときどきで許されるかぎり効果的かつ迅速な推測ゲームをしていた。これらのすべてが何かを始めていた。

最初のUボート捕獲作戦は、一九四一年二月二三日に、ノルウェー沿岸のロフォーテン諸島襲撃中に実行された。それは、アランが必要としたエニグマの指示ノートのために誰かが死んだことを意味する。[4・22]「ドイツの武装トロール船クレブス号は撃破され、艦長は秘密文書を完全に破棄する前に殺され、生き残った者は船を捨てた」。第八兵舎は、三月一〇日以降のさまざまな日付で、一九四一年二月分の海軍交信の全容を解読するのに十分な秘密文書を手に入れた。

この時間のずれは通信解読者を非常にイライラさせた。他部門が発する大部分の情報とちがって、海軍は超重要情報を伝えなければならない。解読された最初の通信文は、次のような内容だった。[4・23]

> ワシントン海軍武官の報告では、二月二五日セーブル島東二〇〇海里沖で護送船団集合。一三隻の貨物船、一〇万トンのタンカー四隻。船荷：飛行機部品、機械部品、貨物自動車のモーター、軍需品（弾薬）、化学薬品。護衛艦の番号はおそらくＨＸ１１４。

しかし、手を打とうにも、解読した三月一二日では三週間遅すぎたが、海軍武官がなぜこんなに多くを知ったのかという疑問が浮かんでくる。その二日後、彼らはデーニッツからの通信文を解読した。

発信元：Uボート艦隊司令官
U69とU107の護衛は三月一日〇八〇〇時にポイント二に配置される見込み。

二週間前だったら、まさに作戦情報センターの航路追跡室が欲しがっていた情報だろう。もっとも、ポイント二の位置がわかればだが。こうした解釈上の問題を解決するには、交信の蓄積が必要だった。したがって、

英国船アンカイゼーズは空からの攻撃で損傷、AM4538に停泊。

という情報は、ルーム四〇時代のように紙屑籠に投げ入れられなければ、AM4538の地図座標上の位置を教えてくれることになる。

一九四一年三月の交信はまったく解読できなかった。しかし、第八兵舎に勝利が訪れる。三月以降一隻のUボートも拿捕せずに四月の交信を解読したのだ。四月と五月の通信文はどちらも「暗号解読方法を使って」解読された。ついにシステムを破り始めた。第四兵舎は今や敵の目をまっすぐ覗き込むことができる。こんな解読通信文がある。

〔四月二四日付、五月一八日解読〕
発信元：スタヴァンゲル担当海軍将官
発信先：西海岸提督

敵の報告　　士官GおよびW
最高海軍司令（第一作戦師団）電信番号八一三四一。スウェーデン漁船拿捕の件。
一　作戦師団は、英国のために機雷に関する情報を得ることが当該スウェーデン漁船の任務だったと考える。
二　拿捕についてスウェーデンにも敵国にもけっして知られてはならない。当分の間、これらの漁船が機雷で沈んだと思わせておくべき。
三　乗組員は、別途通知があるまで拘留される。諸君には彼らの尋問の詳細報告を送る予定。

もっと皮肉な内容のものもある。

［四月二二日付、五月一九日解読］
発信元：海軍司令部司令
Uボート作戦は、民間人による暗号解読を厳しく制限することを必要とする。もう一度、繰り返す。作戦分隊やUボート海軍指揮官から緊急の命令を受けていないすべての当局関係者は、軍事作戦中のUボートに周波数を合わせることを禁ずる。今後、この命令に対するあらゆる違反行為は、国家の安全を脅かす犯罪行為とみなされる。

何週間も前の資料でも暗号システムの理解を深めるのに役立ったが、時間の遅れを短縮することが絶対に重要だった。一九四一年五月末までに、彼らはそれを一日にまで縮めることができた。次は一週間以内で解読した通信文だ。

［五月一九日付、五月二五日解読］
発信元：Uボート船隊指揮官
発信先：U94およびU556
総統は、U94とU556の両隊長に騎士鉄十字章を授けた。Uボートとその乗組員の功労と成功が評価された機会に、諸君に心からお祝いを述べたい。さらに、今後の幸運と成功を祈る。英国を打ち負かせ。

この時期、ドイツの勝利は予想した以上に難しくなった。古い通信文ですら、戦争計画を危険にさらしたからだ。五月一九日にビスマルク号がキール軍港から出航したとき、解読に三日以上かかり、第八兵舎は秘密航路を暴くことができなかった。しかし、五月二一日の朝、四月の通信文から、ビスマルク号が商船航路に向かっているのが確実になった。以後、昔ながらの伝統的な方法で情報を引き出すことが海軍本部の仕事になった、そのなかには、間違った種類の投射に無線の方位をプロットすることもあったが、その推測が最終的には正しかったことが、五月二五日の空軍エニグマ通信文によって確認された。一連の出来事は非常に複雑で、そこでは海軍エニグマ情報は副次的な役割しか果たせなかった。しかし、ビスマルク号がちょうど一週間後に出航していれば、話はかなりちがっただろう。第八兵舎の新しい展開に変化があった。

この変化があったのは、さらに古い資料に大きな意味があることが発見されたからだ。［4・24］
解読された二月と四月の交信を検討した後、ドイツ人が二つの地域、アイスランドの北と中部大西洋に気象観測船を停泊させていること、また、定例報告は天気に関する暗号文で送信されてエニグマ暗号に見えないにもかかわらず、観測船は海軍エニグマを搭載していることを、政府暗号学校は確信をもって示すことができた。

基本的には退屈な資料をこのように賢く分析したことは、新しく来た人たちと新しい解読方法の勝利を意味した。そして、アランも自分なりの役割を果たしていた。海軍本部には、この小さくて攻撃されやすい気象観測船に第三帝国への「鍵」が積み込まれているという驚くべき発見をする時間も知恵も絶対になかっただろう。ここにきて海軍本部も一つの文官部門の提案に従って行動する体制になり、拿捕計画を立て始めた。

一九四一年五月七日、ミュンヘン号を発見、拿捕すると、入手したエニグマの設定を使って六月の交信は「ほとんど同時に」解読できるようになった。ついに、彼らは日々の作戦指令を手にした。七月の設定は、六月二八日に別の気象観測トロール船ラウエンブルク号から奪った。一方、五月九日には、偶発的だが見事な軍事行動があった。護送船団を攻撃してきたU１１０を一隻の護衛船が発見して撃破した。公海上の一瞬の作戦行動で、Uボートに乗り込み、暗号資料を無傷で手に入れた。一九四〇年の教訓が生かされたのだ。これでいくつかの未解決の空白を埋められる。「短信号の発見を知らせるときにUボートが使用したコードブック」と「海軍の『将校専用』の特別な設定」が入っていたからだ。将校専用暗号はUボート艦内でも二重に暗号化され、特別に保護されていた。第八兵舎から見ると、日替わり設定がわかって解読工程に適用してからも、ほかのドイツ語暗号通信文はいぜんとして意味不明だった。Uボートの軍事作戦の最重要秘密をすべて解き明かすには、第二段階の攻撃を開始しなければならない。ついに、それに必要なものを手にしていた。

続々と増えるエニグマ機械に関する知識を海軍本部はすぐに使った。一九四一年六月が明けると、ドイツ海軍の交信を同時進行で解読し、ビスマルク号に先立って大西洋に送り出された補給船を見事に一掃し、八隻のうちの七隻を片づけた。しかし、この強引な行動は面倒な問題も引き起こす。第八兵舎では、Uボートの集結地点などに関する通信文を解読すると、解読者たちはまったく天真爛漫に、このすばらしい情報があれば簡単にUボートを攻撃できると思いこんだ。一九四一年六月には、海軍本部も同じように簡単に考えたのかもしれない。というのも、後になってようやく、ビスマルク号の拿捕に続いて何隻もの船が沈没すると、暗号文が解読されているのをドイツ当局が知ることにならないかと懸念する声がどこからか聞こえてきたからだ。

実際、すでにアランの成功が裏目にでる作戦行動があった。ドイツ当局はなぜ補給船の位置がばれたのかと、調査を開始していたからだ。しかし、調査団は、エニグマの暗号が解読された可能性を除外し、かわりに英国情報部をやり玉にあげ、おかげで英国情報部はドイツ上層部で高い評判を得てしまった。真実からかけ離れた分析だ。彼らはエニグマが解読される事前確率をゼロにし、いかなる証拠の重みもその確率を高めるのに十分でなかった。

ドイツの判断は大失敗だったが、結果があまりに衝撃的なときには、ついやりがちな失敗だ。対してブレッチリーでは、第八兵舎に、この先、解読結果をそれほど簡単には使えない状況になるだろうという説明があり、祈って待つ以外にすべはなかった。ボンブ方式は、解読システムの中心だったが、一本の糸に頼っていた。ドイツが大事をとって通信文をすべて二重に暗号化するという方針に変えたら、もはやクリブはなくなり、すべては無に帰す。どんなときも、何かまずいことがあったのではないかというちょっとした疑念が、このような変化を生じさせるのだろう。ブレッチリーはまったく予測のつかないまま進んだ。一九四一年六月中旬以降、海軍本部は、もっぱらエニグマ（このときまで通常は空軍エニグマのこと）の解読情報がはいった通信文を外に出すときは、特別な一回かぎりのメモ帳で暗号化する「最高機密」としてあつかうべきだということに気がついた。ほかの部局も受け入れはじめ、特別連絡隊を戦場と英国周辺の司令部に付設し、ブレッチリーからの情報の受信と管理にあたらせた。

それでも、知能と腕力の統合にはほど遠かった。これに関しては海軍本部が一番柔軟だったが、一年前は情報が少なすぎ、一九四一年の半ばは豊富な情報で窮地に追い込まれるという困難な状況下で動いていた。作戦情報センターは新しい時代に対応できず、巨大なドイツのシステムをイギリスのシステムに反映できないでいた。

一九四〇年の終わりに革新的な人事があった。高齢の海軍主計長官にかわって民間出身のロジャー・ウィンという法廷弁護士が作戦情報センター航空追跡室の責任者になり、第八兵舎の解読結果は、ウィンの思考を経由しなければ行動に移されなくなった。幸いにも独創的な思考の持ち主で、護送船団がUボートを回避できるように、Uボートの位置を予測すればいいと提案した。はじめはかなり抵抗されたが、一九四一年の春頃にはこの斬新な考えは「受け入れられ始めていた」。ウィンの考えはこうだ。[4・25]

「やってみる」価値があった。その後、彼が語ったように、平均の法則［原文ママ］を打ち破り、五一パーセントだけでも正しければ、その一パーセントの違いは、救われる人命や船舶、あるいは沈むUボートを前に、間違いなく努力するに値した。

海軍本部にとって新しい考え方だったとしても、「逐次分析」の精密さにはとうていかなわなかった。そして、翻訳された解読文が作戦情報センターのテレプリンターで打ち出されると、時計の針は五〇年前に戻ってしまった。ウィンの偉大な改良の後でさえも、……ウィンの助手はいぜんとして六名に満たなかった。彼らは、全Uボートの最新推定位置だけでなく、英国の軍艦、護送船団の位置と航路、そして、これらと関係のない航路をとっている船の位置がわかる大西洋の作戦計画を作り続けなければならなかった。当然ながら、この作業は、攻撃、観察情報、無線傍受による船舶の位置に関して分刻み、時間刻みで入ってくる信号を処理し、かつ、海軍本部の作戦部隊、計画部隊、調達部隊、そして英国空軍沿岸軍団、さらに、オタワ、ニューファンドランド、アイスランド、フリータウン、ジブラルタル、ケープタウンの司令本部からの問い合わせに対応するなかで、優先的に行なわれなければならなかった。つまり、最緊急事項だけが注目されるという一九一六年のルーム四〇と変わらない状況になり始めていたのだ。解読した文書が届き始めると、ウィンは安全のため、またスタッフ不足ゆえに、すべてを自分で処理し、整理しなければならず、彼には一人の速記タイピストどころか、機密文書整理係すらいなかった。

一人一人の能力や情熱がどうであれ、体制は処理する情報の量や重要性に順応していなかった。ブレッチリーが、チームワーク、そして粛々と仕事をするという英国の伝統的美徳によって成功を収めたとしても、同様に英国の伝統であるみすぼらしさと吝嗇ゆえの限界がきていた。第四兵舎は、グリッド参照の意味を推測するために独自の追跡海図を作った。だからこそ、ブレッチリーならば作戦情報センターよりも効果的に護送船団の位置を決め、先導するという仕事のすべてを容易に引き受けられると思われたにちがいない。

しかし、これは戦時体制の上部組織のどこにでもある問題で、若い科学者や研究者が平時に対峙した体制の問題と同じだった。アラン・チューリングの世代にとってはさまざまな意味で、戦争とは一九三三年には別の言語で表現された対立の継続だった。

彼らは能無しの陸軍参謀将校から命令されているわけではなく、よく考えれば、政府は一九三〇年代の中央集権的経済計画、科学的方法、そして大恐慌救済策を採用するよう強いられていたのだ。そしてブレッチリーはこの闘いの中心にいた。一九四一年でも。[4・26]

> 政府暗号学校の管理部門は、研究の最先端を理解せず、諜報業務の分業はありえないとし、情報評価という分野に侵入してきた。
>
> 部署の壁が破られたとき、「プライオリティとパーソナリティーの不可避の衝突」が生まれた。この衝突は、名前も伝統もない特殊な文民部門からの助言に対し、その受け入れをめぐって陸海空軍が直面する困難を予期させた。

> 政府暗号学校は戦争に入って最初の一六か月で四倍の規模にふくらんだ。英国政府の基準では、一九四一年初頭の政府暗号学校は組織が貧弱だった。理由の一つは、規模が拡大して活動の複雑さが増し、管理する側の経験を越えてしまったことだった。……
>
> 政府暗号学校は整然とした単一組織ではなく、「グループのゆるい寄せ集め」だった。各グループは、場当たり的な方法で前進し、手遅れになる前に関連する軍上層部に分別ある行動をとらせようと全力を尽くした。知識人は自分たちがこれまでに前例のない立場にいることに気づき、平時の遺物である形式的な組織を事実上無視し、自分たちで一つの組織を作った。すでに戦争は重大なことになりすぎて、将軍や政治

家に任せられなくなっていた。彼らは

もともとの部局のなかや隣で生まれたさまざまなグループを認め、人員を配置した。そこに多様性と個性はあったが、画一性はなかった。また、画一性の欠如ゆえに彼らが力を伸ばしたのは疑いなく、政府暗号学校に地位の尊重や階級に対する執着がないことを利用して大きくなった。

陸空海軍の高官たちが激しく憤慨したことは、

……政府暗号学校の日々の仕事を際立たせ、また、その非正統的かつ「しつけがなっていない」戦時動員スタッフの最良の者たちを表に出させる、部局内、あるいは部局間にある創造的な無政府状態

だった。アランは第八兵舎にいたおかげで、軍隊の気風に直接触れないですんだ。しかし、彼の仕事が問題の発端となる。アランは「画一性の欠如」と「地位をまったく重要視しない」のに「力を伸ばし」、とりわけ「しつけがなっていない」人間だった。これは軍隊にとって悪夢だ。

より正確にいえば、驚くべきことは、ここでは公的な地位が無意味だったことだ。暗号解読者たちは、仲間内での才能や仕事の速さの違いをかなり気にする。それをデモクラシー（軍事的感性では「無政府状態」）というならば、奴隷を勘定に入れないという意味でギリシャ的な民主主義だった。第八兵舎は知性による貴族政治、すなわちアランにとって完璧な統治体制であった。ヒュー・アレグザンダーの見解によ［4・27］ると、

アランは、どんな種類の横柄さにも官僚気質にも、いつもがまんできなかった。彼には理解できない気質だ。彼にとって権威とは理性にのみもとづき、責任ある立場につく唯一の根拠は、対象となる問題をほかの誰よりもよく理解していることだった。アランは、ほかの人の不合理性に対応するのはほぼ無理だと考えた。相手が理性に耳を傾けていないなどとは考えられなかったからだ。アランの実務上の弱点は、オフィスでときには喜んでがまんしなければならないおろかな行為やごまかしを、がまんしようとしないことだった。

外部の世界の付き合いで問題が生じる。文民は、軍隊は戦争をするために存在すると素朴に信じがちであり、ほとんどすべての組織と同様に変化に抵抗し、相互の侵害を排除するために精力の多くを使うものだということを理解しない。アランは、デニストンのことはほとんど構わなかった。彼が権限をもつ規模と構想の変化についてきていないからだ。トラヴィスは海軍関係の仕事を監督し、また、機械について責任をもっていたが、もともとチャーチル的な性格で、新しい発想を支援した。もう一人のJ・H・ティルトマン准将は暗号解読者からとても尊敬されていたが、管理業務が苦手で遅れるのを、新しく入ってきた人たちはどうしても理解できなかった。奇跡的ともいえるブレッチリーからの情報がいかに重要であるかは目をつぶっていても明らかなのに、体制側がただちに対応できない理由も解読者たちには理解できなかった（誰よりもアランがそうだった）。たとえば、一九四一年までにボンブ六台が用意されたが、規模としてはアランの期待をはるかに下回った。あたかも戦争は爆撃機次第かのように、爆撃機を作るための気違いじみた努力がなされ、国民に向けて戦時下ではまったく重要でないことについての忠告がどんどん出されるときには、どんな節約も不合理に見えた。

こういう問題を処理するには、ヒュー・アレグザンダーが万能の調整役であり外交家であることが判明した。アランにはとても無理だ。一方、ジャック・グッドは統計理論を受け継ぎ、いっそう関心を深めた。ショーン・ワイリーたちには、純粋数学的な問題を任せられるようになった。彼ら全員、日々の作業についてはアランより優れていた。しかし、海軍エニグマはアラン・チューリングのものであり、そして、誰にもましてアランが管理する立場にいるのは明白だった。彼は最初から最後までこのエニグマとともに生き、全作業工程に関わり、通信文の到着を待つ交代制の仕事を誰よりも楽しんだ。そこは森のなかの七人の小人の小屋だった。みんなで真剣に働き、口笛をふきながら仕事をした。ある意味、アランがリーダーになったのは、R・V・ジョーンズがそうだったように「最初に来た人びとの一人」だったからだ。アランが仕事の端緒に居合わせたのはたんなる偶然だったが、これもヒルベルトの問題に挑戦したのとよく似ている。チューリング機械の着想は大学の数学のトライポスに負うものは何もなかったが、同じように、暗号解読の着想も書物や論文に関係なくほとばしり出た。なぜなら、書物や論文には何も書かれていなかったからだ。英国アマチュア精神の伝統により、アランは自分の筆箱を取り出し、自分の兵舎に座り、仕事を始めた。

このような意味で、戦争は彼が抱いていた葛藤をいくつか解決した。何かの核心に到達し、その意味を抜き出し、それを物理的な世界で機能する何かと結びつけるという仕事は、たしかに彼が戦争の前に探し求めていたものだ。しかし、他人が掘った穴を埋める知的作業である暗号解読に、自分の求める仕事を見出してしまったことは、アランの才能を考えると人間の歴史にとっては損失だった。

実戦部隊がエニグマ解読文の重要性を認めるようになるのに時間がかかったが、ウィンストン・チャーチルはちがった。チャーチルは暗号解読を大いに気に入り、一九一四年以来、暗号解読による情報活動の意義を認め、最大に重要なものとみなしていた。当初、彼はエニグマの通信文を全部読むと言ってきたが、毎日、最重要解読文が入った特別な箱を受け取ることで妥協した。その箱の中で、海軍エニグマの概要がしかるべき位置を占めていた。政府暗号学校はずっと情報部の代表としての責任を持ち続けたので、アランの仕事の副産物はイギリスのスパイ組織の威信を回復させたことだった。

それはまた、首相が率いる政府を強固にし、チャーチルだけがこの情報活動の全体像を把握していた。この段階では、資料が統合されるのは彼の頭のなかだけで、軍や外務省にとって好ましい状況ではない。首相が[4・28]「新しい未整理の断片的な情報を彼らに与えそうに」なったときや、「各参謀長や外務省に方策や意見を求める電話をかけて、作戦部隊や個々の司令官に直接考えを伝える」ときはとくにそうだった。

チャーチルは、戦争は「完全に腐敗している。すべては民主主義と科学が犯した過失だ」と一九三〇年に書いている。しかし、彼は、必要なときは民主主義と科学を利用し、解読文を作った人間を見過ごさなかった。一九四一年の夏、彼はブレッチリーを訪問し、芝生で暗号解読者たちを激励する演説をした。そして、第八兵舎に行き、芝生でかなり緊張していたアラン・チューリングを紹介された。首相は、ブレッチリーで働く人たちを金の卵を生んでもけっして鳴かない鵞鳥《がちょう》[4・29]にたとえた。アランは最高の鵞鳥だった。

一九四一年六月二三日、ドイツの補給船の最後の一隻が沈没させられた。しかし、その日はほかに考えるべきことがあった。トゥイードゥルダムが、まどろんでいる赤の王様に刃向かったのだ。不意をつかれたのはスターリンだけではなかった。目前にせまったドイツの侵略を示す空軍エニグマの証拠を入手したことで、政府暗号学校と軍の高官たちとの間にさらなる争いが生じた。彼らは耳を疑った。しかし、世界大戦が始まった。その瞬間ドイツの後ろには大西洋があり、地中海の重要性は減った。戦いの流れは変わり、無秩序の時代は終わった。

一九四一年春、アランは新しい友人関係を築いた。相手は、ジョーン・クラーク。この事実は、彼に非常に難しい決断をせまった。はじめの数回は一緒に映画を見に出かけ、休暇の数日間をともに過ごした。間もなくあらゆることが一方向を指し、アランは結婚を申し込み、ジョーンは喜んで受け入れた。

一九四一年では、結婚とアランの性的願望が一致しないことを多くの人は重視しなかっただろう。結婚はお互いが性的に満足し合うものという考えはまだ新しく、社会的義務であるというそれまでの考え方に変化はなかった。アランは、妻を主婦とする婚姻関係の形態を当然のこととして受け入れたが、別の意味で現代的な考えをしていた。そして、あまりにも正直だった。アランは結婚を申し込んだ数日後、ジョーンに自分は「同性愛的傾向」があるので、結婚はうまくいきそうもないと伝えた。

アランは、これで何も聞かれずに終止符が打たれると予想していたが、驚いたことにそうはならなかった。アランはジョーンを過小評価していた。彼女はそんな言葉に怖じ気づく人物ではなかった。婚約は続いた。アランはジョーンに婚約指輪を贈り、彼女を正式にチューリング家に紹介するためにギルフォードを二人で訪れ、とてもうまくいった。途中彼らは、クラーク家の人たちと昼食をともにした。ジョーンの父親がロンドンで牧師をしていたからだ。

アランは自分なりの考えをもっていたにちがいない。たとえば、ジョーンが彼の母親とギルフォードの聖餐式に行ったときだ。長期的には無理だが、とりあえずは自分の過激さをかなり控え目に表現したのだろう。そのときも「傾向」という曖昧な言葉を使ってしまい、彼が親しい男友達に語ったときほどの誠意を示せなかった。かりに、「傾向」という言葉には実はそれ以上の意味があるとほのめかしていれば、彼女は傷つき、ショックを受けたはずだ。アランはジョーンにボブのことも話し、しばらくの間どのようにして自分が彼を経済的に助けてきたかを説明し、性的な関係ではなかったと伝えた。これもまた、真実であるが、真相のすべてではない。そして、職場ではアランが彼女の上司だったとしても、彼ら二人は才能ある選ばれた仲間同士だった。アランは、「男性と話すように」彼女と話すことができてうれしいことをはっきり伝えた。第八兵舎の「女子」相手だと、よく途方にくれた。理由は、期待されるようには「わかりやすく話す」ことができなかったからだ。しかし、暗号解読者という身分のジョーンは、名誉男性の立場にいた。

アランは一緒に仕事ができるように、交代勤務の時間を調整した。ジョーンは仕事場では指輪をはずした。ショーン・ワイリーだけが、実は婚約していることを知らされていたが、ほかの人たちもうすうす察知できた。アランはといえば、貴重品のシェリー酒数本をなんとかみつけ、職場の婚約発表パーティー用にとっておいた。非番の日、二人は将来について少しだけ話した。アランは子どももほしいが、この非常時、ジョーンがこの重要な仕事をやめるのは論外だと言った。それに一九四一年夏の段階では、戦争終結後の状況がまったく見えなかった。アランはいぜんとして悲観主義に向かう。ロシアとヨーロッパ南東部における枢軸国の勢力は阻止できないと思われていたからだ。

ところで、アランがジョーンに「男性と話すように話せる」と言ったのは、けっしてアランが構えてしまうという意味ではない。むしろその逆だった。自分に素直になれて、儀礼的な意味では礼儀正しくなかった。彼が何かの企画や宴会を計画したときは、二人で心から楽しんで参加したものだ。アランは編み物を覚え、最後に指先を縫い合わせることを除けば、手袋を編めるまでに上達した。ジョーンは手袋の仕上げ方を説明できた。

アランとジョーンにとっての喜び、あるいは苦しみは、彼らがあまりにも気楽な友人関係を楽しんだことだった。二人ともチェスに入れ込んだ。ジョーンは初心者で、ヒュー・アレグザンダーの初心者向けコースに入って興味をもったが、アランともとてもいい勝負だった。アランが二人のチェスを「眠いチェス」と呼んだのは、九時間の夜勤があけた後に勝負したからだ。ジョーンは厚紙製の小さなチェスのセットを持っているだけで、正式な駒は戦時で入手できなかった。そこで、彼らは創意工夫を凝らして作った。

アランは地元の採掘場から粘土を手に入れ、ジョーンと一緒に駒の形を作った。それからクラウン・インの自室の暖炉の横棚にのせて石炭の火で焼いた。焼きあがった駒は少し壊れそうだったが、なかなかの出来だった。彼はまた、昔学校で作った真空管一本の無線装置についてジョーンに説明し、再挑戦したが、今回はそれほどの出来映えではなかった。

ロンドンに出てきて、バーナード・ショーの舞台を見にいった。当時、アランはショーだけでなく、トーマス・ハーディにも夢中で、ジョーンに『ダーバーヴィル家のテス』〔訳注：邦題『テス』〕を貸す。アランが好んだのは、結局、サミュエル・バトラーも含めて、ビクトリア朝的なモラルを攻撃した作家だった。しかし、アランとジョーンは多くの時間、自転車で遠乗りに出かけ、田舎を見て回った。学校で植物学を学んだジョーンは、『自然の不思議』に刺激されたアランの植物熱も理解できた。彼は、とりわけ植物の生長と形態に興味をもっていた。

戦争が始まる前、彼は、生物学者ダーシー・トンプソンの古典『成長と形態』を読んでいた。一九一七年の出版だが、いぜんとして生物の構造に関する唯一の数学的議論だった。アランはとくに、自然界にフィボナッチ数列が現われることに魅了された。この数列は、

1, 1, 2, 3, 5, 8, 13, 21, 34, 55, 89,……

で始まり、各数字は前二つの数字の和になっている。葉の配列や花のつき方のパタンによく見られ、数学と自然をつなげるものだった。他人にはただの不思議でも、彼はとてつもなく興奮した。

ある日、たぶんテニスの試合の後だろうが、アランとジョーンはブレッチリーパークの芝生に寝ころんでデイジーを見ていた。彼らはデイジーの花について話し始め、ジョーンは、彼女が習った植物の葉の配列の記録と分類の仕方について説明した。それは、茎の周りについている葉を上に向かって調べてゆき、

葉の数と、数え始めたところの真上にある一枚の葉までに曲がった回数を数えるのだ。通常、この数はフィボナッチ数列になる。アランは一度、自分のポケットからモミの松かさを取り出して数えると、かなりはっきりとフィボナッチ数を追跡することができた。デイジーの中心花にもあてはまるだろう。ただし、デイジーのほうが数え方をみつけにくかった。ジョーンは、たんに数え方の結果としてそうなったのではないかと疑った。これは自然界ではどんな数字にも意味があるという考えを軽視したダーシー・トンプソンとほぼ同じ考え方だ。彼らはこの仮説を検証しようと図を描いてみた。アランはこの仮説に満足せず、引き続き「デイジーの生長を観察する」ことにした。

一九四一年には、誰もが衣類も自分で作り、娯楽も手作りだった。クロックハウスでは、この年にモーコム夫人が亡くなり、人びとは若い山羊を食べてしまっていた。ブレッチリーでは、輸入物資の危機が、第八兵舎の仕事だけでなく、食堂の悲惨さにも影響を与えた。アランは日々の食事は別として、包囲されているという心理状態をけっこう気に入っていた。一九三〇年代には重要とされた社会的儀礼が一時棚上げになったからだ。手袋、無線機、あるいは確率の定理など、アランは自分で作るのが好きだった。ケンブリッジ大学では星を見て時間がわかる方法を考えた。戦争はアランの味方だ。自給自足体制の英国では、誰もがエネルギーの消費を少なくして、もっとチューリング的な生活を送らなければならなかった。

ブレッチリーという上流社会では、こうした現状は十分に理解されていた。多くの意味で、ここの人びとは、『ニューステイツマン』誌を読むエリートで、昔の大学のより創造的な要素を取り出し、上流階級の最終学歴と女嫌いの要素を排除していた。すでにアマチュア演劇などのサークル活動が発足していた。この種のことでアラン以上に内気な人はいない。彼はけっしてブレッチリーの社交界には登場しなかった。アランは、それなりに「変わった人」だったが、かなり年輩のディルウィン・ノックスの威圧するようなエゴイズムを持ち合わせていなかった。あくまで内気な隣の坊っちゃんのように振る舞い、慣習無視の態度も軟化させていた。第八兵舎の人びとの間で、彼は「かの教授」そのものだった。新しく来た人たちはすべてが「教授タイプの人」だったが、とりわけアランにぴったりあてはまった。「教授」という呼び名は、敬称問題を解放してくれる。とくに女性には好都合だ。なによりアランの素人っぽさを含みつつ敬意を表す呼び名で、著名な権威者というよりはBBC放送のコメディにでてくる教授という感じだった。ジョーンもまた職場ではアランを「教授」と呼んだ。職場を離れたとき、アランはこれを話題にしたことがある。異議は唱えなかったが、ほんとうに教授になったとき、そうでなくても学究的な生活に戻ったときには、けっして「教授」と呼ばないことをジョーンに約束させた。実際、この呼び方には少し悪趣味なところがあった。チューリング夫人はかつて、妻が夫を名前ではなく肩書きで呼ぶ下層中産階級の習慣を引き合いに出して、アランに指摘したことがある。アラン自身も、職業上の地位のことで傲慢と思われたくなかった。

ピグーもまた同じ理由で、キングズカレッジでは「教授」で通っていた。たしかに彼はアランと似ているといえた。デイヴィッド・チャンパーノウンが戦争前に彼らを紹介した。ピグーは、おそらく、キングズカレッジのフェロー（アランの言い方では「フォジー（年上の時代遅れの人たち）」）のなかで、アランのことをよく知っていて、実のところ互いに尊敬しあっていた唯一の人物であり、「論理的な関連性の確実な理解と……熱狂的ともいえる知的誠実」[4・30]をもち、「人生とその重要な問題のすべてを単純化してしまう驚くべき能力」を備え、「武器としての虚勢はまったく不要」で、「美に対する眼識は山と男性に向けられていた」。ピグーを表現する言葉は、ほとんどアランにもあてはまる。

アランの場合、「数学頭脳」という愛称に学校での彼の役割がほのめかされている。自分で天球儀や振り子を作り、サウサンプトンから自転車できたということで大目に見られていた。学校同様、ブレッチリーの仲間の間でも、彼の「風変わり」は知れ渡っていた。六月が近づく頃、アランは枯れ草アレルギーで、仕事に向かうとき目を開けて自転車に乗れなかった。そこで、花粉を避けるために、外見は気にしないでガスマスクをはめた。自転車そのものもユニークだった。曲がったスポークがチェーンにあたって音がする（暗号機械に少し似ている）までのこぐ回数を数え、チェーンがはずれる前に降りて調整する必要があった。アランは、いわば、機械の仕組みの欠陥を解読したことを喜び、その結果、発明されたときと同様に自転車が再び自由の手段となったこの時代に、修理のために何週間も待たされずにすんだ。それはまた、ほかの誰もその自転車に乗れないということでもあった。ほかにも、自分のマグカップを第八兵舎のラジエーター管に鍵をつけて結びつけ、自分のカップを断固として守ろうとした（これも戦時下では、取り替えられない）。しかし取られた。彼をからかうために。

紐でつり上げたズボンにスポーツコートの下はパジャマの上着――アランに関するこんな噂が、真偽のほどはともかく広まっていた。さらに、上にある立場ゆえに、彼の神経質な立ち居振る舞いは前にもまして批評の的になりやすかった。そして、声が問題だ。話の途中で声が止まり、言葉を探しながら、「あー、あー、あー、あー、あー」という張りつめた高い声をだす。その様子は見るからに、せっせと頭を働かせ、相手が話し始めないようにしながら、的確な表現を探しているようだった。言葉が実際に口から発せられてみると、予期せぬ表現、月並みな比喩、スラング、語呂合わせ、あるいは無謀な計画、機械のような笑い声をたてながらほのめかす無礼な言葉だった。大胆ではあるが、すべてを見尽くして幻滅した人の下卑た感じはなく、ものごとを不思議なほど新鮮な目で見た人がもつ鋭さがあった。「学校の生徒のよう」は、アランの様子を表現できた唯一の言葉だ。かつて人事関係書類が各兵舎を回ったとき、ある人がふざけて「A・M・チューリング、年齢二一歳」とアランのかわりに書いた。しかし、ジョーンも含むほかの者は「年齢一六歳」にすべきだと言った。

アランは外見、とりわけ自分自身の外見はほとんど気にしなかった。たいてい起きたばかりに見えた。

剃刀で髭をそるのを嫌い、かわりに旧い電気剃刀を使った。切り傷の血で気を失うからかもしれない。夕方になるといつも髭剃り跡が濃くなり、彼の暗くて粗野な外見が強調されて気になった。アランの歯は、喫煙しないのに黄色で目立っていた。しかし、一番気になったのは彼の手だ。とにかく奇妙な手で、指の爪は変にでこぼこしていた。爪がきれいだったことは一度もなく、切られることもなく、おまけに、戦争のかなり前から、爪の端を突っつく神経質な習慣のせいで、爪がめくれた気持ち悪い跡ができて、そうとうひどい状態だった。

アランの場合、身なりをかまわないのは、低予算の生活様式と同じく、世の人がいう「ドンらしさ」を極端にしたものだった。自転車に乗って給料を節約する「ドン」たちに長い間親近感をもっていた大学内の人たちよりも、大学外の人たちのほうがかなりショックをうけた。アラン独特の子どもじみた振る舞いは「典型的なドン」から逸脱していたが、それでもアラン・チューリング本人はオックスフォードやケンブリッジ以外の世界に対して、短期間ではあったがキングズカレッジ的価値観を教えた。そして、彼の風変りさに対する反応は、ほとんどの場合、困惑した尊敬と懐疑的な拒否が混ざって凝縮していた。英国の知識人に対する昔からの反応だ。これはとくにギルフォードにあてはまり、彼らの婚約は、女性に対して内気な大学のドンと、「田舎の教区牧師の娘」[*15]で頭でっかちな「女の数学者」の組み合わせとして理解された。これは二人の品位を傷つける類型化だ。しかし、アランがいつも賢い解決方法で生活上の問題を解決したという表面的な逸話が繰り返されたことにより、自分の住む世界について彼はどう考えているのかという、より危険で難しい質問から注意をそらすことができた。英語の「エキセントリシティ（風変りさ）」は、社会全般の規則に疑いをもつ人びとの安全弁として役に立った。ブレッチリーのもっと敏感な人たちは、折々の滑稽な話の下には多数の自己分析や態度が複雑に重なっていることに気づいていた。しかし、おそらく、アラン自身は自分の癖が笑いの種になることを喜んで受け入れ、そうやって自分自身を守る防衛線を作って、自分に対する誠実さを失わなかったのだろう。中心にいながら洗練さに欠けるアウトサイダーのアランは、まさにそのこと自体は問題になるところで周囲と関わらずにすむことができた。

　一九四一年の夏、はるかに世知にたけた評論家のマルコム・マッグリッジは用事があってブレッチリーを訪ね、そのときの感想を次のように記している。[4・31]

　天候に恵まれると、暗号破りの連中は昼食後毎日でも、邸宅の芝生でラウンダーズをしていた。彼らは、見た目は真面目そうに試合をしているが、それは大学教師が、重要な研究と比べると軽薄で無意味っぽいことをするときに見せる真面目っぽさだった。たとえば、試合のことを何か議論するときは、自由意志や決定論の問題について議論するときと同じ熱意を込めていた。……重々しく頭をふったり、音をたてて鼻に空気を吸い込んだりしながら、「僕のストロークのほうがより確実だと思う」とか、あるいは、「僕の右足がとっくに……ということは、矛盾することなく主張できる」などと言い合っていた。


実際、アランには話す前に息を吸い込む癖があり、第八兵舎では仕事の合間に、ゲームについて、自由意志について、また、決定論について語っていた。

　その頃、アランはドロシー・セイヤーズの新刊、『神の心』[4・32]を読んでいた。普通ならアランはこの種の本は読まない。『神の心』は、セイヤーズが、小説家としての経験を通じて神による創造というキリスト教の教義を解釈しようとした本だった。しかし、アランは自由意志の問題に知的に洗練された態度でのぞむセイヤーズの新しい視点を楽しんだ。セイヤーズは自由意志を神の観点から見ていた。小説に登場する人物たちは自分の誠実さと予言不可能性を自分でみつけなければならず、彼らの運命は、創造の最初にあった構想で決められてはいないという、彼女の作家としての知識が本に反映されていた。アランの空想力をとらえたのは、「神は自分の宇宙を創造すると、自分のペンのキャップを締め、暖炉棚の上に足をのせ、後は成りゆきにまかせた」ということをほのめかしているラプラス的な決定論だった。

この観点自体はそれほど新しくはなかったが、ボンブがカチカチと動き続け、仕事は勝手に進み、英国海軍婦人部隊員はただ与えられた仕事をこなしている環境では、印象に残る本だったにちがいない。アランは、人は何も考えずに巧妙な何かに参加できるという事実に魅了された。

機械、そして機械のように動く人びとが、人間がする思考、人間がする判断、人間がする認知のかなりの部分に取ってかわった。システムがどのように作動するかを知る者はきわめてわずかで、それ以外のほかの誰にとっても、すべては神のお告げであり、予言不可能な判断をしていた。機械的で、確定的なプロセスの数々は巧妙で驚嘆すべき決定をくだしていた。ここには、『計算可能数』に盛り込まれた考え方の枠組みと関連するものがある。当然ながら、それはとうてい忘れ去られようもなかった。アランは、チューリング機械の着想をジョーンに説明し、チャーチの論文の抜刷を渡したが、彼女の反応はアランを失望させたようだ。アランは、また、自分の発見についても話した。読み書きするチューリング機械は、生活の実用的な形のなかへ入り込んで、ある種の知能を生み出していた。

暗号解読にかなり似ているチェスが非番の日の話題だった。アランの興味は娯楽としてのチェスにかぎらない。自分のチェスの指し方をもとに原則的問題を抽出することに関心があり、チェスに「明確な方法」、すなわち、機械的な方法があるかどうかを真剣に考え始めていた。もちろん、必ずしも物理的な機械を作るわけではない。プレーヤーが自分で考えなくてもそのとおり指せばいい、規則が書いてあるだけの、ちょうど、計算可能性の概念を明確に定式化した「指示ノート」のようなものだった。こういう議論のとき、アランはよく冗談で「奴隷」のようなプレーヤーという言い方をした。

チェスと数学を互いに喩えることはすでにされていたが、いずれについても同じ問題が生じていた。すなわち、与えられた目標――チェスの場合はチェックメイトへの到達――のための正しい動きをどのように選ぶかという問題である。ゲーデルは、数学ではいくつかの目標についてはたどり着ける方法が一切ないことを示し、アランは任意の与えられた目標にたどり着く手段があるかどうかを決定する機械的な方法がまったくないことを示した。しかし、数学者、チェスの選手、暗号解読者たちが実際に、解決に向けて「知的」手順を踏んだのか、そして、どの程度それらの手順は機械によってシミュレートできるのかという疑問を提起することはいぜんとして可能だ。

アランによるヒルベルトの決定問題の解決と序数論理に関する研究は、機械的な操作の限界を強調した。しかし、まさにこの時期、時代の根底を流れる唯物論的な思考潮流が鮮明になり、機械にできないことは何かについての関心が、機械は何ができるかをみつけることに対する関心に比べて弱まってきていた。アランはヒルベルトのプログラムを打ち砕いたが、まだいぜんとして、未解決の問題に挑むというヒルベルト精神を発揮し、理性の探求を越えたものは存在しないという確信をもっていた。ただし、理性そのものもその探求の一部だった。

アランと同様、ジャック・グッドもこのブレッチリー精神の持ち主で、たんなる「一人の数学者」ではなく、論理的な技能と物理的な世界の接続を探究して楽しむ人物だった。チェスはジャックにとっても興味の対象だったが、アランとちがって彼はケンブリッジシャー州の選手にまでなった。すでに一九三八年には機械化されたチェスの試合についてわかりやすい記事を書き、ケンブリッジの数学科学生による同人誌『ユーリカ』に掲載していた。チェスをするほかに、アランはジャックに囲碁を教えたが、まもなく、自分が負かされることになった。

夜勤の食事のたびに、二人はチェスの機械化について話し合った。そして、基本となる考え方を理解できたが、それはあまりに明白な考え方だということでも意見が一致した。つまり、相手が特定の手を指すだけなら、多くの場合チェスのプレーヤーはその手に対してすばらしい手を頻繁に考えつくことができるが、真剣勝負なら白は、対戦相手の黒がつねに自分にとって最大限有利な手を選ぶと考える。したがって、白の戦略は、黒にとって最低限に有利なように自分の駒を動かすこと。それは、黒の最良の駒の動きを、可能な動き全部のうちで最低限に成功させることである。すなわち、実際は、最大限のなかの最小限ということになる。

　これは新しい考えではない。ゲーム理論は一九二〇年代以来、数学的に研究されてきた。そして、チェスのプレーヤーにとって第二の天性[*16]ともいうべきこの原理は、現代数学の方法で抽象化され、公式化されていた。すでに「ミニマックス」という言葉が、最低限に悪い行動という考え方を表すために作り出されてもいた。これはチェスのようなゲームだけでなく、当て推量や、はったりをともなうゲームにもあてはまる。数学的な研究の大半はすでにフォン・ノイマンによってなされていた。ノイマンはフランス人数学者、E・ボレルによって一九二一年に最初に発表された考えに従っていた。ボレルはゲームの「純粋」戦略と「混合」戦略を定義していた。純粋戦略とは明確な規則であり、いかなる状況においても適切な行動を指示する。一方、混合戦略は、二つ以上の異なる純粋戦略から成り立ち、それらはランダムに選ばれるが、状況に応じて各戦略をとる確率が具体的に指定されている。

　フォン・ノイマンは、二名のプレーヤーと一定のルールがあるゲームであればどんなものでも、それぞれのプレーヤーに最善の戦略、通常は混合戦略が複数あることを示していた。一九三七年にプリンストンでノイマンが行なったポーカーゲームに関する講演にアランが出席した可能性は高く、講演ではその結果が説明されていた。[4・33] いかなる二人ゲームでも、[*17] 双方のプレーヤーはそれぞれの「ミニマックス」戦略に束縛されることになるということには気が滅入ってしまうが、見事なフォン・ノイマンの定理である。つまり、双方とも、プレーヤーとしてできることは、悪い手を最良の手にし、相手の良い手を最悪にすることだけであり、かつ、この二人の目的はいつも一致することに気づく。

ポーカーには、当て推量とはったりが含まれるので、フォン・ノイマンの理論を説明するにはチェスよりも適している。[*18] チェスのような隠し事のないゲームを、フォン・ノイマンは「完全情報」ゲームと呼び、どんな種類の完全情報ゲームにもつねに最適な「純粋戦略」があることを証明した。チェスの場合、最適の戦略とは、あらゆる状況においてすべきことの完全な一連のルールである。チェスのマス目のほうが、エニグマのプラグボード位置の数よりもはるかに多いので、一般的なフォン・ノイマン理論のこのゲームについての実践的価値は皆無だった。高性能で抽象的な攻略が役に立たない一例である。それに対して、アランとジャック・グッドの方法はフォン・ノイマンとは、本質的にきわめて異なっていた。彼らはゲーム理論自体にはそれほど関心がなく、むしろ、人間の思考のプロセスに関心があったからだ。つまり、彼らの関心は、その場かぎりの、純粋数学的な基準によれば「退屈で初歩的」なものだった。そして、既存のゲーム理論から無関係に検討していた。だから、パブリックスクールでも議論できることだった。

彼らの分析では、最初にそれなりの得点システムがあり、生きている駒、狙われている駒、支配しているマスなどにもとづいて、将来のさまざまな配置に数値を与えることが前提になっている。この点について合意すると、最も素朴な「明確な方法」は、得点を最大化するように駒を動かすことにすぎない。もう一段洗練されたレベルになると、次頁の図に示すように、相手の応戦が考慮され、「ミニマックス」の考え方を使って「最小の悪い」手を選ぶ。チェスでは、通常、各プレーヤーは約三〇通りの動かせる手をもち、その結果、この素朴なシステムは約千手を個別に評価しなければならない。もう一手先を見る段階では、三万手の査定が要求される。

このような考えが基本となって、人間の知能と一定の関係がある意思決定過程に影響を与えることがで

図を描くために、30通りを2通りまで減らすと、駒の3手先を見るプレーヤー（白）は、次のような「樹状図」を考えることになる。

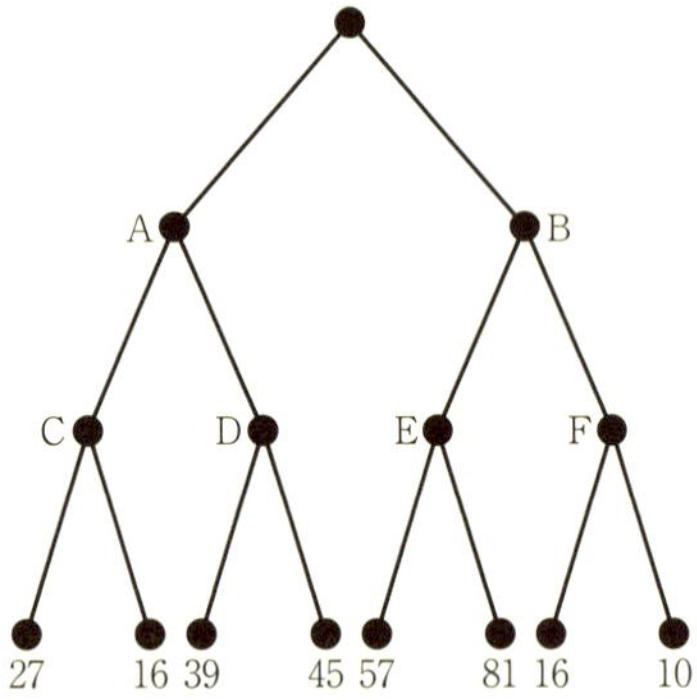

現在の位置。白の手番。

白の2通りの動きの結果。

黒の対応の結果。

白の可能な動きの結果。
これらの駒の位置には得点がつく。

白の駒を動かす人は、Eの位置にたどり着くのがよいと推論するかもしれないが、黒はそれを許すほど親切ではなく、Fの対応を考えてBへ移ろうとするだろう。白にとって2番めによいことはDの位置にいることだが、それを阻止するために黒はCへ動かすだろうと推測される。脅威となるCとFの位置のうち、Cのほうがまだいい。というのは、少なくともCは白に27点の価値がある位置を保証するからだ。

ここで一つの「機械」が、樹状図を「遡及」する方法によってこの一連の思考をシミュレートできる。3手先のあらゆる得点を算出し、それから、ミニマックスの基本原理にもとづいて中間地点にラベルをはる。それによれば、Cに27、Dに45、Eに81、Fに16（それぞれの場合における最高得点）を割り当て、次に、Aに27、Bに16（それぞれ場合における最低得点）を割り当て、最終的に白はAに駒を進める。

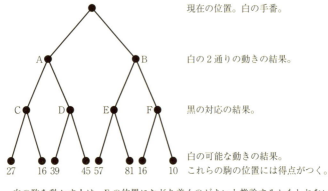

きる「機械」が作られた。ヒルベルトの問題と比較するとつまらないのは、ヒルベルト問題は、数学全体に決定手続きの再考をせまっていたからだ。しかし別の見方をすれば、この「機械」は実際に仕事をする何かだ。機械的な「思考」の実践的なモデルとして、アランは妄想にとりつかれたかのようにこの「機械」に興奮した。

以上の三手分析は、実戦のチェスではどうしようもなく役に立たない。対局中のプレーヤーは指し手一つひとつではなく、たとえば、一連の義務的な駒取りが仕掛けられたときのように、一連の指し手という観点から考えるからだ。アランとジャックはこの理解に立って、ともかく駒を取れるかぎりは続けなければならないので、「先読みの深さ」は可変的でなければならない。そして、「膠着」位置でしか局面の評価はされないと判断した。しかし、このような戦術では、釘付けや両取りにつながる罠をしかける巧妙な戦い方には対応できないだろうということも事実であり、そのことも彼らは議論した。彼らの攻略法は腕力頼みだったが、はてしなく複雑な思考過程を機械化する営みの第一歩だった。少なくとも、秘密にしなくていい最初の一歩だった。

　これらの内容はあまりに当たり前すぎて出版する価値はないと思われた。それでもアランは、自分自身の数学的研究を継続し、アメリカで出版するために原稿を送り続けた。真の知識人であるアランは、人間の罪と愚かさに自分が負けるのを恥ずかしく思ったからだろう。かつて、「戦前の私の研究は論理学であり、暗号解読は趣味でしたが、現在、それは、逆です」と語ったことがある。彼の数学的論理学という「趣味」についての自分の考えに刺激を与えてくれたニューマンに、感謝しなければならない。というのも、彼らは一九四〇年と一九四一年に書簡を交わしており[4・34]、一九四一年、ニューマンは再びケンブリッジ大学で数学基礎論の講義をしていたからだ。

　アランは研究上の努力の大半を、階型理論の新しい定式化に向けていた。ラッセルは、フレーゲの集合論を救うためにやむをえず採用したやっかいものとして階型の概念をとらえていた。ほかの論理学者にとっては、論理的なカテゴリーに階層があることはきわめて自然な発想であり、むしろ、考えられるあらゆるものを「集合」と一まとめにしてしまうほうが奇妙だった。アランは後者の考え方に傾き、数学者の実際の考え方と一致し、実用的に機能する理論を好んだ。彼はまた、数理論理学がより厳密な数学研究のために使われることを望んだ。この時期[4・35]それほど専門的でない「数学表記法および語法の改革」という小論で、アランは以下のような説明をした。すなわち、フレーゲ、ラッセル、ヒルベルトのあらゆる努力にも

かかわらず、

……数学が記号論理学の研究から得たものはほとんど何もない。主たる理由は、論理学者と一般の数学者との連携の欠如だろう。記号論理学は、ほとんどの数学者にとって驚くほど重要である一方、論理学者はもっと受け入れられやすくすることに関心を払わない。

このギャップを埋めるアラン自身の努力は、こんな試みで始まった。

……それは、階型理論の形式を変えて、素人の数学者たちが記号論理学を学ぶ必要も、ましてそれを使う必要もなく、その階型理論を使えるようにすることだ。以下に述べる階型の原理はウィトゲンシュタインの講義に示唆されていたが、その欠点は彼の責任にすべきではない。

階型の原理は、日常言語に実質的に採用されている。形容詞とともに名詞もあるという事実に現われている。「すべての馬は四本足である」という陳述は可能であり、馬の数が有限であれば、すべての馬を調べることでこの陳述は検証可能になる。ただし、「事物」や「何であれ、ともかく事物」といった言葉を使おうとすると、困難が生じ始める。「事物」に何であれすべてのものを含むとしてみよう。つまり、本、猫、男性、女性、思考、猫を値とする男の関数、数、行列、クラスのクラス、手続き、命題……などあらゆる物を含むとする。このような状況で、私たちは、「あらゆる事物は六の素数倍ではない」という陳述をどう理解したらよいのか。……それで何を意味するのか。いかなる状況でも、検討すべき事物の数が有限であったことはない。この種の陳述になんらかの意味を与えられるかもしれないが、目下のところ、どんな意味も知られていない。そうすると、実質的に、階型理論は、「何であれ何か」という概念を伝えようとする「事物」とか「対象」のような名詞の使用を控えることを要求することになる。

数学的な「名詞」を数学的な「形容詞」から切り離すということの専門的な研究は、チャーチの研究が基礎になっている。チャーチの講義はアランもプリンストンで聞いていたし、また一九四〇年には彼の階型理論を記述したものが刊行された。アランの研究は、一部、ニューマンとの文通で共同して行なわれ、共著論文[4・36]は一九四一年五月九日にプリンストンで受理された。ドイツ海軍のミュンヘン号が拿捕されたちょうどそのとき、彼らの論文は大西洋を横断したにちがいない。アランはさらに高度に専門的な論文[4・37]、「チャーチの体系における括弧としての点の使用」を書き、ちょうど一年後に提出した。この論文に続いてさらに二つの論文の近刊が予定されていたが、出版されなかった。

アランは、数学者にとって世界は一つの国であるべきだという理念を戦争が抹殺するのを許さなかった。一九四一年秋にニューマンへ宛てた手紙で、共著論文の抜刷の発送状況を心配して、「出版社からショルツへ一部送ってほしいが、それは、そのときまで不可能だと思う」と付記した。

一九四一年には、このことだけが不可能だったのではない。夏の間、婚約は続いていたが、アランには内面的葛藤の兆しがずっとあった。彼らはオックスフォードで週末を一緒に過ごしたことがあり、そのとき、ジョーンの兄を訪ねた。アランはしばらく一人になった。再び、自分の葛藤について考えたのであろうが、婚約を続ける決意をした。そして、八月最後の週はずっと二人で過ごした（各四半期に一週間の休暇が許可されていた）。北ウェールズで休暇を過ごすことにして、自転車とリュックサックを持って、ブレッチリーから汽車で北へ向かい、ポートマドックに着いたときはすでに暗かった。アランはホテルを予約していたが、経営者のミスで超過予約になっていた。大騒ぎをしてやっと一晩泊まれたが、別のホテル探しで翌朝の貴重な半日をつぶした。アランが当座の配給カードを持っていなかったので、食事もまた問題だった。マーガリンを少し持っていたので、パン、そして、意外にも配給になっていないミートペーストをなんとか手に入れた。二人は、少年アランが歩き回ったのと同じくらいの高さの山々を歩いた。モイルウィン・バッハ、クニヒト、ほかの山々。苦労したのはタイヤのパンクと雨という、いつものトラブルだけだった。

　アランが決意して背水の陣をしいたのは、戻ってまもなくしてからのことだ。楽しくもなく、容易でもない決断だった。アランはジョーンにオスカー・ワイルドの言葉を引用して送った。それは、『レディング監獄の歌』の最後の数行で、素直な解釈と、予言的な解釈の二つがある。

しかし、とかく人はその恋するものを殺すものだ、
誰れでもに訊かせてやれ、
悩ましい面持ちで殺すものがある、
お世辞で為《や》る奴もある、
小心なものは接吻《くちづけ》で為《や》り、
大胆な男は劒で為《や》る！

（日夏耿之介訳『ワイルド全詩』講談社文芸文庫）

「僕はほんとうに君を愛している」という言葉を口に出したことは何度かある。愛情の欠如がアランの問題ではなかった。ただ、婚約破棄は兵舎に難しい状況を作り出した。アランはジョーン・ワイリーに婚約の解消を伝えたが、ほんとうの理由は言わなかった。夢を引き合いに出して、ジョーンと一緒にギルフォ

ードに行ったが彼女が自分の家族に受け入れてもらえない夢を見たと説明した。アランは交代制の仕事から抜け、その結果、ジョーンとアランは必要なとき以外は顔を会わせないですんだ。彼ら二人にとって非常に辛いことだったが、アランは、ジョーンが一個の人格として拒まれたのではないことをわかっているように振る舞った。二人にとって婚約破棄は一つの障害になったが、それを理解することがその後の二人の絆になった。

ゲームは、ブレッチリーでは語るだけだったが、大西洋上ではミニマックス戦略による硬直化の論理が展開していた。つまり、戦略に対しては対抗戦略、兵器に対しては対抗兵器、探索に対しては対抗探索が生まれていた。ポーカーやチェスほど整然としていないこれらの現実の戦闘は、ルールがあってもつねに変化し、戦略があっても結果の予期は不可能であり、そして、紙上の点数の減少以上の損失をともなう。しかし、ポーカーと同様に、Uボート戦争は不完全情報のゲームではったりや予想をともなう。さらにそのゲームでイギリスは、一九四一年八月までに敵の持ち札の後ろに鏡をおき、ドイツ側のほとんどすべてのカード[*19]を見て相手をだました。一九四一年の九月以降は、拿捕の必要もまったくなかった。そして、第八兵舎は三六時間以内に解読を完了していた。ほかの機関のエニグマの組み合わせが六〇通りなのに対して、八個のローターをもつ海軍エニグマの可能な組み合わせは三三六通りもあったにもかかわらずだ。

この完璧な解読法は、第八兵舎だけのものではなかった。ブレッチリーという組織全体がうまく作動して、ドイツの通信システム全体を攻撃したのだ［4・38］。

一九四一年春から、はじめは奪った記録文書そのものによって、次はいくつかの暗号が解読されたエニグマ通信文の複写だったことに気づいたおかげで、第八兵舎は「ヴェルフト」と呼ばれる海軍工廠と航路の手動作成暗号を解読した。一九四一年夏以降は、この暗号のいくつかがエニグマで再暗号化、再送信され、それを政府暗号学校が解読した結果、「ヴェルフト」解読文が逆に海軍エニグマの設定に対する日々の攻略に大いに貢献した。同時に、政府暗号学校がヴェルフト暗号を完全に理解できたのは、エニグマを攻略した結果だった。……

そして、このロゼッタ・ストーンのようなヒントに加えて、「海軍気象報告暗号」もまた、「特別に重要だった」。

ドイツ海軍の気象通信用暗号が最初に破られたのは一九四一年二月で、五月に、政府暗号学校の気象部門は、もともとは海軍エニグマで送信したものを、大西洋上のUボートが気象情報として送信したことに気づいた。それ以後、気象通信の解読文はエニグマの鍵を破る助けになり、ヴェルフトの解読文と同様に役立った。

こうした展開は、ブレッチリーにとっては勝利だったが、アランにとっては大きな個人的打撃だった。アランは、その年の初めに暗号解読の巧妙な数学的方法を苦心して作り上げていたのに、結局、ヴェルフトや気象情報の「クリブ」によって、侮辱的ともいえるほど直接的な方法を押しつけられることになったからだ。しかし、彼の先駆的な研究があってこそ可能となったもろもろの出来事を認めざるをえなかった。

今や、政府暗号学校発展の鍵は、個人の才能ではなく仕事の統合にあった。これまでの新発見は、新しく来た人びとが目標にして闘ってきたすべてを守る最後の証しだった。ヴェルフト暗号の通信文は軍事作戦にとってなんの価値もない。ルーム四〇の基準なら触りもしなかっただろう。しかし、政府暗号学校には、表面上は無意味でも、あらゆるものを攻撃するという原則があった。この野心的な原則がついに報われた。一つの機関が全種類の暗号をあつかい、自由に使えることはきわめて重要だった。英国海軍本部にドイツ海軍暗号解読権限を戻していたら、これだけの成果はあげられなかっただろう。必要だったのは行政的、政治的手腕で、アラン・チューリングの専門的能力ではなかった。彼は様子を十分察知できたが、彼自身の本領は自己完結する問題にあった。

より広い意味でも、暗号解読の仕事は多方面のさまざまな活動の調整があってこそ意味をもち、なぞ解きは重要であるが、多くのなかの一つの活動でしかない。Uボートの勇敢な拿捕、労を惜しまない退屈な海軍工廠のリスト化、航空偵察活動と実際の爆撃との比較、文書の複製が活用されるためのファイリング方式、新しい機械の設計と製作の技術といったすべてが統合されなければならなかった。そして、これらすべては、不明瞭で全部は聞き取れない無意味なモールス信号を転写する骨の折れる作業に依存しすぎていたが、その転写は、無線受信機にはりつく目立たない献身的な人びとによって、何か月も当惑し続けながら慎重に実行されていた。

繰り返しになるが、ドイツ暗号の解読は、一九四一年半ばの大西洋戦線が変化した要因の一つでしかない。ドイツ空軍がロシア攻撃で退き、英国航空機は西側へ攻撃をうまくコントロールできた。Uボートは中部大西洋という新しい戦場へ移動した。輸送船を守る護送船団と航空機には、潜水艦を短い距離から探知するレーダーが取り付けられていた。自動的に正確な位置をみつける高周波対潜探知機ハフダフが作動し始めていた。さらに、重要なことは、アメリカが第一次世界大戦時と同じ貿易上の関係から、宣戦布告なき戦争に参加したことだ。米国海軍は護送船団の大西洋横断を途中まで護衛した。Uボートがアメリカ艦船襲撃を止められていたというその公式的中立性は、イギリスに有利だった。

しかし、一九四一年夏、イギリスの反撃の中心にあったのはエニグマの解読だった。たんに、護送船団に戦術上有利な航路を指令するだけでなく、Uボートへの対抗手段、とくにUボートの補給システムを遮断する反撃を可能にした。今や、イギリスは事態の進行を明確、かつ、ほとんど完璧に把握していた。「ウィンの調子が出るようになった七月と八月まで」の損害が月当たり一〇万トンを下回るほど減少したのは、アラン・チューリングの仕事のおかげだ。一九四一年後半、一〇月にはUボートの数が八〇隻まで増加したにもかかわらず、ドイツの成功は半減し、その年の末までには物資輸送の問題は解決したといわれていた。

しかし、戦争はまだまったく終わっていない。イギリスが改善したことは、Uボートの増強に遅れをとらないようにしただけで、それとてもエニグマによる暗号化システム次第だった。とくに、一九四一年九月のUボートの暗号に少し工夫が加えられてからの数週間は、沈没する船の数は劇的に増えた。それまでドイツ海軍は、ずっと位置を地図上のグリッドで指示していた。つまり、[4・39]

……緯度と経度は使われていない。したがって、たとえば、位置AB1234は五五度三〇分北、二五度四〇分西の地点を示す。当然ながら、一度グリッドが記された海図を入手して、再構成してしまえば、何の問題もなく解読できる。しかし、一九四一年（九月）、ドイツ軍は文字順番を入れ替え始めた。たとえば、ABというマス目はXYになり、数字の列も数字を付け加えたり、減らしたりした。その結果、1234は暗号文ではたとえば2345になる。以上のような変更が一定の間隔で行なわれた。

とはいえ、エニグマ暗号が解読されてしまえば、これらの予防策の効果は薄く、解読されなければこの努力は時間の無駄になる。つまり、この変更は、イギリスの暗号解読を欺くためではなく、スパイや裏切りに対抗するためだった。複雑な数字の偽装は自らの将校を混乱させもした。

あるとき、偽装されたグリッド位置情報をうまく解読して、Uボートの巡回航路を避けるように迂回させたことがあるが、結局、当のUボート艦長はわれわれが想定したほど賢くなく、彼のほうが受け取った偽装情報を誤って解釈し、その結果護送船団に彷徨い込んでしまった。

一九四一年一一月、システムはより複雑にされ、ブレッチリーに長期にわたる不安の時期が始まった。彼らは、いぜんとして非常に不安定な状態にいて、それをけっして忘れることはできなかった。

暗号解読者が最終的に行政組織に反乱を起したのは、一九四一年の秋だ。将来を見通していた数少ない人間の一人として、英国政府を近代の世界に引きずり込む役割をアラン・チューリングが担った。彼と何人かが連名で、あらゆる規則を無視して手紙で直訴した。すべての規則の破り方を知り、かつ、すべての規則を変える力をもつ人物に宛てて。[4・40]

一九四一年一〇月二一日

第六兵舎ならびに第八兵舎

（ブレッチリーパーク）

極秘親展　首相限り

首相閣下、

数週間前、ご訪問いただく名誉を賜わりました。私どもの仕事を重要なものとお認めいただいたものと存じております。トラヴィス司令官の大いなるご尽力により、ドイツのエニグマ暗号文を解読するための「ボンブ」を支給され十分に設備が整いましたことはご存じのことと思います。しかしながら、この仕事は現在頓挫しており、また、場合によってはまったく仕事に着手できておりません。主として十分なスタッフが得られないことが理由であることはご承知されるべきものと考える次第です。こうして直接お手紙をさしあげていますのは、ここ数か月、通常の報告系統を通してできるかぎりのことをすべて行ない、今後、お力添えをいただかないと早期には何の改善も望めないからです。たしかに、長期的対応はなされるでしょうが、その間に貴重な数か月間がさらに無駄になります。今後継続的により多くのスタッフの需要が増大すると思われますが、十分なスタッフが多少でも配置されそうな見通しはほとんどたっていません。

あらゆる作業に対する膨大な需要が存在し、その配分は優先順位の問題であることは承知しております。取るに足らない人数を求める程度の小さな部署ですから、当地で行なわれていることの重要性、また、要求に即座に対処するという緊急の必要性のどちらについても、最終的に責任ある当局にご理解いただくことは非常に困難です。この点について、私どもは心を悩ませております。同時に、当面必要なスタッフの増員は、たとえ通常の人員配置の手順に影響することになるとしても、実際上不可能であるとは考えがたいと存じます。

今抱えている問題を列挙してご負担をかけることは望みませんが、以下の点について、最も切迫した不安を抱えております。

一、海軍エニグマの解読（第八兵舎）

フリーボーン氏配下にあるホレリス部[*20]は、スタッフ不足と現チームの勤務超過状態により、夜勤を止めざるをえませんでした。これにより、海軍暗号解読の鍵をみつけるのが、毎日、最低一二時間遅れています。夜勤再開には、訓練を受けていないグレードIII女子事務員を約二〇人、ただちに必要としています。どのような要求にも十分対応できるようにするために、彼はより多くの人員を求めることでしょう。

現在私どもを脅かす別の深刻な危機は、レッチワースにあるブリティッシュ・タビュレーティング社および当地におけるフリーボーン配下の部門において、これまで軍役を免除されていた熟練男性スタッフのうち数人が今にも招集されそうなことです。

二、陸軍・空軍のエニグマ（第六兵舎）
味方の傍受局では聞き取れない中東の無線通信のかなりの量を私どもは傍受しております。なかには、新しい「ライトブルー」[*21]情報が大量に含まれています。しかし、熟練タイピストの不足と解読スタッフの疲労が重なり、通信全部の解読を終えることができません。これが五月以来続いている事態です。事態の正常化のために、約二〇人の熟練タイピストの補充を必要としています。

三、ボンブの検査、第六兵舎と第八兵舎
ボンブが作った「ストーリー」[*22]の検査はボンブ兵舎の英国海軍婦人部隊レンズに引き継がれ、そのために十分な数のレンズを派遣するという約束が、六月にありました。一〇月下旬に至り、何もなされていません。納期が遅れたことはないため、先の二点ほど強調はいたしませんが、その結果、ほかの仕事にかかるべき第六兵舎と第八兵舎のスタッフは、自分たち自身でテスト作業をしなければなりませんでした。この種の軍事的事柄に関して、もし十分に急を要する指令がしかるべき方面に送られていたならば、レンズの一部隊を当然分遣できたと感じざるをえません。

四、スタッフの問題とはまったく別に、他方面でも不必要な障害を数多く経験いたしました。すべてを述べるには時間がかかりすぎ、また、申し上げる内容に議論の余地があることは承知しております。しかしながら、これまでの経緯を考え合わせると、私どもが対応すべき外部関係機関は当地の重要性を十分認識できていないと感じております。

私どもは自発的にこの手紙を書きました。現在の窮境に対して、誰が、あるいは何が、責任を負っているか知りません。そして、これまであらゆるかぎりの方法を使って全力を尽くしてくださったトラヴィス司令官に対する批判としてお受け取りなさいませんよう強くお願い申し上げます。しかし、仕事をできるかぎり、また必要な程度に達成しようとするならば、私どもの要求がいかに些末と思われようとも即座に応じていただくことは絶対に必要です。仕事をするうえで現在要求し、これからも要求し続けなければならない事実や結果が首相の関心を引かなければ、また、早急な対応が取られなければ、私どもは間違いなく自分たちの義務を果たせないと考える次第です。

閣下の忠実な部下、

A・M・チューリング

W・G・ウェルチマン

C・H・アレグザンダー

P・S・ミルナー＝バリー

この手紙は、電撃的な効果があった。ウィンストン・チャーチルは受け取るとすぐに、主席参謀将校イスメイ将軍宛てに[4・41]メモを書いた。

彼らが欲しているものすべてを最優先で入手できるように手配し、それが実行されたことを報告せよ。
「即日実行のこと」

一一月一八日、情報部の責任者は、可能なかぎりあらゆる手段が取られたことを報告した。すぐにすべてが完璧に手配されたわけではないが、ブレッチリーの要求は満たされつつあった。

一方、別の大きな変化が、彼らの仕事に影響を与えはじめていた。米国のいかさま戦争は宣戦布告以前に始まっていたが、大西洋憲章が謳う賢明な目標設定だけでなく、英国との機密情報共有についての実質的な交渉にも関係した。一九四〇年には暗号解読の成功が限定的に開示されていた。これにはアランも巻き込まれて、ボンブが英国国家機密とされていた当時、エニグマ暗号の解読をどう説明するか、ひどく苦労していた。英国人は米国人の秘密保持能力を信じていない。そして、チャーチルは、アメリカ共和国はやや大きくて、ましな英国自治領だと述べていたが、実際は、米国は非常に異なる国であり、服従、秘密主義、不正がないのは明白で、同時に英国の利益に対立する強力な集団を抱えていた。しかし、一九四一年中に連絡将校ブレッチリーに配属されるという調整が整って、みせかけは取り払われた。今や、チューリングの生んだ卵は輸出品となった。

一九四一年一二月一一日、ドイツはアメリカ合衆国に宣戦した。真珠湾攻撃の四日後だ。「そう、結局私たちは勝った。……イングランドは生き延びるだろう。英国は生き延びるだろう。すなわち、英連邦諸国と大英帝国は生き延びるだろう……」とチャーチルは考えた。しかし、最初、英国はさんざんな目に遭った。太平洋戦線は、護送船団から米国海軍を撤退させた。そして、米国海軍相手に情報を売る仕事は、英国海軍を相手にするよりもやっかいだということが判明した。海軍エニグマの情報は、宣戦布告時、一五隻のUボートがアメリカ沿岸で軍事行動をしているという内容だった。しかし、その警告ははねつけられ、なんの予防措置もとられず膨大な積み荷を失った。大同盟の不幸な出発である。翌一九四二年二月一日、いっそうの大打撃が加えられた。Uボートが新しいエニグマシステムに切り替えたのだ。ボンブは予言を伝えられなかった。もはや最高機密は何一つなかった。

一九四二年二月のこの情報管制により、Uボートのエニグマの暗号解読はすべて最初からやり直さなければならなくなった。これまでの二年間はこのための準備期間ということになる。英国戦時体制全般を見事に象徴しており、一九三九年からはとうてい信じられないほど英国は悲惨な状況だった。ヨーロッパ同盟諸国をすべて失い、イタリアからの初の白星は逆転され、シンガポールは降伏し、立て続く惨事を打ち消してくれるのは、準備不足で戦争に不慣れなアメリカが助けてくれるという可能性だけだった。その可能性はどんなに小さくとも、頼る価値はあった。英国空軍の爆撃能力はドイツ空軍を上回るほどになっていた。それでも真っ昼間、ドイツ海軍のシャルンホルスト号とグナイゼナウ号がドーバー海峡を通過するのを防ぐまでにはいたっていない。一方、これまで独善的に「抑制的」と査定されていたドイツヨーロッパ経済は、実際は、ちょうど全面的な軍用物資生産に舵を切ったところだった。そして、その第一の敵国はモスクワの入り口でかろうじて敗北を免れていた。

彼らは不可能な事柄について考えなければならず、時間もあまりなかった。米国軍隊はほとんどゼロからの創設だったし、さらに、厳重に防備され、同じくらい先進的工業力が支配する大陸に侵攻するためには、大西洋を越えなければならない。しかも、侵略の成功どころかその準備ですら、大西洋にUボート艦隊が展開している間は不可能だった。さすがにヒトラーも戦争に真剣に取り組み、Uボート部隊は一九四二年一月には約一〇〇隻の大きな艦隊に膨れ上がり、週ごとに数を増していった。二月が過ぎ、Uボートは再び姿を隠して大惨事級の損撃を与えた。つまり、一か月五〇万トンの損害であり、新しい連合国全体の船の建造率を超えた。現状維持すら困難であり、まして勝利できるレベルまで軍備を増強するなどなおさらだった。

そのとき、すべてが変わった。当時の英国には、一九四〇年における失業状態はまったくなくなっていた。そして、すべてが計画されつつあった。実際、イギリスとアメリカは、枢軸国とソビエト管轄外の世界における貿易経済全体の設計図を書いていた。ブレッチリーでは田舎屋敷でパーティーをしているような気分はなくなり、知識人が徴募され、何台ものバスでバッキンガムシャー周辺に連れてこられた。一九四〇年の大混乱と一九四一年の危機は解決され、「豊穣なる資源」を利用するのにちょうど間に合った。もはや軍隊はプライドを捨て、ブレッチリーの成果に適応するしかなかった。それは偶然、たまたま産み落とされる「金の卵」ではなく、敵のあらゆるレベルのシステムと引き写しの、知的で統合された組織の成果物である。一九四一年にブレッチリーへまわされた人員はいぜんとして妥協の産物であり、戦闘機や銃を使う戦場から引き抜かれた人びとだった。同じ年の暮れですら、暗号解読者は一六台以下のボンブでやりくりしなければならなかった。しかもこの時期、ドイツ陸軍の暗号システムを数多く破ったので、要求が急速に増大していた。しかし、チャーチル首相へ宛てた必死の手紙の結果、当局の態度が一変した。トラヴィスはデニストンを引き継いで所長となり、最終的には情報機関の管理体制をブレッチリーの生産方法に合わせる行政革命を統轄した。一方、軍隊側は、情報機関がチャーチルの指揮する戦争に大きな影響を与えているという厳然たる事実を認識し、ブレッチリーの要求に対する抵抗をゆるめ始めた。

しかし、すばらしい一致団結が実現したにしても、Uボートのエニグマ問題はいぜんとして彼らの手に負えなかった。一九四一年、第八兵舎がかつて盲目の海軍本部に視力を与えたのであるが、それがトラウマになっていたなら、視力を再び失うことはもっと残酷な痛手だ。はっきり言って、海軍本部は隻眼のネルソンになってしまった。なぜなら、外洋に出たUボートだけが新しい暗号システムを採用して、海上航行の船舶と沿岸部航行のUボートは、いまだ解読可能な「国内」鍵を使い続けていたからだ。だからこそ、海軍本部は、Uボートの出港情報ならびに、出撃しているUボートの数を把握していたのだった。これらのデータは偵察とハフダフの探索に突き合わせることができた。しかし、この程度では、今ではあつかい慣れたドイツ海軍の作戦命令や位置報告に比べてはるかに貧弱な情報だった。

第八兵舎内部では、この情報の遮断はちがう意味をもった。暗号解読ゲームはとても楽しく進行していたのに、ドイツがルールを変えてゲームを台無しにしてしまったのだ。そこで、大西洋問題はやっかいなもめごととして、ヨーロッパ水域の暗号解読は楽しい仕事として続けるという誘惑に駆られた。しかし、船の撃沈報告を読み、先の見えない閑散とした海図を見たとき、現実が数学的ゲーム感覚に侵入してきた。そして、このゲームから楽しみは消えた。

エニグマ機械の使用法だけでなく、機械それ自体も変化した。今度は第四のローター用のスペースが作られた。これまで海軍エニグマの設定は八枚のローターから三枚のローターを選ぶシステムだった。この組み合わせは三三六通り。もし機械が改造されて九枚のローターから四枚のローターを自由に使えるようになれば、組み合わせは三〇二四通り（つまり九倍増し）まで増え、加えて新しいローターの設定によってさらにその二六倍になる。しかし、これは実行されなかった。実際は新しい九枚めのローターがあったが、一定の場所にとどまっていた。結局、古い機械の末端に新しいローターが取り付けられただけで、二六種類の異なる設定が可能になった。それは二六の異なるリフレクター配線があるようなものだ。したがって、問題は二三四倍悪くなったのではなく、ほんの二六倍悪くなっただけということになる。

このドイツ海軍の対応は、地図の位置参照の暗号化のように中途半端で、そのときと同様にUボートの通信を内部的に保護するという見当違いの理由で取り組まれたものだった。つまり、ドイツはイギリスの暗号解読を恐れていなかったのだ。しかし、たとえ中途半端だったとしても、第八兵舎を窮地に追いやり、ほとんど何も見えない状態にした。ボンブが数週間ではなく数時間しか動かすだけで、ともかくも数字が出たことがすでに僥倖だ。海軍エニグマの解読は、護送艦隊の進路を変えさせるのに必要な一日か二日で作業を終える過程で、すでに精一杯だった。二六倍の増加は、解読に必要な時間が一時間から一日に延びるか、あるいは一九四一年に使っていた一台ならボンブが二六台必要だということになる。さもなければ、天才がまったく別の方法をみつけるかだ。

成功したことが一つあった。新しい四枚めのローターの配線がわかった。四枚ローターのエニグマは真新しい機械ではなく、古い機械の改造だったからだ。四枚めのローターは一九四一年の終わりには、Uボート機械の「ニュートラル」の位置に設定されていた。十二月に一度、Uボートのオペレーターが暗号化する間に、不注意にもこのローター位置を動かしてしまった。第八兵舎は次々と続く無意味な通信文に気づき、さらに、正しい位置に直した再送信を確認した。送信の繰り返しは、ドイツが自分たちの機械を完全に信頼するときに犯しやすい初歩的な失敗で、そのおかげで英国解読者はローター配線を推測できた。この情報が強みになって、二月二三日、二四日、そして三月一四日の交信が現実に解読可能になった。この三日間の通信について、ほかの解読可能なエニグマで暗号化されていたとりわけ明確なクリブを入手していた[*23]。しかし二六倍ものあまりに長い時間がかかった。すなわち六台のボンブを一七日間動かし続ける必要があった。この展開はすべての努力が偶然から始まったことを的確に物語っている。もし、この拡張されたエニグマが最初から採用されていたら、暗号解読の宝探しはポーランドの地を離れることはなかっ

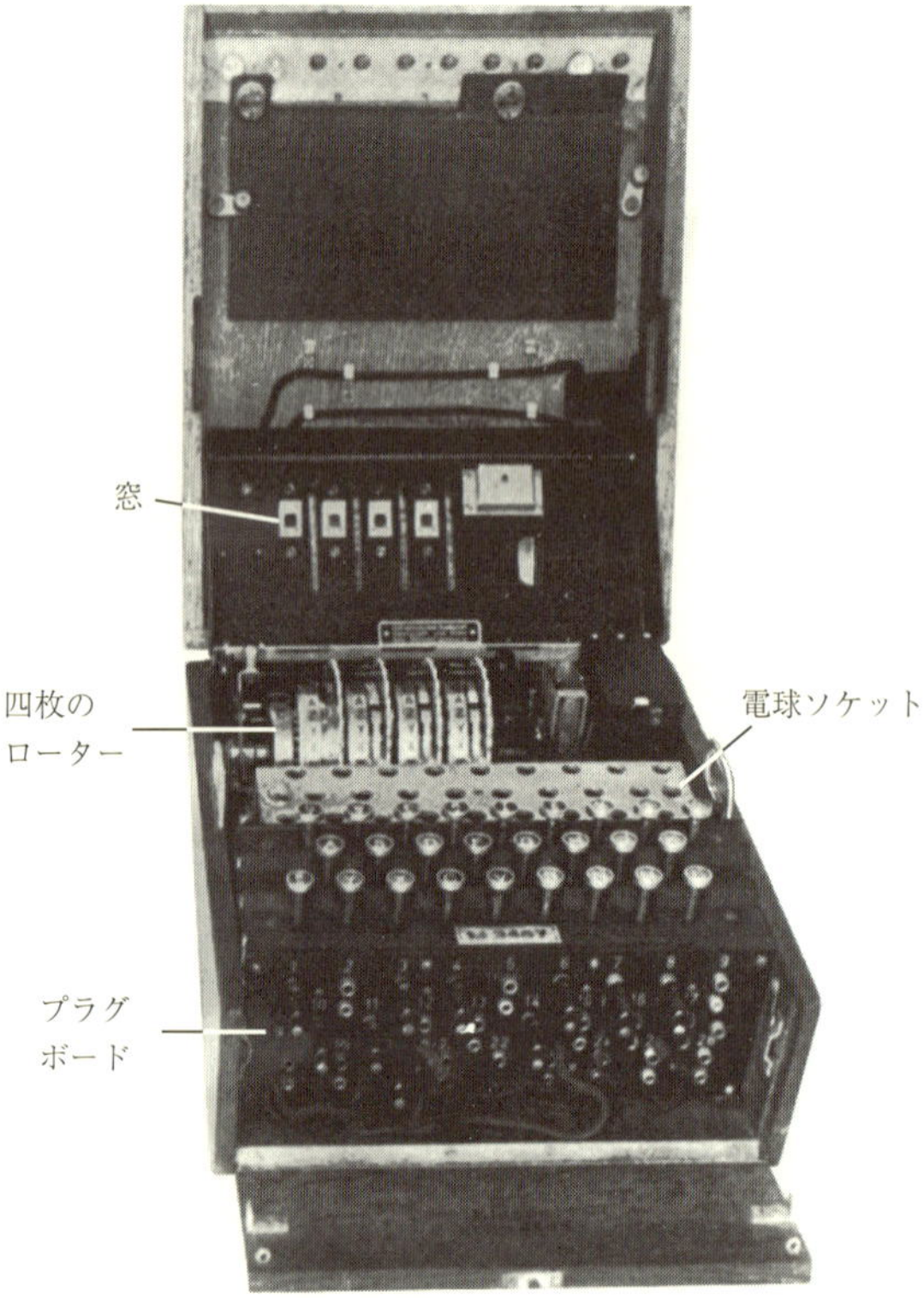

海軍エニグマ機械。４枚のローターが見えるように蓋をあけてある。

たかもしれない。

「早く、早く」と白の女王は叫んだ。しかし、一夜でボンプを二六倍早く動かすことはどうやってもできない。それでもほんとうは、この恐ろしい日に備える機会はずっとあったのだ。一九四一年の春にはすでに四枚めのローターの追加を指す部分が暗号解読文書にあったのだから。後になって、第八兵舎の暗号解読者たちはこの事実を役人たちに強く印象づけなかったことで、自分たちを責めた。しかし、一九四一年の状況では、当面の交信解読に必要なボンプを獲得するためにさえ闘わなければならなかったので、将来起こりうる技術の進歩に対応するための、さらに大型で優れたボンプが必要だと考えることなどまったく現実離れしていた。当局はこの段階で、第八兵舎の先見の明がもたらすはずだった利益を捨て去ったといえる。しかし、一九四一年後半の直訴騒動により、さらに積極的な方策がとられていた。そして、さしせまった海軍エニグマ解読危機が到来して、きわめて重要な変化があった。年末、技術的な側面に新たな専門的知識が持ち込まれたのだ。

当然とるべき方法は、ボンブを拡大して四枚めの新しいローターを入れ、極端に早く回転させて二六個の位置を通過できるようにすることだった。この高速ローターシステムの考案は、発明の才があって、一九四一年にはレーダー調査研究所の仕事をしていたケンブリッジの物理学者C・E・ウィン＝ウィリアムズに任された。この研究所は一九四二年五月にモルヴァンへ移転して、電気通信研究機構（TRE）になった。

課題の一つは、提案どおりに高速にすると、各ローター位置で調べる可能性の数が急速に増大し、それを分析する論理上のシステムを電磁的なリレーのネットワークのなかで実現できなくなることだった。電磁的なシステムはあまりに時間がかかりすぎる。かわりに、電子的なシステムが必要となる。こうして、新しい、まだよく知られていない電子技術をブレッチリーの仕事に応用する提案がもちあがった。

「エレクトロニクス（電子工学）」という名前が、遠い親戚のジョージ・ジョンストーン・ストーニーが作った「エレクトロン（電子）」という名前にちなんでつけられたことに、アラン・チューリングは喜んだにちがいない（ストーニーが名前を考案しただけで有名になったことについて非難がましいことを言っていたにせよ）。重要なことは、電子管は電子そのものだけが動く部品なので、一〇〇万分の一秒で反応できるが、電磁的なリレーは機械として動く必要があるということだ。まさに彼らが必死だったとき、一気に一〇〇倍も速くなる可能性があった。ただし、電子管は高温で、あつかいにくく、高価であるのに加えて、壊れやすいことで有名だった。そして、その使用に必要な知識と技術を備えている人はほとんどいなかった。

より正確には、ブレッチリーの問題に活用するには、論理システムで電子的な部品を使用し、それが、リレーにかわってスイッチとして機能する必要があった。しかし、電子管の最も一般的な使い方は、いぜんとして無線受信の増幅器としてであり、オンとオフを切り替えるスイッチとして電子部品を使う考え方とはかなりちがう。ただしこの原理自体は一九一九年に明らかになっていた。この点に関して、ウィン＝ウィリアムズは、電子ガイガー計数管にすでに着手していたおかげで、エレクトロニクスを離散的問題に応用できることに気づいた、さらに少数の一人だった。

レーダー研究は高出力の電子工学の専門知識を蓄積したが、電気通信研究機構は電子工学技術者を擁した唯一の組織ではなかった。ロンドン郊外のドリスヒルには郵政省研究所もあった。この組織は、近代的な電話システムを実現する際に、製造業者の独占的な産業活動から郵政事業を保護するために設立された。一九三〇年代においては唯一の国有企業の先駆けであり、わずかな資金で運営されていたにもかかわらず、高いレベルの研究活動を維持していた。熾烈な競争をくぐり抜けた若い技師たちは、この年代の経済的状況で考えられる以上の野心と技術をもっていた。年長の技師T・H・フラワーズについて、[4・42]次のようなことが知られている。

……一九三〇年に見習い技師として研究所に入った。それ以前は、ウーリッジの教練所で実習していた。数年にわたる研究における彼の主たる関心は、長距離の信号伝送、とくに制御信号を伝送し、自動スイッチ装置に人間のかかわりをさせるという課題だった。フラワーズは、この頃すでに、エレクトロニクスについてかなりの経験をもち、一九三一年には電話の切り替えスイッチのかわりに電子管を使う研究を始めた。この研究の結果、実験用の課金ダイヤル回路ができ、一九三五年には確実に動作していた。……

つまり、当時、この研究所は電子的スイッチング分野で世界をリードしていた。

電気通信研究機構の専門家が政府暗号学校の研究プロジェクトに参加できたということだけでも、暗号解読という分野の境界崩壊が一九四二年の状況によって生じていたことを反映している。そのうえ、三番めの組織、すなわち郵政省研究所の参加はよりいっそう注目すべきことだ。事実、そこの技師たちは、海軍エニグマ解読の危機をきっかけとする二つの異なるプロジェクトを引き受けた。ウィン＝ウィリアムズは、W・W・チャンドラーが開発した高速の四枚めのローターに助けられた。チャンドラーは、一九三六年に郵政省が採用した青年で、長距離電話の幹線交換に電子管を使うという新しい用途について、実践的な知識を獲得していた。一方、フラワーズ自身は、電子技術者S・W・ブロードハーストに手伝ってもらっていた。ブロードハーストは一九二〇年代の不況で、「肉体労働者」並みの待遇で雇われたが、自動電話交換の開発を通じて、ドリスヒルでこの地位まで登り詰めた。フラワーズとブロードハーストは、「停止」確認を自動化するためにまったく別の機械を検討した。目的は、たくさんの偽の「停止」（ローター位置の増加とともに増大が予想される）を、エニグマ上で、一つひとつ手作業で試したときよりもかなり早く取り除くことだった。

これらの技術開発は一九四二年の春に始められたが、その成果は期待はずれだった。ウィン＝ウィリアムズが高速ローターの開発に成功しそうなところまでは何度もいったが、年内に機械は動かなかった。それゆえ、連結した電子ネットワーク設計の研究はなんの役にも立たなかった。対照的に、停止をテストする機械は企画、製造されて、一九四二年の夏には動いていた。しかし、結局のところ使えないことが判明した。フラワーズと彼の同僚は、電子部品を取り入れてボンブを改良するようボンブを設計した会社のキーンへさまざまな提案をするが、却下された。

このように、一九四二年の夏は、不幸な事態に直面し、若き技師たちは極度に不満がたまっていた。電子工学は日の目をみなかったし、アランにしても、彼らに必要なものを告げただけで、何もやり遂げていなかった。正しい方向に歩を進めてはいたが、大西洋の状況はいぜんとして、その年の二月と同じくらいに不透明なままだった。

一方、第八兵舎は高技能暗号解読者を増員したが、総数は七人が精一杯だった。一九四一年の末、ヒュー・アレグザンダーがハリー・ゴロンベクを連れてきた。彼はチェスの名人で、アルゼンチンから戻ってきたばかりにもかかわらず、歩兵隊で二年間の兵役義務があった。それから一九四二年一月、ピーター・ヒルトンが到着した。彼は、きっかり一学期間、オックスフォードで数学講読を終えたばかりで、弱冠一八歳だった。彼はことの始まりを次のように書いている。[4・43]

……この人物は僕のところに来て、「私の名前はアラン・チューリング。君、チェスに興味ある？」と言った。そこで僕は、「いったい何のことか」と思い、「えーと、実は興味あります」と答えた。彼は、「そりゃ、とてもいい。僕じゃ解けないチェスの問題がここにあるんだ」と言った。

ピーター・ヒルトンは自分が何のためにそこにいるのかわかるまで丸一日かかった。しかし、一九四二年が不気味なままに過ぎていくにつれ、この組織の独特なスタイルは、よりスムーズで能率的なものに移行していく。アランはやはり「教授」だったが、緩やかに、微妙な形で、ヒュー・アレグザンダーがこの組織の事実上の最上位者になっていった。アランは、自分の大事なものがゆっくりと取り上げられつつあることを理解した。海軍エニグマの解読システムを作ったのはアランだが、開発促進にはもっと如才ない人物が必要だった。アランは細かい気配りに欠け、部下を管理する能力もなかった。ヒュー・アレグザンダーのほうは、たとえば、完璧な備忘録を途中で書き直しせずに仕上げられるタイプの人物だったが、そういうことをチューリングは得意としない。いやおうもなく、赤ん坊を取り上げられてしまったような喪失感をアランは抱いた。しかし、アレグザンダーが自分より優れた責任者であることは疑いようがなかった。ただ、居心地のよかった一九四一年の体制はひっくり返った。ジャック・グッドが気づいていた。[4・44]

管理者としてのアレグザンダーの技能を示す例があります。一日二四時間操業の部門だったので、僕たちは三交代制で、「女子」には三人の責任者がいました。そのうちの一人は、よくパニックになるのであまり好かれてはいませんでした。ただ通常の社交的な関係ではうまくやっていました。そこでヒューは、複雑な五交代制を実験的に試してみたいと言い、新たに二人の責任者が必要となりました。二、三週間後、ヒューは「実験は失敗だった」と判断し、三交代制に戻りました。二人の責任者をおろさなければならないのですが、そのうちの一人が誰だったかわかるはずです。

アランは、そんな悪巧みを考えたりはしない。もちろん、その説明には大声で笑ったけれども、事実、彼は、古き良き一九四〇年の日々で、休暇と就業時間に関しては「女子」の味方だった。しかし、もっと本格的な管理方法が必要な時期にきていた。

アランは少しずつ緊急の問題からはずされ、長期的な研究にまわされた。これも彼個人にとっては落胆することだった。誰よりも交代制の仕事を楽しみ、また仕事の最初から最後まで全貌に触れていたかった。しかし、長期的な研究は、彼の抽象を求める知性の合理的な使い道だ。専門としての所属はまだ第八兵舎だったが、自分の部屋で仕事をして、事実上、政府暗号学校の主任顧問になった。ほかの人間は「必要に応じて知る」枠組みで仕事をして、関わっている特殊な領域しか知ることが許されなかったが、アランの役割には制限がなくなった。「教授」はあらゆるところに入ることが許され、全面戦争の世界を反映する膨大に膨らんだ通信の中身にどんどん深く引っ張り込まれていった。もう以前と同じではない。しかし彼には不満を述べることはできない。戦争は進行中で、アランは祖国をその全体像のなかに位置づける特異な才能をもっていた。

大西洋上のUボートに匹敵するほど興味深い出来事が、断片的な形で出現していた。暗号解読者たちは、エニグマ暗号とまるで異なる性質の交信を少しだが傍受し始めていた。そこにはモールス信号ではなく、テレタイプ信号の特徴があった。テレタイプの送信は一九三〇年代に急速に開発が進んだが、モールス信号ではなくボドー・マレー信号を使う。重要な点は、これは操作を自動化できるシステムということだ。ボドー・マレー信号は、五つの穴あき紙テープで三二の異なる組み合わせを使ってアルファベット文字を表現した。テレタイプは、穴のあき方から生じるパタンを直接パルスに変換できた。そして、最後の部分を受け取るとパルスは人間の手を借りずに、文字の通信文に訳し戻された。この着想は、暗号機械システムを作るためにドイツで開発され、自動的に暗号化、送信、復号されるようになっていた。すなわち、エニグマよりもっと便利で、そして、現代のテクノロジーをもっと効率よく利用するシステムだった。

論理的な観点からは、テープにあけられた「穴」は1、そして、「穴なし」は0と考えてよいだろう。

平文＼鍵	0	1
0	0	1
1	1	0

したがって、送信は五つの連続した1と0からなる二進数になる。かねてから、暗号の専門家たちは、ボドー・マレー信号は、「付加」タイプの暗号の基盤として利用できると考えていた。その原則は、アメリカ人発明家のG・S・ヴァーナムの名前をとって命名された。実際、ヴァーナム暗号は可能なかぎり単純な加算にもとづいている。なぜなら二進数による「繰り上がりなし」の加算は、上の表が示す規則しか必要としないからだ。言い換えれば、鍵となるテレタイプのテープに平文テレタイプのテープを「加える」ことが可能であり、そのとき、鍵テープの「穴」は、平文テープに変化を加える（つまり「穴あり」から「穴なし」へ、あるいはその逆）の

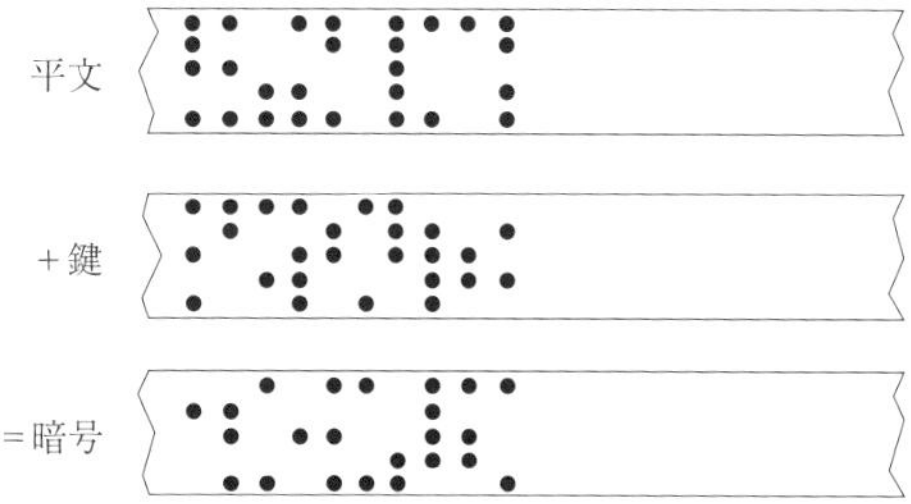

に対して、「穴なし」は平文テープをそのままにしておくという規則に従う。*24 それを上の図に示す。

　鍵が真の意味でランダムに作られ、一回かぎりの原則が厳守されるなら、そのシステムは安全であり、十進数を使おうが、二進数を使おうが関係ない。すべての鍵が均等に作られるならば、どんな証拠の重みも、いかなる特定の平文に加えられることはない。しかし、ドイツの交信は、そうなっていなかった。鍵は、機械によって生成されることになっていた。当時、利用されていたテレタイプ通信の暗号化機械は数種類あったが、どれにも共通する特徴があり、鍵は一〇個程度の回転板が不規則に動いて生成されるパタンだった。[4・45] この機械は鍵を記録したテープを作成しなかったが、暗号解読者からみれば同じことだった。

　エニグマ同様、機械本体そのものを奪う可能性はつねにあった。ドイツの暗号担当者たちはこの可能性を考慮すべきだった。ただし、実際のところはこの種の重要な交信は別の方法で解読されている。一九四一年、ブレッチリーの誰かが、ある通信文が二度、しかも非常に特別な方法で送信されたと推測した。システム上のなんらかの不具合が初歩的な大失敗を招いたのだ。その通信文は毎回、同じ鍵で暗号化、送信されていたが、一つの送信で鍵が一文字前にずらされていた。一度こう推測されると、鍵と平文の両方を再現するのは簡単だ。

　完璧なセキュリティを求めて設計された機械であり、もうこれ以上の進歩が不可能なのは承知していた。鍵の連続も、ランダムであるように見え、どんなパタンもまったく識別されないはずだった。しかし、実際はそうではなかった。決定的な観察が、化学から数学に転向したケンブリッジ大学の若き学者W・T・タットによってなされた。一九三二年にポーランド人たちが成し遂げたエニグマ攻略に匹敵する決定的突破口だ。ポーランド人の研究と同様、今回も、機械を物理的にではなく、論理的に奪った。そしてやはり、繰り返しになるが、それは第一歩の必須条件にすぎなかった。しかし、これまでとの違いがある。一つは、今回、ドイツの産業界はこれまで以上に真剣な努力をした。つまり、昔のエニグマのように商用バージョンを改良した程度ではなかった。さらにもう一つ、ドイツの軍事システムにおいて果たす役割だ。交信の数こそ少ないが、重要で高度な意思決定の報告と判断を送っていた。まさにヒトラーがこの戦争を個人的に指揮し始めた段階で、ブレッチリーはベルリンのかなり近くまでせまった。

たとえ、機械を奪い取ったとしても、その後の解読はできないはずだ。それが暗号文本来のあり方である。そして、暗号化する仕組みの「周期」は一万七五七六ではなく、実に「途方もなく大きな数」だった。しかし、これはまったく克服不可能ではないことも判明し、一九四二年までに解読者たちは、自分たちの知識を活用する方法をゆっくりとみつけ出し始めていた。そうして、この特殊な機械暗号交信研究は「フィッシュ」という名前で知られるようになった。重要で一般的な方法の一つは、アランが一九四二年の数か月間を費やしたフィッシュ研究の過程で、タットの研究をもとに開発した。これは「チューリンギズムズ」と呼ばれるようになった。[*25]

ブレッチリーに新しい作業体制が芽生え始めた。一九四二年にすべてを最初からやり直すことになったからだ。しかし、今回は海軍エニグマのときとは異なり、アラン・チューリングの仕切るゲームではない。始めたのが彼でもなければ、暗号解析の機械化という段階を踏んだのも別の人物だった。その人物ニューマンは、一九四二年夏に赴任してきた。

ニューマンに声をかけたのは、友人のP・M・S・ブラケットだ。ブラケットは、ケンブリッジの物理学者（そしてキングズカレッジのフェロー）だったが、一九三七年から、マンチェスターの物理学教授となり、当時、護送船団内の艦船配置に統計学を応用するという課題に取り組んでいた（ついに海軍本部は情報だけでなく、実際の作戦行動でも科学的推論を参考にするようになったからだ）。

ニューマンは研究部門に配属され、フィッシュ信号を担当することになったが、自分は手仕事に不向きだと気づきケンブリッジに戻ろうとしたそのとき、自動化の方法を思いついた。その理論的根拠は、アランが一九四〇年から四一年にかけて開発していた統計的方法にもとづいていた。ニューマンの構想にとってアランの着想はきわめて重要だったが、実現となると超高速で数え上げ操作を行なうまったく新しい機械を開発、製造しなければならなかった。ニューマンは、トラヴィスを説得して、開発の承認を取り付け、また、郵政省研究所との協力関係も一九四二年の秋に機能し始めた。出番を待っていた技術が認められ、電子技術者はやっと結果を出すことができた。同年のそれ以降、技術上の問題にいろいろ悩まされもしたが、電子工学そのものではなく、読み取り機に紙テープを超高速で通過させるというような機械的な難しさが原因だった。

アランは、プロジェクトの全容を知っていたが、フィッシュの分析に関する彼自身の役割は「チューリンギズムズ」にかぎられていた。このテーマについては、一九四二年の秋に、テステリ[*26]と呼ばれる部署が検討を始め、フィッシュ暗号の交信に関して手作業で分析を開始した。それは、何年も前に、エニグマの解読を苦労して始めたときとまったく同じようだった。ピーター・ヒルトンは第八兵舎からこの部署に異動し、一九四二年の秋には、さらに一人ラグビー校から直接雇われてきていた。ドナルド・ミッキーという若い男性で、オックスフォードの古典学の奨学金を獲得して、日本語コースの順番を待つ間、初等暗号訓練にも参加していた。その才能が理解されるや、ブレッチリーの困難な状況を押しつけられた。ドナルド・ミッキーとピーター・ヒルトンは、チューリンギズムズを発展させ、もともとの開発者のアランに報告した。

　伝えられるニュースは一貫して暗く、かつ、将来への展望は不確定だったが、一九四二年は、平和な時代にはありえない機会と発想に満ちた、すばらしく解放的な年になった。アラン自身もその若々しさゆえに、年下の者から非常に慕われた。実際、トブルク陥落のニュースが入ったのはアラン三〇歳の誕生日だが、大学から来たばかりの新人には、こんな「男子生徒のような」人物がほんとうに三〇歳なのか、それとも、これほど知的評価の高い人がこんなに若くていいのか判断するのは難しかった。アランとの会話は先輩の部屋に入れてもらうのと同じ経験だった。そこでは寮の色とか恒例のチャペルパレードはもはや話題にならず、違法のジャズやD・H・ローレンスの小説が語られたが、貴重な奨学金を獲得しているので、寮監は目をつぶらなければならなかった。

　ピーター・ヒルトンは闊達で話し上手だったが、彼の好きなチューリングの話は国防市民軍兵に関するものだった。当局はなぜか、ブレッチリーの暗号分析担当者たちの空き時間を教練にあてさせていた。各部門の長は免除されていたにもかかわらず、アランはライフルをあつかう技術修得に情熱をもち、ハリー・ゴロンベクを驚かせた。ハリーは二年間陸軍にいても、このような情熱をもたなかった。アランは、国防市民軍兵の歩兵部門に登録した。そのために、[4・46]

一つの書類に記入しなければならなかった。その書類には、「国防市民軍兵に登録することによって、ご自分が軍法の適用対象となることを理解していますか」という質問があった。実にチューリングらしいことに、「この質問に『はい』と答えることによる予想可能な便益は存在しない」と言って、「いいえ」と答えた。そして、こういう書類でチェックされるのは、最下段の署名だけなので、当然、彼の登録は認められた。その結果、……訓練コースを修了して、第一級の射手になったからには、もうこれ以上国防市民軍兵に用はなく、行進訓練への参加を止めた。ちょうどそのとき、ドイツによる侵攻の危険が減りそうになっていたので、チューリングとしては、もっとほかのおもしろいことを始めたくなっていた。しかしもちろん、彼が行進訓練をさぼっていることは本部に常時報告され、国防市民軍兵の指揮官はチューリングを召喚して度重なる不参加の理由を説明させた。この指揮官、フィリガム大佐を私がよく覚えているのは、彼が顔を真っ赤にして激怒したからだ。

この状況は、大佐にとって最悪の事態だったかもしれない。というのは、チューリングは行進訓練に参加しなかった理由を聞かれて、自分は今では第一級の射手となり、それが入隊の理由だったと答えたからだ。そこでフィリガム大佐は、「しかし、行進訓練に参加するかどうかを決めるのはあなたではない。行進訓練に来るように招集されたら、参加は兵士としての義務です」と述べた。これにチューリングが「私は兵士ではありません」と答えると、「いったい何を言っているんだ。おまえは兵士だ。軍法が適用されるぞ」と大佐が言う。それに対して、チューリングは「えーと、私はこういうことが起こる可能性についてよく考えました」と述べ、大佐に向かって「私は、自分が軍法の適用を受けるとは考えていません」と言った。そして、話を端折って言うならば、チューリングは「私が記入した書類をご覧いただければ、私がこの種の事態に備えていたことをご理解いただけると思います」と答えた。もちろん、書類は取り寄せられ、結果的には、チューリングに対して何もすることはできなかった。彼の入隊は適正なものではなかったからだ。結局、彼らは、チューリングは国防市民軍兵ではないと宣言することしかできなかった。もちろんアランにとっては申し分ない。まったく、彼らしい。けっして彼が狡猾だというのではない。たんに書類を読み、それを文字どおりに受け取り、この種の書類の記入にとって何が最適の戦略であるかを判断しただけである。それほどまでに、アランらしく一貫していた。

指示を文字どおりに受け取るという、いかにも「鏡の国のアリス」的な対応は、別の場面でもちょっとした騒ぎを引き起こした。彼の身分証明書には署名がなかった。署名をしなかったのは、身分証明書には何も書いてはいけないと言われたからだというのだ。これが発覚したのは、田舎道を散歩中に二人の警官に呼び止められ、尋問を受けたときのことだった。ぎこちない態度と、生垣に咲く野草の花を何度も見ようとする仕草が、どうも、スパイに敏感になっていた市民の想像力を掻き立てたようだ[4・47]。

しかし、ブレッチリーでは頑固親父やお役人に対する勝利を分かち合うだけでなく、英国最高の数学者たちといわば秘密の大学というべき環境で自由に交流する経験をした。伝統や形式、さらには地位、年齢、学位というような表面的なことがらはすべて無視されていた。大事なことは、考える力に尽きる。かつ、数学のフラッシュ・ゴードンというべき人物、論理学のスーパーボーイがいて、周囲を励ましていた。敗北も、成功させるためには能力の限界も拒む人物だった。ピーター・ヒルトンにとってアランは、

> ……とても近づきやすい人だった。とはいえ、何か自分にはわからないことがたくさんあるといつでも感じていた。巨大な力があるという感覚、どんな問題にも、つねに第一の原理から挑戦する能力が感じられた。つまり、アランは、ただ……理論的な研究をしただけでなく、実際に機械を設計して、問題の解決に活用することまでやった。しかも、これから必要とされる電気回路のすべても含めてだ。

たとえば、アランは特別な機械を設計して、ドイツの高速水雷艇が利用した特殊なエニグマ暗号のシステムを分析するハリー・ゴロンベクを助けた。さらに、主要な海軍エニグマ問題用に設計した別の機械もあ

る。それはボンブよりもはるかに大事だった。技術的な部分は必ずしも新しくはない。たとえば、バンブリズムズの処理は暗号文が穴の配置で表現されている紙シートを利用していた。洗練された統計的な手法が利用できるようになるまでは、シートを重ねてはずらしながら、手間をかけて一致する穴を数えなければならなかった。アランがこの方法を、現代科学資源（Resources Of Modern Science）というスローガンにちなんで「ROMSすること」と呼んだのには、皮肉っぽい響きがあった。しかし、これはまた、ブレッチリーの仕事に関する本質的な真理でもあり、アラン・チューリングはまさにその中心にいて、プライドが「退屈で初歩的な」[4・48]仕事に携わることを邪魔する、などということはけっしてなかった。

すべての方法を使って、彼は問題の全体に取り組んだ。そして、計算作業からけっして逃げなかった。何かが実際にはどう振る舞うか知りたければ、彼は数値計算を全部自分でやるだろう。

私たち全員、彼から大いに刺激を受けた。彼は仕事に関心をもち、同時にほかのほとんどすべてに興味をもった。……そしてまた一緒に仕事をして楽しい人物だった。彼ほどの才能がない人には大いに寛容だった。私がいささかでも注目される仕事をするとき、彼はいつでも強く励ましてくれた。そして、私たちは彼のことがとても、とても好きだった。

アランの「大いなる寛容」も近づきやすさも、ふつうは彼の一番目立つ特徴ではなかった。しかし、ピーター・ヒルトンは新しいフィッシュ研究グループで最も俊敏に思考する人物で、まさにアラン・チューリングそのものである「創造的アナーキー」の一番有用なところを活かすことができた。何か新しいことを成し遂げて、それをアランに見せて、唸らせ、息をのませ、髪をかき上げさせ、「わかった、わかった」と奇妙な指を突き出しながら叫ばせることは、純粋な喜びだった。ただ、すぐに規則と決まりによって世俗に引きずりおろされてしまうのだった。

しかしそこでまた、アランは役人たちに悩まされ始めた。役人は、彼がしかるべき時間までには入室して、五時まで働いて帰ることを望んでいた。アラン、そして、言わせてもらえれば、仕事に心から熱中した私たちはたいてい、昼頃に出てきて、翌日の真夜中まで働いていた。やっと問題の本質が解決すると、部屋を出て休息をとり、場合によれば二四時間戻ってこなくてもいい。こういうやり方でアラン・チューリングからはるかに多くのものを享受していた。しかし、役人たちはやってきて、書類に記入することやら、タイムカードで出勤時間を記録することなどなどを求めた。

あるときアランは事務所にビールを一樽注文したが、却下された。些末なことだったが、彼らの背後には、もっと真剣な旧来の感覚との対立が存在していた。しかし、旧来の感覚自体は、わずかずつ、そして遅すぎはするが、知能に道を譲らざるをえなかった。当局はうんざりしただろうが、その過程でアランの役割がまったく報われなかったわけではない。一九四二年のある日、アランとゴードン・ウェルチマンとヒュー・アレグザンダーが突然外務省に呼び出されて、一人二〇〇ポンドを授与された。アランはジョーンに、勲章は出せないのでかわりに現金をくれたのだと言った。おそらくそっちのほうが得をしたと思ったのだろう。

一九四二年九月の段階では、イギリスは絶望的な状況からやや好転していた。しかし、それは、トブルクでの敗北以来深刻な損失がなかったというだけのことだ。ロンメル元帥がエジプトに向かって東漸するところを七月にはオーキンレックが、八月にはモンゴメリーが阻止した。モンゴメリーの場合はとくに、解読された通信に助けられた。砂漠の戦争は、通常の戦線よりも海軍の戦争に近く、情報への依存度が大きい。陸海空三軍からの情報の効果的統合が絶望的なまでに必要だった。各軍は、ブレッチリーの情報とその解釈がロンドンの司令部の頭越しにカイロの諜報センターに直接伝えられることを、不愉快に思いながらも許容せざるをえなかった。しかし、豊富な情報をもつ北バーミンガムシャーはこれまで以上に集中化されたシステムをとるよう強要した。一九四二年五月までに、アフリカ戦線のすべてのエニグマの鍵が解読されていた。八月、これに、第八兵舎の新たな成功が加わった。地中海の海上船舶が使用していたシステムを解読したのだ。ロンメルは今や、ほぼ全面的にエニグマ暗号解読で得た詳細な情報を駆使するイギリスの攻撃で、補給物資の四分の一を失っていた。ときには、重要度の高い輸送船を選んで攻撃できたからだ。この勝利の報は、仕事の励みになるように第八兵舎にも伝えられた。

しかし、地中海の戦いは、究極的には英独による局地戦だった。世界全体の戦争としては、すでに、日本がミッドウェイで押し戻され、米海軍が自らの諜報機関を使って決定的な成功をもたらしていた。しかしヨーロッパでは反転のきざしはなかった。枢軸側によるロシア攻撃は、スターリングラードまで到達したし、ディエップ攻撃の結果、西部戦線において簡単に勝利するというこれまでの幻想は打ち砕かれた。しかし、チャーチルにとっても、そのほかの誰にとってもいっそう恐ろしかったのは、大西洋にかかる橋が脆弱なことだ。この橋なしには、イギリスはもはや何物でもない。

米軍の最初の部隊がイギリスに到着したのは一九四二年初頭だが、西ヨーロッパの挽回がありうるとしたら、それは軍事物資、戦車、飛行機が次々と到着することにほかならなかった。しかし、一〇月までに一九六隻に達していた大西洋Uボート艦隊の脅威が一連の物資輸送の前に立ちはだかっている。その数は一九四〇年以来三倍、沈没させられた船の数も三倍になっていた。一九四二年半ばまで、アメリカは沿岸用輸送船の提供を躊躇していたので、Uボートは迂回して米国東海岸で容易に攻撃をしかけていた。しかし八月の対抗措置によって、防衛上の隙間は修正された。この結果、航空機の援護がない海域を利用して、

Uボートは再び大西洋を航海する護送船団を襲うようになる。この船団は今や、むこう一年でイギリスに必要な物資を輸送する商船艦隊の半分以上を占めるようになっていた。再稼働したアメリカの造船所は全速力で新造艦を進水させていたが、どの艦も三回程度航海すると沈められた。しかもアメリカ自身が太平洋からの緊急の求めに応えなければならなくなっていた。実際のところ、連合国側全体としての輸送能力は減少し、それに対してUボートの数は増加していた。一九四二年末には二一二隻を数え、試験航海段階のものが一八一隻あった。

西部戦線における戦闘の危機が急速に近づいてきていた。一九四三年になると、イギリスは、難攻不落のアメリカ工業の前進基地として物資を蓄えるか、ゆっくりと沈んでいくか、道は二つに別れた。一九四〇年九月の航空戦の危機よりはましだが、のるかそるかの決断を待っているところだった。一〇年前、アランは動きのモデルを考えたことがあった。こういうものだ。「われわれは意志をもち、それはおそらく脳の小さなところにある原子の動きを決定することができる。……身体のほかの部分はこの原子の動きを増幅するように動く」。この比喩を使えば、アランは、結集した神経細胞の一つであり、まわりには彼の着想を具体的な形に変換する巨大なシステムがあった。それはイギリスの頭脳、それも、数多くの矛盾を抜けて音を出すリレーからなる電気の頭脳という、おそらくは、これまで考えられたなかで最も複雑な論理的システムだ。さて、二年の猶予期間があったので、身体のほかの部分はその知能を活かせるよう整備、調整が行き届いていた。その結果、中東においては、不鮮明なモールス信号を増幅してロンメル軍団を沈没させた。しかし大西洋はちがう。大西洋では、その頭脳が再度生命を取り戻さないかぎり、アイゼンハワーとマーシャルの二人がロンメルとは桁違いの規模で孤立させられかねない。

とはいえ、この二年間にはほかにも重大な変化があった。エニグマ機械のローター位置が一〇倍に増大すると、ポーランドは先進技術をもつ西側に頼らざるをえなかったが、今度は二六倍に増大してアメリカを電磁リレー競争に巻き込んだ。アメリカのキング提督は英国海軍本部よりも頑固で、一九四二年半ばまで、航路追跡室の設置に抵抗した。しかし、米海軍の暗号解読者は、何が求められているかを瞬時に理解した。暗号解読部門は、一九三五年以来現代的な機械を使用し、一九四二年二月の情報遮断のときも、イギリスの対応をじっと待ったりはせず、自力で解決した。これはイギリス側の見解と完全にちがった。アメリカは日本の暗号に専念すべきであり、ブレッチリーと同じことを繰り返す必要はないと考えていたのだ。しかし米国海軍はことさらにしつこかった。六月には、約束していたボンブの入手が遅れた不満によって、英国の政府暗号学校との関係に亀裂が生じていた。そしてさらに、[4・49]

九月に米国海軍は、より進歩した独自の機械を開発し、年末までに三六〇台を量産し、Uボートのエニグマを攻撃すると発表した。

この三六〇という数字にブレッチリーは当惑した。二〇台の追加が見込まれていたにしても、一九四二年夏、政府暗号学校全体でほんの三〇台のボンブでなんとかしのいでいたからだ。一方アメリカは、イギリスの二六倍のボンブを製造するという強引な緊急手段を講じ、双方が並行して運用することで大西洋の暗号解読を引き継ぐという申し出をしていた。

しかし、一〇月には、政府暗号学校からワシントンに派遣された代表団が交渉して別の妥協案を引き出した。政府暗号学校は「ドイツ海軍および潜水艦の問題に取り組みたいというアメリカの要望」を了解し、米国海軍へ傍受記録および技術的援助を提供することで合意した。それに対して、米国海軍は……ボンブ製造を一〇〇台のみとすることに同意して、政府暗号学校がアメリカ機械とイギリス機械の両方で行なわれる作業の調整に責任をもつことを受け入れた。また、暗号解読の結果を完全かつ即座に交換することについて同意した。

さて、エニグマ暗号解読の方法と機械についてすべてを知っている人物が一人だけいた。その人物は日々の作業の責任を負っていなかった。今や、取り交わされた全調整の責任は細部にわたるまで、「教授」の肩にかかってきた。アメリカの高圧的態度とイギリスの傲慢の間に生じる緊張関係を整理することは、少しもこの「教授」が好む仕事ではなかったが、英米間の連携は具体化されなければならなかった。戦争が続いているのだ。一〇月一九日、ワシントン駐在英国合同使節団の一員として、アランにビザが発給された[4・50]。彼はジョーンに「着いたら最初に、ハーシーのチョコレートバーを買うつもりだよ」と言った。

この連携調整は、訪米の唯一の目的ではなかった。合同作戦の計画があり、連合国側各当局は、自らの微妙な問題についても意思疎通を図る新しい技術が必須だった。電信連絡だけでは不十分で、適切な音声通信手段が求められていた。大西洋を横断する海底ケーブルがなく、あらゆる音声通信は短波無線を使用しなければならなかった。しかし、一九四二年六月の外務省の公式メモには次のようにある[4・51]。

> 全通信内容を一言残らず記録するために敵側が雇った熟練技術者に対抗する安全確保の手段は、いまだ発明されていない。

つまり無線通信では、自分がしゃべっていることはベルリンのドイツ政府に盗み聞きされているという前提でしか話せなかった。一九四二年九月にちょっとした騒動があった。ノルウェーのオラーフ王子に五歳の娘と話す許可がおりなかったが、それは、亡命政府による検閲を経ない内容の通信があるという先例を作ることを避けたためだった。

音声通信を秘匿する本質的問題は、音声が、文字に比べてあまりにも冗長であることだ。二人の会話内容が書かれた通信文を合算した内容を解明するには大変な苦労をしなければならないが、人間の耳と脳は、ほとんど何も考えずに音声信号を分析して、会話と音楽と背景の雑音に分けることができる。これができるのは、音声信号が理解に必要以上に膨大な情報を伝達しているからにほかならない。暗号解読という技術そのものも、この冗長性という性質があればこそうまくいっているのだ。定例的な「最尤単語」であれ、反復されるインジケーター三文字の組み合わせであれ、再暗号化された通信文であれ、すべて冗長性をもっているのである。音声の暗号化を行なうには、この冗長性を除去しなければならない。音声をピッチレベルに分解し、その配置を並べかえて盗聴を防ぐシステムはすでに存在した。しかし、そうした「スクランブル機械」は、出力された信号をもとに音声スペクトログラムを使ってジグソーパズルの要領で検討を加えれば、容易に見破られてしまうものだった。この機械では問題の本質にせまれない。ドリスヒルの研究所でもより進んだシステムを研究開発しようとしていたが、アメリカがはるかに先を行っていたので、その研究状況の調査もアランの任務の一つだった。つまり、暗号解読側から暗号製作側への転換であり、今や連合国側がこれまで以上に攻撃的に戦争を進める段階にきたことを意味した。

音声秘匿は、英国当局にとっては別の意味で問題だった。一九四〇年には、たいした問題ではなかった。田舎の邸宅にいる何人かの愉快で賢い連中が、ドイツ軍の暗号を破ってみようじゃないかということだった。一九四一年に変化が生じた。チャーチルは、選ばれた少数だけが知っている情報源から最も重要な情報を得ていた。問題は、国の通常の枠組みからはずれたところで急成長している組織に対して、どのように秘密の制限をつけるかだった。しかし、一九四二年までに、問題はさらに変化した。ブレッチリーパークは、通常の情報流通経路の外側にあるどころではなく、むしろ支配する側になっていた。生み出すものは、別の知識の塊にふりかけるスパイス程度のものではない。彼らが手に入れたものほとんどすべてだった。つまり、偵察写真や捕虜の尋問は重要な細部を補足するが、その規模は暗号学校から届く新鮮な情報にとてもかなわなかったということだ。六〇種類の鍵を破り、ひと月に五万件、つまり一分に一件の通信文を解読した。「レッド」とか「イエロー」といっていた古き時代は遠い昔のことで、解読者たちの気宇壮大な想像力は、虹の七色を使い尽くして、植物界だけでなく、動物界まで侵食するようになっていた。SS（親衛隊）の鍵は植物の「カリン」、ロンメルからベルリンへの報告の鍵は鳥の「ズアオアトリ」、ロシア戦線の国防軍の鍵は同じく鳥の「ハゲワシ」というようにだ。いくつかの鍵は適切な防御措置がなされていたので、ブレッチリーは無力だった。Uボートの鍵は「サメ」システムと呼ばれたが、一九四二年二月、三月の数日を除いてはまったく手つかずだった。しかし、その隙間を除けばドイツ軍の無線通信は、少なくともブレッチリーの頭脳集団にとっては秘密のないシステムになっていた。

　これは、謎と難問がイギリスの戦争全体を覆っていることを意味した。イギリスの戦争に関する公式文書はすべて捏造され、偽りの姿を見せなければならなかった。マッグリッジの理解するところ、その偽りの姿では、「かつてのやり方」[4・52]、

> たとえば、エージェントの設置、情報提供者の買収、見えないインクを使った通信文の発送、仮装、秘密通信、ゴミ箱漁りなどのすべてが、主としてこの別の情報源を秘匿するための隠蔽工作だった。ちょうど、密かにポルノグラフィや猥褻本を売って儲けられるように古書販売という旧来の商売を続けさせるようなことだったのかもしれない。

一貫して真の秘密兵器であったものは、強いられれば必要な技術革新を場当たり的に取り入れる英国式運営体制だった。その柔軟性なしには、どんな数学的、言語学的才能もなんの役にも立たなかっただろう。ここではおそらく、父たる大英帝国の習慣が勝利したのだろう。実際、労働組合出身の政治家A・V・アレグザンダーは、チャーチルを支持して海軍大臣となるが暗号解読は言うに及ばず、海軍の諜報活動について一切知らされなかった。しかし他方、階層化された英国体制上層部の特徴は、相互に監督し意思疎通を可能にする信頼が存在していたことだった。準備不足の英国政府に委ねるべきことについて、何が最重要、最先端の成果であるかに関してあらゆる階層ごとに対立が生じていた。しかし、そのような対立は、規則が暗黙に了解され、法律や強制を必要としない、いわば身内の出来事だった。アラン・チューリングは、この英国式体制以外で生き抜くことはできなかっただろう。ドイツの監視と裏切りに満ちたシステムでは間違いなく無理で、アメリカの方式でも無理だったかもしれない。彼自身がチームワークができる人ではなく、一人で何かをきちんとすることのほうをつねに好んでいた。しかし、英国の体制は彼を、シャーボーン校の校長によるかつての言い方では、第六年次生としては「際立って」優秀だった数学頭脳として利用することができた。

責任ある立場の人にとっては、アランの努力の成果は、バートランド・ラッセルに劣らない難しい論理的な問題を提示した。誰が何を知るべきか、誰が、その人びとが知っていることを知るべきか。組織の構造がまったく異なるアメリカとの連携は問題の一部にすぎなかった。ほかにも、自治領の裏切り、自由軍、さらロシア人問題があった。暗号関係資料の奪取は、どうしても必要でないかぎり避けなければならず、さらに解読を「教え込まれた」人たちが敵の手に落ちることもあってはならなかった。そして何よりも、作戦の成功が敵に手の内を見せてしまうかもしれないということを事前にわからせるために、納得させる説明方法を準備しなければならなかった。しかし、奇妙なことが進行していることを知らせないまま、どうしたら説得できるのか、情報をもっていることを知らせずにその情報をどうやって使えというのだろうか。

不可能だ。絶え間なく続くブレッチリーの数々の成功は、ドイツ当局が暗号の実情を疑問視せず、安全だと信じようとしている事実に依存していた。いわば軍事的なゲーデルの定理であり、体系的な惰性からドイツ指導部は自分のシステムを客観視できなくなっていたのだ。さらにまた「知る必要がある」という原則は、完全かつ整合的な論理的体系のように機能しなかった。ケンブリッジ、そしてシャーボーン校でも、人びとはブレッチリーで行なわれている仕事の真実を推測した。一九四一年、『デイリー・ミラー』紙は「スパイがナチの暗号を盗聴」と題する記事[4・53]を掲載している。その内容は、「空中のモールス信号を受信している」アマチュア無線家を誇り高くあつかうものだった。記事では「暗号の専門家」の手を使って、「彼らはわれわれの情報活動にとって非常に重要な通信文を作り出しているだろう」、「有用な情報を提供できたことを伝える本部からの感謝状だけが、私たちが求める報酬である」と無線スパイ自身が述べていた。さらに重要なことに、このチェス盤の別のところでは、赤の女王の提案で、ソビエト当局もエニグマの解読文を利用することが許されていた。しかし、隠蔽体制全体は一つにまとまっていた。

信号が行き交う様は、まさに「ポルノグラフィと猥褻本の活況を呈する産業」のようだった。といっても、問題なのは、個別の事実、あるいは物を隠すことではなく、関係する話題全体をちょうど「猥談」のように議論の対象としないでおくことだった。言及できないことについての根深い恐怖と困惑が、個別の規則ではなく、ブレッチリーの作業に依存するすべての活動を支配していた。だからこそ、すべてがうまく行ったのだが、アランは極端な立場に置かれた。数学者であるというだけで難しかった。数学は、教養ある人ですら何も知らず、何かすらわからず、さらに、知らないことが自慢になるような恐ろしい科目だった。彼の性的傾向も、よくてせいぜい、似たような慇懃な態度を招いたろう。いやむしろ、悪、悲劇、病気を連想させるものだったかもしれない。何にもまして、それは、社会がいぜんとして沈黙を要求することだった。その沈黙は、アランにとっては不安な欺瞞のゲームに等しく、彼は見せかけを著しく嫌っていた。しかし、政府暗号学校を管理する主任顧問としての立場から、さらにまた別の模倣ゲーム、つまり、公式にはまったく存在しない仕事をする世界の中心で生活していた。いまや、アランの生活には、チェスとモミの実以外に話題にできることはほとんど何もなくなっていた。

日常生活のさまざまな断片はそのまま続いた。ときおり、友人のデイヴィッド・チャンパーノウンに会った。チャンパーノウン自身は当時、航空機製造省にいたが、もちろんお互い自分たちの仕事については話さない。アラン自身は、ボブの将来を心配し、とくに、ケンブリッジの奨学金試験を気にしていた。ボブは、ラテン語を詰め込んで受験したが、ふつうの順位程度にしか届かなかった。この状況では、それでもたいしたものだったが、ボブは、自分が抽象的な観念を理解する力がないとアランを落胆させたのではないかと感じた。アランはボブをケンブリッジに入学させる経済的余裕がなかったので、ボブは一九四二年の秋、マンチェスター大学の合成化学コースを受講することにして、クエーカー教のフレンズミーティングハウスでボイラー係の仕事をしながら生活費を稼いだ。

ボブは鋭い観察力で、アラン、「チャンプ」、フレッド・クレイトンがチームを組んで一緒に情報機関で働いていると推測していた。チャンプとクレイトンははずれだが、アランについては当たりだ。ただし、ボブが知っていたことは、アランがブレッチリーパークで働いているということだけであり、ほかの人たちも同様に、二と二を足せばどうなるか程度は理解できた。ジョン・チューリングは、エジプト従軍中、上司の弟が同じ町で働いていることを知り、暗号に関係ある仕事だろうと上司と推測した。チューリング夫人も正しく推測した。彼女は一九三六年の「可能なかぎり最も一般的な種類のコードまたは暗号」に関するアランの手紙を覚えており、かつ「外務省」で働いていることを知っていたからだ。彼女は、再びアランに任務が与えられて喜んだが、軍隊式の散髪が強制されていないことにがっかりしたかもしれない。アランに宛てて書いた長い手紙は、ときどき読まれずに第八兵舎の紙屑籠へ捨てられた。アランはピーター・ヒルトンに、「ああ、母親は大丈夫だよ」と言っていた。チューリング夫人は一九四一年の秋にアランを訪ねている。そのとき、彼は自分の大事な仕事をほのめかすヒントとして、「約一〇〇人の女性」が彼の下で一緒に働いていると言ったのだが、母親どころかほかの誰もそれがどれほど重要な仕事なのか理解できなかった。そんなことはとうてい不可能だろう。情報処理システムという概念、すなわち発達した産業大国という組織に匹敵するシステムは、やっと登場したばかりだったのだから。

どちらが正常で、どちらが異常なのか。どちらが現実で、どちらが幻想なのか。一九三八年に純粋数学の学徒だった者は、今やチェス盤上の驚くべき位置に彷徨い込んで、その頭脳は考えごとに専念し、その頭脳にヨーロッパの戦いがかかっていた。シェークスピアの「テンペスト」で、ミランダが「すばらしき新世界」を見たのはチェスをしていたときだ。そして、専門家が頑固者たちを困惑させ、今風の調べを奏でることを強いたのは、まさにこの組織においてだった。その奴隷たちのはるか頭上で、英国民のはるか頭上で、秘密の技術家集団が知能をもつ機械のように仕事をしていた。中心にいたのが、その機械に命を吹き込んで成長を担うアルファプラスの頭脳だ。しかし、可哀そうなアルファ、自分で考えるという能力が悩みの原因となり、自ら作り出したものによって弾き出されようとしていた。

破られたエニグマとフィッシュの二つのシステムはかろうじて解読可能なものであり、優秀な頭脳と近代科学の資源を限界まで使いきっていた。そしてまた、幸運と突然のすばらしい観察結果に依存していた。一〇月三〇日、さらにまた幸運が一つ、すなわち、ポートサイド沖でのU559拿捕によって、ついにブレッチリーは大西洋の空白部分を解明する鍵を手にいれた。ちょうどアランが大西洋を渡ろうと準備していたそのとき。純然たる偶然という要素は、一九三〇年代の「過去の人びと」を振り払う若い意志によって増幅され、イギリスという国家にすばらしい新要素を埋め込んだ。今やチャーチルは、戦争を支配する中心にいて、言及すべからざるある部門に、全面的に依存することになった。そこでは、めいめい自分のしていることしか知らず、欺くことが第二の本性となっていた。ブレッチリーパークの外にある建物での初期の諸発見に始まり、さまざまな帰結が爆発して、沈黙のうちに軍事的、政治的組織のなかで一段階ずつレベルを上りながら広がっていった。これは論理的な連鎖反応であり、その余波を考える時間や、それを望む人は誰もいなかった。

　モンゴメリー将軍は、つねに彼の軍隊を「全体像のなか」においていた。実は、あまりに多くの超現代的な全体像をつい漏らしてしまい、チャーチルの叱責を受けざるをえなかった。しかし、その全体像がモンゴメリーの計画に効果的に統合されて、彼の軍隊はついにドイツのアフリカ軍団を負かした。その勝利は、開戦三年目にしてはじめてドイツの軍隊に対して収めた決定的勝利だった。一九四二年一一月六日、アレグザンダー将軍は「鐘を鳴らせ」という信号を発信した。イギリスのエジプト占領は維持され、その傀儡政権は救われ、ドイツの中東挟撃作戦の南側は崩壊した。そして、一一月八日、連合国軍は、完全に意表をついてモロッコとアルジェリアに上陸。計画と情報を調整して戦ったはじめての勝利だった。アメリカがついに旧世界に戻ってきた。イギリスにとっての驚きは、ヴィシー政権側にいた親ナチ、ダルランを相手にしたことだ。しかしもちろんイギリスは不平を言えない。なぜなら、すでに大義は手渡されていたのだから。

　アラン・チューリングは、一一月七日にエリザベス女王号に乗船した[4・54]。この改装された巨艦がアメリカに向け、戦闘機の護衛を受けずに迂回しながら航行していた最中、チャーチルは「私、すなわち国王の筆頭大臣は、大英帝国の解体を指揮するつもりはない」と説明していた。チャーチルはまた、今は、始まりの最後であるとも述べた。しかし、最大の金の卵を生んだ鵞鳥にとって、すでに、終わりの始まりだった。

*1　ケンブリッジのダウニングカレッジで数学のリサーチ・フェローをしていたJ・R・ジェフリーズは、一九四一年の初めに結核にかかり、その後、死亡した。

*2　当時、「radio（無線）」はアメリカの用語だったが、今後の記述との一貫性をもたせるために、ここでは「radio（無線）」という用語を使った。イギリス人は「無線」のことを「ワイヤレス（wireless）」、あるいはより正確に「ワイヤレス・テレグラム（wireless telegraph）」と呼んでいる。ルーズベルトの一九三六年再選時、アランはプリンストンからの手紙にこう書いた「あらゆる結果はワイヤレス（こちらの人たちはラジオと言います）を通して刻一刻と明らかになっています。僕がいろんな結果を知る方法は、まず寝て、翌朝の朝刊を読むことです」。〔訳注：原著者は、ここで「無線」と訳した原語がradioという単語であることについて説明している。以下においてはすべて「無線」という訳語をあててある。〕

*3　複雑で混乱するが以下の説明になんら影響はない。

*4　リングをつけるとやっかいで複雑になり、残念なことに、ポーランド人が実現したことを解明しなければならなかった。これ以後、まったく使われていない。

*5　すなわち、$\frac{26!}{7!12!2^7}$である。

*6　すなわち、$\frac{26!}{10!6!2^{10}}$である。実際には、文字対が一一組あると、組み合わせはやや多くなる。ただし、それはたいしたことではない。一二組とか一三組であるとむしろ減る。

*7　すなわち、26!である。これもまた、エニグマ一台のそれぞれのローターに対して可能な配線の数である。

*8　ループを検知する可能性に関する疑問を提起し、確率論と組み合わせ数学によって表現することも可能であろう。これらの数学への挑戦は、アランが、いやケンブリッジの数学者ならば誰でもよいのだが、得意とするところであった。この人工的な例に示されるように、一つの「単語」のなかでループがみつかることもあるが、実際には、解読者はもっと長い「クリブ」文字列から文字を選ばなければならなかった。さらにまた、一つのループでは十分でなく、あまりに多くのローター位置が偶然、整合（性条件を満た）してしまうこともある。三つのループが必要な場合もあるが、それはさらに理不尽な課題だった。

*9　しかし、ボンブは普遍的チューリング機械となんの関係もない。たしかに、特定のインジケーターシステムに対して機能したポーランドのボンブよりは一般的だったが、それ以外の点ではエニグマの配線に特有のものであり、絶対的に正確なクリブを必要としたことから、普遍性について劣らないはずはなかった。

*10　ウェルチマンの最初の仕事は複数の異なる鍵の体系を分類整理することであり、色を使って名前をつける方法を着想した。「レッド」はドイツ空軍の汎用システムであり、「グリーン」はドイツ国防軍の国内管理用だった。

これらは初期には破られたものの、結局、「グリーン」は、エニグマが正しく使用されているがゆえに、ほとんど完全に破られない一例となった。

*11 ノックスの仕事は、一九四一年三月のマタパンの海戦で直接的に報われた。

*12 文字どおりに、後世の言い方によると、ソフトなウェアのことである。

*13 「イエロー」はノルウェーで使用された一時的な部門間システムを意味していた。

*14 彼らは、ドイツ人占領者たちが、エニグマの解読が首尾よく開始されたという情報をフランスの情報網から得ていることを危惧したと十分に考えられる。しかし、このような事実があったことは今まで一切明らかにされておらず、発見されてもいない。

*15 ほんとうは田舎の教区牧師の娘ではない。ギルフォードの人びとが思っていたことだ。

*16 ただし、非常に素朴なプレーヤーでなければ、誰でもこれよりもうまくやることができ、相手特有の弱点を利用するプレーができるだろう。

*17 より厳密には、いかなる「ゼロサム」ゲームにおいてもこの定理は成り立つ。ゼロサムゲームとは、一人のプレーヤーの損失は必ず相手のプレーヤーの利得になるようなゲームのこと。

*18 ポーカー（事実、完全に数学的な分析をしようとするとはるかに複雑すぎるが）ほど複雑ではない、「グー・チョキ・パー」のジャンケンがこの考え方のよい例となる。このゲームでは、両プレーヤーにとっての最良の戦略は「混合」戦略である。すなわち、無作為に、等確率で三つの選択肢を選ぶ戦略である。なぜならば、明らかに一人のプレーヤーが無作為でなくなると、もう一人は優位に立つために作為性を利用できるからである。

*19 インド洋のような海でドイツ船が使ったForeignという名前の暗号システムは、まったく破られなかった。さらにHomeという暗号システムは、もはや、地中海上の船の通信をあつかっていなかった。一九四一年四月から、これらのシステムは翌年のために、解読を免れたまま新しいシステムに引き継がれた。

*20 ほかの段階の作業過程で使用されるパンチカード機械の仕事をする部署のこと。

*21 アフリカで使用された空軍用解読鍵システム。

*22 偶然現われたものを排除するために、ボンブが止まった位置を調べるために照らし合わせること。

*23 三月一四日の「クリブ」は、「解読された」国内用鍵システムとUボートシステムの両方を使って送られた特別な通信文からきたもので、デーニッツが海軍大佐の地位に昇進したという明らかに重要なニュースを告げていた。

*24 図で示すように、彼らはテープを左から右に向けて読むものだと考え、五つの「行」があると考えた。これは現在では通常の用語法ではないが、整合性を維持するためにこの用語法を一貫して使用することにする。

*25 ほかのタイプのテレタイプ暗号機械システムは解読されないままだった。

＊26　テストとはなんの関係もないが、部署の責任者の名前をとって、メイジャー・テスターと呼ばれた。

原注

以下の原注は、本書において述べた内容の出典に関する完全なリストを提供することは意図していない。その内容は、（1）直接に引用した場合の出典、（2）本文中で参照した文書、刊行物類の特定、（3）アラン・チューリング（以下AMT）に関する第一次情報を含む既知の文書の比較的完全なリスト、（4）本書があつかう期間の外で議論を要する典拠に関わる記述などの諸点にかぎられている。本文中で完全に特定されている出典については注釈していない。また、（キングズカレッジのアーカイブが所蔵するかぎりの）AMTの実家に宛てた手紙について、すべて厳密な特定を要するとは考えなかった。私は、面談から得られた資料を示す「プライベートなコミュニケーション」という学術的な注釈方法を採用しなかった。このようなことをしても、役に立つ情報が付加されるとは思われない。また、いずれにせよ読者は、歴史について新たな文献資料を提供できる報道者として私のことを信用するしかないからである。以下の原注は、不十分な文献一覧とならざるをえない。AMTの業績をめぐる文献に関する十分な議論をすることは、本書の守備範囲をはるかに越えるものである。同様のことが「関連諸文献」についてもいえるが、この点については、*Mathematics Today*（ed. L. A. Steen, Springer Verlag, 1978）を例外としている。

原注においては、次の略称を一貫して使用する。

EST　母による自伝。Sara Turing, *Alan M. Turing*（Heffers Cambridge, 1959）.

KCC　ケンブリッジ大学のキングズカレッジが所蔵するAMTに関する書簡等のアーカイブ。

〔以下には、原著における"Notes"を原著者の意図を勘案して、学術的に完全な注釈というよりは、読者がもつ疑問を解消するための助けとなる方向で訳出し、本巻所収の第4章までのものを掲載している。翻訳のある出典については可能なかぎり訳書を提示したが、一般書店で容易に入手できるものは多くはない。原典のうち二〇一四年一二月段階でインターネットに電子的形態の複製を確認できたものについては、確認した際のURLを付記してある。訳者〕

1　集団の精神

［1・1］「チューリング家賛歌」（*The Lay of Turing*）が、一八五〇年ごろ、ノッティンガム主教でありかつ第七代子爵の義理の息子であったヘンリー・マケンジー師によって作

られている。あまりにひどい韻文である。家系は、バークによる男爵記にあまり情熱的とはいえない文体で詳述されている。

［1・2］　H・D・チューリングの娘、ペネロープ（Penelope）・チューリングは、自伝 *Lance Free*（Joseph, 1968）を著している。

［1・3］　ジュリアス・チューリングの従軍記録はロンドンのインド局図書館に存在する。

［1・4］　ストーニー家の家系は、バークによる『アイルランド家族記録』で述べられている。

［1・5］　*The Road to Wigan Pier*, Part Two,（Gollancz, 1937）.〔訳注：『ウィガン波止場への道』ちくま学芸文庫、一九九六、土屋宏之・上野勇訳、ほか訳書複数〕

［1・6］未刊の自伝 *The Half Was Not Told Me* で述べられている。

［1・7］　ESTのなかで、AMTの死後にチューリング夫人に宛てられた手紙から引用されている。

［1・8］　最初の版のタイトルは、*A Child's Guide to Living Things*（Doubleday, Page & Co., New York, 1912）である。〔訳注：タイトル表示など若干異なるが、http://ia902304.us.archive.org/7/items/guidetolivingthi00brew/guidetolivingthi00brew.pdf〕

［1・9］　チューリング夫人はAMTがヘイゼルハーストから出した手紙を一六通、シャーボーンから出した手紙を六通KCCに寄託している。これらのうち、最初の二通は、ここで引用したように、実際には「一九二三年」という年号が付されていないが、チューリング夫人は自分の注釈のなかでそのように推測しており、それは、ヘイゼルハーストでは、日曜日が手紙を書く日になっていたことと整合的であり、実際そうであったように思われる。

［1・10］　原注［1・6］と同じ。

［1・11］　ESTにおけるチューリング夫人自身の言葉。

［1・12］　A.B. Gourlay, *A History of Sherborne School*（Sawtells, Sherborne, 1971）.〔訳注：http://oldshirburnian.org.uk/wp-content/uploads/2014/03/A-History-of-Sherborne-School-resized.pdf〕

［1・13］　*The Western Gazette*, 14 May 1926.

［1・14］　Alec Waugh, *The Loom of Youth*（Richards Press, 1917）. 著者アレック・ウォーは一九一一年から一九一五年の間シャーボーン校に在学した。〔訳注：http://archive.org/stream/theloomofyouth18863gut/18863.txt〕

［1・15］　Nowell Charles Smith, *Members of One Another*（Chapman & Hall, 1913）. 本書は一九一一年から一九一三年にわたる説教を集めたものである。第一次世界大戦より前のものを引用することにはやや時代錯誤があるかもしれないが、すべての点を考慮したうえで、一九二六年においてもほとんど変化はなかった。

［1・16］　これ以降においては、AMTの成績報告に関する評言から引用している。これらは、チューリング夫人によってシャーボーン校の図書館に寄贈されている。

［1・17］　D・B・ニールド氏からの一九七八年一二月二三日付の著者宛書簡から引用。

〔1・18〕 A・H・T・ロスは回顧を広範に集めた本 *Their Prime of Life* (Warren & Sons, Winchester, 1956) を編纂している。一九二八年の "House Letter" は、彼の文体、主張を完全に典型的に表わしている。

〔1・19〕 M・H・ブラーニー氏の著者への手紙（一九七八年七月九日）からの引用。

〔1・20〕 原注〔1・12〕と同じ。

〔1・21〕 D・B・エパーソン参事会員からの著者宛の手紙。

〔1・22〕 通俗的な解説は、アインシュタイン自身の著作をR・W・ローソン（R. W. Lawson）が翻訳した *Relativity: The Special and the General Theory* (Methuen, 1920) であった。彼の赤いメモ帳はKCCが所蔵しているが、チューリング夫人は、そのなかのメモが一九二七年のクリスマスに自分のために記されたと述べている。この時点は、当時AMTは自己表現ができなかったという学校の教師たちの一致した見解を考えると驚くほど早すぎる。メモ帳には、一九二八年と一九二九年のカレンダーが末尾に含まれているが、それらがクリスマスには販売されていたと考えられるとしても、この早すぎる日付は、彼がエディントンの本から運動の測地線法則の定式化を得たのが一九二八年にいたってからであったという想定とは整合的ではない。これらのことから私は、作業上の妥協案として、本書におけるこの記述を一九二八年後半という脈絡に置くこととした。このことによって、彼には失礼なことになり、自身の知的な成長とそれに対するシャーボーン校における一般的評価との間の乖離を過小評価することになるかもしれない。一九二九年九月一九日付のクリストファー・モーコムによる手紙に相対論への言及がある以前にはそのほかの証拠は存在していないが、この手紙は、彼ら二人がこの話題についてすでに会話していたかのように読み取れる。また別の補強的な証拠としては、原注〔1・27〕を見よ。この点に関係して、AMTがどのような経緯でアインシュタインとエディントンの本をみつけたかという疑問がある。これは、シャーボーンの図書館員あるいはそのほかの親切な誰かのおかげによるものにちがいない。以上のことから、われわれの知識が時としてきわめて不完全とならざるをえないということを思い知らされる。

〔1・23〕 ここに引用した文章は、AMTがモーコム夫人宛に一九三〇年と一九三一年とに書いた手紙とメモに由来する。

〔1・24〕 この報告書は、シャーボーンにおける成績通知票と一緒に綴られている。チューリング夫人は、それが一九二九年か一九三〇年のものだと注釈しており、私が一九三〇年のものだとしたのは推測にすぎない。

〔1・25〕 A・H・T・ロス（原注〔1・18〕参照）は、別の寮に住む生徒から休日の招待を承諾することの危険について述べている。興味深いことに、一九五四年の春と夏に、この内容を「問題点」と「調子」に関して書いている。その結果、モンターギュ裁判とAMTの死の記事の影響に関する見解と混在することになってしまっている。

〔1・26〕 AMTは、クリストファー・モーコムから受け取った手紙や、そのほかの土産（第2章参照）を持ち続けていた。一九三一年にモーコム夫人はその手紙の複製を作り、

その原本はAMTが一生持ち続けた後、AMTの死後に夫人に返却された。モーコム家は、クリストファーの死の直前、そしてその後にAMTが送った手紙を保存していた。本書は、これら家族に関わる文書のすべてを利用する便宜を図られたルパート・モーコム氏に非常に多くを負っている。

［1・27］　一九二六年五月のいくつかの手紙からこの手紙にいたる期間の書簡はKCCには存在していない。ここでの抜粋要約は、サー・アーサー・エディントン（Sir Arthur Edington）の *The Nature of the Physial World*（Cambridge University Press, 1928）の二一五頁の一節からのものである。この要約は、この時期までにアランがエディントンによる相対論の説明を完全に理解していたことのよい証拠となっている。そしてそれは、彼が量子力学による新しい物質観に関して議論するよりもはるか前のことになる。

2　真理の精神

［2・1］　この手紙は、KCCには存在しない。また別に、この時期にAMTが母親、父親のいずれから受け取った手紙が失われている。ESTによれば、AMTはそれらの手紙も一生取っておいたとのことである。この逸失によって、父と息子との関係に関して手がかりを失ったことになる。チューリング夫人は後に自分の考えを述べることができたが、そこでもほかの意味でもチューリング氏の果たした役割は消し去られている。

［2・2］　A・J・P・アンドルーズからチューリング夫人宛のAMT死後の手紙からの引用。

［2・3］　L・ヌープ少佐からの一九七九年一月二四日付著者宛の手紙。

［2・4］　この時期を含めてAMTの生涯の別のいかなる時期の日記も残っていない。

［2・5］　パトリック・バーンズ氏からの一九七九年二月一二日著者宛の手紙。

［2・6］　これは、一九二二年版の *Mathematical Recreations and Essays*（Macmillan）であった。

［2・7］　アルフレッド・W・ビュッテル（一八八〇—一九六一）の短い伝記の執筆と私費出版をビクター・ビュッテルが一九七一年に委嘱した。タイトルは『リノライトを作った男』（*The Man Who Made Linolite*）であった。

［2・8］　*The Shirburnian*, 36 の二三頁。

［2・9］　ここをはじめとして数カ所で、引用はC・リード *Hilbert*（George Allen & Unwin: Springer Verlag, 1970）を利用した。

［2・10］　原注［3・3］と同じ。

［2・11］　この論文は、*The Proceedings of London Mathematical Society*, Vol.8（1933）に掲載された。チャンパーノウンの結果はいわゆる「正規数」に関するものであり、一九世紀後半から発達してきた実数体系の研究をごく無邪気に応用したものだった。「正規」数とは、十進法で無限小数に展開したときに、一〇種類の桁数字が厳密な意味で均等

かつ一様に分布する数として定義されていた。この段階ですでに、実数が「ランダムに」選ばれたならば、それが「正規」的である確率は一〇〇パーセントであることは知られていたが、「正規数」の具体的な実例は、チャンパーノウンが作るまでは知られていなかった。AMTは後になってこの問題に若干の関心を抱いた。ランダムであることに関する彼の関心とのつながりがあり、さらにまた、計算可能性の概念との類似性があったからだ。つまり、「ランダムに」選ばれた実数が計算不可能である確率は一〇〇パーセントであったが、実際にそのような計算不可能な数の実例を、彼が実際に成功したように作るには相当の努力が必要である。KCCには、「正規数」に関するG・H・ハーディからAMTに宛てた日付不明の手紙が保管されているが、おそらく一九三〇年代後半のものであろう。

［2・12］ これには日付がないが、クロックハウスの用箋に書かれている。したがって、いずれかの訪問の機会に執筆されたものである。ルパート・モーコム氏は、一九三三年より前に書かれたものであると書いているが、手書きの書体はその考えを支持する。私の推測では、一九三三年はマクタガートへの言及には早すぎ、文体は、ケンブリッジにおけるAMTの広範な知的な生活と整合的である。このように考えれば検討から、一九三二年のものであることが示される。しかし、一九二九年以降であれば、AMTはいつでもこのような形で考えることができたことは確実であるので、この断片の日付はそれほど重要なことではない。

［2・13］ ラプラスの『確率に関する随筆』の英語訳（Dover, 1951）から引用した。

［2・14］ "The Shirburnian" に寄せたAMT追悼文のなかでの表現。

［2・15］ ESTのなかで、ジョフリー・オハンロンによる彼女宛の手紙から引用されている。

［2・16］ A.W. Beuttell, 'An Analytical Basis for a Lighting Code', *The Journal of Good Lighting*, January 1934.

［2・17］ W・T・ジョーンズ教授に対しては、一九三七年にAMTが彼に与えた印象を記述するこの文章への注意を喚起していただいたことに感謝している（第3章参照。「わが初期思想」に関するケインズの講演は、一九三八年に彼の死後『二つの回顧』として出版された（Rupert Hart-Davis, 1949）。〔訳注：宮崎義一訳「若き日の信条」『世界の名著　ケインズ／ハロッド』（中央公論社。一九七一）所収）〕

［2・18］『G・ロウズ・ディキンソン自伝』（Dockworth, 1973）は、著者の死後の刊行である。

［2・19］ *New Statesman and Nation*, February 4, 1933（一九三三年二月四日号）この進歩派の雑誌は、ここでは、同性愛について医学モデルを使用している。

［2・20］ J・S・ミル『自由論』（一八五九年）。AMTを「J・S・ミル的な人物」として理解することについては、ロビン・ガンディに負っている。実際のところ私自身は、それよりは実業感覚、競争性が劣るリバタリアンとしてAMTを位置づけようとしていたが、たしかに、このJ・S・ミルの論考にはAMTの態度と信条との接点が数多く

含まれている。

［2・21］『モーリス』は、一九一三年に執筆されていたが、E・M・フォースターが一九七一年に没した後に出版された。

［2・22］この引用した部分は、実際にはショーによって一九四四年に書かれたものであるが、『メトセラへ還れ』へのショー自身の序文の内容を凝縮したものにすぎない。

［2・23］バートランド・ラッセル『数理哲学入門』（George Allen & Unwin, 1919）は、幾何学における問題背景については論じないで、ペアノの公理に意味を与えるという問題から議論を始めている。しかし私は、この議論に全体的なまとまりを与えるために、あえてこの段階でヒルベルトに言及している。

［2・24］この議事録は、ケンブリッジ大学のユニバーシティ・ライブラリに所蔵されている。

［2・25］*The Times*, November 10, 1933. しかし、数学者が政治的に優れた解法を示すことができたとしても、個人としての内容についてはほとんど譲歩してはいなかった。「論理と直観の結合」というこの表現は完璧そのものであり（AMTが一九三八年に序数論理について述べた内容と比較せよ）、実際、当時はゲーデルが演繹論理の限界を明らかにする貢献をなしたばかりのときであった。

［2・26］この課程の基礎となる標準的な研究業績は、ウィタカーとロビンソンによる『観察された数量の解析』（一九二四年）であった。〔訳注：https://archive.org/details/calculusofobserv031400mbp〕

［2・27］Math. Zeitschrift 15（1922）掲載のリンデベルクの論文。

［2・28］AMTは、スケジュールBの試験として六つの上級コースを受けたはずであるが、残念ながら、数学科の記録はそれがどのようなコースであったかを示していないように思われる。

［2・29］AMTのフェロー採用論文「ガウスの誤差関数について」は未刊のままであった。タイプライターで印字された原版はKCCに所蔵されている。

［2・30］原注［2・9］のとおり。

［2・31］ゲーデルの論文の英訳は、論文集 *The Undecidable*, ed. Martin Davis（Raven Press, New York, 1965）所収。

［2・32］これは、ハーディの一九二八年ラウズ・ベル記念講演であり、一九二九年に"Mathematical Proof"と題されて*Mind*に掲載された。

［2・33］AMTのこの論文は、'Equivalence of Left and Right Almost Periodicity', *J. Lond. Math. Soc.* 10（1935）である。

［2・34］J. von Neumann, *Trans. Amer. Math.* Soc. 36（1934）.

［2・35］本書との接点を数多くもつ最近の伝記的研究としては、Steve J. Heims, *John von Neumann and Norbert Wiener*（MIT Press, 1980）。

［2・36］AMTはまた、フォン・ノイマンとも文通していた。KCCには、"My Dear Mr Turing" ではじまり "December 6" と記されているが年号がない、ほかとは別になっているフォン・ノイマンからの手紙が所蔵されている。その内

容は、AMTがフォン・ノイマンに提案した位相群に関する定理に関わるものである。その年はおそらく一九三五年であろう。ファン・ノイマンの手紙が郵便船（mailboat）に言及しているので、一九三六年または一九三七年ではないからである。一九三八年には、AMTの研究上の関心はこの分野から離れている。私は米国議会図書館でフォン・ノイマンの文書を探索したが、この文通についてはこれ以上のことは明らかにできなかった。

［2・37］　ここで引用したAMTの偉大な論文 'On Computable Numbers, with an Application to the Entscheidungsproblem', *Proc. Lond. Math. Soc.* (2), 42 (1937) である。この論文は、原注［2・31］の論文集に収録されている。

［2・38］　AMTはこの段階で、普遍的機械を実際に作るということを考えていたのであろうか。そのことを示す直接的な証拠はまったく存在しないし、論文で記述された設計方法は実践的な配慮にいかなる意味でも影響されてはいない。しかし、*The Times* へ寄せた追悼文の中でニューマンは次のように述べている。「当時の彼が『普遍的』な計算機械について与えた記述は、意図としては完全に理論的なものであったが、あらゆる種類の実際的実験に強い関心をもっていたチューリングは、当時ですら、それらの方針に従って実際に機械を製作する可能性に関心をもっていた」（強調は著者による）。この点について、ニューマンは、ロイヤルソサイエティの回顧録では繰り返してはいない。なぜなら、この回顧録では、実際的な側面はきわめて軽視されていたからである。とはいえ、彼は、記号論理の世界に「紙テープ」を持ち込むことが大胆な革新であったことを論じている。どちらの文章も、AMTの具体性への指向がこの古典的な純粋数学者に対して与えた影響を反映している。しかし、ほかの追悼文寄稿者と同様に、ニューマンもまたAMTの精神の非正統性を強調し、技術の歴史における出来事についてはまったく記録しようとする気がなかった。これ以上のことを論ずることはできない。私個人の意見は、このことへの彼の「関心」は、一九三六年以降つねに彼の心の奥底に存在しており、工学的な技法を学ぼうという意欲のいくばくかはそれに動機づけられていたにちがいないというものである。しかし、そのような趣旨のことを彼は語ることも書くこともなかったので、この疑問は残り想像力を無為に掻き立てるのみである。

3　新しい人びと

［3・1］　A. Church, 'A Note on the Entscheidungsproblem', in *J. Symbolic Logic*, 1 (1936). この論文は、原注［2・31］の論文集に再録されている。一年前に書かれた論文は、'An Unsolvable Problem of Elementary Number Theory', *Amer. J. Math.* 58 (1936) であり、一九三五年四月一九日の講演にもとづくものである。

［3・2］　結局膨大なものとなるプリンストン時代の文通の嚆矢となる手紙である。この時期AMTは、かの地においてほぼ三週間おきで何か書くことを考えついた。一九三一年

から一九三六年までの五年間の学生生活の間については一八通のみをKCCは所蔵しているが、プリンストン時代の二年間については二八通である。これほどの頻度が後に取り戻されることはなかった。人生の残りの一六年間を通じて、実家への手紙はあわせても九通のみである。

〔3・3〕 G.H. Hardy, *A Mathematician's Apology* (Cambridge University Press, 1940).〔訳注：『ある数学者の生涯と弁明』シュプリンガーフェアラーク東京、一九九四、柳生孝昭訳〕

〔3・4〕 チューリング夫人が自ら伝記を書くことになったとき、AMTの状況については、ほかのところにいたときに比べてプリンストン時代について一番よく知っていることに気づいた。夫人は、概してこの手紙から書き写して著述しているが、KCC所蔵の手紙には由来しない逸話を一つ追加している。「アランは、デモクラシーが満開となっていることとの覚悟はできていたが、町で商売する人びとのなれなれしさには驚いた。極端な例として、洗濯物の配達人が、アランの依頼に対してどう対処するかを説明しながら、アランの肩に手をまわしたことを挙げている。『こんなことはイングランドではまったく信じられません』」。おそらく、アランの説明に「あら、まあ！」と思わせるものがあり、チューリング夫人の商売人に関する考え方とそぐわなかったからであろう。

〔3・5〕 一九三七年二月一一日と同年三月一五日付のショルツからの二通の葉書がKCCに所蔵されている。

〔3・6〕「ゲーム理論と数理経済学」へのフォン・ノイマンの貢献に関するH・W・クーン (Kuhn) とA・W・タッカー (Tucker) による概観 (*Bull. Amer. Math. Soc.* 64 (1958)) で引用されている内容である。

〔3・7〕 原注〔2・31〕の論文集で死後に刊行。

〔3・8〕 ポストの論文は、原注〔2・31〕の論文集に再録されている。

〔3・9〕 A・V・マーティン博士からの著者宛一九七八年一月二六日付の手紙。

〔3・10〕 原注〔8・67〕と同じ。

〔3・11〕 この短い論理学の論文は、*J. Symbolic Logic*, 2 (1937) で発表されている。もう一つの群論の論文は、*Ann. Math.* (Princeton) 39 (1938) においてである。ベーアの研究に関係するものは、*Compositio Math.* 5 (1938) で刊行されている。

〔3・12〕 フォン・ノイマンの手紙の複製がプリンストン大学数学科のAMTのファイルに保存されている。AMTに関する正式の推薦状は、ケンブリッジ大学の学長から六月二五日に届いた。

〔3・13〕 一九三七年九月二四日付ベルナイスからAMT宛の手紙が一通KCCに所蔵されている。AMTの訂正メモは、*Proc. Lond. Math. Soc.* (2) 43 (1937) に掲載された。普遍的機械の仕様にはほかにも間違いや不整合があったが、その一部は、ポストによって一九四七年の書簡で修整されている（原注〔2・31〕の論文集に再録されている）。

〔3・14〕 *J. Symbolic Logic*, 2 (1937).

〔3・15〕 原注〔2・31〕の論文集七四頁の記述のとおり。

［3・16］ J.B. Rosser, *J. Symbolic Logic* 2（1937）.

［3・17］ KCCが所蔵するA・E・インガムからの一九三七年六月一日付の手紙からの引用。

［3・18］ 以下の記述は、H.H. Edwards, *Riemann's Zeta Function*（Academic Press, New York, 1974）に大幅に依拠している。同書はまた、AMTの貢献についても議論している。

［3・19］ S. Skewes, *J. Lond. Math. Soc.* 8（1933）. KCCにはスキューズからの一九三七年一二月九日付の手紙が一通所蔵され、そこには、AMTの着想への関心を示す短い表現が存在する。

［3・20］ A.G.D. Watson, 'Mathematics and its Foundations', *Mind* 47（1937）.

［3・21］ AMTは正しかった。ジェラルド・ビュッテルは、戦争中、閉じた小空間内部における光の散乱を測定することによって視界を推定するための器具の設計について重要な貢献をした（*J. Scientific Instruments*, 26（1949））。彼は一九四五年初頭、北部大西洋で気象観測のための偵察飛行中に亡くなった。

［3・22］ 一九七七年一二月一七日付のM・マクファイル博士からの著者宛の手紙。

［3・23］ これは一九六〇年まで使用され、そのあと、デジタルコンピュータで補強された。現在では、リバプール市博物館で見ることができる。

［3・24］ E・C・ティッチマーシュからの手紙。KCC所蔵。

［3・25］ 博士学位論文の原典はプリンストン大学の数学図書館に所蔵されている。この論文は、'Systems of Logic based on Ordinals'として*Proc. Lond. Math. Soc.*（2）, e. 45（1939）で公刊され、原注［2・31］の論文集所収。

［3・26］ 一九七九年四月一六日付S・ウラム教授から著者宛の手紙。

［3・27］ C. Andrew, 'The British Secret Service and Anglo-Soviet Relations in the 1920s, Part I', *The Historical Journal*, 20（1977）.

［3・28］ Hinsley I（原注［3・31］を参照）の一〇頁。

［3・29］ Hinsley I の二〇頁。

［3・30］ 政府暗号学校に関係する行政文書ファイルは、公文書館に所蔵されFO366と付番されている。

［3・31］ F.H. Hinsley *et al.*, *British Intelligence in the Second World War*, Volume I（1979）, Volume II（1981）. 同書は王立文書局（HMSO。一九九六年以降は民営化されてTSOとなっている）によって公式戦史として刊行。

［3・32］ FO 366/978.

［3・33］ Hinsley I の五四頁。

［3・34］ 原注［3・27］と同じ。

［3・35］ Hinsley I の五三頁。

［3・36］ Hinsley I の五四頁。

［3・37］ ケンブリッジ大学数学科の記録から。

［3・38］ 百科事典の一部は一九三九年一二月に刊行されたが、ショルツによるAMTへの言及を含む数学の基礎に関する部分は、一九五二年八月まで刊行を待たなければならなかった。

［3・39］講義に参加したそのほかの出席者のノートを基に編集された講義録が、*Wittgenstein's Lectures on the Foundations of Mathematics, Cambridge 1939*, ed. Cora Diamond (Harvester Press, 1976)〔訳注：大谷弘・古田徹也訳『ウィトゲンシュタインの講義 数学の基礎篇 ケンブリッジ 1939年』（講談社学術文庫、二〇一五）〕として刊行されている。引用した会話は、第二一回、第二二回の講義に由来するものである。AMTの発言をそのまま記録したうち最も長いものが彼の関心事に核心的ではない議論に関するものであり、また、本領を発揮できない場面であったことは残念である。AMTは、ある時点ではウィトゲンシュタインをやりこめたという印象を与えたがったが、それが事実であったとしても、この講義録にその証拠をみつけることはできない。実際のところ、AMTは奇妙な遠慮を示している。つまり、数学において「規則」とは何かという議論が長く続いていたにもかかわらず、彼はチューリング機械にもとづく定義を一度も与えようとしていないのである。

［3・40］これはKCCに所蔵されており、それをA・M・コーエンとM・J・E・メイヒューが訂正し、完成したものが*Proc. Lond. Math. Soc.* (3) に発表されている。AMTの方法を利用して彼らは、「スキューズ数」を一〇の一〇乗の五二九・七乗まで減らしている。しかし、一九六六年に、R・S・レーマンは、別の方法を使って、その限界を比較してきわめて小さい1.65×10^{1165}まで減らすことができた。

［3・41］'A Method for the Calculation of the Zeta-function'は、一九四三年になってようやく*Proc. Lond. Math. Soc.* (2) 48で公刊された。

［3・42］チューリング夫人が作成し、KCCに保管されている手紙の一部の複製から引用している。私の推測は、暗号生成器として提案されたこの機械への言及が、秘密保持違反になるかわからなかったので、彼女が削除したというものである。

［3・43］ロイヤルソサイエティの評議会議事録。

［3・44］この青焼き写真は、'D.C.M.'のイニシャルが記されており、KCCに所蔵されている。

［3・45］Hinsley I の五一頁。

4 リレー競争

［4・1］手紙とFO/366/1059の名簿である。名簿からそれ以上のAMTとの関係は一切わからない。

［4・2］M. Muggeridge, *The Infernal Grove* (Collins, 1973).

［4・3］H・F・ゲインズ『初級暗号解析』(*Elementary Crytanalysis*, 1939) が傑出している。一九七〇年の末にやっと、現代に特有な暗号システムを技術的に真剣に論じたものが現われはじめた。

［4・4］私はワシントンの国立文書館員の方々に対して、この資料に私の注意を向けていただことについて感謝している。一九四〇年末、ドイツの仮装巡洋艦コメットは英国の

商船を捕獲して、この暗号関係資料を入手した。それはドイツの文書資料となって、それが戦後に捕獲されたものである。

［4・5］ J. Garlinski, *Intercept* (Dent, 1979) への付録には、ポーランドにおけるエニグマ解読研究の説明が含まれている。さらに充実した記述は、*Annals of the History of Computing* 3 (1981) 掲載の M. Rejewski, 'How Polish Mathematicians Deciphered the Enigma' である。この論文は決定的な解説であり、先行する議論や憶測の大半に決着をつけるものであるように思われる。

［4・6］ Hinsley I の四九〇頁。それ自身は、当時のポーランドの主張からの引用である。

［4・7］ Hinsley I の四九二頁

［4・8］ R・V・ジョーンズ教授から著者宛の一九七八年二月七日付の手紙による。同教授の *Most Secret War* (Hamish Hamilton, 1978) の一節について敷衍していただいている。

［4・9］ 以下のボンブに関する説明は、ゴードン・ウェルチマンの *The Hut Six Story* (McGraw Hill, New York; Allen Lane, London, 1982) の簡略版である。ウェルチマンによる以下の指摘はここに再録する価値がある。「この忙しい日々の間、われわれは誰が何をやるべきかなどということはほとんど考えなかった」。AMTはそんなことを考えるはずもなかったが、彼自身はウェルチマンの着想が最も重要であったと語っていた。着想の先行性や独創性を確定することは、公開の研究でも困難であるが、四〇年にわたって秘匿されてきた着想について検討する場合にはなおさらである。同様の困難にさらされているこの部分あるいは別の部分において真実から逸脱する度合いがそれほどでないことを期待する。さらに重要な点は、戦前の暗号学は秘匿によって化石化し、孤立していたので、この話題について現代数学者が関心をもったとたんに変容してしまった。

［4・10］ Hinsley I の四九三頁。B. Johnson, *The Secret War* (BBC, London, 1978) における説明ではバートランド将軍が生前にBBCの調査担当者に述べた言明に従って、AMTは「政府使節」であったとしている。それはありそうもないと思われる。なぜならば、彼は、シートに関してではなく、ボンブに関する研究をしていたからである。シートは、「教授タイプの人」にふさわしい仕事ではなかった。しかし、そうであった可能性もある。私はいずれかを決めるこれ以上の証拠をみつけられなかった。ESTは、AMTが海外に派遣され、書類の件で手違いが生じ、「数フランの金」で一日生活しなければならなかったという逸話を語っているが、この話は、第5章に述べる一九四五年の出来事に該当している。

［4・11］ P. Beesly, *Very Special Intelligence* (Hamish Hamilton, 1977). これは、海軍本部側から捉えた話を描いている。

［4・12］ Hinsley I の一〇三頁。

［4・13］ Hinsley I の三三六頁。

［4・14］ Hinsley I の一六三頁。

［4・15］ F.W. Winterbotham, *The Ultra Secret*, (Weidenfeld & Nicolson, 1974). これは、秘密情報機関側の見方を述べている。

［4・16］ 原注［4・11］と同じくP. Beeslyから。

［4・17］ Hinsley I の一〇九頁。

［4・18］ Hinsley I の一四四頁。

［4・19］ Hinsley I の三三六頁。

［4・20］ *Biometrika* 66（1979）所載のI.J. Good, 'Studies in the History of Probability and Statistics XXXVII. A.M. Turing's Statistical Work in World War II'を、AMTの発想に関する本書の記述はていねいに辿っている。これ以上の詳細は、M・レジェフスキー（原注［4・5］）による論文に付されたグッドの注釈に述べられている。

［4・21］ 国立物理学研究所におけるI・J・グッドの一九七六年の講演からの引用。この講演は、若干改訂されたのち数か所で公表されている。そのうち最も容易に利用できるものは、*A History of Computing in the Twentieth Century*, eds N. Metropolis, J. Howlett and G. C. Rota（Academic Press, New York, 1980）という誤解を招く標題をもつ論文集に収録の'Pioneering Work on Computers at Bletchley'という論文である。〔訳注：二〇一五年現在では、http://dx.doi.org/10.1080/0161-117991853855 あるいは http://doi.ieeecomputersociety.org/10.1109/MAHC.1979.10011 からアクセスが容易。〕

［4・22］ 原注［4・11］におけるビーズリーからの引用。ただし、この捕獲が計画されたものであり、偶然ではないと述べることについてはヒンズリーに従っている。

［4・23］ 当時、英語に翻訳された通信文であり、膨大な量のPRO file DEFE 3/1の冒頭数ページから引用している。

［4・24］ Hinsley I の三三七頁。

［4・25］ 原注［4・11］と同じ。Beeslyの五七頁および九七頁。

［4・26］ Hinsley I の二七三頁〜二七四頁。

［4・27］ ESTからの引用。そこでアランは、（おそらく政府暗号学校勤務ゆえに）匿名で、後に「信頼に足る友人」となる同僚として登場する。この記述は、一九五二年の出来事に対するチューリング夫人の唯一の譲歩である。

［4・28］ Hinsley I の二九六頁。

［4・29］ R. Lewin, *Ultra Goes to War*（Hutchinson, 1978）の一八三頁。

［4・30］ D・G・チャンパーノウンによるピグーの追悼文（*Roy. Stats. J.* A122（1959）所載）。

［4・31］ 原注［4・2］と同じ。

［4・32］ Dorothy Sayers, *The Mind of the Maker*（Methuen, 1941）. AMTは、一九四一年の戦争が始まってから最初の母宛の手紙で「ここに来たら、読むべきだ」と述べている。引用した一節は、彼自身が一九四八年に、引用しているものである（第6章参照）。

［4・33］ プリンストン大学の記録によれば、一九三七年三月一九日にフォン・ノイマンはポーカー・ゲームに関する一般向け講演を行なっている。間違いなくAMTは出席したであろう。ジャック・グッドとの議論のなかで、彼は、自分のチェスのプログラムとゲーム理論を関連づけることはなかったし、計算可能数論文における機械とも関連づけることはなかった。しかし私は、AMTが自分の「機械」に

ついて忘れることがなかったように、ゲーム理論の概要については理解していたと考えてきた。また私がゲーム理論に紙幅を割いたことには別の理由もある。AMTが、後になってゲーム理論に関心を示したことは確実であり、しばしば日常において戦略的なさまざまな事例を指摘していたからである。

［4・34］　AMTのニューマン宛手紙。KCC所蔵。日付はないが、いくつかの出来事への言及からその日付を決めることができる。

［4・35］　このエッセイ'The Reform of Mathematical Notation and Phraseology'は未刊のままである。タイプ草稿は、そのほかのタイプ理論に関する未刊の研究成果とともにKCCに所蔵されている。R.O. Gandy, 'The Simple Theory of Types', *Logic Colloquium 1976*, eds. R.O. Gandy and J.M.E. Hyland (1977) には、この草稿からの抜粋が含まれている。〔訳注：*The Selected Works of Alan Turing: His Work and Impact*, eds. S. Barry Cooper and J. van Leeuwen, Elsevier, 2013の二四五頁から二四九頁に不完全ながら所収。〕

［4・36］　M・H・A・ニューマンとの共著は、'A Formal Theorem in Church's Theory of Types', *J. Symbolic Logic* 7 (1942) である。

［4・37］　AMTの論文は、*Journal of Symbolic Logic* の同じ一九四二年の巻に掲載されている。しかし、そこで「近刊」とされた'Some Theorems about Church's System'と'The Theory of Virtual Types'とが発表されることはなかった。しかし、彼は一九四七年に（第6章および原注［6・34］を見よ）、この時期に行なわれた研究の改訂を示す階型理論に関する別の論文を発表している。

［4・38］　Hinsley I の三三八頁。

［4・39］　原注［4・11］と同様に、ビーズリーによる。私は、ここでヒンズリーの説明と一貫させるためにビーズリーが書いた「一一月」を「九月」と変更した。

［4・40］　Hinsley II の六五五頁からの引用。

［4・41］　Hinsley II の六五七頁。

［4・42］　B. Randell, *The Colossus* からの引用。同書は、技術の側から書かれた説明である。初版は、University of Newcastle-upon-Tyne からの報告書として一九七六年に刊行されたが、今は、Metropolis の一巻として入手可能である（原注［4・21］を見よ）。〔訳注：http://www.turingarchive.org/browse.php/B/29a であるが、スキャン画像はオンラインになっていない〕

［4・43］　ピーター・ヒルトンは、「論理学者のルネッサンス」における会合で非公式に講演しており、*Algebra and Logic*, Springer Mathematical Notes 450, ed. J. Crossley, 1975 の一章として発表されている。

［4・44］　原注［4・21］と同じ。

［4・45］　Hinsley II は、ドイツの暗号生成機械を「秘密書記器」（Geheimschreiber）と呼ぶことについて先行する著述を踏襲している。しかし、私の理解では、この一般的呼称によって意味される機械には複数の種類があり、かつ、B・ジョンソンが、（原注［4・10］で触れた）*The Secret*

War に述べているシーメンスの機械は、実際には Fish として解読されたものではない。

［4・46］　原注［4・43］と同じ。

［4・47］　ESTに由来する話である。驚くべき沈着さをもって彼女は次のように追記している。「『教授』が逮捕寸前であったということは、彼の学科を大いに楽しませた」。

［4・48］　原注［4・43］のとおり。

［4・49］　Hinsley II の五六頁。

［4・50］　私は国務省に対し、AMTの一九四二年の米国入国に関する文書の複製を提供していただいたことに感謝する。それらの文書は、純粋に定常的行政事務の性格のものであり、ワシントンの国立文書館が所蔵する国務省のファイルへの一般索引のなかでAMTに言及のあるもののすべてである。対照的に、対応する英国の文書は存在していない。一九四二年の外務省書簡の索引のなかに「チューリング。ワシントンへの航海の便宜。財政」という参照があるが、対応するファイルは「除去」されている。つまり、破棄されたということだ。

［4・51］　FO/371/32346.

［4・52］　原注［4・2］と同じ。

［4・53］　この点については私は、D・ディヴィタ博士に感謝する。この出来事は一九四一年二月一四日のことであった。もちろん、その報告は作戦の規模や新規性についてまったく言及していないが、そもそも「ナチの暗号」が破られたということが一言でもでてきているということは、この話題についての全面的な秘匿がナチス・ドイツの滅亡後四半世紀続いたことを考えると興味深い。

［4・54］　AMTの戦前の航海について、私は、貿易委員会の乗船者一覧を利用することができた。しかし、戦時のものについてはまったく何も存在しない。したがって、この場合には証拠は間接的なものである。国務省の情報（原注［4・50］参照）は、彼が一九四二年一一月一三日にニューヨークで入国許可されていることを示している。ワシントンDCの海軍省にある海軍史センターから得た情報は、この日にエリザベス女王号が到着していることを示している。

　高速旅客船を兵員輸送船に改造したものが高い地位の人びとを渡航させるときに通常の手段であったことから、私は、このことが疑問に決着をつけると考えてきた。しかし、アランの西への大西洋横断は非常に混雑していて、数人の子どもを除くと唯一の文民であったとチューリング夫人が述べていたために混乱してしまっている。もちろんこの点では、夫人は間違っている。絶望的なまでに混雑していたのは、東への横断のときであった。エリザベス女王号は西向き横断では大半が文民である五五七人を乗船させたのみであったが、三月に戻ったときには軍人一万二六一人が乗船していた。AMTの東向き航海については原注［BP・11］も参照のこと。

著者　アンドルー・ホッジス（Andrew Hodges）
1949年, ロンドンで生まれる。ケンブリッジ大学卒業後, 本書を執筆。ロジャー・ペンローズの共同研究者としてツイスター理論の発展に寄与した数理物理学者であるとともに, 1970 年代からのゲイ解放運動の活動家。現在は, オックスフォード大学ウォドム（Wadham）カレッジのフェローであり, 数学研究所（Mathematical Institute）教授。個人サイトは www.synth.co.uk であり, チューリングの伝記に関する www.turing.org.uk を運営している。

訳者
土屋　俊　1952 年, 東京で生まれる。東京大学卒業。大学評価・学位授与機構教授。
土屋希和子　1952 年, 山形で生まれる。津田塾大学卒業。翻訳家。

エニグマ　アラン・チューリング伝　上

2015年2月20日　第1版第1刷発行

著　者　アンドルー・ホッジス
訳　者　土《つち》　屋《や》　俊《しゅん》
　　　　土《つち》　屋《や》　希《き》和《わ》子《こ》
発行者　井　村　寿　人

発行所　株式会社　勁《けい》　草《そう》　書　房
112-0005 東京都文京区水道2-1-1　振替　00150-2-175253
（編集）電話 03-3815-5277／FAX 03-3814-6968
（営業）電話 03-3814-6861／FAX 03-3814-6854
本文組版 プログレス・堀内印刷・松岳社

ISBN978-4-326-75053-5　Printed in Japan